高等学校"十三五"重点规划
电子信息与自动化系列

高频电子线路(第4版) 学习与解题指导

主编　阳昌汉

哈尔滨工程大学出版社
Harbin Engineering University Press

内 容 简 介

本书是"高频电子线路"课程的教学辅导书。本书内容包括高频小信号放大器、高频功率放大器、正弦波振荡器、振幅调制与解调电路、角度调制与解调电路、变频电路和反馈控制电路与频率合成等各章节的教学基本要求、教与学的思考、教学主要内容与典型例题分析,以及思考题与习题参考解答。

本书是阳昌汉主编的《高频电子线路(第4版)》的配套辅导书。本书除了对《高频电子线路(第4版)》各章节的重点、难点进行分析外,还针对学生难于理解和掌握的内容以典型例题的形式进行分析计算,同时给出了《高频电子线路(第4版)》的思考题与习题参考解答。

本书可作为电子信息、通信类专业本科生的教学辅导书,也可作为研究生入学考试的辅导书。

图书在版编目(CIP)数据

高频电子线路(第4版)学习与解题指导／阳昌汉主编. — 哈尔滨：哈尔滨工程大学出版社,2020.5
ISBN 978 – 7 – 5661 – 2507 – 1

Ⅰ.①高… Ⅱ.①阳… Ⅲ.①高频 – 电子电路 – 高等学校 – 教学参考资料 Ⅳ.①TN710.6

中国版本图书馆 CIP 数据核字(2019)第 223068 号

责任编辑	宗盼盼
封面设计	刘长友

出版发行	哈尔滨工程大学出版社
社　　址	哈尔滨市南岗区南通大街 145 号
邮政编码	150001
发行电话	0451 – 82519328
传　　真	0451 – 82519699
经　　销	新华书店
印　　刷	哈尔滨市石桥印务有限公司
开　　本	787 mm × 1 092 mm　1/16
印　　张	21.25
字　　数	563 千字
版　　次	2020 年 5 月第 1 版
印　　次	2020 年 5 月第 1 次印刷
定　　价	48.00 元

http://www.hrbeupress.com
E-mail:heupress@ hrbeu.edu.cn

前　　言

　　"高频电子线路"课程是电子信息工程和通信工程专业的一门重要的专业基础课,是一门工程性和实践性很强的课程。课程的主要内容是通信系统中的发射机和接收机的有关高频功能电路。它包含高频小信号放大器、高频功率放大器、正弦波振荡器、振幅调制与解调电路、角度调制与解调电路、变频电路和反馈控制电路与频率合成等内容。课程中主要讨论这些高频功能电路的功能以及实现这些功能的基本原理和方法。这些都是电子信息和通信系统中的重要组成部分与理论基础。课程中所讨论的电路主要是非线性电子线路,其显著特点是基本概念多,电路形式多,电路分析方法是非线性分析法,具有较广泛的应用。为了适应教学的需要和帮助学生学习"高频电子线路"课程,编者在《高频电子线路学习与解题指导(修订版)》的基础上进行了充实、改编,完成了《高频电子线路(第4版)学习与解题指导》的编写。与《高频电子线路学习与解题指导(修订版)》相比,本书具有如下特点:

　　1.本书在每章增加了"教学基本要求"和"教与学的思考"两部分内容。"教学基本要求"是根据教育部高等学校电子电气基础课程教学指导分委员会制定的"电子线路Ⅱ"课程教学基本要求确定的。"教与学的思考"是根据每章的教学基本要求和教学内容提出的教与学中需要思考的若干问题,启发学生的思维,使学生带着问题学习。

　　2.本书将教学主要内容和典型例题分析两节合并,在对主要教学内容说明之后列出典型例题并进行分析,使学生更好地理解基础理论,学习组成电路的基本原则,认识到理论联系实际的重要性。

　　本书是阳昌汉主编的《高频电子线路(第4版)》的配套辅导书,可作为学生学习"高频电子线路"课程的参考指导书,同时可帮助学生学好"高频电子线路"课程的基本理论,使其较好地掌握解题思路和解题技巧,为将来从事电子系统开发工作打下坚实的基础。

　　本书由阳昌汉主编。其中,第2章、第4章和第7章由国网黑龙江省电力有限公司检修公司阳薇编写,其余章节由阳昌汉编写。

　　限于编者水平,书中不妥和错误之处在所难免,恳请读者批评指正。

编　者

2019 年 7 月

目　　录

第 1 章

绪　　论

1.1　教学基本要求

1. 了解通信系统的基本组成与分类。
2. 了解无线信道的传播方式。
3. 了解无线电发送设备和无线电接收设备的组成。
4. 了解"高频电子线路"课程的研究对象。

1.2　教与学的思考

1.2.1　教学基本要求的分析与思考

本章的教学基本要求有四项。要求的第 1 项是了解通信系统的基本组成与分类。目的是通过对通信系统基本组成的介绍,使学生了解通信系统由输入变换器、发送设备、传输信道、接收设备和输出变换器五部分组成。要求的第 2 项是了解无线信道的传播方式。目的是通过对无线信道的传播方式的介绍,使学生了解通信系统应用最广泛的无线电波的频段、传播方式与应用。要求的第 3 项是了解无线电发送设备和无线电接收设备的组成。目的是通过对无线电发送设备和无线电接收设备的组成的介绍,使学生了解无线电发送设备和无线电接收设备的组成,同时说明"高频电子线路"课程研究和讨论的功能电路就是无线电发送设备和无线电接收设备的主要功能电路。要求的第 4 项是了解"高频电子线路"课程的研究对象。目的是通过对"高频电子线路"课程的研究对象的介绍,使学生了解"高频电子线路"课程要讲的内容。

1.2.2　本章教学分析讨论的思路

问题 1:通信系统的基本组成有哪几部分?

见教学主要内容中的通信系统的基本组成。

问题2:无线电波的频段、传播方式与应用是什么?

见教学主要内容中的无线信道的传播方式。

问题3:无线电发送设备的组成及原理是什么?

见教学主要内容中的无线电发送设备的组成与原理。

问题4:无线电接收设备的组成及原理是什么?

见教学主要内容中的无线电接收设备的组成与原理。

问题5:"高频电子线路"课程研究哪些功能电路?

见教学主要内容中的本课程的说明。

1.3　教学主要内容

本章首先介绍通信系统的基本组成,其次对各个组成部分的功能进行说明。需要特别注意的是无线电发送设备的功能和无线电接收设备的功能。无线电发送设备和无线电接收设备都是由多个基本功能模块组成的。但无线电发送设备的关键功能是"调制",而无线电接收设备的关键功能是"解调"。有关无线电发送设备和无线电接收设备实现各自功能的过程,本章以无线信道为例,对无线电发送设备的组成与原理以及无线电接收设备的组成与原理做了介绍。由此可以看出,无线电发送设备和无线电接收设备的基本功能模块就是"高频电子线路"课程主要研究的对象。

1.3.1　通信系统的基本组成与分类

1.通信系统的基本组成

图1-1是通信系统的基本组成方框图。它由输入变换器、发送设备、传输信道、接收设备和输出变换器组成。

图1-1　通信系统的基本组成方框图

输入变换器的功能是将所需传送的信息变换成相应的电信号。当传送的信息为非电量(例如,声音、文字、图像等)时,输入变换器是必要的。当传送的信息本身就是电信号(例如,计算机输出的二进制信号、传感器输出的电流或电压信号等)时,在能满足发送设备要求的条件下,可以不用输入变换器,而直接将电信号送给发送设备。这个信号通常称为基带信号。

发送设备的功能是将输入变换器送来的基带信号变换成适合信道传输的信号。其关键功能是"调制"。所谓"调制"是将基带信号以不同形式加载到高频载波信号上,以适应信道的要求,能高效地传送信号。

接收设备的功能是将发送设备发出的信号经传输信道传送的已调制信号变换成基带信

号传送给输出变换器。其关键功能是"解调"。所谓"解调"是从已调波中取出需传送的基带信号。

输出变换器的功能是将接收设备输出的电信号变换成原来的传送信息,如声音、文字、图像等。

2.通信系统的分类

(1)按传输信道的不同,通信系统可分为有线通信系统和无线通信系统。

(2)按传输信号特征的不同,通信系统可分为模拟通信系统和数字通信系统。

(3)按调制方式的不同,通信系统可分为调幅(AM)的模拟通信系统、调频(FM)的模拟通信系统和调相(PM)的模拟通信系统,以及幅度键控(ASK)的数字通信系统、频移键控(FSK)的数字通信系统和相移键控(PSK)的数字通信系统。

(4)按信道复用方式的不同,通信系统可分为频分复用(FDM)通信系统、时分复用(TDM)通信系统、码分复用(CDM)通信系统及波分复用(WDM)通信系统等。

(5)按信息传输方式的不同,通信系统可分为单工通信系统、半双工通信系统和全双工通信系统。单工通信只能单向通信,例如广播。半双工通信可以双向通信,但不能同时进行,例如对讲机。全双工通信可以双向通信,且同时双向,例如移动电话。

另外,把不经过调制,而直接将信源输出的信号进行传输的系统称为基带传输系统。有调制和解调过程的通信系统称为载波传输系统。

1.3.2　无线信道的传播方式

(1)无线信道主要是自由空间。

(2)发射的无线电波的频率(或波长)不同,其传播方式、传播距离和传播特点也不相同。

(3)电波在无线信道中传播的主要方式可分为三种:地波(绕射)传播、天波(反射和折射)传播和直线(视距)传播。

①地波(绕射)传播是指电波沿地面弯曲表面传播。由于地面不是理想的导体,当电波沿其表面传播时,将有能量的损耗。这种损耗随电波波长的增大而减小。因此,通常只有中、长波范围的信号才适合绕射传播。地波传播由于地面的电特性不会在短时间内有很大的变化,因此电波沿地面传播比较稳定。

②天波(反射和折射)传播是利用电离层的反射和折射来实现传播的。在地球表面存在具有一定厚度的大气层,大气层的上部受太阳照射产生电离层。电离层是一层介质,对射向它的无线电波会产生反射与折射作用。入射角越大,越易反射;入射角越小,越易折射。同时,电离层对通过的电波也有吸收作用。频率越高的电波,穿透能力越强。因此,频率太高的电波会穿透电离层到达外层空间。短波信号主要利用电离层的反射实现传播。实际应用时,可以利用地面与电离层之间的多次反射,实现距离为几千千米的通信。但电离层的特性受多种因素的影响,这种通信的稳定性较差。

③直线(视距)传播是电波在天线间沿直线传播。增高天线可以增大直线传播的距离。采用一个离地面几万千米的卫星作为地面信号的转发器,可以使传播距离大大增大,这就是卫星通信。直线传播适用于超短波、分米波、厘米波和毫米波。表1-1给出了无线电波的频段(频带)、传播方式与应用。

表 1-1　无线电波的频段(频带)、传播方式与应用

频带	波长	名称	传播方式	应用
3 ~ 30 kHz	100 ~ 10 km	甚低频(超长波)	地波传播	远距离导航,声呐,电报,电话
30 ~ 300 kHz	10 ~ 1 km	低频(长波)	地波传播	船舶与航空导弹,航标信号
0.3 ~ 3 MHz	1 000 ~ 100 m	中频(中波)	地波传播或天波传播	调幅广播,舰船无线通信,遇险和呼救
3 ~ 30 MHz	100 ~ 10 m	高频(短波)	地波传播或天波传播	短波调幅广播,短波通信,飞机与船通信,岸与船通信
30 ~ 300 MHz	10 ~ 1 m	甚高频(超短波)	直线传播	电视广播,调频广播,航空通信,导航设备
0.3 ~ 3 GHz	100 ~ 10 cm	超高频(分米波)	直线传播	电视广播,雷达,遥控遥测,卫星通信,移动通信
3 ~ 30 GHz	10 ~ 1 cm	特高频(厘米波)	直线传播	空间通信,微波接力,机载雷达,气象雷达
30 ~ 300 GHz	10 ~ 1 mm	极高频(毫米波)	直线传播	雷达着陆系统,射电天文

1.3.3　无线电发送设备的组成与原理

无线电发送是以自由空间为传输信道,把需要传送的信息(声音、文字或图像)变换成电信号传送到远方的接收点。

1. 信息传输的基本要求

(1)传送距离远;

(2)能够实现多路传输,且各路信号传输时,应互不干扰。

2. 基带信号直接发送

(1)基带信号是需传送的原始信息的电信号。不同的原始信息占有不同的频带宽度。例如,声音信号通过微音器变换成电信号,一般来说,它的频带是 20 Hz ~ 20 kHz。但对电话来说,它强调可懂度,而不要求音色。因此,国际规定电话信号的频带是 300 Hz ~ 3.4 kHz。又如,我国的电视图像信号的频带是 0 ~ 6 MHz。

(2)基带信号通过电磁波辐射方式直接发射有两个缺点:一是需传送的基带信号都会占有一定的频带宽度,但都在低频范围内,相互之间不易区分,很难实现多路通信;二是基带信号频率低,为实现有效传输,要求有很长的天线,在工艺及使用上都是很困难的。目前,无线通信采用载波调制方式进行是很普遍的。

3. 载波调制传送

(1)载波调制是用需传送的信息(基带信号)去控制高频载波振荡信号的三参量之一,使其随需传送的信息呈线性关系变化。

(2)载波调制方式分为振幅调制、相位调制和频率调制三类。能实现振幅调制、相位调制、频率调制的电路分别称为振幅调制电路、相位调制电路、频率调制电路。

（3）载波调制传送的特点是载波信号相当于运载工具。若采用无线发射，其天线尺寸可以很小。而对于不同的电台，可以采用不同的载波频率，即频分复用，以及其他的复用方式等。

4.发射机的基本组成

图 1-2(a)、图 1-2(b)、图 1-2(c)分别为调幅发射机、调相发射机和调频发射机的基本组成方框图。图 1-2 中只是说明发射机的基本组成，实际系统会因不同需要而增加许多其他电路。发射机的关键功能是"调制"。

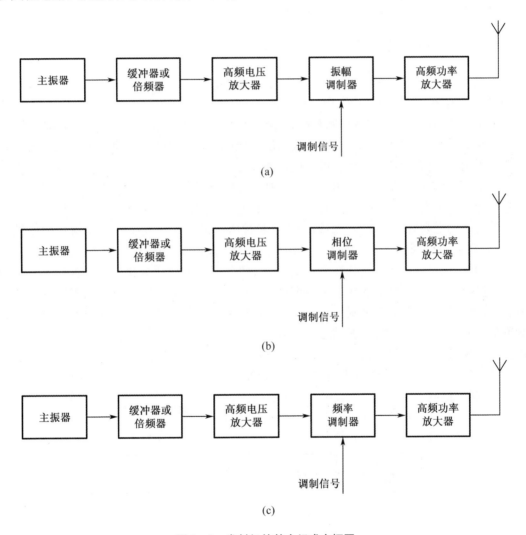

(a)

(b)

(c)

图 1-2 发射机的基本组成方框图

下面以图 1-2(a)为例来说明发射机信息传输的过程。主振器产生的高频振荡信号经过缓冲器或倍频器，并通过高频电压放大器放大后，作为高频载波电压送给振幅调制器。设其表达式为

$$u_i(t) = U_{im}\cos(\omega_c t + \varphi)$$

式中，$u_i(t)$ 为振幅调制器输入高频载波信号的瞬时值；U_{im} 为振幅；ω_c 为角频率；φ 为初始

相位。

送给振幅调制器的另一信号是,需传送的信息(基带信号)经过一定的电路处理达到振幅调制器要求的基带信号,常称为调制信号。设其表示式为

$$u_{\Omega}(t) = U_{\Omega m}\cos \Omega t$$

式中,$u_{\Omega}(t)$ 为送给振幅调制器的调制信号的瞬时值;$U_{\Omega m}$ 为振幅;Ω 为角频率。

$u_i(t)$ 和 $u_{\Omega}(t)$ 送到振幅调制器进行振幅调制,振幅调制器输出的调幅波为

$$u(t) = U_{cm}(1 + m_a\cos \Omega t)\cos(\omega_c t + \varphi)$$

它通过高频功率放大器、传输线和天线以电磁波的形式辐射出去。

1.3.4 无线电接收设备的组成与原理

无线电接收过程正好和发送过程相反,它的基本任务是将通过天空传来的电磁波接收下来,进行"解调",从已调波中取出原调制信号。

最简单的接收机是由选频回路和解调器组成的。接收调幅信号,解调器为振幅检波器。接收调相信号,解调器为鉴相器。接收调频信号,解调器为鉴频器。这种简单的接收方式很少直接采用,但是解调器仍是接收机的核心部件之一。

图 1-3 是应用非常广泛的超外差接收机的方框原理图。超外差接收机的主要特点是,通过高频调谐放大器对外来的已调波进行选频和高频电压放大,然后送给由混频器和本机振荡器组成的变频器进行变频。所谓变频是将输入已调波的载波频率 ω_c 变换成频率较低的(或较高的)且固定不变的中间频率 ω_I(称为中频),而其调制规律不变。也就是说,若输入为调幅波,通过变频后只是载波频率变为 ω_I,而其振幅的变化规律不变。若输入为调相波,通过变频后只是载波频率变为 ω_I,而其瞬时相位的变化规律不变。同样,若输入为调频波,通过变频后只是载波频率变为 ω_I,而其瞬时频率的变化规律不变。混频器送出的载波频率为 ω_I 的已调波,通过中频放大器进行中频信号放大。由于是固定频率的中频放大器,因此它不仅可以实现较高的电压增益,而且选择性也很容易满足,可以同时兼顾高灵敏度与高选择性的要求。经过中频放大器放大的已调波通过解调器取出已调波的原调制信号,从而实现接收过程。

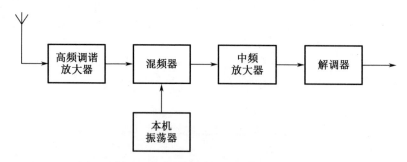

图 1-3 超外差接收机的方框原理图

1.3.5　本课程的说明

1."高频电子线路"课程的研究对象

"高频电子线路"课程是电子信息工程、通信工程专业的一门技术基础课。"高频电子线路"课程的研究对象是通信系统中的发送设备和接收设备的高频"功能"电路的功能、基本组成与原理。对发射机来说,主振器、缓冲器或倍频器、高频电压放大器、调制器和高频功率放大器是其基本组成部分。对接收机来说,高频调谐放大器、混频器、本机振荡器、中频放大器和解调器是其基本组成部分。

2.关于"高频"的概念

"高频"是指放大电路的工作频率为几百千赫兹到几百兆赫兹的高频频段,相当于射频通信频段的低端。电路可以由 LCR 集总参数的分立元件和有源器件(晶体管、场效应管或集成电路)组成。有源器件的极间电容不能忽略,研制电路时需要考虑分布电容对电路的影响,分析电路时以集总参数电路理论为基础。当工作频率为几百兆赫兹到几吉赫兹时,电路中分布参量的影响显著,电路元件以微带线和贴片元件为主,分析电路时以分布参数电路理论为基础。

3.关于电路的"功能"

"功能"是指基本电路能够完成的信号传输和信号变换处理的具体工作任务。通常可以由功能电路的输入信号和输出信号的数学表示式、波形和频谱来表示基本功能电路的"功能"。

对于同一功能电路,可以由不同的器件和不同的电路形式构成,但同一功能电路的功能和输入信号、输出信号的频谱关系是不变的。

大规模通信集成电路通常是由多个功能电路组成的。掌握基本功能电路的功能,对了解和应用集成电路去实现大的电子系统是有利的。

4.关于非线性电子线路分析

"高频电子线路"课程讲授的功能电路,除高频小信号放大器外,其余均为非线性电子线路。非线性电子线路的分析法与线性电子线路的分析法是不同的。因而,在学习"高频电子线路"课程的功能电路时,要根据不同电路的功能和特点,掌握各个功能电路的实现方法和基本原理。要根据输入信号的大小和器件的工作状态,选用不同的近似分析法。例如,大信号工作条件下的高频功率放大器的分析是采用理想的折线化特性进行的折线分析法,频率变换电路通常采用两个输入信号为一大一小的开关工作状态分析法或者采用时变参数分析法等。这些分析法是在特定的条件下进行的近似分析,一定要搞清楚这些条件,才能较好地理解非线性电子线路的分析法。

1.4　思考题与习题参考解答

1-1　为什么在无线电通信中要使用"载波"发射,其作用是什么?

解　由于需要传送的信息转变成电信号后,其频率成分都属于低频范围。如果将这些低频范围的电信号直接以电磁波的方式发射出去,有两个难以克服的缺点:一是电信号之间相互干扰,很难实现多路通信;二是电信号频率低,要保证其有效地以电磁波的形式发射,对无线天线的尺寸要求太高,在制作和使用上很不方便。因而,将需传送的电信号对高频载波信号进行调制,用已调波的形式通过天线辐射出去,这样可以较好地解决存在的缺点。由于采用高频载波作为运载信息的信号,工作频率高,无线天线的尺寸小,因此在载波频率的选取上可以采用频分复用或时分复用等多种方式来实现多路通信。

1-2 在无线通信中为什么要采用"调制"与"解调",各自的作用是什么?

解 "调制"是发射机的关键功能。所谓调制是将需传送的基带信号加载到载波信号上,以调幅波、调频波或调相波的形式通过天线辐射出去。

"解调"是接收机的关键功能。所谓解调是将接收到的已调波的原调制信号取出来。例如,从调幅波的振幅变化中取出原调制信号;从调频波的瞬时频率变化中取出原调制信号;从调相波的瞬时相位变化中取出原调制信号。

1-3 计算机通信中的"调制解调"与无线电通信中的"调制解调"有什么异同点?

解 计算机通信中传送的是数字信号,它的调制器的主要作用就是一个波形变换器,它将数字基带信号的波形变换成适合于模拟信道传输的波形。而无线电通信中解调器的作用是一个波形识别器。它从数字调制的已调波中取出原调制的数字信号。计算机通信中的调制与无线电通信中的调制在调制方式上相似,不同的是无线电通信传送的基带信号是模拟信号,而计算机通信传送的基带信号是数字信号。

1-4 试说明模拟信号和数字信号的特点,它们之间的相互转换应采用什么器件实现?

解 凡信号的某一参量(如连续波的振幅频率相位、脉冲波的振幅宽度位置等)可以取无限多数值,且直接与信息对应的称为模拟信号。模拟信号的特点:信号是连续变化的。

凡信号的某一参量只能取有限值,且常常不直接与信息相对应的称为数字信号。数字信号的特点:信号是离散(不连续)的。

数字信号转换成模拟信号用 D/A 变换器,而模拟信号转换成数字信号用 A/D 变换器。

1-5 理解功能电路的功能的含义,说明掌握功能电路的功能在开发电子系统中有什么好处?

解 电路的"功能"是指电路在信息传输过程中对信息进行什么样的处理与变换,也就是输出信号与输入信号的关系。

掌握了功能电路的功能、原理及应用特点就能根据技术要求对系统电路进行设计与研制。其中包含电路系统应由哪些基本功能电路组成,各基本功能电路的技术指标的分配,基本功能电路的设计以及级间的耦合连接等。

1-6 理解地波传播、天波传播和直线传播的无线信道传播的主要方式,它们主要的传送频率范围是什么?

解 直线传播的传送频率范围是 30 MHz 以上。

短波段(3~30 MHz)以天波传播为主,地波也能传播。而中波段(0.3~3 MHz)以地波传播为主,天波也能传播。而在低频段(300 kHz 以下)是地波传播。

第 2 章

高频小信号放大器

2.1 教学基本要求

1. 掌握 LC 串、并联谐振回路的组成、原理和特性,掌握几种常用的无源阻抗变换电路的结构、工作原理和分析设计方法。

2. 掌握小信号调谐放大器的电路、工作原理和分析方法。

3. 掌握电阻热噪声的有关计算、噪声系数的定义和计算方法,了解低噪声放大器的作用、性能特点、实现电路以及接收机的噪声指标的含义和灵敏度的概念。

2.2 教与学的思考

2.2.1 教学基本要求的分析与思考

本章的教学基本要求有三项。要求的第 1 项是掌握高频基础电路,它包含 LC 串、并联谐振回路和无源阻抗变换电路等。这些基础电路是已学过的电路课程的基本理论在高频电路中的具体应用,不仅是高频放大电路的组成部分,而且在其他的高频功能电路中应用较多。从电路理论分析来看,这些基础电路的分析简单易懂。由于其应用广泛,因此需要掌握电路的特性和变换的关系,且在电路中能够熟练应用。要求的第 2 项是掌握小信号调谐放大器的电路、工作原理和分析方法。从表面上看是对小信号调谐放大器的电路、工作原理和分析方法的分析研究,主要讨论的有源器件是晶体三极管,负载为具有选频作用的并联调谐回路的小信号放大器。虽然分析讨论的是晶体管窄带小信号放大器,但其分析方法可以用于有源放大器件为场效应管或集成放大模块小信号放大器,也可以用于宽带小信号放大器的分析。要求的第 3 项是掌握电阻热噪声的有关计算、噪声系数的定义和计算方法,了解低噪声放大器的作用、性能特点、实现电路以及接收机的噪声指标的含义和灵敏度的概念。这些都是通信接收机系统电路所需的基本知识和基本概念。

2.2.2 本章教学分析讨论的思路

问题1:什么是高频小信号放大器?

"高频"是指放大电路的工作频率为几百千赫兹到几百兆赫兹的高频频段,相当于射频通信频段的低端。电路可以由 LCR 集总参数的分立元件和有源器件(晶体管、场效应管或集成电路)组成。有源器件的极间电容不能忽略,分析电路时以集总参数电路理论为基础。

"小信号放大器"是指放大器工作于线性区,是线性放大器。有源器件可等效为线性器件,分析时可用二端口网络等效。

结论:高频小信号放大器是高频线性放大器,工作于高频频段,信号放大的过程在有源器件的线性区进行。有源器件的极间电容不能忽略,可用二端口网络等效。放大电路由 LCR 集总参数的分立元件和有源器件组成。电路分析以集总参数电路理论为基础。

问题2:高频小信号放大器的功能是什么?

由于高频小信号放大器是高频线性放大器,有源器件工作于线性区,因此高频小信号放大器的功能是对高频信号实现不失真地放大。输入信号可能是固定频率的高频等幅正弦波,也可能是具有一定频谱宽度的高频调幅波、高频调频波或高频调相波,经高频小信号放大器实现不失真地放大,即高频小信号放大器输出信号的频谱与输入信号的频谱完全相同。

问题3:高频小信号放大器的分类。

高频小信号放大器可分为宽频带放大器和窄频带放大器两类。目前集成线性放大器都是宽频带放大器,有许多型号可供选用。在通信电路中,窄频带放大器应用较多。

问题4:晶体管高频小信号谐振放大器的电路组成。

图2-1是两级单调谐晶体管高频小信号谐振放大器。构成放大器的有源器件是晶体三极管,电路中的直流电源由 V_{CC} 提供。晶体三极管的直流偏置由 V_{CC}、R_1、R_2、R_e 确定。单级放大电路的选频功能由单调谐并联 LC 谐振回路实现,并通过变压器 Tr_1 与负载(下级放大器的输入阻抗)耦合连接。单调谐并联 LC 谐振回路不仅具有选频功能,还能实现阻抗变换或阻抗匹配。电路中的 C_b、C_e 是高频旁路电容,放大过程中输入信号电压 $\dot{U}_i$ 加在晶体管 T_1 的 $b-e$ 之间。单级放大电路的输出电压 $\dot{U}_o$ 是下一级放大器的输入电压,即加在晶体管 T_2 的 $b-e$ 之间的电压。

问题5:晶体管高频小信号谐振放大器的分析方法是什么,需要哪些电路基础知识?

由图2-1可知,晶体管高频小信号谐振放大器由电阻、电容、电感、高频变压器和晶体三极管构成。其中,仅晶体三极管具有非线性特性,其余都是线性元件。对于晶体三极管来说,如果选取合适的静态工作点,输入信号为小信号,可在一定范围内呈线性特性。高频小信号谐振放大器在放大过程中确保晶体三极管工作在线性工作段,这是在放大器设计和调试中必须保证的。"小信号放大"的实质是工作于线性区的线性放大。由于晶体三极管工作于线性区是可以用二端口网络等效的,因此晶体管高频小信号谐振放大器可以采用线性等效电路分析法。

利用等效电路分析法需要掌握晶体管 y 参数等效电路,LC 串、并联谐振回路的特性和并联谐振回路的耦合连接与阻抗变换等基础知识。

问题6:利用等效电路分析法分析晶体管高频小信号谐振放大器的技术指标。

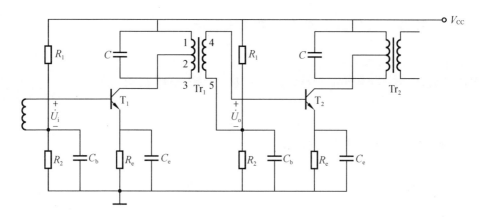

图 2 - 1　两级单调谐晶体管高频小信号谐振放大器

分析的技术指标如下：

(1)电压增益 $\dot{A}_u$ 与功率增益 A_P；

(2)通频带 $2\Delta f_{0.7}$；

(3)矩形系数 $K_{r0.1}$。

问题 7：通过等效电路分析法学会晶体管高频小信号谐振放大器的电路计算。

见教学主要内容与典型例题分析中的高频小信号谐振放大器的电路分析与计算。

问题 8：晶体管高频小信号谐振放大器的稳定系数及稳定措施是什么？

见教学主要内容与典型例题分析中的高频小信号谐振放大器的稳定系数及稳定措施。

问题 9：利用等效电路分析法如何分析场效应管高频小信号谐振放大器和线性宽频带放大器？

将场效应管或线性宽频带放大器用网络测试仪测出其 y 参数，按晶体管小信号谐振放大器计算方法计算。

2.3　教学主要内容与典型例题分析

2.3.1　高频小信号放大器的功能与分类

1. 高频小信号放大器的功能

高频小信号放大器的功能是对高频信号实现不失真地放大，即放大器输出信号的频谱与输入信号的频谱完全相同。其特点是输入信号小，用于放大的晶体管或场效应管在线性范围内工作，分析时可采用等效电路。高频是指放大电路的工作频率为几百千赫兹到几百兆赫兹，分析电路时应考虑器件的极间电容的影响。

2. 高频小信号放大器的分类

高频小信号放大器可分为宽频带放大器和窄频带放大器两类。目前集成线性放大器都是宽频带放大器，有许多型号可供选用。在通信电路中，窄频带放大器应用较多。

2.3.2　高频小信号放大器的主要技术指标

1. 电压增益与功率增益

电压增益 $\dot{A}_u$ 为放大器负载上的输出电压 $\dot{U}_o$ 与输入电压 $\dot{U}_i$ 之比,即

$$\dot{A}_u = \frac{\dot{U}_o}{\dot{U}_i}$$

功率增益 A_P 为放大器输出给负载的功率与输入功率之比,即

$$A_P = \frac{P_o}{P_i}$$

2. 通频带

通频带是指放大器的电压增益下降到最大值的 $1/\sqrt{2}$ 时所对应的频带宽度,通常用 $2\Delta f_{0.7}$ 来表示。

3. 矩形系数

矩形系数是表征放大器选择性好坏的一个参量,而选择性是表示选取有用信号、抑制无用信号的能力。理想的频带放大器的频率响应曲线是矩形,即通频带内的频谱分量有同样的放大,而通频带外的频谱分量要完全抑制。但是,实际放大器的频率响应曲线与矩形有较大的差异,矩形系数用来表示实际曲线形状接近理想矩形的程度,其定义为

$$K_{r0.1} = \frac{2\Delta f_{0.1}}{2\Delta f_{0.7}}$$

式中,$2\Delta f_{0.7}$ 为放大器的通频带;$2\Delta f_{0.1}$ 为放大器的电压增益下降到最大值的 $1/10$ 时所对应的频带宽度。

4. 工作稳定性

由于晶体管的反向传输导纳 y_{re} 不为零,因此内部反馈会造成放大器工作不稳定,常用稳定系数 S 来表示放大器的稳定性能。

2.3.3　高频电子线路的基础电路

1. LC 串联谐振回路的特性

（1）电感线圈的高频特性

电感元件(图 2-2(a))在高频电路中不是理想无损耗电感(无损电感),它的损耗电阻是不能忽略的。一个实际的电感元件可以用一个理想无损耗电感 L 和一个串联的损耗电阻 r_0 来等效(图 2-2(b))。

一个有损耗的电感(有损电感)L 在工作频率 ω 下通过 Q 表可测得电感元件的电感值和空载品质因数 Q_0,而 Q_0 的大小就能反映损耗的大小。根据电感元件的品质因数的定义可得 r_0。

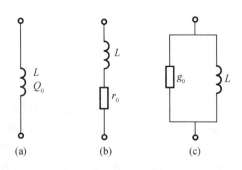

图 2-2　电感的等效关系

$$r_0 = \frac{\omega L}{Q_0}$$

一般情况下,电感线圈的 Q_0 值通常为几十到三百。

当 $Q_0 \gg 1$ 时,一个实际的电感元件也可以用一个无损电感 L 和一个并联电导 g_0 或电阻 R_0 来等效(图 2 - 2(c))。其中,$g_0 = 1/(\omega L Q_0)$ 或 $R_0 = \omega L Q_0$。

(2)电容元件的高频特性

电容元件的损耗主要取决于介质材料。目前,电容元件的 Q_0 值可达几千到几万的数量级,与电感元件相比,其损耗可忽略。因此,电容元件在高频电路中一般认为是无损元件。

(3)空载 LC 串联谐振回路的特性

空载 LC 串联谐振回路如图 2 - 3 所示。

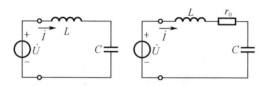

图 2 - 3　空载 LC 串联谐振回路

回路阻抗为

$$Z = r_0 + \mathrm{j}\left(\omega L - \frac{1}{\omega C}\right)$$

谐振频率为

$$\omega_0 = \frac{1}{\sqrt{LC}}$$

空载品质因数为

$$Q_0 = \frac{\omega_0 L}{r_0} = \frac{1}{\omega_0 C r_0} = \frac{1}{r_0}\sqrt{\frac{L}{C}}$$

谐振电阻为

$$r_0 = \frac{1}{Q_0}\sqrt{\frac{L}{C}}$$

等效阻抗为

$$\omega = \omega_0,纯电阻 r_0;\omega > \omega_0,感抗;\omega < \omega_0,容抗$$

(4)有载 LC 串联谐振回路的特性

有载 LC 串联谐振回路如图 2 - 4 所示。

回路阻抗为

$$Z = r_0 + r_L + \mathrm{j}\left(\omega L - \frac{1}{\omega C}\right),r_\Sigma = r_0 + r_L$$

谐振频率为

$$\omega_0 = \frac{1}{\sqrt{LC}}$$

有载品质因数为

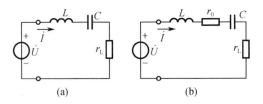

图 2 - 4 有载 *LC* 串联谐振回路

$$Q_L = \frac{\omega_0 L}{r_\Sigma} = \frac{1}{\omega_0 C r_\Sigma} = \frac{1}{r_\Sigma}\sqrt{\frac{L}{C}}$$

谐振电阻为

$$r_\Sigma = \frac{1}{Q_L}\sqrt{\frac{L}{C}}$$

等效阻抗为

$$\omega = \omega_0,纯电阻 r_\Sigma;\omega > \omega_0,感抗;\omega < \omega_0,容抗$$

回路电流为

$$\dot{I}(j\omega) = \dot{U}/Z = \frac{\dot{U}}{r_\Sigma + j\left(\omega L - \frac{1}{\omega C}\right)}$$

当 $\omega = \omega_0$ 时，$\dot{I}(j\omega_0) = \dot{U}/r_\Sigma$，则相对电流为

$$\frac{\dot{I}(j\omega)}{\dot{I}(j\omega_0)} = \frac{1}{1 + jQ_L\left(\frac{\omega}{\omega_0} - \frac{\omega_0}{\omega}\right)}$$

相对幅频特性与相频特性如图 2 -5 所示。

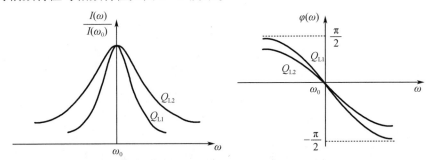

图 2 - 5 相对幅频特性与相频特性

2. *LC* 并联谐振回路的特性

LC 并联谐振回路如图 2 -6 所示。

回路的导纳为

$$Y = \frac{1}{r_0 + j\omega L} + j\omega C + \frac{1}{R} = G_\Sigma + jB$$

式中，$G_\Sigma = G_0 + G$。其中，$G_0 = \dfrac{r_0}{r_0^2 + (\omega L)^2}$；$G = \dfrac{1}{R}$。

$$B = \omega C - \frac{\omega L}{r_0^2 + (\omega L)^2}$$

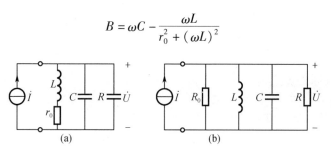

图 2-6　LC 并联谐振回路

谐振频率为

$$\omega_{\mathrm{P}} = \sqrt{\frac{1}{LC} - \left(\frac{r_0}{L}\right)^2} = \omega_0 \sqrt{1 - \frac{1}{Q_0^2}}$$

当 $Q_0 \gg 1$ 时，$\omega_{\mathrm{P}} \approx \omega_0 = \dfrac{1}{\sqrt{LC}}$。

空载品质因数为

$$Q_0 = \omega_0 L / r_0$$

当 $Q_0 \gg 1$ 时，有载品质因数为

$$Q_{\mathrm{L}} = \frac{R_{\Sigma}}{\omega_0 L} = \frac{1}{\omega_0 L G_{\Sigma}} = \frac{\omega_0 C}{G_{\Sigma}}$$

谐振电阻为

$$R_{\Sigma} = R_0 R / (R_0 + R)$$
$$R_0 = (1 + Q_0^2) r_0$$

当 $Q_0 \gg 1$ 时，$R_{\Sigma} = Q_{\mathrm{L}} \sqrt{\dfrac{L}{C}}$。

回路电压为

$$\dot{U}(\mathrm{j}\omega) = \frac{\dot{I}}{Y} = \frac{\dot{I}}{G_{\Sigma} + \mathrm{j}\left(\omega C - \dfrac{1}{\omega L}\right)}$$

当 $\omega = \omega_0$ 时，$\dot{U}(\mathrm{j}\omega_0) = \dot{I}/G_{\Sigma}$，则相对电压为

$$\frac{\dot{U}(\mathrm{j}\omega)}{\dot{U}(\mathrm{j}\omega_0)} = \frac{1}{1 + \mathrm{j}Q_{\mathrm{L}}\left(\dfrac{\omega}{\omega_0} - \dfrac{\omega_0}{\omega}\right)}$$

当 $Q_0 \gg 1$ 时，回路阻抗为

$$Z(\mathrm{j}\omega) = \frac{1}{Y} = \frac{1}{G_{\Sigma} + \mathrm{j}\left(\omega C - \dfrac{1}{\omega L}\right)} = \frac{R_{\Sigma}}{1 + \mathrm{j}Q_{\mathrm{L}}\left(\dfrac{\omega}{\omega_0} - \dfrac{\omega_0}{\omega}\right)}$$

等效阻抗为

$$\omega = \omega_0, 纯电阻 R_{\Sigma}; \omega > \omega_0, 容抗; \omega < \omega_0, 感抗$$

例 2-1　某电感 L 在 $f = 20$ MHz 时，测得 $L = 2.8$ μH，$Q_0 = 80$。（1）试求与 L 串联的等效电阻 r_0；（2）若等效为并联时，求 g_0。

解 (1)等效为串联的电阻 r_0 为

$$r_0 = \frac{\omega_0 L}{Q_0} = \frac{2\pi \times 20 \times 10^6 \times 2.8 \times 10^{-6}}{80}\ \Omega = 4.40\ \Omega$$

(2)等效为并联的 g_0 为

$$g_0 = \frac{1}{\omega_0 L Q_0} = \frac{1}{2\pi \times 20 \times 10^6 \times 2.8 \times 10^{-6} \times 80}\ \text{S} = 35.53 \times 10^{-6}\ \text{S} = 35.53\ \mu\text{S}$$

例 2 - 2 已知 LC 串联谐振回路的 $f_0 = 10\ \text{MHz}$, $C = 47\ \text{pF}$, 谐振时电阻 $r = 5\ \Omega$。(1)求 L 和 Q_0。(2)若回路工作频率 $f = 15\ \text{MHz}$, 回路等效阻抗是容抗还是感抗? 若回路工作频率 $f = 5\ \text{MHz}$, 回路等效阻抗是容抗还是感抗?

解 (1)由于

$$f_0 = \frac{1}{2\pi \sqrt{LC}}$$

因此

$$L = \frac{1}{(2\pi f_0)^2 C} = \frac{1}{(2\pi \times 10 \times 10^6)^2 \times 47 \times 10^{-12}}\ \text{H}$$
$$= 5.39 \times 10^{-6}\ \text{H} = 5.39\ \mu\text{H}$$

$$Q_0 = \frac{\omega_0 L}{r} = \frac{2\pi \times 10 \times 10^6 \times 5.39 \times 10^{-6}}{5} = 67.7$$

(2)回路工作频率 $f = 15\ \text{MHz}$, 回路等效阻抗是感抗。而回路工作频率 $f = 5\ \text{MHz}$, 回路等效阻抗是容抗。

例 2 - 3 已知 LC 并联谐振回路的电感 L 在 $f = 25\ \text{MHz}$ 时, 测得 $L = 1\ \mu\text{H}$, $Q_0 = 100$。(1)求谐振频率 $f_0 = 25\ \text{MHz}$ 时的电容 C 和谐振电阻 R_P。(2)若回路工作频率 $f = 35\ \text{MHz}$, 回路等效阻抗是容抗还是感抗? 若回路工作频率 $f = 15\ \text{MHz}$, 回路等效阻抗是容抗还是感抗?

解 (1)由于

$$f_0 = \frac{1}{2\pi \sqrt{LC}}$$

因此

$$C = \frac{1}{(2\pi f_0)^2 L}\ \text{F} = \frac{1}{(2\pi \times 25 \times 10^6)^2 \times 1 \times 10^{-6}}\ \text{F} = 40.53 \times 10^{-12}\ \text{F} = 40.53\ \text{pF}$$

而

$$Q_0 = \frac{R_0}{\omega_0 L}$$

所以

$$R_0 = Q_0 \omega_0 L = 100 \times 2\pi \times 25 \times 10^6 \times 1 \times 10^{-6}\ \Omega = 15.707\ \text{k}\Omega$$

因为没有并联电阻 R, 故谐振电阻 $R_P = R_0 = 15.707\ \text{k}\Omega$。

(2)回路工作频率 $f = 35\ \text{MHz}$, 回路等效阻抗是容抗。而回路工作频率 $f = 15\ \text{MHz}$, 回路等效阻抗是感抗。

例 2 - 4 已知 LCR 并联谐振回路, 谐振频率 $f_0 = 30\ \text{MHz}$。电感 L 在 $f_0 = 30\ \text{MHz}$ 时, 测得 $L = 1.2\ \mu\text{H}$, $Q_0 = 100$。并联电阻 $R = 8.2\ \text{k}\Omega$。试求回路谐振时的电容 C、谐振电阻 R_P 和

回路的有载品质因数 Q_L。

解 （1）$C = \dfrac{1}{(2\pi f_0)^2 L} = \dfrac{1}{(2\pi \times 30 \times 10^6)^2 \times 1.2 \times 10^{-6}}$ F $= 23.45 \times 10^{-12}$ F $= 23.45$ pF。

（2）电感 L 的空载损耗电阻以并联表示的 R_0 为

$$R_0 = Q_0 \omega_0 L = 100 \times 2\pi \times 30 \times 10^6 \times 1.2 \times 10^{-6} \ \Omega = 22.619 \ \text{k}\Omega$$

谐振电阻 R_P 为 R_0 与 R 的并联值，即

$$R_P = \frac{R_0 R}{R_0 + R} = \frac{22.619 \times 8.2}{22.619 + 8.2} \ \text{k}\Omega = 6.018 \ \text{k}\Omega$$

（3）$Q_L = \dfrac{R_P}{\omega_0 L} = \dfrac{6.018 \times 10^3}{2\pi \times 30 \times 10^6 \times 1.2 \times 10^{-6}} = 26.61$。

3. 串、并联阻抗的等效互换（图 2-7）

"等效"的概念：在工作频率相同的条件下，AB 两端的阻抗相等。

变换关系如下：

（1）品质因数不变，即

$$Q = Q_1 = \frac{X_1}{r_1} = \frac{R_2}{X_2} = Q_2$$

（2） $\qquad R_2 = (1 + Q^2) r_1, X_2 = \left(1 + \dfrac{1}{Q^2}\right) X_1$

（3）当 $Q_0 \gg 1$ 时，有

$$R_2 \approx Q^2 r_1, X_2 \approx X_1$$

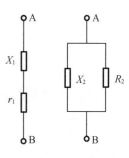

图 2-7 串、并联阻抗的等效互换

4. 并联谐振回路的耦合连接与阻抗变换

（1）三种耦合连接的形式

图 2-8（a）为变压器耦合形式。这种形式采用一次侧线圈匝数 N_1 和二次侧线圈匝数 N_2 表示耦合连接的变比关系。

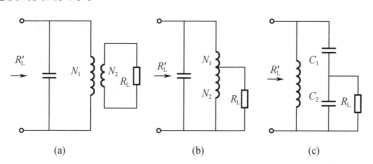

（a） （b） （c）

图 2-8 变压器三种耦合连接的形式

图 2-8（b）为自耦变压器耦合形式。这种形式不仅可以采用分压线圈匝数 N_1 和 N_2 表示耦合连接的变比关系，也可以采用分压线圈各自的电感 L_1 和 L_2 及相互之间的互感 M 的数值表示耦合连接的变比关系。

图 2-8（c）为双电容分压耦合形式。这种形式采用分压电容 C_1 和 C_2 的数值表示耦合连接的变比关系。

（2）接入系数 p 与变换关系

将电阻 R_L 等效变换成 R_L' 的变比关系可以用接入系数 p 表示。定义接入系数 p 为负载 R_L 两端电压 U_L（转换前负载电压）与等效负载 R_L' 两端电压 U_L'（转换后等效负载电压）之比，即

$$p = \frac{U_L}{U_L'}$$

可得变压器耦合、自耦变压器耦合与双电容分压耦合的接入系数为

$$p = \frac{\text{变换前的线圈圈数（或容抗、感抗）}}{\text{变换后的线圈圈数（或容抗、感抗）}}$$

在 p 的定义条件下可得各参量变换关系为

$$R_L' = \frac{1}{p^2}R_L, g_L' = p^2 g_L, X_L' = \frac{1}{p^2}X_L$$

$$C_L' = p^2 C_L, I_g' = p I_g, U_g' = \frac{1}{p}U_g$$

（3）变压器耦合连接的阻抗变换（图 2-8（a））

$$p = \frac{N_2}{N_1}, R_L' = \frac{1}{p^2}R_L = \left(\frac{N_1}{N_2}\right)^2 R_L$$

（4）自耦变压器耦合连接的阻抗变换（图 2-8（b））

$$p = \frac{N_2}{N_1 + N_2}, R_L' = \frac{1}{p^2}R_L = \left(\frac{N_1 + N_2}{N_2}\right)^2 R_L$$

图 2-9 是自耦变压器耦合的另一种形式，也可以认为是感抗元件的分压耦合。对于互感要注意同名端的对应位置。

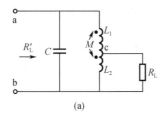 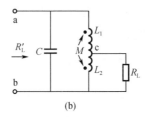

图 2-9 自耦变压器耦合的另一种形式

对于图 2-9(a)所示电路

$$p = \frac{\omega(L_2 + M)}{\omega(L_1 + L_2 + 2M)} = \frac{L_2 + M}{L_1 + L_2 + 2M}, R_L' = \frac{1}{p^2}R_L = \left(\frac{L_1 + L_2 + 2M}{L_2 + M}\right)^2 R_L$$

对于图 2-9(b)所示电路

$$p = \frac{\omega(L_2 - M)}{\omega(L_1 + L_2 - 2M)} = \frac{L_2 - M}{L_1 + L_2 - 2M}, R_L' = \frac{1}{p^2}R_L = \left(\frac{L_1 + L_2 - 2M}{L_2 - M}\right)^2 R_L$$

（5）双电容分压耦合连接的阻抗变换（图 2-8（c））

$$p = \frac{1/(\omega C_2)}{1/[\omega C_1 C_2/(C_1 + C_2)]} = \frac{C_1}{C_1 + C_2}, R_L' = \frac{1}{p^2}R_L = \left(\frac{C_1 + C_2}{C_1}\right)^2 R_L$$

例 2-5 电路如图 2-10 所示，其中 $L = 0.8$ μH，$Q_0 = 100$，$C = 5$ pF，$C_1 = 20$ pF，$C_2 =$

$20\ \mathrm{pF}, R = 10\ \mathrm{k\Omega}, R_\mathrm{L} = 5\ \mathrm{k\Omega}$，试计算回路的谐振频率 f_0、谐振电阻 R_P。

注意　此题是基本等效电路的计算，其中 L 为有损电感，应考虑损耗电阻 R_0（或电导 g_0）。

解　由图 2 – 10 可画出图 2 – 11 所示等效电路。

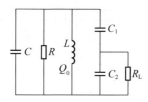 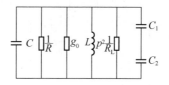

图 2 – 10　双电容分压阻抗变换　　　　　图 2 – 11　等效电路

（1）由图 2 – 11 可知，回路总电容 C_Σ 为

$$C_\Sigma = C + \frac{C_1 C_2}{C_1 + C_2} = \left(5 + \frac{20 \times 20}{20 + 20}\right)\ \mathrm{pF} = 15\ \mathrm{pF}$$

则

$$f_0 = \frac{1}{2\pi \sqrt{L C_\Sigma}} = \frac{1}{2\pi \sqrt{0.8 \times 10^{-6} \times 15 \times 10^{-12}}}\ \mathrm{Hz} = 45.97\ \mathrm{MHz}$$

（2）R_L 等效到回路两端时的接入系数 p 为

$$p = \frac{\dfrac{1}{\omega C_2}}{\dfrac{1}{\omega \dfrac{C_1 C_2}{C_1 + C_2}}} = \frac{C_1}{C_1 + C_2} = \frac{1}{2}$$

则

$$p^2 \frac{1}{R_\mathrm{L}} = 0.5^2 \times \frac{1}{5 \times 10^3}\ \mathrm{S} = 0.05 \times 10^{-3}\ \mathrm{S}$$

电感 L 的损耗电导 g_0 为

$$g_0 = \frac{1}{\omega_0 L Q_0} = \frac{1}{2\pi \times 45.97 \times 10^6 \times 0.8 \times 10^{-6} \times 100}\ \mathrm{S}$$
$$= 43.31 \times 10^{-6}\ \mathrm{S}$$

总电导为

$$g_\Sigma = \frac{1}{R} + g_0 + p^2 \frac{1}{R_\mathrm{L}} = \left(\frac{1}{10 \times 10^3} + 0.043\ 3 \times 10^{-3} + 0.05 \times 10^{-3}\right)\ \mathrm{S}$$
$$= 0.193\ 3 \times 10^{-3}\ \mathrm{S}$$

谐振电阻为

$$R_\mathrm{P} = 1/g_\Sigma = 5.17\ \mathrm{k\Omega}$$

例 2 – 6　电路如图 2 – 12 所示，给定参数如下：$f_0 = 30\ \mathrm{MHz}$，$C = 15\ \mathrm{pF}$，线圈 L_{13} 的 $Q_0 = 60$，$N_{12} = 6$，$N_{23} = 4$，$N_{45} = 3$，$R_1 = 8.2\ \mathrm{k\Omega}$，$R_\mathrm{g} = 2.7\ \mathrm{k\Omega}$，$R_\mathrm{L} = 910\ \Omega$，$C_\mathrm{g} = 10\ \mathrm{pF}$，$C_\mathrm{L} = 20\ \mathrm{pF}$。求 L_{13}、Q_L。

注意　此题是简化后的放大电路的等效电路。

解 （1）画等效电路

根据图 2－12 可画出图 2－13 所示等效电路，其中 $g_g = 1/R_g$，$g_L = 1/R_L$，$p_1 = N_{23}/N_{13} = 4/10 = 0.4$，$p_2 = N_{45}/N_{13} = 3/10 = 0.3$。

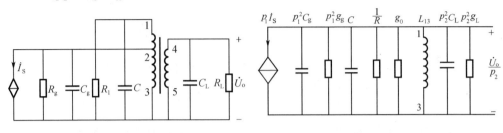

图 2－12　高频放大电路　　　　　　图 2－13　等效电路

（2）求 L_{13}

由图 2－13 可知

$$C_{\Sigma} = p_1^2 C_g + C + p_2^2 C_L = (0.4^2 \times 10 + 15 + 0.3^2 \times 20)\,\text{pF} = 18.4\ \text{pF}$$

$$L_{13} = \frac{1}{(2\pi f_0)^2 C_{\Sigma}} = \frac{1}{(2\pi \times 30 \times 10^6)^2 \times 18.4 \times 10^{-12}}\ \text{H}$$

$$= 1.53 \times 10^{-6}\ \text{H} = 1.53\ \mu\text{H}$$

（3）求 Q_L

$$g_0 = \frac{1}{\omega_0 L_{13} Q_0} = \frac{1}{2\pi \times 30 \times 10^6 \times 1.53 \times 10^{-6} \times 60}\ \text{S}$$

$$= 57.8 \times 10^{-6}\ \text{S} = 57.8\ \mu\text{S}$$

$$g_{\Sigma} = p_1^2 g_g + \frac{1}{R} + g_0 + p_2^2 g_L$$

$$= \left(0.4^2 \times \frac{1}{2.7 \times 10^3} + \frac{1}{8.2 \times 10^3} + 57.8 \times 10^{-6} + 0.3^2 \times \frac{1}{910}\right)\text{S}$$

$$= 337.9 \times 10^{-6}\ \text{S} = 337.9\ \mu\text{S}$$

$$Q_L = \frac{1}{\omega_0 L_{13} g_{\Sigma}} = \frac{1}{2\pi \times 30 \times 10^6 \times 1.53 \times 10^{-6} \times 337.9 \times 10^{-6}}$$

$$= 10.26$$

例 2－7　电路如图 2－14 所示，已知 $f = 30$ MHz，$C_1 = 20$ pF，$C_2 = 30$ pF，$R = 500\ \Omega$，分别计算图 2－14(a)和图 2－14(b)的 R' 的数值。

注意　接入系数的定义是转换前后容抗的关系，不是电容数值的关系。

解　（1）因为图 2－14(a)的接入系数 p 为

$$p = \frac{1/(\omega C_2)}{1/\left(\omega \dfrac{C_1 C_2}{C_1 + C_2}\right)} = \frac{C_1}{C_1 + C_2} = \frac{20}{20 + 30} = 0.4$$

所以

$$R' = \frac{1}{p^2}R = \frac{500}{0.4^2}\ \Omega = 3\,125\ \Omega$$

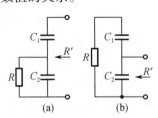

图 2－14　双电容分压
阻抗变换

（2）因为图 2 - 14(b)的接入系数 p 为

$$p = \frac{1 / \left(\omega \dfrac{C_1 C_2}{C_1 + C_2} \right)}{1 / (\omega C_2)} = \frac{C_1 + C_2}{C_1} = \frac{20 + 30}{20} = 2.5$$

所以

$$R' = \frac{1}{p^2} R = \frac{500}{2.5^2} \ \Omega = 80 \ \Omega$$

例 2 - 8　电路如图 2 - 15 所示，已知 $f = 30$ MHz，$L_1 = 1.5 \ \mu H$，$L_2 = 2.0 \ \mu H$，$M = 1.0 \ \mu H$，同名端如图所示，$R = 1$ kΩ，分别计算图 2 - 15(a)和图 2 - 15(b)的 R' 的数值。

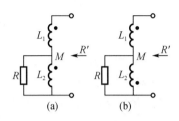

图 2 - 15　双电感分压
阻抗变换

解　（1）因为图 2 - 15(a)的接入系数 p 为

$$p = \frac{\omega (L_2 + M)}{\omega (L_1 + L_2 + 2M)} = \frac{L_2 + M}{L_1 + L_2 + 2M}$$

$$= \frac{2.0 + 1.0}{1.5 + 2.0 + 2 \times 1.0} = \frac{3}{5.5}$$

所以

$$R' = \frac{1}{p^2} R = \left(\frac{5.5}{3} \right)^2 \times 1 \ \text{kΩ} = 3.361 \ \text{kΩ}$$

（2）因为图 2 - 15(b)的接入系数 p 为

$$p = \frac{\omega (L_2 - M)}{\omega (L_1 + L_2 - 2M)} = \frac{L_2 - M}{L_1 + L_2 - 2M} = \frac{2.0 - 1.0}{2.0 + 1.5 - 2 \times 1} = \frac{1}{1.5}$$

所以

$$R' = \frac{1}{p^2} R = \left(\frac{1.5}{1} \right)^2 \times 1 \ \text{kΩ} = 2.25 \ \text{kΩ}$$

2.3.4　晶体管高频小信号 y 参数等效电路

晶体管作为线性有源器件可以用二端口网络等效，通常可等效为 y 参数等效电路、z 参数等效电路和 h 参数等效电路等。在分析高频小信号放大器时晶体管选用 y 参数等效电路等效的原因是，高频小信号放大器的选频回路多数为并联谐振回路，在分析讨论放大电路时比较方便。

图 2 - 16 是晶体管 y 参数等效电路。根据二端口网络理论，选定输入电压 $\dot{U}_{be}$ 和输出电压 $\dot{U}_{ce}$ 为自变量，输入电流 $\dot{I}_b$ 和输出电流 $\dot{I}_c$ 为参变量，则得到 y 参数的方程组为

$$\dot{I}_b = y_{ie} \dot{U}_{be} + y_{re} \dot{U}_{ce}$$

$$\dot{I}_c = y_{fe} \dot{U}_{be} + y_{oe} \dot{U}_{ce}$$

式中，$y_{ie} = \dot{I}_b / \dot{U}_{be} \big|_{U_{ce}=0}$ 为输出短路时的共射组态的输入导纳；$y_{re} = \dot{I}_b / \dot{U}_{ce} \big|_{U_{be}=0}$ 为输入短路时的共射组态的反向传输导纳；$y_{fe} = \dot{I}_c / \dot{U}_{be} \big|_{U_{ce}=0}$ 为输出短路时的共射组态的正向传输导纳；$y_{oe} = \dot{I}_c / \dot{U}_{ce} \big|_{U_{be}=0}$ 为输入短路时的共射组态的输出导纳。

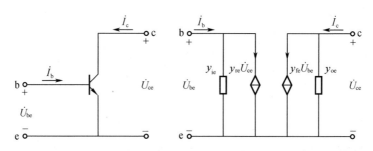

图 2 - 16　晶体管 y 参数等效电路

y 参数可以通过测量仪器进行测量,也可以通过混合 π 等效电路的参数进行计算,其计算关系式可参阅《高频电子线路(第 4 版)》。必须注意的是,对于晶体管来说,y_{ie} 由电导 g_{ie} 和电容 C_{ie} 并联组成,而 y_{oe} 由电导 g_{oe} 和电容 C_{oe} 并联组成,即

$$y_{ie} = g_{ie} + j\omega C_{ie}$$
$$y_{oe} = g_{oe} + j\omega C_{oe}$$

由于工作于高频时晶体管的极间电容是不能忽略的,因此 y 参数是用复数表示的。

2.3.5　晶体管单调谐回路谐振放大器分析

1. 单调谐回路谐振放大电路形式

图 2 - 17 是单调谐回路谐振放大器(单调谐放大器)。它由共射组态的晶体管和并联谐振回路组成。其直流偏置由 R_1、R_2、R_e 来实现。C_b、C_e 为高频旁路电容。

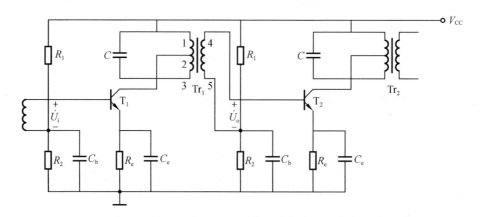

图 2 - 17　单调谐回路谐振放大器

2. 单调谐放大器的等效电路及其简化

图 2 - 18 是晶体管 T_1 组成的单调谐放大器的高频小信号等效电路,其中晶体管 T_1 用 y 参数等效电路等效,信号源用 $\dot{I}_s$ 和 Y_s 等效。变压器二次侧的负载为下一级放大器的输入导纳 Y_{ie2}。

为了分析的简化,假设晶体管的 $y_{re} = 0$。单调谐放大器简化的等效电路如图 2 - 19 所示。必须注意的是,晶体管 T_2 的输入导纳 y_{ie2} 接在变压器二次侧的两端。如果多级放大器采用同型号的管子,在各管子工作电流相同时,$y_{ie1} = y_{ie2} = y_{ie}$。

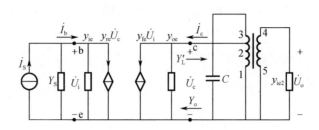

图 2 – 18 单调谐放大器的高频小信号等效电路

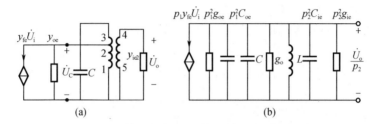

图 2 – 19 单调谐放大器简化的等效电路

设 T_1 和 T_2 是同型号的晶体管,电感线圈的电感量为 L,空载品质因数为 Q_0,则空载谐振电导 $g_0 = 1/(\omega_0 L Q_0)$。由于 $y_{ie} = g_{ie} + j\omega C_{ie}$,$y_{oe} = g_{oe} + j\omega C_{oe}$,故 y_{ie} 可用 g_{ie} 和 C_{ie} 并联表示,y_{oe} 可用 g_{oe} 和 C_{oe} 并联表示。根据接入系数的定义,$p_1 = N_{12}/N_{13}$,$p_2 = N_{45}/N_{13}$。由简化的等效电路可以很方便地对放大器的技术指标进行分析。

3. 放大器的技术指标

(1)电压增益 $\dot{A}_u$

由图 2 – 19 可知,并联回路总电导为

$$g_\Sigma = p_1^2 g_{oe} + g_0 + p_2^2 g_{ie}$$

并联回路总电容为

$$C_\Sigma = p_1^2 C_{oe} + C + p_2^2 C_{ie}$$

根据定义,电压增益为

$$\dot{A}_u = \frac{\dot{U}_o}{\dot{U}_i} = -\frac{p_1 p_2 y_{fe}}{g_\Sigma + j\omega C_\Sigma + \dfrac{1}{j\omega L}}$$

回路谐振频率为

$$\omega_0 = \frac{1}{\sqrt{LC_\Sigma}}$$

谐振时的电压增益为

$$\dot{A}_{u0} = -\frac{p_1 p_2 y_{fe}}{g_\Sigma}$$

式中,负号(–)表示放大器的输出电压与输入电压相位差为 $180°$。此外,y_{fe} 是一个复数,它有一个相角 φ_{fe}。因此,一般来说,放大器谐振时,$\dot{U}_o$ 与 $\dot{U}_i$ 的相位差不是 $180°$,而是 $180° + \varphi_{fe}$。只有当工作频率较低时,$\varphi_{fe} = 0$,$\dot{U}_o$ 与 $\dot{U}_i$ 的相位差才是 $180°$。

(2)谐振曲线

放大器的谐振曲线表示放大器的相对电压增益与输入信号频率的关系。它可表示为

$$\frac{\dot{A}_u}{\dot{A}_{u0}} = \frac{1}{1 + jQ_L\left(\dfrac{\omega}{\omega_0} - \dfrac{\omega_0}{\omega}\right)} = \frac{1}{1 + jQ_L\left(\dfrac{f}{f_0} - \dfrac{f_0}{f}\right)}$$

对于谐振放大器来说,通常讨论的是 f 在 f_0 附近变化,可用下式表示:

$$\frac{\dot{A}_u}{\dot{A}_{u0}} = \frac{1}{1 + jQ_L\dfrac{2\Delta f}{f_0}}$$

式中,$\Delta f = f - f_0$,称为一般失谐。

对于 $Q_L 2\Delta f/f_0$ 仍具有失谐的含义,令 $\xi = Q_L 2\Delta f/f_0$,称为广义失谐。可得

$$\frac{\dot{A}_u}{\dot{A}_{u0}} = \frac{1}{1 + j\xi}$$

取其模可得

$$\frac{A_u}{A_{u0}} = \frac{1}{\sqrt{1 + \xi^2}}$$

图 2 - 20 是放大器谐振特性的两种表示形式。

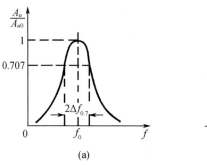
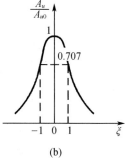

(a)   (b)

图 2 - 20   放大器谐振特性的两种表示形式

(3)放大器的通频带

根据通频带定义,$A_u/A_{u0} = 1/\sqrt{2}$ 时所对应的 $2\Delta f$ 为放大器的通频带,常用 $2\Delta f_{0.7}$ 表示。有

$$\frac{A_u}{A_{u0}} = \frac{1}{\sqrt{1 + \xi^2}} = \frac{1}{\sqrt{2}}$$

$$\xi = Q_L \frac{2\Delta f_{0.7}}{f_0} = 1$$

则

$$2\Delta f_{0.7} = f_0/Q_L$$

(4)放大器的矩形系数

根据矩形系数的定义

$$K_{r0.1} = \frac{2\Delta f_{0.1}}{2\Delta f_{0.7}}$$

式中，$2\Delta f_{0.1}$ 是 $A_u/A_{u0}=0.1$ 时所对应的频带宽度。

$$\frac{A_u}{A_{u0}} = \frac{1}{\sqrt{1+\xi^2}} = \frac{1}{10}$$

$$\xi = Q_L \frac{2\Delta f_{0.1}}{f_0} = \sqrt{100-1} = \sqrt{99}$$

则

$$2\Delta f_{0.1} = \sqrt{99} f_0 / Q_L$$

$$K_{r0.1} = \sqrt{99}$$

单调谐回路谐振放大器的矩形系数远大于 1，其选择性差。

4. 多级单调谐回路谐振放大器的主要技术指标

（1）多级单调谐回路谐振放大器的总电压增益

若放大器为 m 级，各级电压增益分别为 $A_{u1}, A_{u2}, \cdots, A_{um}$，则总电压增益 A_m 是各级电压增益的乘积，即

$$A_m = A_{u1} \cdot A_{u2} \cdots A_{um}$$

若各级电压增益相同，则 m 级放大器的总电压增益为

$$A_m = (A_{u1})^m$$

（2）多级单调谐回路谐振放大器的谐振曲线

m 级相同的放大器级联时，它的谐振曲线等于各单级谐振曲线的乘积，可表示为

$$\frac{A_m}{A_{m0}} = \frac{1}{\left[1+\left(Q_L\frac{2\Delta f}{f_0}\right)^2\right]^{\frac{m}{2}}}$$

（3）多级单调谐回路谐振放大器的总通频带

m 级相同的放大器级联时，总通频带为

$$(2\Delta f_{0.7})_m = \sqrt{2^{\frac{1}{m}}-1}\,\frac{f_0}{Q_L} = \sqrt{2^{\frac{1}{m}}-1}\,(2\Delta f_{0.7})_1$$

式中，Q_L 为单级单调谐回路谐振放大器有载品质因数；$(2\Delta f_{0.7})_1$ 为单级单调谐回路谐振放大器的通频带。

（4）多级单调谐回路谐振放大器的总矩形系数

m 级单调谐回路谐振放大器的总矩形系数为

$$(K_{r0.1})_m = \frac{\sqrt{100^{\frac{1}{m}}-1}}{\sqrt{2^{\frac{1}{m}}-1}}$$

可见，级数越多，矩形系数越小。

例 2 - 9　在图 2 - 21 中，放大器的工作频率 $f_0 = 10.7$ MHz，谐振回路的 $L_{13} = 4$ μH，$Q_0 = 100$，$N_{23} = 8$，$N_{12} = 12$，$N_{45} = 6$，晶体管在直流工作点的参数为 $g_{oe} = 200$ μS，$C_{oe} = 7$ pF，$g_{ie} = 2\,860$ μS，$C_{ie} = 18$ pF，$y_{fe} = 45$ mS，$\varphi_{fe} = -54°$，$y_{re} = 0$。（1）画出高频等效电路；（2）计算 C、A_{u0}、$2\Delta f_{0.7}$、$K_{r0.1}$。

注意　画高频等效电路需要准确判断回路交流接地点。

解　（1）画高频等效电路如图 2 - 22 所示，调谐回路一次侧的 3 端和二次侧的 5 端高频交流接地。接入系数为

$$p_1 = N_{23}/(N_{12}+N_{23}) = 8/20 = 0.4, p_2 = N_{45}/N_{13} = 6/20 = 0.3$$

$$g_0 = \frac{1}{\omega_0 L Q_0} = \frac{1}{2\pi \times 10.7 \times 10^6 \times 4 \times 10^{-6} \times 100} \text{ S} = 37.19 \ \mu\text{S}$$

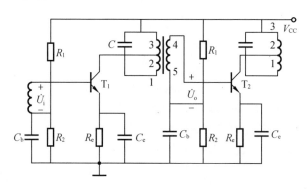

图 2-21 单调谐放大器

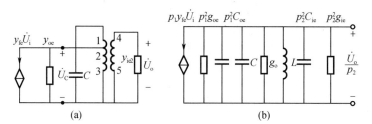

图 2-22 高频等效电路

(2)计算 C。由等效电路可知,回路总电容为

$$C_\Sigma = p_1^2 C_{oe} + C + p_2^2 C_{ie}$$

而谐振回路的谐振频率 $f_0 = \dfrac{1}{2\pi \sqrt{LC_\Sigma}}$,则

$$C_\Sigma = \frac{1}{(2\pi f_0)^2 L} = \frac{1}{(2\pi \times 10.7 \times 10^6)^2 \times 4 \times 10^{-6}} \text{ F}$$

$$= 55.31 \times 10^{-12} \text{ F} = 55.31 \text{ pF}$$

$$C = C_\Sigma - p_1^2 C_{oe} - p_2^2 C_{ie} = (55.31 - 0.4^2 \times 7 - 0.3^2 \times 18)\text{pF} = 52.57 \text{ pF}$$

(3)计算 A_{u0}、$2\Delta f_{0.7}$ 和 $K_{r0.1}$。由等效电路可知,总电导为

$$g_\Sigma = p_1^2 g_{oe} + g_0 + p_2^2 g_{ie}$$

$$= (0.4^2 \times 200 \times 10^{-6} + 37.19 \times 10^{-6} + 0.3^2 \times 2\,860 \times 10^{-6})\text{ S}$$

$$= 326.59 \times 10^{-6} \text{ S} = 326.59 \ \mu\text{S}$$

$$A_{u0} = -\frac{p_1 p_2 y_{fe}}{g_\Sigma} = -\frac{0.4 \times 0.3 \times 45 \times 10^{-3} e^{j(-54°)}}{326.59 \times 10^{-6}} = 16.53 e^{j(-54°)}$$

$$Q_L = \frac{1}{\omega_0 L g_\Sigma} = \frac{1}{2\pi \times 10.7 \times 10^6 \times 4 \times 10^{-6} \times 326.59 \times 10^{-6}} = 11.39$$

$$2\Delta f_{0.7} = f_0/Q_L = 10.7/11.39 \text{ MHz} = 0.939 \text{ MHz}$$

$$K_{r0.1} = \sqrt{99}$$

例 2 - 10　单调谐放大器如图 2 - 23 所示。已知工作频率 $f_0 = 30$ MHz，$L_{13} = 1$ μH，$Q_0 = 80$，$N_{13} = 20$，$N_{23} = 5$，$N_{45} = 4$。晶体管的 y 参数为 $y_{ie} = (1.6 + j4.0)$ mS，$y_{re} = 0$，$y_{fe} = (36.4 - j42.4)$ mS，$y_{oe} = (0.072 + j0.60)$ mS。电路中 $R_{b1} = 15$ kΩ，$R_{b2} = 6.2$ kΩ，$R_e = 1.6$ kΩ，$C_1 = 0.01$ μF，$C_e = 0.01$ μF，回路并联电阻 $R = 4.3$ kΩ，负载电阻 $R_L = 620$ Ω。(1)画出高频等效电路；(2)计算回路电容 C；(3)计算 A_{u0}、$2\Delta f_{0.7}$、$K_{r0.1}$。

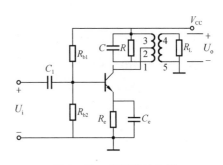

图 2 - 23　单调谐放大器

　　注意　负载不是晶体管而是 R_L 时，分析等效电路要注意与晶体管为放大器负载的区别，具体计算仍然由实际等效电路来决定。

　　解　(1)画高频等效电路

　　由题意已知晶体管的 $y_{re} = 0$，可画高频等效电路如图 2 - 24 所示。

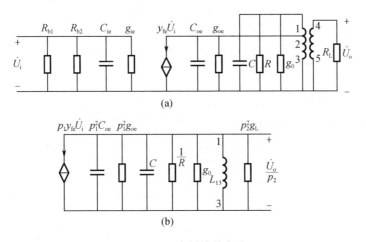

(a)

(b)

图 2 - 24　高频等效电路

　　图 2 - 24(a)是根据实际放大器画出的 $y_{re} = 0$ 的高频等效电路，输入电压 $\dot{U}_i$ 加在晶体管 b、e 之间，偏置电阻 R_{b1} 和 R_{b2} 以并联形式加在 b、e 之间，而晶体管的输入电导 g_{ie} 和输入电容 C_{ie} 也以并联形式加在 b、e 之间。因为 $y_{re} = 0$，输出电压不会影响输入电流的变化，而输入电压 $\dot{U}_i$ 已在电流源 $y_{fe}\dot{U}_i$ 中反映出，所以进一步将各元件等效到回路两端时，前一半等效电路可以不再画出，直接画出如图 2 - 24(b)所示的高频等效电路。其中各参数计算如下：

$$p_1 = \frac{N_{23}}{N_{13}} = \frac{5}{20} = 0.25, \quad p_2 = \frac{N_{45}}{N_{13}} = \frac{4}{20} = 0.2$$

$$g_{oe} = 0.072 \text{ mS}, \quad C_{oe} = \frac{0.60 \times 10^{-3}}{2\pi \times 30 \times 10^6} \text{ F} = 3.18 \text{ pF}$$

$$|y_{fe}| = \sqrt{36.4^2 + 42.4^2} \text{ mS} = 55.88 \text{ mS}, \quad \varphi_{fe} = \arctan\frac{-42.4}{36.4} = -49.35°$$

$$g_0 = \frac{1}{\omega_0 L Q_0} = \frac{1}{2\pi \times 30 \times 10^6 \times 1 \times 10^{-6} \times 80} \text{S} = 66.35 \ \mu\text{S}$$

$$g_\Sigma = p_1^2 g_{oe} + g_0 + \frac{1}{R} + p_2^2 g_L = \left(0.25^2 \times 72 \times 10^{-6} + 66.35 \times 10^{-6} + \frac{1}{4.3 \times 10^3} + 0.2^2 \frac{1}{620} \right) \text{S}$$

$$= 367.93 \times 10^{-6} \text{ S}$$

（2）计算回路电容 C

因为 $C_\Sigma = p_1^2 C_{oe} + C$，且

$$C_\Sigma = \frac{1}{(2\pi f_0)^2 L_{13}} = \frac{1}{(2\pi \times 30 \times 10^6)^2 \times 1 \times 10^{-6}} \text{ F} = 28.17 \text{ pF}$$

所以 $\qquad C = C_\Sigma - p_1^2 C_{oe} = (28.17 - 0.25^2 \times 3.18) \text{pF} = 27.97 \text{ pF}$

（3）计算 A_{u0}、$2\Delta f_{0.7}$、$K_{r0.1}$

$$A_{u0} = -\frac{p_1 p_2 |y_{fe}| e^{j\varphi_{fe}}}{g_\Sigma} = -\frac{0.25 \times 0.2 \times 55.88 \times 10^{-3}}{367.93 \times 10^{-6}} e^{-j49.35°} = -7.59 e^{-j49.35°}$$

$$|A_{u0}| = 7.59$$

$$Q_L = \frac{1}{\omega_0 L_{13} g_\Sigma} = \frac{1}{2\pi \times 30 \times 10^6 \times 1 \times 10^{-6} \times 367.93 \times 10^{-6}} = 14.4$$

$$2\Delta f_{0.7} = \frac{f_0}{Q_L} = \frac{30}{14.4} \text{ MHz} = 2.08 \text{ MHz}$$

$$K_{r0.1} = \sqrt{99}$$

例 2 – 11　单调谐放大器如图 2 – 25 所示。已知 $L_{14} = 1 \ \mu\text{H}$，$Q_0 = 100$，$N_{12} = 3$，$N_{23} = 3$，$N_{34} = 4$，工作频率 $f_0 = 30$ MHz，晶体管在工作点的 y 参数为 $g_{ie} = 3.2$ mS，$C_{ie} = 10$ pF，$g_{oe} = 0.55$ mS，$C_{oe} = 5.8$ pF，$y_{fe} = 53$ mS，$\varphi_{fe} = -47°$，$y_{re} = 0$。（1）画出高频等效电路；（2）计算回路电容 C；（3）计算 A_{u0}、$2\Delta f_{0.7}$、$K_{r0.1}$。

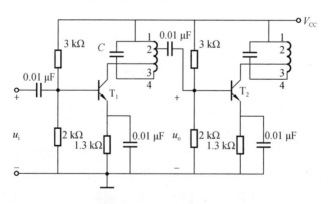

图 2 – 25　单调谐放大器

注意　采用了自耦变压器构成的调谐回路，通过画高频等效电路，掌握画高频等效电路的方法，并熟习计算方法。

解　（1）画高频等效电路

由于晶体管的 $y_{re} = 0$，因此画高频等效电路时，可将输入端的等效电路忽略而只画输出端的高频等效电路，而输入电压 $\dot{U}_i$ 在电流源 $y_{fe} \dot{U}_i$ 中已有反映。图 2 – 26（a）为高频等效电

路,图 2 - 26(b)是将晶体管及后级负载等效到回路 1,4 两端后的等效电路。其中等效电路各元件参数的计算如下:

$$p_1 = \frac{N_{31}}{N_{41}} = \frac{6}{10} = 0.6 , \quad p_2 = \frac{N_{21}}{N_{41}} = \frac{3}{10} = 0.3$$

$$g_0 = \frac{1}{\omega_0 L_{14} Q_0} = \frac{1}{2\pi \times 30 \times 10^6 \times 1 \times 10^{-6} \times 100} \text{ S} = 53 \times 10^{-6} \text{ S} = 0.053 \text{ mS}$$

$$g_\Sigma = p_1^2 g_{oe} + g_0 + p_2^2 \frac{1}{2 \times 10^3} + p_2^2 \frac{1}{3 \times 10^3} + p_2^2 g_{ie2}$$

$$= \left(0.6^2 \times 0.55 + 0.053 + 0.3^2 \times \frac{1}{2} + 0.3^2 \times \frac{1}{3} + 0.3^2 \times 3.2 \right) \times 10^{-3} \text{ S}$$

$$= 0.614 \text{ mS}$$

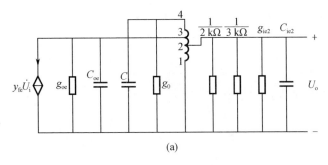

(a)

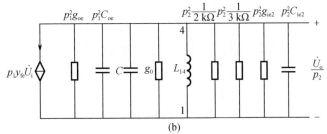

(b)

图 2 - 26 高频等效电路

(2)计算回路电容 C

因为 $C_\Sigma = p_1^2 C_{oe} + C + p_2^2 C_{ie2}$,且

$$C_\Sigma = \frac{1}{(2\pi f_0)^2 L_{14}} = \frac{1}{(2\pi \times 30 \times 10^6)^2 \times 1 \times 10^{-6}} \text{ F} = 28.17 \text{ pF}$$

所以

$$C = C_\Sigma - p_1^2 C_{oe} - p_2^2 C_{ie2} = (28.17 - 0.6^2 \times 5.8 - 0.3^2 \times 10) \text{pF} = 25.18 \text{ pF}$$

(3)计算 A_{u0}、$2\Delta f_{0.7}$、$K_{r0.1}$

$$A_{u0} = -\frac{p_1 p_2 |y_{fe}| e^{j\varphi_{fe}}}{g_\Sigma} = -\frac{0.6 \times 0.3 \times 53 \times 10^{-3} e^{-j47°}}{0.614 \times 10^{-3}} = -15.54 e^{-j47°}$$

$$|A_{u0}| = 15.54$$

$$Q_L = \frac{1}{\omega_0 L_{14} g_\Sigma} = \frac{1}{2\pi \times 30 \times 10^6 \times 1 \times 10^{-6} \times 0.614 \times 10^{-3}} = 8.64$$

$$2\Delta f_{0.7} = \frac{f_0}{Q_L} = \frac{30}{8.64} \text{ MHz} = 3.47 \text{ MHz}$$

$$K_{r0.1} = \sqrt{99}$$

2.3.6 小信号谐振放大器的稳定性

1. 谐振放大器存在不稳定的原因

因为晶体管的反向传输导纳 y_{re} 不为零,所以放大器的输出电压可通过晶体管的 y_{re} 反向作用到输入端,引起输入电流的变化。这种反馈作用可能会引起放大器产生自激等不良后果。

2. 放大器的稳定系数

图 2-27 是调谐放大器的等效电路。当信号源提供输入电压 $\dot{U}_i$ 后,通过晶体管正向传输导纳 y_{fe} 得到

$$\dot{U}_c = -\frac{y_{fe}\dot{U}_i}{y_{oe} + Y'_L}$$

而 $\dot{U}_c$ 通过反向传输导纳 y_{re} 反馈到输入端得

$$U'_i = -\frac{y_{re}\dot{U}_c}{y_{ie} + Y_S} = \frac{y_{re}y_{fe}}{(y_{ie} + Y_S)(y_{oe} + Y'_L)}\dot{U}_i$$

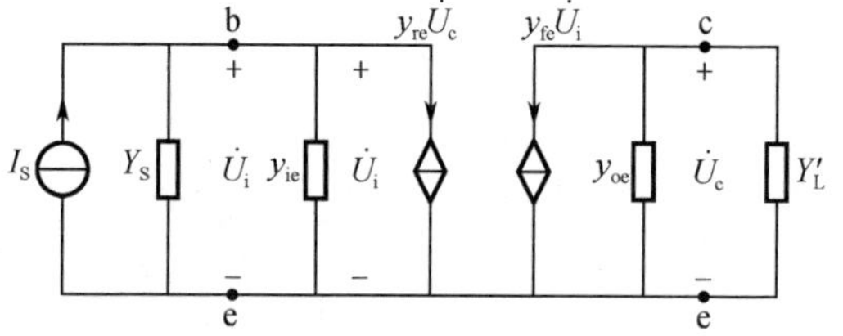

图 2-27 调谐放大器的等效电路

如果反馈电压 $\dot{U}'_i$ 在相位和幅度上与 $\dot{U}_i$ 相同,这就意味着放大器要产生自激振荡。

放大器稳定系数 S 的定义是

$$S = \frac{\dot{U}_i}{\dot{U}'_i} = \frac{(y_{ie} + Y_S)(y_{oe} + Y'_L)}{y_{re}y_{fe}}$$

S 越大,放大器越稳定;$S = 1$ 为维持自激振荡的条件。对于一般放大器来说,$S \geq 5$ 就可以认为是稳定的。

经分析推导,放大器的稳定系数可表示为

$$S = \frac{2(g_{ie} + g_S)(g_{oe} + g'_L)}{|y_{fe}||y_{re}|[1 + \cos(\varphi_{fe} + \varphi_{re})]}$$

式中,g_S 和 g'_L 在计算上比较困难,特别是多级放大器。通常判断放大器稳定性的问题采用计算稳定电压增益来进行比较说明。

3. 单级单调谐放大器的稳定电压增益

稳定电压增益是指晶体管不加任何稳定措施而满足稳定系数 S(例如 $S \geq 5$)要求时,放大器工作于谐振频率的最大电压增益。

稳定电压增益 $|A_{u0}|_{\mathrm{S}}$ 经分析推导可得

$$|A_{u0}|_{\mathrm{S}} = \sqrt{\frac{2|y_{\mathrm{fe}}|}{S|y_{\mathrm{re}}|[1 + \cos(\varphi_{\mathrm{fe}} + \varphi_{\mathrm{re}})]}}$$

在晶体管确定后,根据稳定系数 S 的要求,可计算出在不加任何稳定措施情况下的放大器的允许最大电压增益。如果实际未加任何稳定措施的放大器的电压增益小于 $|A_{u0}|_{\mathrm{S}}$,那么说明对应的 S 值大于要求的 S 值,放大器是稳定的;如果实际未加任何稳定措施的放大器的电压增益大于 $|A_{u0}|_{\mathrm{S}}$,那么说明对应的 S 值小于要求的 S 值,放大器是不稳定的。

4. 提高谐振放大器稳定性的措施

由于 y_{re} 的反馈作用,晶体管是一个双向器件。使晶体管 y_{re} 的反馈作用消除的过程称为单向化。单向化的目的是提高放大器的稳定性。单向化的方法有中和法和失配法。

(1)中和法

所谓中和法,是指在晶体管放大器的输出与输入之间引入一个附加的外部反馈电路,以抵消晶体管内部 y_{re} 的反馈作用。

图 2-28 给出了中和电路的两种形式。其中,图 2-28(a) 是一种较常用的形式,可以认为 y_{re} 的反馈是由 $C_{\mathrm{b'c}}$ 的反馈引起的,它的作用是 U_{12} 通过 $C_{\mathrm{b'c}}$ 反馈引起晶体管输入电流 I_{b} 的变化。为了抵消这一反馈的影响,应选用一个与 U_{12} 相位相反的电压经中和电容反馈到输入端抵消 $C_{\mathrm{b'c}}$ 反馈的影响。从电路可知 U_{32} 与 U_{12} 的相位正好相反,只要满足

$$U_{32}\mathrm{j}\omega C_{\mathrm{N}} = U_{12}\mathrm{j}\omega C_{\mathrm{b'c}}$$

即

$$C_{\mathrm{N}} = \frac{U_{12}}{U_{32}}C_{\mathrm{b'c}} = \frac{N_{12}}{N_{32}}C_{\mathrm{b'c}}$$

电路就能够起到中和的作用,从而提高放大器的稳定性。

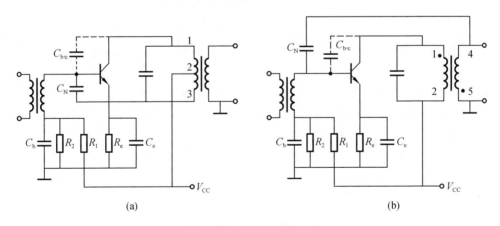

(a)　　　　　　　　　　　　　　(b)

图 2-28　中和电路的连接

图 2-28(b) 中,由于内部反馈 $C_{\mathrm{b'c}}$ 是通过 U_{12} 实现的,外部反馈 C_{N} 的电压就不能从初级引入,只能从次级 U_{45} 引入,但 U_{45} 必须与 U_{12} 的相位相反,电路中的同名端的标注就是保证 U_{45} 与 U_{12} 的相位相反,只要满足

$$U_{45}\mathrm{j}\omega C_{\mathrm{N}} = U_{12}\mathrm{j}\omega C_{\mathrm{b'c}}$$

即

$$C_N = \frac{U_{12}}{U_{45}} C_{b'c} = \frac{N_{12}}{N_{45}} C_{b'c}$$

电路就能够起到中和的作用,从而提高放大器的稳定性。

应特别注意的是,严格的中和很难达到。因为晶体管的 y_{re} 是随频率变化的,而 C_N 是不随频率变化的,所以只能对一个频率点起到完全中和的作用。

(2)失配法

所谓失配法,是指信号源内阻不与晶体管的输入阻抗匹配,晶体管输出端的负载不与本级晶体管的输出阻抗匹配。

失配法的实质是降低放大器的电压增益,使其小于 $|A_{u0}|_s$,以确保满足稳定的要求。可以选用合适的接入系数 p_1、p_2 或在谐振回路两端并联阻尼电阻来降低电压增益。在实际运用中,较多的是采用共射 – 共基级联放大器,其等效电路如图 2 – 29 所示。由于后级共基晶体管的输入导纳较大,对于前级共射晶体管来说,它

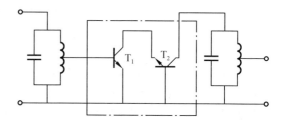

图 2 – 29 共射 – 共基级联放大器等效电路

是负载。大的负载导纳使电压增益降低,但它仍有较大的电流增益。后级共基放大的电流增益小,电压增益大。组合后的放大器的总电压增益和功率增益都与单管共射放大器差不多,但稳定性更高。

共射 – 共基级联晶体管可以等效为一个共射晶体管。在 $y_{ie} \gg y_{re}$、$y_{fe} \gg y_{ie}$、$y_{fe} \gg y_{oe}$ 的条件下,可以证明相同晶体管组成共射 – 共基组态的等效晶体管的 y 参数为

$$y_i' \approx y_{ie}, \quad y_r' \approx \frac{y_{re}}{y_{fe}}(y_{re} + y_{oe})$$

$$y_f' \approx y_{fe}, \quad y_o' \approx -y_{re}$$

由上式可知,y_r' 比 y_{re} 小一两个数量级,而 y_i'、y_f' 与单管相同,说明放大器的稳定性提高了。

例 2 – 12 单调谐放大器如图 2 – 30 所示。已知工作频率 $f_0 = 10.7$ MHz,谐振回路的 $L_{13} = 4$ μH,$Q_0 = 100$,$N_{23} = 5$,$N_{13} = 20$,$N_{45} = 6$,晶体管的 y 参数为 $y_{ie} = (2.86 + j3.4)$ mS,$y_{re} = (0.08 - j0.3)$ mS,$y_{fe} = (26.4 - j36.4)$ mS,$y_{oe} = (0.2 + j1.3)$ mS。

(1)忽略 y_{re};①画出高频等效电路;②计算电容 C;③计算单级 A_{u0}、$2\Delta f_{0.7}$、$K_{r0.1}$。

(2)考虑 y_{re};①若 $S \geqslant 5$ 为稳定,计算 $|A_{u0}|_s$;②判断并说明此放大器是否稳定。

注意 本题是通过计算结果来判断放大器的稳定性能。通过比较 $|A_{u0}|_s$ 与 $|A_{u0}|$ 来判断放大器的稳定与否。

解 (1)忽略 y_{re},可认为 $y_{re} = 0$。

①画高频等效电路

画高频等效电路如图 2 – 31 所示。

谐振回路一次侧 3 端和二次侧 5 端高频交流接地,接入系数为

$$p_1 = \frac{N_{23}}{N_{13}} = \frac{5}{20} = 0.25, \quad p_2 = \frac{N_{45}}{N_{13}} = \frac{6}{20} = 0.3$$

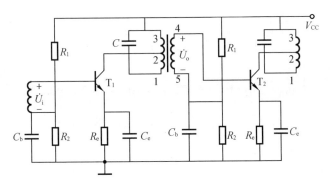

图 2-30　单调谐放大器

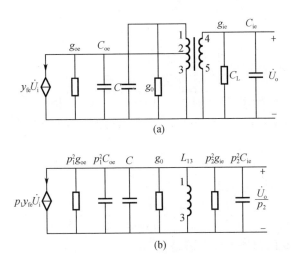

(a)

(b)

图 2-31　高频等效电路

$$g_0 = \frac{1}{\omega_0 L_{13} Q_0} = \frac{1}{2\pi \times 10.7 \times 10^6 \times 4 \times 10^{-6} \times 100} \text{ S} = 37.2 \times 10^{-6} \text{ S}$$

$$g_{oe} = 0.2 \text{ mS}, \quad C_{oe} = \frac{1.3 \times 10^{-3}}{2\pi \times 10.7 \times 10^6} \text{ F} = 19.35 \times 10^{-12} \text{ F}$$

$$g_{ie} = 2.86 \text{ mS}, \quad C_{ie} = \frac{3.4 \times 10^{-3}}{2\pi \times 10.7 \times 10^6} \text{ F} = 50.60 \times 10^{-12} \text{ F}$$

$$|y_{fe}| = \sqrt{26.4^2 + 36.4^2} \text{ mS} = 45 \text{ mS}, \quad \varphi_{fe} = \arctan\frac{-36.4}{26.4} = -54°$$

$$g_\Sigma = p_1^2 g_{oe} + g_0 + p_2^2 g_{ie} = (0.25^2 \times 0.2 \times 10^{-3} + 37.2 \times 10^{-6} + 0.3^2 \times 2.86 \times 10^{-3}) \text{ S}$$
$$= 307.1 \times 10^{-6} \text{ S}$$

②计算电容 C

因为 $C_\Sigma = p_1^2 C_{oe} + C + p_2^2 C_{ie}$，且

$$C_\Sigma = \frac{1}{(2\pi f_0)^2 L_{13}} = \frac{1}{(2\pi \times 10.7 \times 10^6)^2 \times 4 \times 10^{-6}} \text{ F} = 55.37 \times 10^{-12} \text{ F}$$

则　　　$C = C_\Sigma - p_1^2 C_{oe} - p_2^2 C_{ie2} = (55.37 - 0.25^2 \times 19.35 - 0.3^2 \times 50.60) \text{ pF} = 49.61 \text{ pF}$

③计算 A_{u0}、$2\Delta f_{0.7}$、$K_{r0.1}$

$$A_{u0} = -\frac{p_1 p_2 y_{fe}}{g_\Sigma} = -\frac{0.25 \times 0.3 \times 45 \times 10^{-3}}{307.1 \times 10^{-6}} e^{-j54^\circ} = -10.99 e^{-j54^\circ}$$

$$Q_L = \frac{1}{\omega_0 L_{13} g_\Sigma} = \frac{1}{2\pi \times 10.7 \times 10^6 \times 4 \times 10^{-6} \times 307.1 \times 10^{-6}} = 12.11$$

$$2\Delta f_{0.7} = \frac{f_0}{Q_L} = \frac{10.7}{12.11} \text{ MHz} = 0.884 \text{ MHz}$$

$$K_{r0.1} = \sqrt{99}$$

(2)考虑 y_{re}。

①若 $S \geq 5$ 为稳定,则

$$|y_{re}| = \sqrt{0.08^2 + 0.3^2} = 0.31 \text{ mS}, \quad \varphi_{re} = \arctan \frac{-0.3}{0.08} = -75^\circ$$

$$|A_{u0}|_S = \sqrt{\frac{2|y_{fe}|}{S|y_{re}|[1 + \cos(\varphi_{fe} + \varphi_{re})]}}$$

$$= \sqrt{\frac{2 \times 45 \times 10^{-3}}{5 \times 0.31 \times 10^{-3} \times [1 + \cos(-54^\circ - 75^\circ)]}} = 12.52$$

②由于实际放大器的 $|A_{u0}| = 10.99 < |A_{u0}|_S$,则放大器是稳定的,也可以将 $|A_{u0}|$ 代入 $|A_{u0}|_S$ 中可得

$$S = \frac{2|y_{fe}|}{|A_{u0}|^2 |y_{re}|[1 + \cos(\varphi_{fe} + \varphi_{re})]}$$

$$= \frac{2 \times 45 \times 10^{-3}}{10.99^2 \times 0.31 \times 10^{-3}[1 + \cos(-54^\circ - 75^\circ)]} = 6.48$$

可见 $|A_{u0}| = 10.99$ 的单调谐放大器是稳定的。

例2–13 有一共射–共基级联放大器的交流等效电路如图2–32所示。晶体管在直流工作点和工作频率为 10.7 MHz 时,其参数为 $y_{ie} = (2.86 + j3.4)$ mS,$y_{re} = (0.08 - j0.3)$ mS,$y_{fe} = (26.4 - j36.4)$ mS,$y_{oe} = (0.2 + j1.3)$ mS。放大器的中心频率 $f_0 = 10.7$ MHz,$R_L = 1$ kΩ,回路电容 $C = 50$ pF,电感的 $Q_0 = 60$,谐振回路的一次侧电感为 L,$N_{12} = 20$,

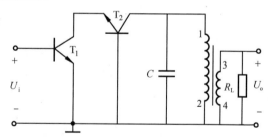

图2–32 共射–共基级联放大器的交流等效电路

二次侧 $N_{34} = 6$。试计算谐振时的电压增益 A_{u0} 和通频带 $2\Delta f_{0.7}$。

注意 将两个管子等效为共射–共基组态,然后按单管计算。

解 共射–共基组态的等效晶体管的 y 参数为

$$y'_{ie} = y_{ie} = (2.86 + j3.4) \text{ mS}$$

$$y'_{re} \approx \frac{y_{re}}{y_{fe}}(y_{re} + y_{oe}) = \frac{0.31 e^{j(-75.1^\circ)}}{45 e^{j(-54^\circ)}}(0.08 - j0.3 + 0.2 + j1.3)$$

$$= 7.16 \times 10^{-6} e^{j53.27^\circ} \approx 0$$

$$y'_{fe} \approx y_{fe} = (26.4 - j36.4)\,\text{mS} = 45 \times 10^{-3}\,e^{j(-54°)}\,\text{S}$$

$$y'_{oe} \approx -y_{re} = (-0.08 + j0.3)\,\text{mS}$$

$$g'_{oe} = -0.08\,\text{mS}, \quad C'_{oe} = \frac{0.3 \times 10^{-3}}{2\pi \times 10.7 \times 10^{6}}\,\text{F} = 4.46 \times 10^{-12}\,\text{F}$$

由图 2 – 32 可知,放大器谐振回路的总电容 C_Σ 为

$$C_\Sigma = C'_{oe} + C = (4.46 + 50)\,\text{pF} = 54.46\,\text{pF}$$

回路接入系数为

$$p_1 = 1, \quad p_2 = 6/20 = 0.3$$

回路电感为

$$L = \frac{1}{(2\pi f_0)^2 C_\Sigma} = \frac{1}{(2\pi \times 10.7 \times 10^6)^2 \times 54.46 \times 10^{-12}}\,\text{H}$$
$$= 4.07 \times 10^{-6}\,\text{H} = 4.07\,\mu\text{H}$$

电感 L 的损耗电导 g_0 为

$$g_0 = \frac{1}{\omega_0 L Q_0} = \frac{1}{2\pi \times 10.7 \times 10^6 \times 4.07 \times 10^{-6} \times 60}\,\text{S}$$
$$= 60.94 \times 10^{-6}\,\text{S} = 60.94\,\mu\text{S}$$

回路总电导 g_Σ 为

$$g_\Sigma = g'_{oe} + g_0 + p_2^2 \frac{1}{R_L} = \left(-0.08 + 0.060\,94 + 0.3^2 \times \frac{1}{1}\right)\,\text{mS} \approx 0.071\,\text{mS}$$

放大器电压增益为

$$A_{u0} = -\frac{p_1 p_2 y'_{fe}}{g_\Sigma} = -\frac{1 \times 0.3 \times 45}{0.071}\,e^{j(-54°)} = -190.1\,e^{j(-54°)}$$

放大器通频带为

$$2\Delta f_{0.7} = \frac{f_0}{Q_L} = \frac{f_0}{1/(\omega_0 L g_\Sigma)} = 2\pi f_0^2 L g_\Sigma$$
$$= 2\pi \times (10.7 \times 10^6)^2 \times 4.07 \times 10^{-6} \times 0.071 \times 10^{-3}\,\text{Hz}$$
$$= 0.237 \times 10^6\,\text{Hz} = 237\,\text{kHz}$$

2.3.7　线性宽频带放大集成电路与集中滤波器构成选频放大器

1. 集中滤波器在宽频带放大器之后

这是一种常用的接法,如图 2 – 33 所示,它要求放大器与滤波器之间要实现阻抗匹配。阻抗匹配能使放大器有较大的功率增益,同时能使滤波器有正常的频率特性。因为滤波器的频率特性与其输入端匹配、输出端匹配有关,不匹配时不能得到预期的正常选频特性。

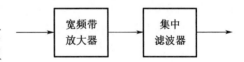

图 2 – 33　集中滤波器在后的宽频带放大器

2. 集中滤波器在宽频带放大器之前

这种接法的特点是频带外的强干扰信号不会直接进入放大器,避免强干扰信号使放大器进入非线性状态产生新的干扰,如图 2 – 34 所示。

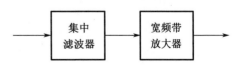

图 2 – 34　集中滤波器在前的宽频带放大器

但若选用的集中滤波器的衰减较大,则进入放大器的信号较小,放大器的信噪比变小。通常可在集中滤波器前加前置放大器以提高信噪比。

2.3.8 放大电路的噪声

1. 噪声的定义及电子电路内部噪声的来源

(1)噪声的定义

所谓噪声,就是在电子电路的输出端与有用信号同时存在的一种随机变化的电流或电压。没有有用信号时,它也存在。

(2)电子电路内部噪声的来源

电子电路内部噪声主要来源于电阻的热噪声和有源器件(晶体管、场效应管)的噪声。

2. 电阻的热噪声

(1)电阻的热噪声是指电阻材料的自由电子在外界温度作用下产生无规则运动,在电阻两端产生起伏电压。

(2)噪声电压 $u_n(t)$ 是随机变化的,在较长时间内其平均值为零。但是,假如将 $u_n(t)$ 平方后再取平均值,就具有一定的数值,称其为噪声电压的均方值,即

$$\overline{u_n^2(t)} = \lim_{T \to \infty} \frac{1}{T} \int_0^T u_n^2(t)\, dt$$

(3)电阻热噪声 $u_n(t)$ 具有很宽的频谱,而且各个频率分量的强度是相等的,称为白噪声。

(4)电阻热噪声的均方值可以用噪声功率谱密度 $S(f)$ 表示。而功率谱密度表示单位频带内的功率。热噪声在极宽的频带内具有均匀的功率谱密度。电阻热噪声功率谱密度为

$$S(f) = 4kTR$$

式中,k 为玻耳兹曼常数,$k = 1.38 \times 10^{-23}$ J/K;T 为电阻的绝对温度,单位为 K。

(5)电阻热噪声可以用噪声电压的均方值 $\overline{u_n^2(t)} = 4kTR\Delta f_n$ 或用噪声电流的均方值 $\overline{i_n^2(t)} = 4kTg\Delta f_n$ 表示。其中,Δf_n 是电路的等效噪声带宽,单位为 Hz。

3. 晶体管的噪声

(1)由基区电阻 $r_{bb'}$ 产生的热噪声。其功率谱密度 $S(f) = 4kTr_{bb'}$。

(2)散粒噪声是流过 PN 结的载流子在平均电流 I_0 上随机起伏引入的噪声。其电流功率谱密度 $S(f) = 2qI_0$。其中,$q = 1.6 \times 10^{-19}$ C 为载流子电荷量;I_0 为结的平均电流。

(3)分配噪声是集电极电流随基区载流子复合数量的起伏变化所引起的噪声。

(4)闪烁噪声是由于半导体表面清洁处理的工艺不完善而产生的。它主要在低频范围起主要作用。

4. 场效应管的噪声

(1)导电沟道电阻产生的热噪声。

(2)沟道热噪声通过沟道和栅极电容的耦合作用在栅极上的感应噪声。

5. 等效噪声频带宽度(带宽)

均匀功率谱密度为 $S_i(f)$ 的白噪声通过功率传输系数 $A^2(f)$ 的线性网络后,输出噪声电压均方值 $\overline{u_{no}^2}$ 为

$$\overline{u_{no}^2} = \int_0^\infty S_o(f) \, df = \int_0^\infty S_i(f) A^2(f) \, df$$

图 2 - 35 中 $S_o(f)$ 曲线与横坐标轴之间的面积就表示输出端噪声电压的均方值 $\overline{u_{no}^2}$。等效噪声频带宽度是按噪声功率相等(几何意义即面积相等)来等效的。因此,输出端噪声电压的均方值 $\overline{u_{no}^2}$ 可用等效噪声频带宽度 Δf_n 和高度 $S_o(f_0)$ 的面积来等效,即

$$\int_0^\infty S_o(f) \, df = S_o(f_0) \Delta f_n$$

则等效噪声频带宽度为

$$\Delta f_n = \frac{\int_0^\infty A^2(f) S_i(f) \, df}{S_o(f)}$$

$$= \frac{\int_0^\infty A^2(f) S_i(f) \, df}{A^2(f_0) S_i(f)}$$

$$= \frac{\int_0^\infty A^2(f) \, df}{A^2(f_0)}$$

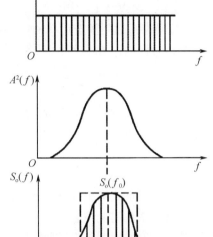

图 2 - 35　白噪声通过线性网络

线性网络输出端的噪声电压均方值可表示为

$$\overline{u_{no}^2} = S_i(f) \int_0^\infty A^2(f) \, df = S_i(f) A^2(f_0) \Delta f_n$$

因为 $S_i(f) = 4kTR$,所以

$$\overline{u_{no}^2} = 4kTRA^2(f_0) \Delta f_n$$

必须注意的是,Δf_n 和 $2\Delta f_{0.7}$ 是两个不同的概念。对于单调谐并联谐振回路来说,$\Delta f_n = (\pi/2) 2\Delta f_{0.7}$。随着回路级数的增加,二者的差别越来越小。

6. 噪声系数

(1)噪声系数的定义

$$N_F = \frac{P_{si}/P_{ni}}{P_{so}/P_{no}} = \frac{输入端信噪功率比(信噪比)}{输出端信噪功率比(信噪比)}$$

若用分贝数表示

$$N_F(dB) = 10 \lg \frac{P_{si}/P_{ni}}{P_{so}/P_{no}}$$

它表示信号通过网络后,信噪功率比变坏的程度。

(2)噪声系数的另一种表示法

$$N_F = \frac{P_{si}}{P_{so}} \cdot \frac{P_{no}}{P_{ni}} = \frac{P_{no}}{A_P P_{ni}}$$

式中,$A_P = P_{so}/P_{si}$ 为线性网络的功率增益。P_{no} 是网络输出噪声功率,它是输入噪声功率经网络传输在输出端的输出噪声功率 $P_{noI} = A_P P_{ni}$ 与网络本身噪声在输出端呈现的噪声功率 P_{noII} 之和,则

$$N_F = 1 + \frac{P_{no\,II}}{P_{no\,I}}$$

可见,如果线性网络是理想无噪声网络,$P_{no\,II} = 0$,则 $N_F = 1$。如果线性网络本身有噪声,$P_{no\,II} > 0$,则 $N_F > 1$。

(3)噪声系数用额定功率和额定功率增益表示的形式

当信号源内阻 R_S 与线性网络输入电阻 R_i 相等,网络输出电阻 R_o 与负载电阻 R_L 相等时,信号源有最大功率输出,这个最大功率称为额定输入功率,其值为 $P'_{si} = U_S^2/(4R_S)$;负载上得到最大功率,这个最大功率称为额定输出功率 P'_{so};额定功率增益 $A_{PH} = P'_{so}/P'_{si}$。同样,网络的额定输入噪声功率是由 R_S 产生的热噪声功率,$P'_{ni} = 4kTR_S\Delta f_n/(4R_S) = kT\Delta f_n$;网络的额定输出噪声功率为 P'_{no},则

$$N_F = \frac{P'_{si}/P'_{ni}}{P'_{so}/P'_{no}} = \frac{P'_{no}}{A_{PH}P'_{ni}} = \frac{P'_{no}}{A_{PH}kT\Delta f_n}$$

这种表示形式用于计算和测量噪声系数比较方便。

7. 噪声系数用噪声温度表示的形式

噪声温度的概念是,把网络内部噪声等效为由信号源内阻 R_S 在温度 T_i 时所产生的噪声。也就是说,在线性网络的输入端,虚设一个噪声源,经过线性网络传输后,在输出端得到的额定输出噪声功率正好等于网络内部噪声在输出端得到的额定输出噪声功率 P'_{no},即 $P'_{no} = A_{PH}kT_i\Delta f_n$。其中,$T_i$ 称为噪声温度。

对于 $N_F = 1 + \dfrac{P_{no\,II}}{P_{no\,I}}$ 用额定噪声功率来表示,可得

$$N_F = 1 + \frac{P'_{no\,II}}{P'_{no\,I}} = 1 + \frac{A_{PH}kT_i\Delta f_n}{A_{PH}kT\Delta f_n} = 1 + \frac{T_i}{T}$$

式中,T 为室温,可认为 $T = 290$ K;$P'_{no\,I}$ 是输入噪声功率通过网络后,在输出端得到的额定输出噪声功率;$P'_{no\,II}$ 是线性网络本身产生的噪声在输出端呈现的额定噪声功率。

例 2 - 14 电阻网络如图 2 - 36 所示。u_S 为信号源,R_S 为信号源内阻。试求:(1)此网络额定输出功率 P'_{so};(2)此电阻网络的额定功率增益 A_{PH};(3)当 R_S、R 均为有噪电阻,且温度为 T 时,在负载 R_L 处产生的噪声功率 P_{no};(4)网络的额定输出噪声功率 P'_{no};(5)电阻网络的噪声系数 N_F。

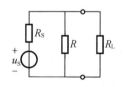

图 2 - 36 电阻网络

注意 纯电阻网络的噪声有关计算。

解 (1)根据戴维宁定理,R_S 和 R 组成网络可等效为

$$R_o = \frac{R_SR}{R_S + R}, \quad U_o = \frac{R}{R_S + R}U_S$$

网络额定输出功率 $P'_{so} = U_o^2/(4R_o)$,则

$$P'_{so} = \frac{U_S^2R}{4(R_S + R)R_S}$$

(2)U_S 的额定输入功率 $P'_{si} = U_S^2/(4R_S)$,则网络的额定功率增益为

$$A_{PH} = \frac{P'_{so}}{P'_{si}} = \frac{U_S^2R/[4(R_S + R)R_S]}{U_S^2/(4R_S)} = \frac{R}{R_S + R}$$

（3）在 R_S、R 均为有噪电阻时，其等效电阻 $R_o = R_S R/(R_S + R)$ 的噪声电压均方值为 $\overline{U_n^2} = 4kTR_o \Delta f_n$。在 R_L 处产生的噪声功率为

$$P_{no} = \frac{\overline{U_n^2}}{R_o + R_L} R_L = \frac{4kT\Delta f_n R_o R_L}{R_o + R_L}$$

（4）网络的额定输出噪声功率是在 $R_o = R_L$ 条件下得到的，则

$$P'_{no} = kT\Delta f_n$$

（5）网络噪声系数

方法 1

$$N_F = \frac{1}{A_{PH}} = 1 + \frac{R_S}{R}$$

方法 2

$$N_F = 1 + \frac{P'_{no\,II}}{P'_{no\,I}}$$

式中，$P'_{no\,I}$ 是输入噪声功率通过网络后，在输出端得到的额定输出噪声功率；$P'_{no\,II}$ 是线性网络本身产生的噪声在输出端呈现的额定噪声功率。

电阻网络在输出端总的噪声电压均方值为

$$\overline{U_{no}^2} = 4kT\Delta f_n \frac{R_S R}{R_S + R}$$

网络内部电阻 R 在输出端呈现的噪声电压均方值为

$$\overline{U_{no\,II}^2} = 4kT\Delta f_n R \left(\frac{R_S}{R_S + R} \right)^2$$

输入端 R_S 的噪声传至输出端的噪声电压均方值为

$$\overline{U_{no\,I}^2} = 4kT\Delta f_n R_S \left(\frac{R}{R_S + R} \right)^2$$

则噪声系数 N_F 为

$$N_F = 1 + \frac{\overline{U_{no\,II}^2}}{\overline{U_{no\,I}^2}} = 1 + \frac{R_S}{R}$$

8. 级联网络的噪声系数

设级联网络每级额定功率增益为 $A_{PH1}, A_{PH2}, A_{PH3}, \cdots$，每级噪声系数为 $N_{F1}, N_{F2}, N_{F3}, \cdots$，通带均为 Δf_n，则总噪声系数为

$$N_F = N_{F1} + \frac{N_{F2} - 1}{A_{PH1}} + \frac{N_{F3} - 1}{A_{PH1} A_{PH2}} + \cdots$$

9. 无源二端口网络的噪声系数

无源二端口网络广泛应用于各种无线电设备中，例如接收机输入回路、天线至接收机的传输线以及 LCR 滤波器。

$$N_F = \frac{1}{A_{PH}}$$

式中，A_{PH} 为无源二端口网络的额定功率增益。

例 2 - 15 图 2 - 37 是一个有高频放大器的接收机方框图。各级参数如图所示。试求

接收机的总噪声系数,并比较有高放和无高放的接收机对变频噪声系数的要求有什么不同。

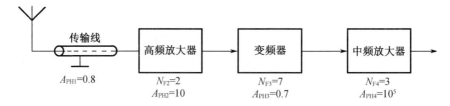

图 2-37 接收机方框图

注意 本题是对系统总噪声系数进行计算,并通过计算进一步理解对各级的技术要求。

解 传输线的噪声系数为

$$N_{F1} = \frac{1}{A_{PH1}} = \frac{1}{0.8} = 1.25$$

可得接收机的总噪声系数为

$$
\begin{aligned}
N_F &= N_{F1} + \frac{N_{F2} - 1}{A_{PH1}} + \frac{N_{F3} - 1}{A_{PH1} A_{PH2}} + \frac{N_{F4} - 1}{A_{PH1} A_{PH2} A_{PH3}} \\
&= 1.25 + \frac{2 - 1}{0.8} + \frac{7 - 1}{0.8 \times 10} + \frac{3 - 1}{0.8 \times 10 \times 0.7} \\
&= 3.61
\end{aligned}
$$

无高放,则接收机的总噪声系数为

$$N_F = N_{F1} + \frac{N_{F3} - 1}{A_{PH1}} + \frac{N_{F4} - 1}{A_{PH1} A_{PH3}} = 1.25 + \frac{7 - 1}{0.8} + \frac{3 - 1}{0.8 \times 0.7} = 12.32$$

可见无高放后,接收机噪声系数比有高放要大得多。若要降低接收机总噪声系数,只有降低变频器的噪声系数来提高功率增益,这样对变频器的要求很高。因而最好是在变频器前加一级低噪声高放级。若要进一步降低总噪声系数,还可以将高频放大器和变频器放在一个制冷系统中,使其处于 -100 ℃以下,这样总噪声系统又会有大的下降。

10. 接收机的灵敏度与最小输入信号电压

(1)接收机的灵敏度

接收机的灵敏度是指保证接收机输出端一定信噪比时,接收机输入端所要求的最小有用信号功率。由 N_F 的定义可得

$$P_{si(min)} = \frac{P_{so}}{P_{no}} N_F P_{ni}$$

在接收机输入电阻与信号源内阻 R_S 相等且匹配时,$P_{ni} = KT \Delta f_n$,则

$$P_{si(min)} = \frac{P_{so}}{P_{no}} N_F KT \Delta f_n$$

式中,P_{so}/P_{no} 为接收机输出端即解调器输入端所要求的信噪比。

(2)最小输入信号电压

在信号源内阻 R_S 与接收机输入电阻 R_i 相匹配的条件下,最小输入信号电压为

$$U_{i(min)} = 2\sqrt{R_i P_{si(min)}}$$

例 2-16 接收机的带宽为 3 kHz,输入阻抗为 50 Ω,噪声系数为 6 dB,用一总衰减为

4 dB 的电缆连接到天线,假设各接口均匹配,为了使接收机输出信噪比为 10 dB,则最小输入信号电压应为多大?

解　电缆衰减 4 dB,其额定功率增益 $A_{PH1} = 0.389$,$N_{F1} = \dfrac{1}{A_{PH1}} = 2.51$。

接收机噪声系数为 6 dB,则 $N_{F2} = 3.98$。

系统总噪声系数为

$$N_F = N_{F1} + \frac{N_{F2} - 1}{A_{PH1}} = 2.51 + \frac{3.98 - 1}{0.389} = 10.17$$

最小有用信号功率为

$$P_{si(min)} = \frac{P_{so}}{P_{no}} N_F kT \Delta f_n = 10 \times 10.17 \times 1.38 \times 10^{-23} \times 290 \times 3 \times 10^3 \text{ W} = 1.22 \times 10^{-15} \text{ W}$$

最小输入信号电压为

$$U_{i(min)} = 2\sqrt{R_i P_{si(min)}} = 2\sqrt{50 \times 1.22 \times 10^{-15}} = 4.94 \times 10^{-7} \text{ V} = 0.494 \text{ μV}$$

2.4　思考题与习题参考解答

2 - 1　已知 LC 串联谐振回路的 $f_0 = 1.5$ MHz,$C = 100$ pF,谐振时电阻 $r = 5$ Ω,试求 L 和 Q_0。

解　由于
$$f_0 = \frac{1}{2\pi\sqrt{LC}}$$

可得
$$L = \frac{1}{(2\pi f_0)^2 C} = \frac{1}{(2\pi \times 1.5 \times 10^6)^2 \times 100 \times 10^{-12}} \text{ H}$$
$$= 112.6 \times 10^{-6} \text{ H} = 112.6 \text{ μH}$$

$$Q_0 = \frac{\omega_0 L}{r} = \frac{2\pi \times 1.5 \times 10^6 \times 112.6 \times 10^{-6}}{5} = 212.2$$

2 - 2　已知 LC 串联谐振回路的谐振频率为 f_0,品质因数为 Q_0,串联回路的阻抗频率特性是当 $f = f_0$ 时,回路阻抗等效为什么? 当 $f > f_0$ 时,回路阻抗等效为什么? 当 $f < f_0$ 时,回路阻抗等效为什么? (短路,电阻,容抗,感抗)

解　LC 串联谐振回路的阻抗为

$$Z = r_0 + j\left(\omega L - \frac{1}{\omega C}\right)$$

(1) 当 $f = f_0$ 时,回路阻抗等效为纯电阻 $r_0 = \dfrac{2\pi f_0 L}{Q_0}$;

(2) 当 $f > f_0$ 时,回路阻抗等效为感抗,因为 $\omega L > \dfrac{1}{\omega C}$;

(3) 当 $f < f_0$ 时,回路阻抗等效为容抗,因为 $\omega L < \dfrac{1}{\omega C}$。

2 - 3　已知 LC 并联谐振回路的电感 L 在 $f = 30$ MHz 时测得 $L = 1$ μH,$Q_0 = 100$。求谐振频率 $f_0 = 30$ MHz 时的电容 C 和并联谐振电阻 R_P。

解 由于

$$f = \frac{1}{2\pi\sqrt{LC}}$$

可得

$$C = \frac{1}{(2\pi f)^2 L} = \frac{1}{(2\pi \times 30 \times 10^6)^2 \times 1 \times 10^{-6}} \text{ F} = 28.14 \times 10^{-12} \text{ F} = 28.14 \text{ pF}$$

由于

$$Q_0 = \frac{R_0}{\omega_0 L}$$

可得

$$R_0 = Q_0 \omega_0 L = 100 \times 2\pi \times 30 \times 10^6 \times 1 \times 10^{-6} \text{ }\Omega = 18.85 \text{ k}\Omega$$

2-4 已知 LCR 并联谐振回路,谐振频率 f_0 为 10 MHz。电感 L 在 $f = 10$ MHz 时,测得 $L = 3$ μH,$Q_0 = 100$。并联电阻 $R = 10$ kΩ。试求回路谐振时的电容 C、谐振电阻 R_P 和回路的有载品质因数。

解 (1) $C = \dfrac{1}{(2\pi f)^2 L} = \dfrac{1}{(2\pi \times 10 \times 10^6)^2 \times 3 \times 10^{-6}}$ F = 84.43×10^{-12} F = 84.43 pF

(2) 电感 L 的空载损耗电阻以并联表示的 R_0 为

$$R_0 = Q_0 \omega_0 L = 100 \times 2\pi \times 10 \times 10^6 \times 3 \times 10^{-6} \text{ }\Omega = 18.85 \text{ k}\Omega$$

谐振电阻 R_P 为 R_0 与 R 的并联值,则

$$R_P = \frac{R_0 R}{R_0 + R} = \frac{18.85 \times 10}{18.85 + 10} \text{ k}\Omega = 6.534 \text{ k}\Omega$$

(3)

$$Q_L = \frac{R_P}{\omega_0 L} = \frac{6.534 \times 10^3}{2\pi \times 10 \times 10^6 \times 3 \times 10^{-6}} = 34.66$$

2-5 已知 LC 并联谐振回路的谐振频率为 f_0,品质因数为 Q_0,并联回路的阻抗频率特性是当 $f = f_0$ 时,回路阻抗等效为什么? 当 $f > f_0$ 时,回路阻抗等效为什么? 当 $f < f_0$ 时,回路阻抗等效为什么? (开路,电阻,容抗,感抗)

解 LC 并联谐振回路,当 L 的 $Q_0 \gg 1$ 时,且无并联电阻 R 的情况下,回路的导纳为

$$Y = G_0 + j\left(\omega C - \frac{1}{\omega L}\right), \quad G_0 = \frac{1}{R_0}$$

(1) 当 $f = f_0$ 时,回路阻抗为纯电阻 $R_0 = Q_0 2\pi f_0 L$;

(2) 当 $f > f_0$ 时,回路阻抗等效为容抗,因为 $\omega C > \dfrac{1}{\omega L}$;

(3) 当 $f < f_0$ 时,回路阻抗等效为感抗,因为 $\omega C < \dfrac{1}{\omega L}$。

2-6 某电感线圈 L 在 $f = 10$ MHz 时测得 $L = 3$ μH,$Q_0 = 80$。试求与 L 串联的等效电阻 r_0。若等效为并联时,g_0 为多少?

解 (1) 等效为串联的电阻 r_0 为

$$r_0 = \frac{\omega_0 L}{Q_0} = \frac{2\pi \times 10 \times 10^6 \times 3 \times 10^{-6}}{80} \text{ }\Omega = 2.36 \text{ }\Omega$$

(2) 等效为并联的 g_0 为

$$g_0 = \frac{1}{\omega_0 L Q_0} = \frac{1}{2\pi \times 10 \times 10^6 \times 3 \times 10^{-6} \times 80} \text{ S} = 66.3 \times 10^{-6} \text{ S} = 66.3 \text{ }\mu\text{S}$$

2-7 电路如图 2-38 所示,给定参数如下:$f_0 = 30$ MHz,$C = 20$ pF,线圈 L_{13} 的 $Q_0 = 60$,$N_{12} = 6$,$N_{23} = 4$,$N_{45} = 3$,$R_1 = 10$ kΩ,$R_g = 2.5$ kΩ,$R_L = 830$ Ω,$C_g = 9$ pF,$C_L = 12$ pF。求 L_{13}、Q_L。

解　根据图 2 - 38 可画出图 2 - 39 所示的等效电路。其中，$p_1 = N_{23}/N_{13} = 4/10 = 0.4$，
$p_2 = N_{45}/N_{13} = 3/10 = 0.3$，$g_g = 1/R_g$，$g_L = 1/R_L$。

（1）求 L_{13}

由图可知

$$C_\Sigma = p_1^2 C_g + C + p_2^2 C_L = (0.4^2 \times 9 + 20 + 0.3^2 \times 12) \text{pF} = 22.52 \text{ pF}$$

$$L_{13} = \frac{1}{(2\pi f_0)^2 C_\Sigma} = \frac{1}{(2\pi \times 30 \times 10^6)^2 \times 22.52 \times 10^{-12}} \text{H} = 1.25 \times 10^{-6} \text{ H} = 1.25 \text{ μH}$$

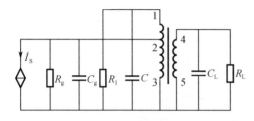

图 2 - 38　题 2 - 7 图

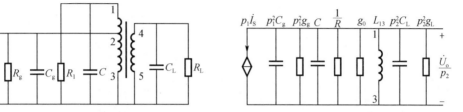

图 2 - 39　图 2 - 38 的等效电路

（2）求 Q_L

$$g_0 = \frac{1}{\omega_0 L_{13} Q_0} = \frac{1}{2\pi \times 30 \times 10^6 \times 1.25 \times 10^{-6} \times 60} \text{S}$$

$$= 70.7 \times 10^{-6} \text{ S} = 70.7 \text{ μS}$$

$$g_\Sigma = p_1^2 g_g + \frac{1}{R} + g_0 + p_2^2 g_L$$

$$= \left(0.4^2 \times \frac{1}{2.5 \times 10^3} + \frac{1}{10 \times 10^3} + 70.7 \times 10^{-6} + 0.3^2 \times \frac{1}{830}\right) \text{S}$$

$$= 343.1 \times 10^{-6} \text{ S} = 343.1 \text{ μS}$$

$$Q_L = \frac{1}{\omega_0 L_{13} g_\Sigma} = \frac{1}{2\pi \times 30 \times 10^6 \times 1.25 \times 10^{-6} \times 343.1 \times 10^{-6}} = 12.37$$

2 - 8　电路如图 2 - 40 所示，已知 $L = 0.8$ μH，$Q_0 = 100$，$C_1 = 25$ pF，$C_2 = 15$ pF，
$C_i = 5$ pF，$R_i = 10$ kΩ，$R_L = 5$ kΩ。试计算 f_0、R_P、Q_L 和 $2\Delta f_{0.7}$。

解　根据图 2 - 40 可画出图 2 - 41 所示的等效电路。

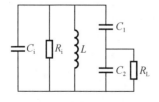

图 2 - 40　题 2 - 8 图

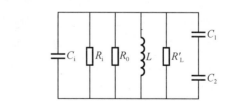

图 2 - 41　图 2 - 40 的等效电路

（1）　$R_L' = \frac{1}{p^2} R_L$，$p = \left(\frac{1}{\omega C_2}\right) / \left[\frac{1}{\omega C_1 C_2/(C_1 + C_2)}\right] = \frac{C_1}{C_1 + C_2} = \frac{25}{25 + 15} = 0.625$

$$R_L' = \frac{1}{0.625^2} \times 5 \text{ kΩ} = 12.8 \text{ kΩ}$$

$$f_0 = \frac{1}{2\pi \sqrt{LC_\Sigma}}, C_\Sigma = C_i + \frac{C_1 C_2}{C_1 + C_2} = \left(5 + \frac{25 \times 15}{25 + 15}\right) \text{pF} = 14.375 \text{ pF}$$

$$f_0 = \frac{1}{2\pi \sqrt{0.8 \times 10^{-6} \times 14.375 \times 10^{-12}}} \text{ Hz} = 46.93 \times 10^6 \text{ Hz}$$

（2）

$$R_0 = Q_0 \omega_0 L = 100 \times 2\pi \times 46.93 \times 10^6 \times 0.8 \times 10^{-6} \text{ }\Omega = 23\,578 \text{ }\Omega$$

$$R_P = R_i // R_0 // R_L' = \frac{R_i R_0 R_L'}{R_i R_0 + R_0 R_L' + R_L' R_i}$$

$$= \frac{10 \times 23.578 \times 12.8}{10 \times 23.578 + 23.578 \times 12.8 + 12.8 \times 10} \text{ k}\Omega = 4.534 \text{ k}\Omega$$

（3）

$$Q_L = \frac{R_P}{\omega_0 L} = \frac{4.534 \times 10^3}{2\pi \times 46.93 \times 10^6 \times 0.8 \times 10^{-6}} = 19.23$$

（4）

$$2\Delta f_{0.7} = \frac{f_0}{Q_L} = \frac{46.93}{19.23} \text{ MHz} = 2.44 \text{ MHz}$$

2 - 9　晶体管 3DG6C 的特征频率 $f_T = 250$ MHz, $\beta_0 = 80$, 求 $f = 1$ MHz、20 MHz、50 MHz 时该管的 β 值。

解　因为　　　　$|\beta| = \frac{\beta_0}{\sqrt{1 + (f/f_\beta)^2}}, f_\beta = \frac{f_T}{\beta_0} = \frac{250}{80}$ MHz $= 3.125$ MHz

所以　　　　　　　　　　$|\beta| = \frac{\beta_0}{\sqrt{1 + (f/3.125)^2}}$

（1）$f = 1$ MHz 时

$$|\beta| = \frac{80}{\sqrt{1 + (1/3.125)^2}} = 76.19$$

（2）$f = 20$ MHz 时

$$|\beta| = \frac{80}{\sqrt{1 + (20/3.125)^2}} = 12.35$$

（3）$f = 50$ MHz 时

$$|\beta| = \frac{80}{\sqrt{1 + (50/3.125)^2}} = 4.99$$

2 - 10　说明 f_β、f_T 和 f_{max} 的物理意义,分析说明它们之间的大小关系。

解　因为晶体管的 $|\beta|$ 具有频率特性,随着频率的升高,其值要减小。为了表征晶体管的频率特性以及应用的规范,用三个频率表示其频率特性。

f_β 称为截止频率,它表示晶体管在低频时的电流放大系数为 β_0,随着频率的升高,电流放大系数 $|\beta|$ 减小。当 $f = f_\beta$ 时, $|\beta| = \beta_0/\sqrt{2}$。也就是说,在比 f_β 小得多的频率范围内, $|\beta|$ 保持不变,这一频率范围适用于宽频带低频放大器。在 $f = f_\beta$ 点,其电流放大系数大于 1,则其电流增益大于 1,负载合适时其电压增益也会大于 1,放大器的功率增益也会大于 1。可见,在 $f \geqslant f_\beta$ 的频率范围内功率增益都较高。

f_T 称为特征频率,当 $f = f_T$ 时, $|\beta| = 1$,即在此频率点电流增益为 1,负载电阻选取合适的条件下其电压增益可大于 1。也就是说,放大器的功率增益可以大于 1。当 $f = f_\beta \sim f_T$ 时,这一频率范围适用于高频窄带调谐放大器,但应尽可能远离 f_T 点。

f_{max} 称为最高振荡频率,当 $f=f_{max}$ 时,$A_P=1$,即超过此点后功率增益小于 1,不能应用了。由以上分析可知,$f_\beta < f_T < f_{max}$。

2-11 为什么高频小信号放大器可以用等效电路进行分析?

解 高频小信号放大器是线性放大器,其有源器件和电路元件都工作于线性放大状态。作为放大电路的有源器件(晶体管、场效应管)的特性是非线性的,但是仍有部分线性特性区可供线性放大。只要有源器件选取合适的静态偏置电流(或电压),输入信号幅值较小,使放大过程处于线性工作区,就可以实现线性放大。因而可将工作于线性区的有源器件近似为线性器件,其特性可用线性二端口网络等效。这样高频小信号放大器就可以用等效电路来进行电路分析了。

2-12 高频小信号放大器的技术指标谐振电压增益、通频带和矩形系数的定义分别是什么? 它们分别与电路的哪些参数有关?

解 高频小信号放大器的谐振电压增益的定义是工作于谐振频率时,放大器输出到负载上的输出电压幅值与放大器输入电压幅值之比。

高频小信号放大器通频带的定义是放大器的电压增益随工作频率不同而变化,当放大器的电压增益下降到最大值的 $1/\sqrt{2}$ 倍时所对应的频带宽度,用 $2\Delta f_{0.7}$ 表示。

高频小信号放大器矩形系数的定义是

$$K_{r0.1} = \frac{2\Delta f_{0.1}}{2\Delta f_{0.7}}$$

它是表征放大器的频率选择性好坏的一个参量。理想的频带放大器应该对通频带内的频谱分量有同样的放大能力,而对通频带外的频谱分量要完全抑制,不予放大。理想的频带放大器的频率响应曲线应该是矩形。用矩形系数来表示实际放大器的频率响应曲线接近理想矩形的程度,即矩形系数是放大器的电压增益下降至最大值的 1/10 所对应的频带宽度与通频带之比。理想的频带放大器的 $K_{r0.1}=1$,实际放大器的 $K_{r0.1}>1$。

电压增益和通频带主要取决于回路的总负载电导,当然也与有源器件的参数有关。而矩形系数完全取决于选频网络的选频特性。

2-13 影响谐振放大器稳定性的因素是什么? 反馈导纳的物理意义是什么?

解 影响谐振放大器稳定性的因素是晶体管的反向传输导纳不为零。它通过管子内部的反馈对输入端产生影响。反向传输导纳也称为反馈导纳,它表示在输入短路时,输出电压引起输入电流的变化关系。在某些特定的频率点,这样的反馈很可能达到正反馈,即会产生自激振荡。但是,这也不能说明只要 $y_{re} \neq 0$,谐振放大器一定会产生自激振荡。通常情况下,若不加任何稳定措施,当电压增益较高时,虽然从表面上看电路没有自激振荡,这是没有满足自激振荡的条件,但潜藏着不稳定的可能。若因某些外因变化,放大器的工作状态变化,则有可能达到满足自激振荡的条件,产生振荡。

2-14 为什么晶体管在高频工作时要考虑单向化或中和,而在低频工作时则可以不必考虑?

解 因为在高频工作时,晶体管的极间电容的作用不能忽略。而反向传输导纳 y_{re} 可以看成一个电容 $C_{b'c}$ 和电阻 $r_{b'c}$ 并联。由于集电结处于反向偏置状态,$r_{b'c}$ 很大,$C_{b'c}$ 很小。在高频工作时,$C_{b'c}$ 的容抗值不会很大,就会产生内部反馈;而在低频工作时,$C_{b'c}$ 的容抗值很大,内部反馈的影响较小。故晶体管在低频工作时可以不必考虑单向化或中和;在高频工作时要考虑单向化或中和。

2 − 15　在图 2 − 42 中,放大器的工作频率 $f_0 = 10.7$ MHz,谐振回路的 $L_{13} = 4$ μH,$Q_0 = 100$,$N_{23} = 5$,$N_{13} = 20$,$N_{45} = 6$,晶体管在直流工作点的参数为 $g_{oe} = 200$ μS,$C_{oe} = 7$ pF,$g_{ie} = 2\,860$ μS,$C_{ie} = 18$ pF,$y_{fe} = 45$ mS,$\varphi_{fe} = -54°$,$y_{re} = 0$。(1)画出高频等效电路;(2)计算 C、A_{u0}、$2\Delta f_{0.7}$、$K_{r0.1}$。

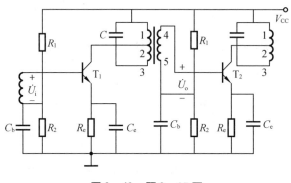

图 2 − 42　题 2 − 15 图

解　(1)画高频等效电路如图 2 − 43 所示。其中,$p_1 = N_{21}/N_{31} = 15/20 = 0.75$,$p_2 = N_{45}/N_{31} = 6/20 = 0.3$,$g_0 = \dfrac{1}{\omega_0 L Q_0} = \dfrac{1}{2\pi \times 10.7 \times 10^6 \times 4 \times 10^{-6} \times 100}$ S $= 37.19$ μS。

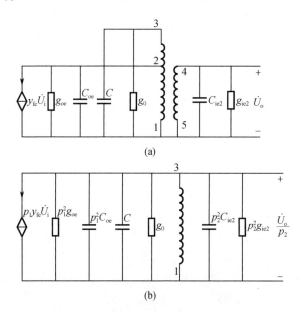

图 2 − 43　图 2 − 42 的高频等效电路

(2)由等效电路可知,回路总电容为

$$C_\Sigma = p_1^2 C_{oe} + C + p_2^2 C_{ie}$$

而谐振回路的谐振频率 $f_0 = \dfrac{1}{2\pi \sqrt{L C_\Sigma}}$,则

$$C_{\Sigma} = \frac{1}{(2\pi f_0)^2 L} = \frac{1}{(2\pi \times 10.7 \times 10^6)^2 \times 4 \times 10^{-6}} \ \text{F}$$

$$= 55.31 \times 10^{-12} \ \text{F} = 55.31 \ \text{pF}$$

$$C = C_{\Sigma} - p_1^2 C_{oe} - p_2^2 C_{ie} = (55.31 - 0.75^2 \times 7 - 0.3^2 \times 18) \ \text{pF} = 49.75 \ \text{pF}$$

（3）由等效电路可知，总电导为

$$g_{\Sigma} = p_1^2 g_{oe} + g_0 + p_2^2 g_{ie}$$

$$= (0.75^2 \times 200 \times 10^{-6} + 37.19 \times 10^{-6} + 0.3^2 \times 2\,860 \times 10^{-6}) \ \text{S}$$

$$= 407.09 \times 10^{-6} \ \text{S} = 407.09 \ \mu\text{S}$$

$$A_{u0} = -\frac{p_1 p_2 y_{fe}}{g_{\Sigma}} = -\frac{0.75 \times 0.3 \times 45 \times 10^{-3} \times e^{j(-54°)}}{407.09 \times 10^{-6}} = -24.87 e^{j(-54°)}$$

$$Q_L = \frac{1}{\omega_0 L g_{\Sigma}} = \frac{1}{2\pi \times 10.7 \times 10^6 \times 4 \times 10^{-6} \times 407.09 \times 10^{-6}} = 9.13$$

$$2\Delta f_{0.7} = f_0/Q_L = 10.7/9.13 \ \text{MHz} = 1.17 \ \text{MHz}$$

$$K_{r0.1} = \sqrt{99}$$

2 – 16　单调谐放大器如图 2 – 44 所示。已知工作频率 $f_0 = 10.7$ MHz，回路电感 $L = 4$ μH，$Q_0 = 100$，$N_{13} = 20$，$N_{23} = 6$，$N_{45} = 5$。晶体管在直流工作点和工作频率为 10.7 MHz 时，其参数为 $y_{ie} = (2.86 + j3.4)$ mS，$y_{re} = (0.08 - j0.3)$ mS，$y_{fe} = (26.4 - j36.4)$ mS，$y_{oe} = (0.2 + j1.3)$ mS。

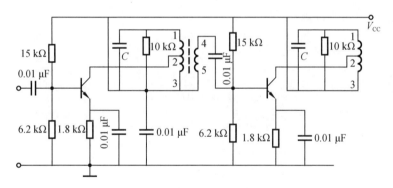

图 2 – 44　题 2 – 16 图

（1）忽略 y_{re}，①画高频等效电路；②计算电容 C；③计算单级 A_{u0}、$2\Delta f_{0.7}$、$K_{r0.1}$；④计算四级放大器的总电压增益、通频带、矩形系数。

（2）考虑 y_{re}，①若 $S \geqslant 5$，计算 $|A_{u0}|_S$；②判断并说明此放大器是否稳定？

解　（1）忽略 y_{re}

①高频等效电路如图 2 – 45 所示。其中

$$p_1 = \frac{N_{23}}{N_{13}} = \frac{6}{20} = 0.3, \ p_2 = \frac{N_{45}}{N_{13}} = \frac{5}{20} = 0.25$$

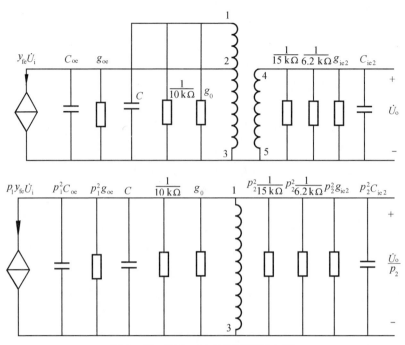

图 2 – 45　图 2 – 44 的高频等效电路

由 y 参数的表示式可得

$$g_{ie} = 2.86 \text{ mS}, \quad C_{ie} = \frac{3.4 \times 10^{-3}}{2\pi \times 10.7 \times 10^6} \text{ F} = 50.57 \text{ pF}$$

$$g_{oe} = 0.2 \text{ mS}, \quad C_{oe} = \frac{1.3 \times 10^{-3}}{2\pi \times 10.7 \times 10^6} \text{ F} = 19.34 \text{ pF}$$

$$|y_{fe}| = \sqrt{26.4^2 + 36.4^2} \text{ mS} = 44.97 \text{ mS}, \quad \varphi_{fe} = \arctan\frac{-36.4}{26.4} = -54°$$

由 L 及 Q_0 可得

$$g_0 = \frac{1}{2\pi f_0 L Q_0} = \frac{1}{2\pi \times 10.7 \times 10^6 \times 4 \times 10^{-6} \times 100} \text{ S} = 37.19 \text{ μS}$$

② $\qquad C_\Sigma = \dfrac{1}{(2\pi f_0)^2 L} = \dfrac{1}{(2\pi \times 10.7 \times 10^6)^2 \times 4 \times 10^{-6}} \text{ F} = 55.31 \text{ pF}$

由图 2 – 45 可知,回路总电容为

$$C_\Sigma = p_1^2 C_{oe} + C + p_2^2 C_{ie}$$

则 $\qquad C = C_\Sigma - p_1^2 C_{oe} - p_2^2 C_{ie} = (55.31 - 0.3^2 \times 19.34 - 0.25^2 \times 50.57) \text{ pF} = 50.41 \text{ pF}$

③由图 2 – 45 可知回路总谐振电导为

$$g_\Sigma = p_1^2 g_{oe} + \frac{1}{R} + g_0 + p_2^2 \frac{1}{15 \times 10^3} + p_2^2 \frac{1}{6.2 \times 10^3} + p_2^2 g_{ie}$$

$$= \left(0.3^2 \times 0.2 \times 10^{-3} + \frac{1}{10 \times 10^3} + 37.19 \times 10^{-6} + 0.25^2 \frac{1}{15 \times 10^3} + \right.$$

$$\left. 0.25^2 \frac{1}{6.2 \times 10^3} + 0.25^2 \times 2.86 \times 10^{-3} \right) \text{S} = 348.19 \text{ μS}$$

则单级放大器的电压增益为

$$|A_{u0}| = \frac{p_1 p_2 |y_{fe}|}{g_\Sigma} = \frac{0.3 \times 0.25 \times 44.97 \times 10^{-3}}{348.19 \times 10^{-6}} = 9.69$$

因为单级放大器谐振回路的有载品质因数为

$$Q_L = \frac{1}{2\pi f_0 L g_\Sigma} = \frac{1}{2\pi \times 10.7 \times 10^6 \times 4 \times 10^{-6} \times 348.19 \times 10^{-6}} = 10.68$$

所以单级放大器的通频带 $2\Delta f_{0.7}$ 为

$$2\Delta f_{0.7} = \frac{f_0}{Q_L} = \frac{10.7}{10.68} \text{ MHz} \approx 1.00 \text{ MHz}$$

单级放大器的矩形系数

$$K_{r0.1} = \sqrt{99}$$

④略。

（2）考虑 y_{re}

①稳定电压增益为

$$|A_{u0}|_S = \sqrt{\frac{2|y_{fe}|}{S|y_{re}|[1 + \cos(\varphi_{fe} + \varphi_{re})]}}$$

由 y 参数表示式可得

$$|y_{re}| = \sqrt{0.08^2 + 0.3^2} \text{ mS} = 0.31 \text{ mS}$$

$$\varphi_{re} = \arctan\frac{-0.3}{0.08} = -75°$$

则

$$|A_{u0}|_S = \sqrt{\frac{2 \times 44.97 \times 10^3}{5 \times 0.31 \times 10^{-3} \times [1 + \cos(-129°)]}} = 12.51$$

②由于 $|A_{u0}|_S = 12.51$，实际放大器的谐振电压增益 $|A_{u0}| = 9.69$ 比 $|A_{u0}|_S$ 小，则表明放大器是稳定的，实际放大器的 $S > 5$。

2 - 17　单级小信号调谐放大器的交流电路如图 2 - 46 所示。要求谐振频率 $f_0 = 10.7$ MHz，$2\Delta f_{0.7} = 500$ kHz，$A_{u0} = 100$。晶体管的参数为

$$y_{ie} = (2 + j0.5)\text{mS}, \quad y_{re} \approx 0$$

$$y_{fe} = (20 - j5)\text{mS}, \quad y_{oe} = (20 + j40)\text{μS}$$

如果回路空载品质因数 $Q_0 = 100$，试计算谐振回路的 L、C、R。

解　根据图 2 - 46 可画出放大器的高频等效电路如图 2 - 47 所示。其中

$$|y_{fe}| = \sqrt{20^2 + 5^2} = 20.6 \text{ mS}, g_{oe} = 20 \text{ μS}, C_{oe} = \frac{40 \times 10^{-6}}{2\pi \times 10.7 \times 10^6} \text{ F} = 0.59 \text{ pF}$$

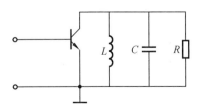

图 2 - 46　题 2 - 17 图

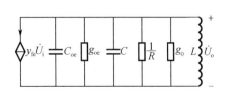

图 2 - 47　图 2 - 46 的高频等效电路

根据题设要求

$$|A_{u0}| = 100 = \frac{|y_{fe}|}{g_\Sigma}$$

则

$$g_\Sigma = \frac{|y_{fe}|}{|A_{u0}|} = \frac{20.6 \times 10^{-3}}{100} \text{ S} = 0.206 \text{ mS}$$

因为

$$2\Delta f_{0.7} = \frac{f_0}{Q_L}$$

所以

$$Q_L = \frac{f_0}{2\Delta f_{0.7}} = \frac{10.7}{0.5} = 21.4$$

又因为

$$Q_L = \frac{1}{\omega_0 L g_\Sigma}$$

所以

$$L = \frac{1}{\omega_0 g_\Sigma Q_L} = \frac{1}{2\pi \times 10.7 \times 10^6 \times 0.206 \times 10^{-3} \times 21.4} \text{ S} = 3.37 \text{ μS}$$

由图 2 – 47 可知

$$C_\Sigma = C_{oe} + C, \quad g_\Sigma = g_{oe} + \frac{1}{R} + g_0$$

其中

$$C_\Sigma = \frac{1}{(2\pi f_0)^2 L} = \frac{1}{(2\pi \times 10.7 \times 10^6)^2 \times 3.37 \times 10^{-6}} \text{ F} = 65.65 \text{ pF}$$

$$g_0 = \frac{1}{2\pi f_0 L Q_0} = \frac{1}{2\pi \times 10.7 \times 10^6 \times 3.37 \times 10^{-6} \times 100} \text{ S} = 44.14 \text{ μS}$$

则

$$C = C_\Sigma - C_{oe} = (65.65 - 0.59) \text{pF} = 65.06 \text{ pF}$$

$$R = \frac{1}{g_\Sigma - g_{oe} - g_0} = \frac{1}{206 \times 10^{-6} - 20 \times 10^{-6} - 44.14 \times 10^{-6}} \text{ Ω} = 7.05 \text{ kΩ}$$

2 – 18　单调谐放大器如图 2 – 48 所示。已知 $L_{14} = 1$ μH，$Q_0 = 100$，$N_{12} = 3$，$N_{23} = 3$，$N_{34} = 4$，工作频率 $f_0 = 30$ MHz，晶体管在工作点的 y 参数为 $g_{ie} = 3.2$ mS，$C_{ie} = 10$ pF，$g_{oe} = 0.55$ mS，$C_{oe} = 5.8$ pF，$y_{fe} = 53$ mS，$\varphi_{fe} = -47°$，$y_{re} = 0$。

　　(1)画出高频等效电路；

　　(2)计算回路电容 C；

　　(3)计算 A_{u0}、$2\Delta f_{0.7}$、$K_{r0.1}$。

解　见例 2 – 11 解答。

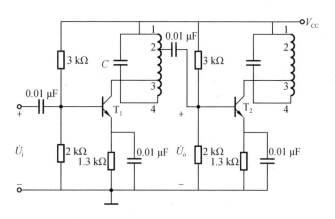

图 2 - 48 题 2 - 18 图

2 - 19 有一共射 - 共基级联放大器的交流等效电路如图 2 - 49 所示。晶体管的 y 参数与题 2 - 16 的参数相同。放大器的中心频率 $f_0 = 10.7$ MHz，$R_L = 1$ kΩ，回路电容 $C = 50$ pF，电感的 $Q_0 = 60$，输出回路的接入系数 $p_2 = 0.316$。试计算谐振时的电压增益 A_{u0} 和通频带 $2\Delta f_{0.7}$。

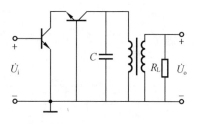

图 2 - 49 题 2 - 19 图

解 共射 - 共基组态的等效晶体管的 y 参数为

$$y'_{ie} = y_{ie} = (2.86 + j3.4) \text{ mS}$$

$$y'_{re} \approx \frac{y_{re}}{y_{fe}}(y_{re} + y_{oe}) = \frac{0.31 e^{j(-75.1°)}}{45 e^{j(-54°)}}(0.08 - j0.3 + 0.2 + j1.3)$$

$$= 7.16 \times 10^{-6} e^{j53.27°} \approx 0$$

$$y'_{fe} \approx y_{fe} = (26.4 - j36.4) \text{ mS} = 45 \times 10^{-3} e^{j(-54°)} \text{ S}$$

$$y'_{oe} \approx -y_{re} = (-0.08 + j0.3) \text{ mS}$$

$$g'_{oe} = -0.08 \text{ mS}, C'_{oe} = \frac{0.3 \times 10^{-3}}{2\pi \times 10.7 \times 10^6} \text{ F} = 4.46 \times 10^{-12} \text{ F}$$

由图 2 - 49 可知，放大器谐振回路的总电容 C_Σ 为

$$C_\Sigma = C'_{oe} + C = (4.46 + 50) \text{ pF} = 54.46 \text{ pF}$$

回路电感为

$$L = \frac{1}{(2\pi f_0)^2 C_\Sigma} = \frac{1}{(2\pi \times 10.7 \times 10^6)^2 \times 54.46 \times 10^{-12}} \text{ H} = 4.07 \times 10^{-6} \text{ H} = 4.07 \text{ } \mu\text{H}$$

电感 L 的损耗电导 g_0 为

$$g_0 = \frac{1}{\omega_0 L Q_0} = \frac{1}{2\pi \times 10.7 \times 10^6 \times 4.07 \times 10^{-6} \times 60} \text{ S} = 60.94 \times 10^{-6} \text{ S} = 60.94 \text{ } \mu\text{S}$$

回路总电导 g_Σ 为

$$g_\Sigma = g'_{oe} + g_0 + p_2^2 \frac{1}{R_L} = \left(-0.08 + 0.06094 + 0.316^2 \times \frac{1}{1}\right) \text{ mS}$$

$$= 0.081 \text{ mS}$$

放大器电压增益为

$$A_{u0} = -\frac{p_1 p_2 y'_{fe}}{g_\Sigma} = -\frac{1 \times 0.316 \times 45}{0.081} e^{j(-54°)} = -175.5 e^{j(-54°)}$$

放大器通频带为

$$2\Delta f_{0.7} = \frac{f_0}{Q_L} = \frac{f_0}{1/(\omega_0 L g_\Sigma)} = 2\pi f_0^2 L g_\Sigma$$

$$= 2\pi \times (10.7 \times 10^6)^2 \times 4.07 \times 10^{-6} \times 0.081 \times 10^{-3} \text{ Hz}$$

$$= 0.237 \times 10^6 \text{ Hz} = 237 \text{ kHz}$$

2－20 试画出图 2－50 所示电路的中和电路,标出线圈的同名端,写出中和电容的表示式。

解 图 2－50 所示电路的中和电路如图 2－51 所示。因为并联谐振回路的 1 端交流接地,中和电路的中和电容 C_N 不能接在一次侧,只能接到二次侧的 4 端。根据中和电容 C_N 的反馈电流应与晶体管内部的 $C_{b'c}$ 的反馈电流相抵消的特点,同名端如图 2－51 所示,而数值应满足 $U_{45}\omega C_N = U_{21}\omega C_{b'c}$,$C_N = \dfrac{U_{21}}{U_{45}}C_{b'c} = \dfrac{N_{21}}{N_{45}}C_{b'c}$。

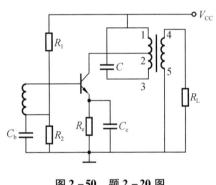

图 2－50 题 2－20 图

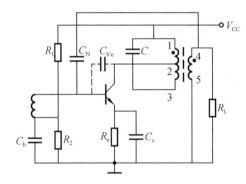

图 2－51 中和电路

2－21 试说明额定输入功率、额定输出功率和额定功率增益的定义。它们与实际输入功率、实际输出功率和实际功率增益有什么区别?

解 当信号源内阻 R_S 与线性网络的输入电阻 R_i 相等时,信号源有最大功率输出,这个最大功率称为线性网络的额定输入功率。

当线性网络的输出电阻 R_o 与负载电阻 R_L 相等时,负载上获得最大功率,这个最大功率称为线性网络的额定输出功率。

额定功率增益是指线性网络的输入和输出都匹配时(即 $R_S = R_i$,$R_o = R_L$)的功率增益。

实际输入功率、实际输出功率和实际功率增益在不满足匹配的条件下是与额定值不相等的。

2－22 接收机的带宽为 3 kHz,输入阻抗为 50 Ω,噪声系数为 60 dB,用一总衰减为 4 dB 的电缆连接到天线。假设各接口均匹配,为了使接收机输出信噪比为 10 dB,最小输入信号应为多大?

解 见例 2－16 解答。

2－23 有一个 1 kΩ 的电阻在 290 K 和 10 MHz 频带内工作,试计算它两端产生的噪声电压的均方值。就热噪声效应来说,它可以等效为 1 mS 的无噪声电导和一个电流为多大的噪声电流源相并联。

解　噪声电压的均方值为

$$\overline{u_{\mathrm{n}}^{2}} = 4kTR\Delta f_{\mathrm{n}} = 4 \times 1.38 \times 10^{-23} \times 290 \times 1 \times 10^{3} \times 10 \times 10^{6}\ \mathrm{V}^{2}$$
$$= 1.6 \times 10^{-10}\ \mathrm{V}^{2}$$

等效噪声电流的均方值为

$$\overline{i_{\mathrm{n}}^{2}} = 4kTg\Delta f_{\mathrm{n}} = 4 \times 1.38 \times 10^{-23} \times 290 \times 1 \times 10^{-3} \times 10 \times 10^{6}\ \mathrm{A}^{2}$$
$$= 1.6 \times 10^{-16}\ \mathrm{A}^{2}$$

2-24　图 2-52 所示是一个有高频放大器的接收机方框图。各级参数如图所示。试求接收机的总噪声系数,并比较有高放和无高放的接收机对变频器噪声系数的要求有什么不同。

解　见例 2-15 解答。

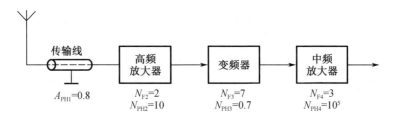

图 2-52　题 2-24 图

2-25　某接收机的前端电路由高频放大器、晶体管混频器和中频放大器组成。已知晶体管混频器的功率增益 $A_{\mathrm{PH}} = 0.2$,噪声温度 $T_{\mathrm{i}} = 60$ K,中频放大器的噪声系数 $N_{\mathrm{F1}} = 6$ dB。现用噪声系数为 3 dB 的高频放大器来降低接收机的总噪声系数。若要求总噪声系数为 10 dB,则高频放大器的功率增益至少要多少 dB?

解　由题意可知,高频放大器的噪声系数 $N_{\mathrm{F1}} = 3$ dB,即 $N_{\mathrm{F1}} = 2$。

晶体管混频器的噪声温度 $T_{\mathrm{i}} = 60$ K,对应的噪声系数为

$$N_{\mathrm{F2}} = 1 + \frac{T_{\mathrm{i}}}{T} = 1 + \frac{60}{290} = 1.21$$

中频放大器的噪声系数 $N_{\mathrm{F3}} = N_{\mathrm{F1}} = 6$ dB,即 $N_{\mathrm{F3}} = 3.98$。

接收机总噪声系数 $N_{\mathrm{F}} = 10$ dB,即 $N_{\mathrm{F}} = 10$。

设高频放大器的功率增益为 A_{PH1},若接收机不考虑天线和传输线的噪声系数,只考虑高频放大器、晶体管混频器和中频放大器的噪声系数,则接收机的总噪声系数 N_{F} 的表示式为

$$N_{\mathrm{F}} = N_{\mathrm{F1}} + \frac{N_{\mathrm{F2}} - 1}{A_{\mathrm{PH1}}} + \frac{N_{\mathrm{F3}} - 1}{A_{\mathrm{PH1}} A_{\mathrm{PH2}}}$$

可得

$$10 = 2 + \frac{1.21 - 1}{A_{\mathrm{PH1}}} + \frac{3.98 - 1}{A_{\mathrm{PH1}} \times 0.2}$$

$$A_{\mathrm{PH1}} = 1.89,\ A_{\mathrm{PH1}}(\mathrm{dB}) = 10\lg 1.89 = 2.76\ \mathrm{dB}$$

2-26　有一放大器,功率增益为 60 dB,带宽为 1 MHz,噪声系数 $N_{\mathrm{F}} = 1$。在室温 290 K

时,放大器本身输出额定噪声功率值为多少? 若 $N_F = 2$,其值为多少?

解 因为放大器本身输出额定噪声功率为

$$P_n = (N_F - 1)kT\Delta f_n A_{PH}$$

(1) 当 $N_F = 1$ 时, $P_n = 0$,表示放大器本身不产生噪声输出。

(2) 当 $N_F = 2$ 时,

$$P_n = (N_F - 1)kT\Delta f_n A_{PH} = (2-1) \times 1.38 \times 10^{-23} \times 290 \times 1 \times 10^6 \times 10^6 \text{ V}^2$$
$$= 4 \times 10^{-9} \text{ V}^2$$

2 - 27 计算如图 2 - 53 所示的电阻网络的噪声系数。

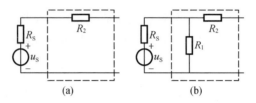

图 2 - 53 题 2 - 27 图

解 (1)图 2 - 53(a)的电阻网络

利用计算额定功率增益 A_{PH} 的倒数得到噪声系数,根据电路理论, R_S 和 R_2 组成网络可等效为

$$u_o = u_S, \ R_o = R_S + R_2$$

网络的额定输出功率 P'_{so} 为

$$P'_{so} = \frac{U_o^2}{4R_o} = \frac{U_S^2}{4(R_S + R_2)}$$

网络的额定输入功率 P'_{si} 为

$$P'_{si} = \frac{U_S^2}{4R_S}$$

网络的噪声系数为

$$N_F = \frac{1}{A_{PH}} = \frac{P'_{si}}{P'_{so}} = \frac{U_S^2/(4R_S)}{U_S^2/[4(R_S + R_2)]} = 1 + \frac{R_2}{R_S}$$

(2)图 2 - 53(b)的电阻网络

利用计算额定功率增益 A_{PH} 的倒数得到噪声系数,根据电路理论, R_S、R_1 和 R_2 组成网络可等效为

$$u_o = \frac{R_1}{R_S + R_1}u_S, \ R_o = R_2 + \frac{R_S R_1}{R_S + R_1}$$

网络的额定输出功率 P'_{so} 为

$$P'_{so} = \frac{U_o^2}{4R_o} = \frac{\left(\frac{R_1}{R_S + R_1}U_S\right)^2}{4\left(R_2 + \frac{R_S R_1}{R_S + R_1}\right)} = \frac{R_1^2 U_S^2}{4(R_2 R_S^2 + 2R_S R_2 R_1 + R_S^2 R_1 + R_2 R_1^2 + R_S R_1^2)}$$

网络的额定输入功率 P'_{si} 为

$$P'_{\mathrm{si}} = \frac{U_{\mathrm{S}}^2}{4R_{\mathrm{S}}}$$

网络的噪声系数为

$$N_{\mathrm{F}} = \frac{1}{A_{\mathrm{PH}}} = \frac{P'_{\mathrm{si}}}{P'_{\mathrm{so}}} = \frac{U_{\mathrm{S}}^2}{4R_{\mathrm{S}}} \frac{4(R_2 R_{\mathrm{S}}^2 + 2R_{\mathrm{S}} R_2 R_1 + R_{\mathrm{S}}^2 R_1 + R_2 R_1^2 + R_{\mathrm{S}} R_1^2)}{R_1^2 U_{\mathrm{S}}^2}$$

$$= 1 + \frac{R_{\mathrm{S}}}{R_1} + \frac{R_2}{R_{\mathrm{S}}} + 2\frac{R_2}{R_1} + \frac{R_2 R_{\mathrm{S}}}{R_1^2}$$

第 3 章

高频功率放大器

3.1　教学基本要求

1. 了解高频功率放大器的功能和性能指标。
2. 掌握 C 类高频功率放大器的工作原理、分析方法、电路构成和使用方法。
3. 了解传输线变压器的工作原理和应用特点；掌握用传输线变压器实现宽带阻抗变换的方法；了解用传输线变压器实现功率合成、功率分配的方法。

3.2　教与学的思考

3.2.1　教学基本要求的分析与思考

本章的教学基本要求有三项。要求的第 1 项是了解高频功率放大器的功能和性能指标。要求的第 2 项是本章的重点，掌握 C 类高频功率放大器的工作原理、分析方法、电路构成和使用方法。当要求功率放大器工作在高频条件下，输出高功率给负载时，功率放大器具有高的效率是非常必要的。A 类功率放大是线性放大，其效率低。为了提高功率放大器的效率，C 类功率放大选取了非线性放大的模式。C 类功率放大与 A 类功率放大有较大差异，需要学习掌握其原理与分析方法。要求的第 3 项是了解传输线变压器的工作原理和应用特点。传输线变压器的工作原理在"电磁场理论"和"微波技术"等课程中都有论述，对"高频电子线路"课程来说，传输线与变压器技术的结合，使传输线变压器成为具有宽频带特性的器件，应用非常广泛。要求掌握用传输线变压器实现宽带阻抗变换的方法，了解用传输线变压器实现功率合成、功率分配的方法。

3.2.2　本章教学分析讨论的思路

问题 1：高频功率放大器的功能是什么？

功能:用小功率的高频输入信号去控制高频功率放大器,将直流电源供给的能量转换为大功率的高频能量输出。其输入信号频谱与输出信号频谱相同。

高频功率放大的实质是将直流电源提供的直流能量转换为高频交流能量输送给负载,而输入的小功率信号只起控制作用。对于能量转换一定有转换效率这一重要指标。在大功率输出时,转换效率低则损耗功率大,且会在有源器件上以发热的形式耗散。因而,高效率是高频功率放大器必须考虑的重要指标。

问题 2:C 类功率放大与 A 类功率放大、B 类功率放大有什么区别? 为什么工作频率高能用 C 类功率放大,而工作频率低(例如音频)却不能用 C 类功率放大?

从 C 类高频功率放大器的电路结构来看,其与高频小信号调谐放大器相似,但两者的工作原理有很大差别。高频小信号调谐放大器是线性放大(A 类放大),有源器件工作于线性状态,调谐回路谐振于输入信号频率,以便获得大的电压增益,放大器的静态偏置应选取正值,且在线性区的中点,确保其在整个放大过程中都工作在线性区。在输入信号作用下,有源器件产生的交变电流线性不失真,全导通角 $2\theta_c = 360°$。C 类高频功率放大的有源器件工作于非线性状态,由于放大器静态偏电压选取在截止区,在输入信号作用下,有源器件产生的交变电流是脉冲状,只有小于半个周期的导通电流,全导通角 $2\theta_c < 180°$。而谐振回路的作用是从脉冲状的电流中取出基波电流,得到输出电压 $U_{cm} = I_{clm}R_P$。

C 类功率放大用于相对频带窄的高频调幅、调频信号的放大,因 LC 调谐回路能实现窄带选频滤波功能。对于低频信号的功率放大,例如音频功率放大、频带宽、LC 调谐回路很难完成选频滤波,不能用 C 类功率放大,只能用开关状态的 D 类音频功率放大来提高效率。

问题 3:C 类高频功率放大器的折线分析法的内涵是什么?

C 类高频功率放大器的特点是大信号工作状态;静态偏置电压在截止区,晶体管的导通电流为余弦脉冲状,导通时间小于半个周期;谐振回路谐振于输入信号的频率,在回路的选频滤波作用下,回路电压为基波电流和谐振电阻的乘积。怎样分析呢? 首先,在大信号作用下,可忽略晶体管特性在小电流区的非线性,近似用线性代替。对晶体管特性曲线理想化,即导通后为线性,不导通全为零。建立数学表达式,便于计算和图解电流、电压的波形。在 C 类高频功率放大器的晶体管理想化特性和电路参数已知的条件下,计算出集电极余弦电流脉冲的数学表达式,通过傅里叶级数分解求出各次谐波电流,以便计算功率和效率。其次,根据电路已知条件,通过电路特性计算,在理想化输出特性曲线上求出具有折线特征的动态特性。通过动态特性可求出放大器的各个技术指标和工作状态。通过动态特性还可以分析电路参数变化时,电路的工作状态和技术指标的变化。

问题 4:C 类高频功率放大器动态特性的求法及各技术指标计算。

掌握在已知电路条件下,求动态特性的方法,并能通过动态特性分析电路工作状态和各指标计算。具体内容见教学主要内容与典型例题分析中的折线分析法、动态特性及电路计算。

问题 5:C 类高频功率放大器三种工作状态(欠压、临界、过压)的特点是什么? 它们适用于哪些应用范围?

见教学主要内容与典型例题分析中的三种工作状态分析。

问题 6:怎样进行 C 类高频功率放大器静态偏置电路及偏置电压 V_{BB} 的选取?

基极馈电电路在设计中是必须认真考虑的问题,除满足技术要求外,还要实践电路调试,从实践中学。

问题 7:怎样进行 C 类高频功率放大器的输入阻抗匹配网络和输出阻抗匹配网络的设计与计算?

明白为什么需要阻抗匹配,了解实现匹配的条件,学会根据实际电路的要求设计与计算匹配网络。

问题 8:传输线变压器的耦合模式有哪些? 为什么说传输线变压器具有宽频带的工作特性?

见教学主要内容与典型例题分析中的传输线变压器原理分析。

问题 9:利用传输线变压器实现宽带阻抗匹配的基本方法有哪些? 如何计算宽带阻抗匹配网络,选取条件是什么?

见教学主要内容与典型例题分析中的传输线阻抗变换分析与计算。

问题 10:利用传输线变压器实现宽带功率合成器和宽带功率分配器的基本原理是什么?

见教学主要内容与典型例题分析中的传输线变压器实现宽带功率合成器和宽带功率分配器的分析。

3.3 教学主要内容与典型例题分析

3.3.1 高频功率放大器的功能与分类

1. 功能

用小功率的高频输入信号去控制高频功率放大器,将直流电源供给的能量转换为大功率的高频能量输出。其输入信号频谱与输出信号频谱相同。

高频功率放大器的功能如图 3-1 所示。

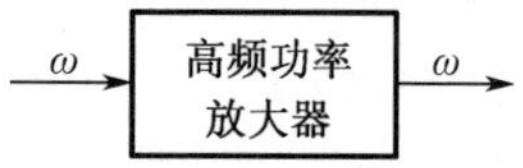

2. 分类

(1)按工作频带,高频功率放大器分为窄带高频功率放大器和宽带高频功率放大器。

图 3-1 高频功率放大器的功能

(2)按放大的特性,高频功率放大器分为线性高频功率放大器和非谐振高频功率放大器。

(3)按放大器的工作类型,高频功率放大器分为甲(A)类高频功率放大器、乙(B)类高频功率放大器、丙(C)类高频功率放大器、丁(D)类高频功率放大器和戊(E)类高频功率放大器。

3.3.2 高频功率放大器的主要技术指标

1. 输出功率

输出功率是指放大器的负载 R_L 上得到的最大不失真功率。

2. 效率

效率是指高频输出功率与直流电源供给输入功率的比值。

3. 功率增益

功率增益是指高频输出功率与信号输入功率的比值。

4. 谐波抑制度和非线性失真

谐波抑制度是针对非线性高频功率放大器提出的,是指谐振回路的选频特性的好坏,也就是希望谐波分量相对于基波分量越小越好。

非线性失真是针对线性高频功率放大器提出的,是由器件的非线性特性引起的。它也是希望谐波分量相对于基波分量越小越好。

3.3.3　丙(C)类高频功率放大器的组成及基本原理

1. 组成

丙类高频功率放大器无论是中间级还是输出级均可以用图 3 - 2 所示电路等效。电路是由输入回路、非线性器件和带通滤波器三部分组成的。晶体管工作于非线性放大状态,其基极偏置电压 V_{BB} 要比晶体管的截止电压 U_{BZ} 低,使放大器静态处于截止状态,目的是提高放大器的效率。要实现功率放大,输入信号的幅度必须足够大,使晶体管导通,集电极电流

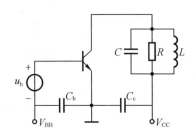

图 3 - 2　丙类高频功率放大器的
基本电路

i_C 为脉冲状。利用带通滤波器的选频滤波作用,选取基波电流,在滤波器(LC 谐振回路)两端建立基波电压。

2. 工作原理

在丙类高频功率放大器的晶体管特性、电源电压 V_{CC}、偏置电压 V_{BB}、输入信号 $u_b = U_{bm}\cos \omega t$ 和谐振于 ω 的谐振回路的谐振电阻 R_P 确定后,在晶体管的输入电压 $u_{BE} = V_{BB} + U_{bm}\cos \omega t$ 的作用下,由晶体管的正向传输特性可得集电极电流 i_C 为脉冲状,如图 3 - 3 所示,其重复频率为 ω。i_C 的傅里叶级数展开式为

$$i_C = I_{C0} + I_{c1m}\cos \omega t + I_{c2m}\cos 2\omega t + \cdots + I_{cnm}\cos n\omega t$$

式中,I_{C0} 为集电极电流的直流分量;I_{c1m} 为集电极电流的基波电流振幅;I_{c2m} 为集电极电流的 2 次谐波电流振幅;I_{cnm} 为集电极电流的 n 次谐波电流振幅。

由于集电极回路调谐于高频输入信号频率 ω,在其品质因数 Q_L 较高的条件下,谐振回路就是一个带通滤波器,只有基波电流在回路两端建立电压 $u_c = R_P I_{c1m}\cos \omega t$。直流分量和各次谐波分量在回路两端建立电压可近似为零,故输出电压为

$$u_c = R_P I_{c1m}\cos \omega t = U_{cm}\cos \omega t$$

图 3 - 3 给出了放大器电压和电流的波形。

3.3.4　丙类高频功率放大器的折线分析法

1. 晶体管正向传输特性曲线的理想化及其解析式

图 3 - 4(a)是晶体管正向传输特性曲线的理想化,其解析式为

$$i_C = \begin{cases} 0, & u_{BE} < U_{BZ} \\ g_c(u_{BE} - U_{BZ}), & u_{BE} \geqslant U_{BZ} \end{cases}$$

式中，$g_c = \Delta i_C / \Delta u_{BE}$ 为跨导；U_{BZ} 为理想化特性的截止电压。

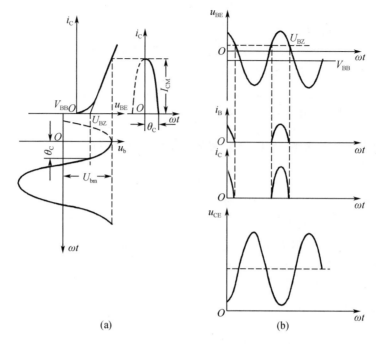

(a)   (b)

图 3 - 3　放大器电压和电流的波形

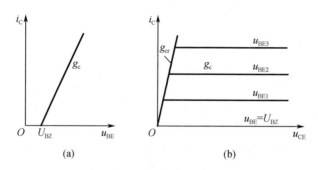

(a)   (b)

图 3 - 4　晶体管特性曲线的理想化

2. 晶体管输出特性曲线的理想化及其解析式

图 3 - 4(b)是晶体管输出特性曲线的理想化，它可以分为饱和区、放大区和截止区。i_C 的变化与 u_{BE}、u_{CE} 有关。

（1）饱和区

$$i_C = g_{cr} u_{CE}$$

式中，$g_{cr} = \Delta i_C / \Delta u_{CE}$ 为饱和临界线的斜率。

（2）放大区

$$i_C = g_c(u_{BE} - U_{BZ}), \quad u_{BE} \geqslant U_{BZ}$$

（3）截止区

$$i_C = 0, \quad u_{BE} < U_{BZ}$$

3. 集电极余弦电流脉冲的分解

余弦电流脉冲 i_C 的数学表示式可用电流脉冲的最大值 I_{CM} 和半通角 θ_c 来表示,即

$$i_C = I_{CM} \frac{\cos \omega t - \cos \theta_c}{1 - \cos \theta_c}$$

式中,$I_{CM} = g_c U_{bm}(1 - \cos \theta_c)$;$\cos \theta_c = (U_{BZ} - V_{BB})/U_{bm}$。

将余弦电流脉冲展开为傅里叶级数,即

$$i_C = I_{C0} + I_{c1m}\cos \omega t + I_{c2m}\cos 2\omega t + \cdots + I_{cnm}\cos n\omega t$$

式中

$$I_{C0} = I_{CM} \frac{\sin \theta_c - \theta_c \cos \theta_c}{\pi(1 - \cos \theta_c)} = I_{CM}\alpha_0(\theta_c)$$

$$I_{c1m} = I_{CM} \frac{\theta_c - \sin \theta_c \cos \theta_c}{\pi(1 - \cos \theta_c)} = I_{CM}\alpha_1(\theta_c)$$

$$\vdots$$

$$I_{cnm} = I_{CM} \frac{2}{\pi} \frac{\sin n\theta_c \cos \theta_c - n\cos n\theta_c \sin \theta_c}{n(n^2 - 1)(1 - \cos \theta_c)} = I_{CM}\alpha_n(\theta_c)$$

$\alpha_0(\theta_c)$、$\alpha_1(\theta_c)$ 和 $\alpha_1(\theta_c)/\alpha_0(\theta_c) = g_1(\theta_c)$ 的数值可查《高频电子线路(第 4 版)》附录。

4. 功率与效率

高频功率放大器的作用是将直流电源供给能量转换为高频能量输出。当集电极电流脉冲的振幅 I_{CM}、半通角 θ_c 已知时,I_{C0}、I_{c1m} 就可确定。高频功率放大器的功率和效率关系式如下:

(1)直流电源 V_{CC} 供给的输入功率为

$$P_= = V_{CC}I_{C0}$$

(2)高频输出功率为

$$P_o = \frac{1}{2}U_{cm}I_{c1m} = \frac{1}{2}I_{c1m}^2 R_P = \frac{1}{2}\frac{U_{cm}^2}{R_P}$$

(3)集电极损耗功率为

$$P_c = P_= - P_o$$

(4)集电极效率为

$$\eta_c = P_o/P_=$$

根据集电极效率的关系式,可以分析甲类功率放大器、乙类功率放大器和丙类功率放大器的效率关系,且有

$$\eta_c = \frac{P_o}{P_=} = \frac{1}{2}\frac{U_{cm}I_{c1m}}{V_{CC}I_{C0}} = \frac{1}{2}\xi g_1(\theta_c)$$

式中,$\xi = U_{cm}/V_{CC}$ 为集电极电压利用系数;$g_1(\theta_c) = I_{c1m}/I_{C0} = \alpha_1(\theta_c)/\alpha_0(\theta_c)$ 为波形系数。

例 3 - 1 利用集电极效率的关系式,试分析甲类功率放大器、乙类功率放大器和丙类功率放大器的理想效率。

解 所谓理想效率的理想条件是集电极电压利用系数 $\xi = U_{cm}/V_{CC} = 1$。

(1)甲类功率放大器为线性放大,其半通角 θ_c 为 180°,$g_1(\theta_c) = g_1(180°) = 1$,理想效率为

$$\eta_c = \frac{1}{2}\xi g_1(\theta_c) = 50\%$$

（2）乙类功率放大器为半周期放大，其半通角 θ_c 为 $90°$，$g_1(\theta_c) = g_1(90°) = 1.57$，理想效率为

$$\eta_c = \frac{1}{2}\xi g_1(\theta_c) = 78.5\%$$

（3）丙类功率放大器的放大小于半周，其半通角 $\theta_c < 90°$，$g_1(\theta_c) > 1.57$，理想效率为

$$\eta_c = \frac{1}{2}\xi g_1(\theta_c) > 78.5\%$$

例 3 - 2 如何选取丙类高频功率放大器的半通角 θ_c？

解 丙类高频功率放大器的半通角 θ_c 的选取原则是兼顾高的输出功率和高的集电极效率。已知丙类高频功率放大器的高频输出功率与集电极效率分别为

$$P_o = \frac{1}{2}I_{c1m}^2 R_P, \quad \eta_c = \frac{1}{2}\xi g_1(\theta_c)$$

从集电极的理想效率来看，当 $\theta_c = 1° \sim 15°$ 时，$g_1(\theta_c) = 2$，效率最高，$\eta_c = 100\%$。

从输出功率来看，高频功率放大器在谐振电阻 R_P 一定的条件下，I_{c1m} 越大，输出功率越大，$\alpha_1(\theta_c)$ 越大，则 I_{c1m} 越大。当 $\theta_c = 120° \sim 126°$ 时，$\alpha_1(\theta_c) = 0.536$，可以得到最大输出功率。但是这时对应的效率较低，$\eta_c = 66\% \sim 63.5\%$。

从集电极的理想效率来看，当 $\theta_c = 1° \sim 15°$ 时，$g_1(\theta_c) = 2$，效率最高，$\eta_c = 100\%$，而对应的 $\alpha_1(\theta_c) = 0.007 \sim 0.11$，输出功率很小。

在实际应用中，为了兼顾高的输出功率和高的集电极效率，通常取 $\theta_c = 60° \sim 80°$，而对应的理想效率 $\eta_c = 90\% \sim 82.5\%$，对应的 $\alpha_1(\theta_c) = 0.391 \sim 0.472$。

例 3 - 3 某谐振功率放大器，已知 $V_{CC} = 24$ V，输出功率 $P_o = 5$ W，晶体管集电极电流中的直流分量 $I_{C0} = 250$ mA，输出电压 $U_{cm} = 22.5$ V，试求：（1）直流电源供给的输入功率 $P_=$；（2）集电极效率 η_c；（3）谐振回路谐振电阻 R_P；（4）基波电流 I_{c1m}；（5）半通角 θ_c。

注意 此题没有指明工作状态，实际上是用尖顶脉冲的分解系数 $\alpha_0(\theta_c)$、$\alpha_1(\theta_c)$ 来进行计算，也就是说计算的不是欠压状态就是临界状态。过压状态为凹顶脉冲，不能用尖顶脉冲分解系数，只能定性分析。

解 （1）直流电源供给的输入功率为

$$P_= = V_{CC}I_{C0} = 24 \times 0.25 \text{ W} = 6 \text{ W}$$

（2）集电极效率为

$$\eta_c = P_o/P_= = 5/6 = 83.3\%$$

（3）由 $P_o = \dfrac{U_{cm}^2}{2R_P}$ 可得谐振回路谐振电阻为

$$R_P = \frac{U_{cm}^2}{2P_o} = \frac{22.5^2}{2 \times 5} \ \Omega = 50.6 \ \Omega$$

（4）由 $P_o = \dfrac{1}{2}U_{cm}I_{c1m}$ 可得基波电流为

$$I_{c1m} = \frac{2P_o}{U_{cm}} = \frac{2 \times 5}{22.5} \text{ A} = 0.444 \ 4 \text{ A} = 444.4 \text{ mA}$$

（5）由 $\eta_c = \dfrac{1}{2}\xi g_1(\theta_c)$ 可得半通角为

$$g_1(\theta_c) = \frac{2\eta_c}{\xi} = \frac{2 \times 0.833}{22.5/24} = 1.777$$

查表得 $\theta_c = 62°$。

5. 高频功率放大器的动态特性

（1）动态特性的定义

在高频功率放大器电路参数确定的条件下，也就是电源电压 V_{CC} 与 V_{BB}、晶体管（可用 g_c、U_{BZ} 表示）、输入信号振幅 U_{bm} 和输出信号振幅 U_{cm}（或谐振回路的谐振电阻 R_P）一定的条件下，集电极电流 $i_C = f(u_{BE}, u_{CE})$ 的关系称为放大器的动态特性。

工作于丙类功率放大状态的高频功率放大器，其集电极电流 i_C 为脉冲状，半通角 $\theta_c < 90°$，其动态特性不是一条直线，而是折线。在讨论丙类功率放大器的动态特性时，由于是大信号，因此晶体管的特性采用理想化特性曲线。

（2）动态特性的做法

根据电路的已知条件在晶体管的理想化特性曲线上做动态特性可以采用截距法和虚拟电流法两种方式。

①截距法做动态特性

当高频功率放大器的谐振回路调谐于输入信号频率 ω 时，其外部电路的关系式为

$$u_{BE} = V_{BB} + U_{bm}\cos \omega t$$
$$u_{CE} = V_{CC} - U_{cm}\cos \omega t$$

可得

$$u_{BE} = V_{BB} + U_{bm}\frac{V_{CC} - u_{CE}}{U_{cm}}$$

晶体管的折线化正向传输特性是内部电路的关系式。对于导通段，有

$$i_C = g_c(u_{BE} - U_{BZ})$$

动态特性应同时满足外部电路和内部电路的关系式，则

$$
\begin{aligned}
i_C &= g_c\left(V_{BB} + U_{bm}\frac{V_{CC} - u_{CE}}{U_{cm}} - U_{BZ}\right) \\
&= -g_c\frac{U_{bm}}{U_{cm}}\left(u_{CE} - \frac{U_{bm}V_{CC} - U_{BZ}U_{cm} + V_{BB}U_{cm}}{U_{bm}}\right) \\
&= g_d(u_{CE} - U_0)
\end{aligned}
$$

式中，$g_d = -g_c U_{bm}/U_{cm}$ 是动态特性的斜率；U_0 是在 u_{CE} 轴上的截距，其值为

$$U_0 = \frac{U_{bm}V_{CC} - U_{BZ}U_{cm} + V_{BB}U_{cm}}{U_{bm}} = V_{CC} - U_{cm}\frac{U_{BZ} - V_{BB}}{U_{bm}} = V_{CC} - U_{cm}\cos \theta_c$$

采用截距法做动态特性（图 3－5）的步骤如下：

a. 在输出特性的 u_{CE} 轴上取截距 $U_0 = V_{CC} - U_{cm}\cos \theta_c$，得 B 点；

b. 通过 B 点做斜率为 $g_d = -g_c U_{bm}/U_{cm}$ 的直线，交 $u_{BEmax} = V_{BB} + U_{bm}$ 线于 A 点；

c. A 点在 u_{CE} 上的投影为 $u_{CEmin} = V_{CC} - U_{cm}$；

d. 在 u_{CE} 轴上选取 $u_{CEmax} = V_{CC} + U_{cm}$ 为 C 点，则 $AB - BC$ 折线为动态特性。

如图 3－5 所示，为了让读者看得更清楚，在输出特性曲线的左边增加了一个对应的正

向传输特性,并画上了输入信号 u_b 的波形,使其与动态特性相对应。从图 3 - 5 中可以看到,将输入信号 $u_b = U_{bm} \cos \omega t$ 的一周变化分为七点,即①点、②点、③点、④点、⑤点、⑥点、⑦点。随着 u_b 的变化,u_b 的①点对应于动态特性的 A 点,u_b 的②点对应于动态特性的 B 点,u_b 的③点对应于动态特性 BC 段上的 V_{CC} 点,u_b 的④点对应于动态特性的 C 点,u_b 的⑤点对应于动态特性 BC 段上的 V_{CC} 点,u_b 的⑥点对应于动态特性的 B 点,u_b 的⑦点对应于动态特性的 A 点。也就是说,输入信号 u_b 变化一周,动态特性从 $A \to B \to C \to B \to A$ 变化一周。对应的 i_C 和 u_{CE} 波形如图 3 - 5 所示,读者可自己分析。

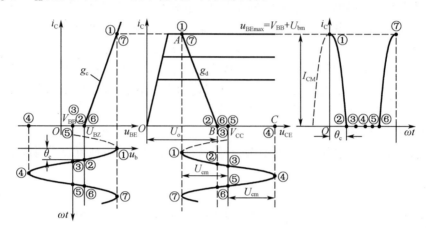

图 3 - 5 截距法做动态特性

②虚拟电流法做动态特性

虚拟电流法做动态特性,是在截距法的基础上扩展的一种较为简便的方法。从做的动态特性可知,AB 直线的延长线与 V_{CC} 线相交于 Q 点。Q 点在坐标平面内横坐标为 V_{CC},纵坐标为一负电流 I_Q,这个电流实际上是不存在的,只是为了做动态特性而虚拟的。I_Q 的大小对应于 $u_{CE} = V_{CC}$ 的值,即

$$I_Q = g_d (V_{CC} - U_0) = g_d [V_{CC} - (V_{CC} - U_{cm} \cos \theta_c)]$$
$$= -g_c (U_{bm}/U_{cm}) U_{cm} \cos \theta_c = -g_c (U_{BZ} - V_{BB})$$

采用虚拟电流法做动态特性(图 3 - 6)的步骤如下:

a. 由 V_{CC} 与 $I_Q = -g_c (U_{BZ} - V_{BB})$ 确定 Q 点;

b. $u_{CEmin} = V_{CC} - U_{cm}$ 与 $u_{BEmax} = V_{BB} + U_{bm}$ 确定 A 点;

c. 连接 AQ 交横坐标于 B 点;

d. $u_{CEmax} = V_{CC} + U_{cm}$ 与 $i_C = 0$ 确定 C 点,则 $AB - BC$ 折线为动态特性。

(3)高频功率放大器的三种工作状态

功率放大器通常按晶体管集电极电流通角 θ_c 不同划分为甲类放大器、乙类放大器和丙类放大器。谐振高频功率放大器的工作状态是指处于丙类放大或乙类放大时,在输入信号激励

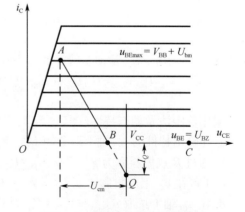

图 3 - 6 虚拟电流法做动态特性

的一周内,动态特性是否进入晶体管特性曲线的饱和区来划分。它分为欠压、临界和过压三种状态。

图 3 - 7 给出了谐振高频功率放大器的三种工作状态(欠压、临界和过压)的动态特性、电流和电压波形。

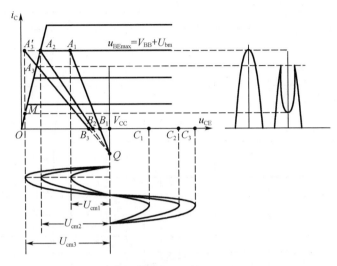

图 3 - 7　谐振高频功率放大器的三种工作状态的动态特性、电流和电压波形

用动态特性较容易区分三种工作状态。在谐振高频功率放大器的参量 g_c、U_{BZ}、V_{CC}、V_{BB}、U_{bm} 一定的条件下,输出电压振幅 U_{cm} 不同,谐振高频功率放大器的动态特性是有所差别的。当 $U_{cm} = U_{cm1}$ 时,动态特性的 A 点由 $u_{CEmin} = V_{CC} - U_{cm1}$ 和 $u_{BEmax} = V_{BB} + U_{bm}$ 决定,相交于 A_1 点。折线 $A_1B_1 - B_1C_1$ 就代表了 $U_{cm} = U_{cm1}$ 时的动态特性。由于 A_1 点处于放大区,对应的 U_{cm1} 较小,通常将这样的工作状态称为欠压状态。此状态对应的集电极电流为尖顶脉冲。当 U_{cm} 增大到 $U_{cm} = U_{cm2}$ 时,动态特性要变化,其 A 点由 $u_{CEmin} = V_{CC} - U_{cm2}$ 和 $u_{BEmax} = V_{BB} + U_{bm}$ 决定,相交于 A_2 点。此点正好处于 u_{BEmax} 和饱和临界线的交点上,折线 $A_2B_2 - B_2C_2$ 代表了 $U_{cm} = U_{cm2}$ 时的动态特性,这样的工作状态称为临界状态。此状态对应的集电极电流仍为尖顶脉冲。当 U_{cm} 增大到 $U_{cm} = U_{cm3}$ 时,动态特性将产生较大变化。由 $u_{CEmin} = V_{CC} - U_{cm3}$ 和 $u_{BEmax} = V_{BB} + U_{bm}$ 决定的 A_3' 点在 u_{BEmax} 的延长线上,实际上这一点是不存在的。但动态特性可由 A_3' 点与 Q 点相连接的线与饱和临界线相交于 A_3 点。而 A_3' 点对应于 u_{CEmin},反映到饱和临界线上是 M 点对应于 u_{CEmin}。折线 $MA_3 - A_3B_3 - B_3C_3$ 代表了 $U_{cm} = U_{cm3}$ 时的动态特性。由于工作进入了晶体管的饱和区,这样的工作状态称为过压状态。此状态对应的集电极电流是一个凹顶脉冲,它的峰点对应于 A_3 点,而谷点对应于 M 点。

对于欠压和临界状态,由于集电极电流为尖顶脉冲,其直流分量和基波分量可由尖顶脉冲的分解系数求得。而过压状态,由于集电极电流为凹顶脉冲,显然不能采用尖顶脉冲的分解系数。在实际分析中,对过压状态常采用定性分析。

例 3 - 4　某高频功率放大器,晶体管的理想化输出特性如图 3 - 8 所示。已知 $V_{CC} = 12$ V,$V_{BB} = 0.4$ V,输入电压 $u_b = 0.4\cos \omega t$ V,输出电压 $u_c = 10\cos \omega t$ V。

(1)做动态特性,画出 i_C 与 u_{CE} 的波形,并说明放大器工作于什么状态。

(2)计算直流电源 V_{CC} 供给的输入功率 $P_=$、高频输出功率 P_o、集电极损耗功率 P_c、集电极效率 η_c。

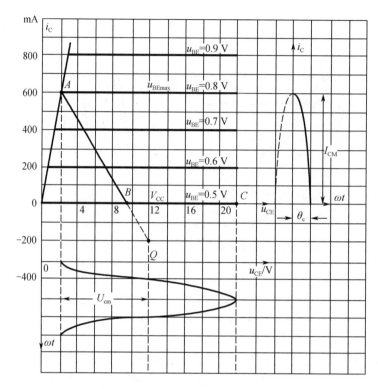

图 3-8 晶体管的理想化输出特性

注意 此题要掌握动态特性的做法以及判断放大器的工作状态。只要通过图找出 I_{CM},并计算出 θ_c 就可以解出功率、效率等各量。

解 (1)根据已知条件 $V_{CC}=12$ V,$V_{BB}=0.4$ V,$U_{bm}=0.4$ V,$U_{cm}=10$ V,而 U_{BZ} 和 g_c 可由输出特性求出,即

$$U_{BZ}=0.5 \text{ V}$$

$$g_c=\frac{\Delta i_C}{\Delta u_{BE}}=\frac{600}{0.8-0.5} \text{ mS}=2\,000 \text{ mS}$$

采用虚拟电流法可得

$$V_{CC}=12 \text{ V} \tag{①}$$

$$I_Q=-g_c(U_{BZ}-V_{BB})=-2\,000\times(0.5-0.4)\text{mA}=-200 \text{ mA} \tag{②}$$

由式①和式②确定 Q 点的坐标。

$$u_{BEmax}=V_{BB}+U_{bm}=(0.4+0.4)\text{V}=0.8 \text{ V} \tag{③}$$

$$u_{CEmin}=V_{CC}-U_{cm}=(12-10)\text{V}=2 \text{ V} \tag{④}$$

由式③和式④确定 A 点的坐标。连 AQ 交于 B 点,则有

$$u_{CEmax}=V_{CC}+U_{cm}=(12+10)\text{V}=22 \text{ V} \tag{⑤}$$

由式⑤与 $i_C=0$ 确定 C 点坐标,则 $AB-BC$ 折线为动态特性。

由于 A 点在 u_{BEmax} 与饱和临界线的交点上,放大器工作于临界状态。集电极电流 i_C 和 u_{CE} 的波形如图 3-8 所示。

(2)根据动态特性可知,集电极电流脉冲的幅值 $I_{CM} = 600$ mA,而

$$\cos \theta_c = \frac{U_{BZ} - V_{BB}}{U_{bm}} = \frac{0.5 - 0.4}{0.4} = 0.25$$

可得 $\theta_c = 75.5°, \alpha_0(\theta_c) = 0.271, \alpha_1(\theta) = 0.457$。

直流电源 V_{CC} 供给的输入功率为

$$P_= = V_{CC} I_{C0} = V_{CC} I_{CM} \alpha_0(\theta_c) = 12 \times 600 \times 0.271 \text{ mW} = 1\,951.2 \text{ mW}$$

高频输出功率为

$$P_o = \frac{1}{2} U_{cm} I_{c1m} = \frac{1}{2} U_{cm} I_{CM} \alpha_1(\theta_c) = 0.5 \times 10 \times 600 \times 0.457 \text{ mW} = 1\,371 \text{ mW}$$

集电极损耗功率为

$$P_c = P_= - P_o = (1\,951.2 - 1\,371)\text{mW} = 580.2 \text{ mW}$$

集电极效率为

$$\eta_c = \frac{P_o}{P_=} = \frac{1\,371}{1\,951.2} = 70.3\%$$

例 3-5　有一谐振功率放大器,已知晶体管的 $g_c = 2\,000$ mS, $U_{BZ} = 0.5$ V, $V_{CC} = 12$ V,谐振回路谐振电阻 $R_P = 130$ Ω,集电极效率 $\eta_c = 74.6\%$,输出功率 $P_o = 500$ mW,且工作于欠压状态。

(1)试求 $U_{cm}, \theta_c, I_{c1m}, I_{C0}, I_{CM}$;

(2)为了提高效率 η_c,在保持 V_{CC}, R_P, P_o 不变的条件下,将通角 θ_c 减小到 60°,计算对应于 $\theta_c = 60°$ 的 $I_{c1m}, I_{C0}, I_{CM}, \eta_c$;

(3)采用什么样的措施才能达到将 θ_c 变为 60°的目的?

注意　此题的目的是分析计算高频功率放大器的参数变化时,各项指标的变化情况。

解　(1)由 $P_o = \frac{1}{2} \frac{U_{cm}^2}{R_P}$ 可得

$$U_{cm} = \sqrt{2 P_o R_P} = \sqrt{2 \times 0.5 \times 130} \text{ V} = 11.4 \text{ V}$$

由 $\eta_c = \frac{1}{2} \frac{U_{cm}}{V_{CC}} g_1(\theta_c)$ 可得

$$g_1(\theta_c) = \frac{2 \eta_c V_{CC}}{U_{cm}} = \frac{2 \times 0.746 \times 12}{11.4} = 1.57$$

查表 $\theta_c = 90°, \alpha_0(90°) = 0.319, \alpha_1(90°) = 0.5$,则

$$I_{c1m} = U_{cm}/R_P = 11.4/130 \text{ A} = 87.69 \text{ mA}$$

$$I_{CM} = I_{c1m}/\alpha_1(90°) = 87.69/0.5 \text{ mA} = 175.38 \text{ mA}$$

$$I_{C0} = I_{CM} \alpha_0(90°) = 175.38 \times 0.319 \text{ mA} = 55.95 \text{ mA}$$

(2)若 V_{CC}, R_P, P_o 不变,改变 $\theta_c' = 60°$。

由于 P_o, R_P 不变,则 U_{cm} 不变,I_{c1m} 不变,从而

$$\eta_c(60°) = \frac{1}{2} \frac{U_{cm}}{V_{CC}} g_1(60°) = \frac{1}{2} \times \frac{11.4}{12} \times 1.80 = 85.5\%$$

$$I_{c1m} = 87.69 \text{ mA}$$

$$I_{CM} = I_{c1m}/\alpha_1(60°) = 87.69/0.391 \text{ mA} = 224.27 \text{ mA}$$

$$I_{C0} = I_{CM}\alpha_0(60°) = 224.27 \times 0.218 \text{ mA} = 48.89 \text{ mA}$$

（3）在保持 V_{CC}、R_P、P_o 不变的条件下，要将 $\theta_c = 90°$ 改为 $\theta_c = 60°$，它应满足的条件是 I_{c1m} 不变，$I_{CM}(90°) = 175.38$ mA，$I_{CM}(60°) = 224.27$ mA。

因为 $I_{CM}(90°) = g_c U_{bm}(1 - \cos 90°)$，所以

$$U_{bm}(90°) = \frac{I_{CM}(90°)}{g_c} = \frac{175.38}{2\,000} \text{ V} = 0.087\,69 \text{ V} = 87.69 \text{ mV}$$

$$V_{BB}(90°) = U_{BZ} = 0.5 \text{ V}$$

因为 $I_{CM}(60°) = g_c U_{bm}(60°)(1 - \cos 60°)$，所以

$$U_{bm}(60°) = \frac{I_{CM}(60°)}{g_c(1 - \cos 60°)} = \frac{224.27}{1\,000} \text{ V} = 0.244\,27 \text{ V} = 244.27 \text{ mV}$$

由

$$\cos 60° = \frac{U_{BZ} - V_{BB}(60°)}{U_{bm}(60°)} = \frac{0.5 - V_{BB}(60°)}{0.244\,27} = 0.5$$

可得

$$V_{BB}(60°) = 0.112\,135 \text{ V} = 112.135 \text{ mV}$$

因此，若要保持 V_{CC}、R_P、P_o 不变，将 θ_c 由 90° 变为 60°，则 U_{bm} 由 87.89 mV 变为 244.27 mV，而 V_{BB} 由 500 mV 变为 112.135 mV。

6. 高频功率放大器的负载特性

（1）负载特性的定义

在 V_{CC}、V_{BB}、g_c、U_{BZ}、U_{bm} 一定的条件下，改变谐振回路的谐振电阻 R_P，高频功率放大器的工作状态、电流、电压、功率和效率随 R_P 变化的关系，称为负载特性。

（2）负载特性的分析

采用虚拟电流法做动态特性，根据动态特性随 R_P 的变化关系对负载特性进行分析。（《高频电路线路（第4版）》中有分析说明）

（3）结论（图3-9）

① 在 V_{CC}、V_{BB}、g_c、U_{BZ}、U_{bm} 不变的条件下，谐振回路的谐振电阻 R_P 增大，高频功率放大器的工作状态由欠压状态到临界状态，然后进入过压状态。

② 在欠压工作状态，随着谐振电阻 R_P 的增大，电流 I_{C0} 和 I_{c1m} 不变；输出信号电压振幅 U_{cm} 线性增大；V_{CC} 供给的输入功率 $P_=$ 保持不变；输出功率 P_o 增大；集电极效率 η_c 增大；集电极损耗功率 P_c 减小。可见，在弱欠压区较大范围内，由于 R_P 较小，P_o 和 η_c 都较小，P_c 较大，而且当谐振电阻 R_P 变化时，输出信号电压振幅 U_{cm} 将产生较大变化。因此，

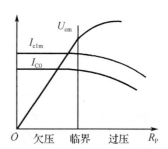

图3-9　高频功放大器的负载特性

除了特殊场合以外，很少采用这种工作状态。特别值得注意的是，当 $R_P = 0$，即负载短路时，集电极损耗功率 P_c 达到最大值，有可能使功率晶体管烧坏。因此，在调整谐振功率放大器的过程中，必须防止负载短路。

③在临界工作状态,输出功率最大,且集电极效率也较高,常用于发射机的功率输出级,以便获得最大输出功率。

④在过压工作状态,当谐振电阻 R_P 变化时,输出信号电压振幅 U_{cm} 变化较小,多用于需要维持输出电压的平稳的场合,如发射机的中间放大级。

例 3 – 6 在无线发射机中,丙类高频功率放大器可用于输出级和中间级。根据发射机高功率和高效率的要求,输出级和中间级的工作状态应如何选取,为什么?

解 丙类高频功率放大器作为输出级,首先应考虑的是最大输出功率,其次兼顾高效率。因而工作状态应选临界状态,其输出功率最大。丙类高频功率放大器选取合适的通角就能有较高的集电极效率。

丙类高频功率放大器作为中间级,当然也希望高效率和高功率能兼顾,但要从丙类高频功率放大器作为中间级的特点来考虑。中间放大级的谐振回路的负载是输出放大级的输入端,总的谐振阻抗会因输出级输入阻抗的变化而变化。如果中间级工作于欠压区,则会因谐振阻抗的变化引起中间级输出电压振幅的较大变化。而中间级工作于过压区,谐振阻抗的变化引起中间级输出过电压振幅的变化很小。故应选取过压状态维持输出电压的平稳,即保证输出级的输入激励电压比较平稳。

7. V_{CC}、V_{BB}、U_{bm} 分别变化对工作状态的影响

(1)集电极电源电压 V_{CC} 变化对工作状态的影响

在 V_{BB}、g_c、U_{BZ}、U_{bm}、R_P 不变的条件下,改变 V_{CC} 时,采用虚拟电流法做动态特性分析可得到 V_{CC} 改变对工作状态的影响。(《高频电子线路(第 4 版)》中有分析说明)

结论:(图 3 – 10)

①在 V_{BB}、g_c、U_{BZ}、U_{bm}、R_P 不变的条件下,电源电压 V_{CC} 由小向大变化,高频功率放大器的工作状态由过压状态进入临界状态,然后进入欠压状态。

②在过压状态,对应于 V_{CC} 较小的范围,V_{CC} 由小变大,I_{C0}、I_{c1m} 随 V_{CC} 增大而线性增大。在 R_P 不变的条件下,$U_{cm} = I_{c1m}R_P$,随 V_{CC} 变化而线性变化。在过压区,改变电源电压 V_{CC} 时,基波电流 I_{c1m} 具有随 V_{CC} 的变化而变化的特性,称为调幅特性。因而可以通过改变集电极电源电压实现振幅调制。

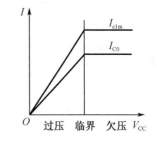

图 3 – 10 V_{CC} 对工作状态的影响

③在欠压状态与临界状态,电源电压 V_{CC} 变化,I_{C0} 和 I_{c1m} 均保持不变。$U_{cm} = I_{c1m}R_P$ 和输出功率 P_o 也保持不变。

(2)V_{BB} 变化对工作状态的影响

在 U_{bm}、g_c、U_{BZ}、V_{CC}、R_P 一定的条件下,改变 V_{BB},也可以用虚拟电流法进行动态特性分析。在此要说明的是,V_{BB} 增大的含义是从负电压向小于 U_{BZ} 的正电压变化。

结论:(图 3 – 11)

①在 U_{bm}、g_c、U_{BZ}、V_{CC}、R_P 一定的条件下,随着 V_{BB} 的增大,工作状态由欠压状态到临界状态,然后进入过

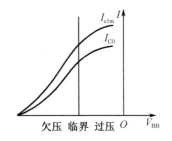

图 3 – 11 V_{BB} 对工作状态的影响

压状态。

②在欠压状态至临界状态,随着 V_{BB} 的增大,I_{CM} 增大,因此 I_{C0} 和 I_{c1m} 随 V_{BB} 增大而增大,但不是线性关系。值得注意的是,在欠压区只改变 V_{BB},其他量不变,I_{c1m} 随 V_{BB} 增大而增大的特性也是调幅特性,可通过改变 V_{BB} 来实现基极调幅。

③在过压状态,随着 V_{BB} 的增大,I_{CM} 略增,但凹顶脉冲的分解系数减小,因此 I_{C0}、I_{c1m} 随 V_{BB} 增加而缓增。

(3)输入信号振幅 U_{bm} 变化对工作状态的影响

在 V_{BB}、g_c、U_{BZ}、V_{CC}、R_P 不变的条件下,改变 U_{bm},请读者采用虚拟电流法做动态特性进行分析。

例3-7 高频功率放大器的欠压状态、临界状态、过压状态是如何区分的,各有什么特点?当 V_{CC}、U_{bm}、V_{BB} 和 R_p 四个外界因素只变化其中一个因素时,功率放大器的工作状态如何变化?

解 高频功率放大器的欠压状态、临界状态、过压状态是根据动态特性的 A 点的位置来区分的。若 A 点在 u_{BEmax} 和饱和临界线的交点上,这就是临界状态。若 A 点在 u_{BEmax} 的延长线上(实际不存在),动态特性由三段折线组成,则为过压状态。若 A 点在 u_{BEmax} 线上,但是在放大区,输出幅度 U_{cm} 较小,则为欠压状态。三种工作状态也可以用图3-12所示动态特性来区分。其中,A_2 点处于临界状态;A_1 点在放大区输出幅度 U_{cm} 较小,处于欠压状态;而 A_3 点是不存在的,它对应的动态特性为三段折线,处于过压状态。

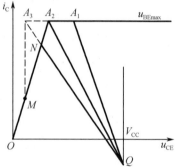

图3-12 三种工作状态

欠压区的特点是电流为尖顶脉冲,输出电压幅度相对较小,其输出功率较小,效率也低,除在基极调幅电路中应用外,其他应用较少。临界状态输出电压较大,电流为尖顶脉冲,输出功率最大,效率较高,较多地应用于发射机的输出级。过压状态的电流脉冲为凹顶脉冲,输出电压幅度较大。过压区内输出电压振幅随 R_P 变化较小,常作为发射机的高频功率放大器的中间级应用。

改变 V_{CC} 时,V_{CC} 由小变大,工作状态由过压状态到临界状态然后到欠压状态。改变 U_{bm} 时,即 U_{bm} 由小变大,工作状态由欠压状态到临界状态,然后到过压状态。改变 V_{BB} 时,即 V_{BB} 由负向正变化,工作状态由欠压状态到临界状态,然后到过压状态。

例3-8 已知谐振高频功率放大器的晶体管饱和临界线斜率 $g_{cr}=0.9$ S,$U_{BZ}=0.6$ V,电源电压 $V_{CC}=18$ V,$V_{BB}=-0.5$ V,输入电压振幅 $U_{bm}=2.5$ V,集电极电流脉冲幅值 $I_{CM}=1.8$ A,且放大器工作于临界状态。试求:(1)直流电源 V_{CC} 供给的输入功率 $P_=$;(2)高频输出功率 P_o;(3)集电极损耗功率 P_c;(4)集电极效率 η_c;(5)输出回路谐振电阻 R_P。

注意 此题是利用在临界工作状态,已知 I_{CM}、g_{cr}、V_{CC},求出 U_{cm},然后根据 $\cos\theta_c=(U_{BZ}-V_{BB})/U_{bm}$ 计算出 θ_c,查表得 $\alpha_0(\theta_c)$、$\alpha_1(\theta_c)$,则可解出各项值。

解 由于放大器工作于临界状态,则 $I_{CM}=g_{cr}(V_{CC}-U_{cm})$,可得

$$U_{cm}=V_{CC}-\frac{I_{CM}}{g_{cr}}=\left(18-\frac{1.8}{0.9}\right)V=16\ V$$

由 $\cos\theta_c = \dfrac{U_{BZ} - V_{BB}}{U_{bm}} = \dfrac{0.6 - (-0.5)}{2.5} = 0.44$，得 $\theta_c = 63.9°$，查表得

$$\alpha_0(63.9°) = 0.232, \alpha_1(63.9°) = 0.410$$

则

$$I_{C0} = I_{CM}\alpha_0(\theta_c) = 1.8 \times 0.232 \text{ A} = 0.417\ 6 \text{ A} = 417.6 \text{ mA}$$
$$I_{c1m} = I_{CM}\alpha_1(\theta_c) = 1.8 \times 0.410 \text{ A} = 0.738 \text{ A} = 738 \text{ mA}$$

(1)直流电源 V_{CC} 供给的输入功率为

$$P_= = V_{CC}I_{C0} = 18 \times 417.6 \text{ mW} = 7\ 516.8 \text{ mW}$$

(2)高频输出功率为

$$P_o = \frac{1}{2}U_{cm}I_{c1m} = 0.5 \times 16 \times 738 \text{ mW} = 5\ 904 \text{ mW}$$

(3)集电极损耗功率为

$$P_c = P_= - P_o = (7\ 516.8 - 5\ 904)\text{mW} = 1\ 612.8 \text{ mW}$$

(4)集电极效率为

$$\eta_c = \frac{P_o}{P_=} = \frac{5\ 904}{7\ 516.8} = 78.5\%$$

(5)输出回路谐振电阻为

$$R_P = \frac{U_{cm}}{I_{c1m}} = \frac{16}{0.738} \Omega = 21.68 \Omega$$

例 3-9 晶体管 3DG12B 组成谐振功率放大器，已知电源电压 $V_{CC} = 18$ V，电压利用系数 $\xi = 0.94$，$g_{cr} = 0.219$ S，$\theta_c = 80°$，放大器工作于临界状态。试求：(1)直流电源 V_{CC} 供给的输入功率 $P_=$；(2)高频输出功率 P_o；(3)集电极损耗功率 P_c；(4)集电极效率 η_c；(5)输出回路谐振电阻 R_P。

注意 此题是利用在临界工作状态，已知 g_{cr}、$\xi = U_{cm}/V_{CC}$、V_{CC}，求出 I_{CM}，然后根据 θ_c 查表得出 $\alpha_0(\theta_c)$、$\alpha_1(\theta_c)$，则可解出各项值。

解 由于放大器工作于临界状态，则 $I_{CM} = g_{cr}(V_{CC} - U_{cm})$，可得

$$U_{cm} = \xi V_{CC} = 0.94 \times 18 \text{ V} = 16.92 \text{ V}$$

则

$$I_{CM} = g_{cr}(V_{CC} - U_{cm}) = 0.219 \times (18 - 16.92)\text{A} = 0.236\ 5 \text{ A} = 236.5 \text{ mA}$$
$$I_{C0} = I_{CM}\alpha_0(80°) = 236.5 \times 0.286 \text{ mA} = 67.6 \text{ mA}$$
$$I_{c1m} = I_{CM}\alpha_1(80°) = 236.5 \times 0.472 \text{ mA} = 111.6 \text{ mA}$$

(1)直流电源 V_{CC} 供给的输入功率为

$$P_= = V_{CC}I_{C0} = 18 \times 67.6 \text{ mW} = 1\ 216.8 \text{ mW}$$

(2)高频输出功率为

$$P_o = \frac{1}{2}U_{cm}I_{c1m} = \frac{1}{2} \times 16.92 \times 111.6 \text{ mW} = 944.1 \text{ mW}$$

(3)集电极损耗功率为

$$P_c = P_= - P_o = (1\ 216.8 - 944.1)\text{mW} = 272.7 \text{ mW}$$

(4)集电极效率为

$$\eta_{c} = \frac{P_{o}}{P_{=}} = \frac{944.1}{1\,216.8} = 77.6\%$$

(5)输出回路谐振电阻为

$$R_{P} = \frac{U_{cm}}{I_{c1m}} = \frac{16.92}{0.111\,6} \Omega = 151.6\ \Omega$$

例 3 - 10 某谐振功率放大器工作于临界状态,已知 $V_{CC} = 24$ V,饱和临界线斜率 $g_{cr} = 0.6$ S,$\theta_{c} = 80°$,$\alpha_{0}(80°) = 0.286$,$\alpha_{1}(80°) = 0.472$,输出功率 $P_{o} = 2$ W,试求:(1)直流电源 V_{CC} 供给的输入功率 $P_{=}$;(2)集电极损耗功率 P_{c};(3)集电极效率 η_{c};(4)输出回路谐振电阻 R_{P}。

注意 此题是利用在临界工作状态,已知 g_{cr}、θ_{c}、V_{CC}、P_{o},通过 $I_{CM} = g_{cr}(V_{CC} - U_{cm})$ 和 $P_{o} = \frac{1}{2}U_{cm}I_{c1m} = \frac{1}{2}U_{cm}g_{cr}(V_{CC} - U_{cm})\alpha_{1}(\theta_{c})$,计算出 U_{cm} 和 I_{CM},然后可解出各项值。

解 由于 $I_{CM} = g_{cr}(V_{CC} - U_{cm})$,$I_{c1m} = I_{CM}\alpha_{1}(\theta_{c})$,可得

$$P_{o} = \frac{1}{2}U_{cm}I_{c1m} = \frac{1}{2}U_{cm}g_{cr}(V_{CC} - U_{cm})\alpha_{1}(\theta_{c})$$

$$= \frac{1}{2}g_{cr}V_{CC}\alpha_{1}(\theta_{c})U_{cm} - \frac{1}{2}g_{cr}\alpha_{1}(\theta_{c})U_{cm}^{2}$$

则

$$U_{cm}^{2} - V_{CC}U_{cm} + \frac{2P_{o}}{g_{cr}\alpha_{1}(\theta_{c})} = 0$$

即

$$U_{cm}^{2} - 24U_{cm} + \frac{2 \times 2}{0.6 \times 0.472} = 0$$

$$U_{cm} = \frac{24 \pm \sqrt{24^{2} - 4 \times \dfrac{4}{0.6 \times 0.472}}}{2}\ \text{V}$$

$$U_{cm} = 23.4\ \text{V 或 } 0.6\ \text{V (舍去)}$$

由 $I_{CM} = g_{cr}(V_{CC} - U_{cm}) = 0.6 \times (24 - 23.4)\text{A} = 0.36\ \text{A} = 360\ \text{mA}$

则

$$I_{C0} = I_{CM}\alpha_{0}(\theta_{c}) = 360 \times 0.286\ \text{mA} = 102.96\ \text{mA}$$

$$I_{c1m} = I_{CM}\alpha_{1}(\theta_{c}) = 360 \times 0.472\ \text{mA} = 169.92\ \text{mA}$$

(1)直流电源 V_{CC} 供给的输入功率为

$$P_{=} = V_{CC}I_{C0} = 24 \times 102.96\ \text{mW} = 2\,471.04\ \text{mW}$$

(2)集电极损耗功率为

$$P_{c} = P_{=} - P_{o} = (2\,471.04 - 2\,000)\text{mW} = 471.04\ \text{mW}$$

(3)集电极效率为

$$\eta_{c} = \frac{P_{o}}{P_{=}} = \frac{2\,000}{2\,471.04} = 80.9\%$$

（4）输出回路谐振电阻为

$$R_P = \frac{U_{cm}}{I_{c1m}} = \frac{23.4}{0.169\ 92}\ \Omega = 137.7\ \Omega$$

例 3 – 11　谐振功率放大器工作于临界状态，晶体管的 $g_c = 10$ mS，$U_{BZ} = 0.5$ V，饱和临界线的斜率 $g_{cr} = 6.94$ mS，集电极电源电压 $V_{CC} = 24$ V，$V_{BB} = -0.5$ V，基极激励电压振幅 $U_{bm} = 2$ V，试求：（1）集电极电流半通角 θ_c；（2）输出电压振幅 U_{cm}；（3）直流电源 V_{CC} 供给的输入功率 $P_=$；（4）高频输出功率 P_o；（5）集电极效率 η_c；（6）输出回路谐振电阻 R_P。

注意　此题已知是临界工作状态，没有给出 I_{CM} 或 U_{cm}，但给出了 g_c，也就是说可以通过 g_c 来计算 I_{CM}，然后再按临界的 g_{cr} 和 I_{CM} 计算 U_{cm} 以及其他各项数值。

解　（1）因为 $\cos \theta_c = \dfrac{U_{BZ} - V_{BB}}{U_{bm}} = \dfrac{0.5 - (-0.5)}{2} = 0.5$，所以 $\theta_c = 60°$，查表 $\alpha_0(60°) = 0.218$，$\alpha_1(60°) = 0.391$。

由于 $I_{CM} = g_c U_{bm}(1 - \cos \theta_c) = 10 \times 10^{-3} \times 2 \times (1 - 0.5)$ A $= 10 \times 10^{-3}$ A $= 10$ mA，则

$$I_{C0} = I_{CM}\alpha_0(\theta_c) = 10 \times 0.218 = 2.18\ \text{mA}$$
$$I_{c1m} = I_{CM}\alpha_1(\theta_c) = 10 \times 0.391 = 3.91\ \text{mA}$$

（2）由于放大器工作于临界状态，$I_{CM} = g_{cr}(V_{CC} - U_{cm})$，得

$$U_{cm} = V_{CC} - \frac{I_{CM}}{g_{cr}} = 24 - \frac{10 \times 10^{-3}}{6.94 \times 10^{-3}}\ \text{V} = 22.56\ \text{V}$$

（3）直流电源 V_{CC} 供给的输入功率为

$$P_= = V_{CC}I_{C0} = 24 \times 2.18\ \text{mW} = 52.32\ \text{mW}$$

（4）高频输出功率为

$$P_o = \frac{1}{2}U_{cm}I_{c1m} = \frac{1}{2} \times 22.56 \times 3.91\ \text{mW} = 44.10\ \text{mW}$$

（5）集电极效率为

$$\eta_c = \frac{P_o}{P_=} = \frac{44.10}{52.32} = 84.3\%$$

（6）输出回路谐振电阻为

$$R_P = \frac{U_{cm}}{I_{c1m}} = \frac{22.56}{3.91 \times 10^{-3}}\ \Omega = 5\ 769.8\ \Omega$$

例 3 – 12　某谐振功率放大器，晶体管的饱和临界线斜率 $g_{cr} = 0.5$ S，$U_{BZ} = 0.6$ V，电源电压 $V_{CC} = 24$ V，$V_{BB} = -0.2$ V，输入信号振幅 $U_{bm} = 2$ V，输出回路谐振电阻 $R_P = 50\ \Omega$，输出功率 $P_o = 2$ W。

（1）试求集电极电流最大值 I_{CM}、输出电压振幅 U_{cm}、集电极效率 η_c；

（2）判断放大器工作于什么状态？

（3）当 R_P 变为何值时，放大器工作于临界状态，这时输出功率 P_o、集电极效率 η_c 分别为何值？

注意　此题虽然给出了饱和临界线的斜率 g_{cr}，但是没有说明是临界工作状态，因而不能用 g_{cr} 来计算 I_{CM} 或 U_{cm}，而是要用一般的通用公式计算。判断是否是临界状态时才能应用 g_{cr} 计算。

解 (1)由于 $\cos\theta_c = \dfrac{U_{BZ} - V_{BB}}{U_{bm}} = \dfrac{0.6 - (-0.2)}{2} = 0.4$，得 $\theta_c = 66.4°$，查表 $\alpha_0(66.4°) = 0.241$，$\alpha_1(66.4°) = 0.421$。

由 $P_o = \dfrac{1}{2} I_{c1m}^2 R_P$ 和 $I_{c1m} = \sqrt{\dfrac{2P_o}{R_P}} = \sqrt{\dfrac{2 \times 2}{50}}$ A $= 0.2828$ A $= 282.8$ mA，则

$$U_{cm} = I_{c1m} R_P = 0.2828 \times 50 \text{ V} = 14.14 \text{ V}$$

$$I_{CM} = \frac{I_{c1m}}{\alpha_1(\theta_c)} = \frac{282.8}{0.421} \text{ mA} = 671.7 \text{ mA}$$

直流电源 V_{CC} 供给的输入功率为

$$P_= = V_{CC} I_{C0} = V_{CC} I_{CM} \alpha_0(\theta_c) = 24 \times 671.7 \times 0.241 \text{ mW} = 3885.1 \text{ mW}$$

集电极效率为

$$\eta_c = \frac{P_o}{P_=} = \frac{2\,000}{3\,885.1} = 51.5\%$$

(2)若放大器工作于临界状态，则满足 $I_{CM} = g_{cr}(V_{CC} - U_{cm})$。实际上，放大器的 $U_{cm} = 14.14$ V，$I_{CM} = 671.7$ mA，这里可以用两种方法判断。

①若 $U_{cm} = 14.14$ V，对应于临界状态的 I'_{CM} 为

$$I'_{CM} = g_{cr}(V_{CC} - U_{cm}) = 0.5 \times (24 - 14.14) \text{ A} = 4.93 \text{ A}$$

$I_{CM} < I'_{CM}$，则放大器工作于欠压状态。

②若 $I_{CM} = 671.7$ mA，对应于临界状态的 U'_{cm} 为

$$U'_{cm} = V_{CC} - \frac{I_{CM}}{g_{cr}} = \left(24 - \frac{0.6717}{0.5}\right) \text{ V} = 22.66 \text{ V}$$

$U_{cm} < U'_{cm}$，则放大器工作于欠压状态。

(3) R_P 为何值时，放大器工作于临界状态？由于放大器工作于欠压状态，在其他量不变的条件下，只有增大 R_P 才能进入临界工作状态。

在 g_c、U_{BZ}、V_{CC}、V_{BB} 和 U_{bm} 不变的条件下，$u_{BEmax} = V_{BB} + U_{bm}$ 不变，则集电极电流脉冲幅值 I_{CM} 不变，$\cos\theta_c$ 不变，θ_c 不变，即 $\theta_c = 66.4°$。在 $I_{CM} = 671.7$ mA 的条件下，放大器要工作于临界状态，其对应的 $U'_{cm} = 22.66$ V，而 $I_{c1m} = I_{CM}\alpha_1(\theta_c) = 282.8$ mA，故

$$R'_P = \frac{U'_{cm}}{I_{c1m}} = \frac{22.66}{0.2828} = 80.13 \ \Omega$$

当 R_P 改为 80.13 Ω 时，放大器工作于临界状态。此时对应的输出功率为

$$P'_o = \frac{1}{2} U'_{cm} I_{c1m} = \frac{1}{2} \times 22.66 \times 282.8 \text{ mW} = 3204.1 \text{ mW}$$

而直流电源 V_{CC} 供给的输入功率为

$$P_= = V_{CC} I_{C0} = 24 \times 671.7 \times 0.241 \text{ mW} = 3885.1 \text{ mW}$$

集电极效率为

$$\eta_c = \frac{P'_o}{P_=} = \frac{3\,204.1}{3\,885.1} = 82.5\%$$

例 3 - 13 某高频功率放大器工作于临界状态，$\theta_c = 75°$，$V_{CC} = 24$ V，输出功率 $P_o = 30$ W，晶体管的饱和临界线斜率 $g_{cr} = 1.67$ S。试求：

(1)集电极效率和临界负载电阻；

（2）若负载电阻、电源电压不变，要使输出功率不变，而提高集电极效率，问应如何调整？

（3）输入信号的频率减小 $\frac{1}{2}$ ，而保持其他条件不变，问功率放大器变为什么工作状态？其输出功率和集电极效率各为多少？

注： $\alpha_0(75°)=0.269$ ， $\alpha_1(75°)=0.455$ ， $\alpha_2(75°)=0.258$ 。

注意　此题从计算上看与前面的临界状态方法相似。但其主要放在工作状态的调整和二倍频电路的计算方法上。

解　由 $P_o=\frac{1}{2}U_{cm}I_{c1m}=\frac{1}{2}U_{cm}I_{CM}\alpha_1(\theta_c)$ 可知，在临界工作状态 $I_{CM}=g_{cr}(V_{CC}-U_{cm})$ ，可得

$$P_o=\frac{1}{2}g_{cr}V_{CC}\alpha_1(\theta_c)U_{cm}-\frac{1}{2}g_{cr}\alpha_1(\theta_c)U_{cm}^2$$

$$U_{cm}^2-V_{CC}U_{cm}+\frac{2P_o}{g_{cr}\alpha_1(\theta_c)}=0$$

$$U_{cm}=\frac{24\pm\sqrt{24^2-\dfrac{4\times2\times30}{1.67\times0.455}}}{2}\ \text{V}$$

$$U_{cm}=20.06\ \text{V}\ \text{或}\ 3.94\ \text{V}(\text{舍去})$$

$$I_{CM}=g_{cr}(V_{CC}-U_{cm})=1.67\times(24-20.06)\text{A}=6.58\ \text{A}$$

$$I_{C0}=I_{CM}\alpha_0(\theta_c)=6.58\times0.269\ \text{A}=1.77\ \text{A}$$

$$I_{c1m}=I_{CM}\alpha_1(\theta_c)=6.58\times0.455\ \text{A}=2.99\ \text{A}$$

（1）集电极效率和临界负载电阻分别为

$$P_==V_{CC}I_{C0}=24\times1.77\ \text{W}=42.48\ \text{W}$$

$$\eta_c=\frac{P_o}{P_=}=\frac{30}{42.48}=70.6\%$$

$$R_P=U_{cm}/I_{c1m}=20.06/2.99\ \Omega=6.71\ \Omega$$

（2）在 R_P 、 V_{CC} 、 P_o 不变的条件下，要提高集电极效率可以改变通角 θ_c 。

因为 $P_o=\frac{1}{2}I_{c1m}^2R_P=\frac{U_{cm}^2}{2R_P}$ ，若 R_P 、 P_o 不变，则 I_{c1m} 、 U_{cm} 不变，加上 V_{CC} 不变，可得

$$\eta_c=\frac{1}{2}\frac{U_{cm}}{V_{CC}}g_1(\theta_c)$$

可见，在 U_{cm} 、 V_{CC} 不变的条件下，集电极效率要增大，只能增大 $g_1(\theta_c)$ ，也就是减小 θ_c 。例如，当 $\theta_c=75°$ 时， $\eta_c=70.6\%$ ，即 $g_1(75°)=1.69$ ， $\xi=U_{cm}/V_{CC}=0.836$ ；当 $\theta_c=60°$ 时， $g_1(60°)=1.80$ ， $\eta_c=75.2\%$ 。

由于 $\cos\theta_c=(U_{BZ}-V_{BB})/U_{bm}$ ，要增大 $\cos\theta_c$ 就要减小 θ_c 。例如， $\cos75°=0.259$ ，而 $\cos60°=0.5$ 。从表面上看减小 V_{BB} （由正向负变）和减小 U_{bm} 都可以使 $\cos\theta_c$ 增大， θ_c 减小。但是从保证 I_{c1m} 不变这一点来看，因为 $I_{c1m}=I_{CM}\alpha_1(\theta_c)$ ，若 θ_c 减小， $\alpha_1(\theta_c)$ 也减小，所以要保证 I_{c1m} 不变，必须使得改变 V_{BB} 和 U_{bm} 时， I_{CM} 要增大，也就是 $u_{BEmax}=V_{BB}+U_{bm}$ 要增大。

综合上述两点要求，即 $\cos\theta_c$ 要增大， $u_{BEmax}=V_{BB}+U_{bm}$ 要增大，这样 V_{BB} 只能由正向负减

小,而且又要增大 U_{bm} 才能满足。

(3)输入信号频率减小 $\frac{1}{2}$,而保持其他条件不变,这就意味着输出回路谐振频率为输入信号频率的2倍,电路为二倍频器,回路取集电极电流 i_C 的二次谐波 I_{c2m}。

在其他条件不变的条件下,即 V_{CC}、V_{BB}、g_c、U_{BZ}、U_{bm}、R_P 不变,则

$$\cos \theta_c = \frac{U_{BZ} - U_{BB}}{U_{bm}}\text{不变,即} \theta_c = 75° \text{不变}$$

$$u_{BEmax} = V_{BB} + U_{bm}\text{不变,即} I_{CM} = 6.58 \text{ A 不变}$$

$$I_{C0} = I_{CM}\alpha_0(75°) = 1.77 \text{ A 不变}$$

$$I_{c2m} = I_{CM}\alpha_2(75°) = 6.58 \times 0.258 \text{ A} = 1.70 \text{ A}$$

集电极谐振回路输出电压为

$$U_{c2m} = I_{c2m}R_P = 1.70 \times 6.71 \text{ V} = 11.41 \text{ V}$$

集电极输出功率(倍频输出)为

$$P_{o2} = \frac{1}{2}U_{c2m}I_{c2m} = \frac{1}{2} \times 11.41 \times 1.70 \text{ W} = 9.70 \text{ W}$$

直流电源 V_{CC} 输入功率为

$$P_= = V_{CC}I_{C0} = 24 \times 1.77 = 42.48 \text{ W}$$

集电极效率为

$$\eta_c = \frac{P_{o2}}{P_=} = \frac{9.70}{42.48} = 22.8\%$$

3.3.5 谐振功率放大电路

1. 谐振高频功率放大电路的基本组成

谐振高频功率放大器由输入谐振回路、非线性器件(晶体管)和输出谐振回路组成。输入谐振回路和输出谐振回路的作用:提供放大器所需的正常偏置,实现滤波选取基波分量,实现阻抗匹配。

2. 直流馈电电路

直流馈电电路分为集电极馈电电路和基极馈电电路两类。

(1)集电极馈电电路

集电极馈电电路有串联馈电电路与并联馈电电路两种形式。图3-13(a)是串联馈电电路,它是由晶体管、负载回路和直流电源组成的串联连接形式。电路中的 L' 是高频扼流圈,对直流相当于短路,对高频相当于开路;电容 C' 是高频旁路电容,对直流相当于开路,对高频相当于短路。这样的电路形式可确保集电极电流中的直流分量 I_{C0} 只流过电源 V_{CC} 和晶体管,基波分量 I_{c1} 只流过谐振电阻 R_P 和晶体管,谐波分量 I_{cn} 只流过晶体管。图3-13(b)是并联馈电电路,它是由晶体管、负载回路和直流电源组成的并联连接形式。电路中的 L' 是高频扼流圈,对直流相当于短路,对高频相当于开路;电容 C' 是高频旁路电容,C'' 是高频耦合电容。这样的电路形式也能确保集电极电流中的直流分量 I_{C0} 只流过电源 V_{CC} 和晶体管,基波分量 I_{c1} 只流过谐振电阻 R_P 和晶体管,谐波分量 I_{cn} 只流过晶体管。

串联馈电电路的馈电元件 L' 和 C' 均处于高频地电位,谐振回路处于直流高电位,回路

元件 L 和 C 不能接地,调谐时不方便。并联馈电电路的馈电元件 L' 和 C'' 均处于高频高电位,它们对地的安装分布电容直接影响谐振回路的谐振频率,但谐振回路处于直流地电位,调谐较为方便。

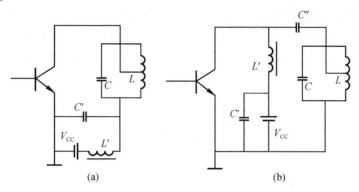

图 3 – 13　集电极电路的基极馈电电路的两种馈电形式

（2）基极馈电电路

基极馈电电路也有串联馈电和并联馈电两种形式。与集电极馈电电路不同的是,基极的反向偏压既可以是外加的(外加偏置),也可以是由基极电流的直流分量 I_{B0} 或发射极电流的直流分量 I_{E0} 产生的(自给偏置)。

图 3 – 14(a)是外加偏置的串联馈电形式,图 3 – 14(b)是外加偏置的并联馈电形式。

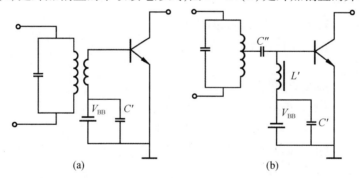

图 3 – 14　外加偏置电路的两种形式

图 3 – 15 是谐振功率放大器的自给反向偏置电路。图 3 – 15(a)利用基极电流的直流分量 I_{B0} 在基极电阻 R_b 上的压降产生自给负偏压。图 3 – 15(b)利用发射极电流的直流分量 I_{E0} 在 R_e 上的压降产生自给负偏压。其优点是,利用发射极电流直流分量的负反馈作用,有利于工作状态的稳定。在功率放大器输出功率大于 1 W 时,常采用自给偏置电路。

3. 匹配网络

（1）匹配网络的功能

①满足功率匹配条件,有效地将信号功率传送到负载上去;

②有滤波功能,抑制工作频率范围以外的谐波分量与干扰,保证负载上获取所需工作频率的功率。

（2）匹配网络的分类

谐振功率放大器所采用的匹配网络分为输入匹配网络、级间耦合匹配网络和输出匹配网络三种。输入匹配网络用于信号源与谐振功率放大器之间。为了使信号源的功率有效地加到高频功率晶体管的发射结上，可采用输入匹配网络来实现输入电阻与信号源内阻的匹配。级间耦合匹配网络用于高频功率放大器的推动级与输出级之间的阻抗匹配。输出匹配网络用于输出级与天线负载之间的阻抗匹配。因此，三种匹配网络都可以采用由 L 和 C 组成的 π 型网络或 T 型网络实现匹配。

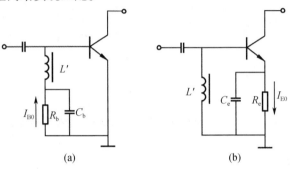

（a）　　　　　　　　　（b）

图 3 - 15　自给反向偏置电路

3.3.6　匹配网络原理与计算

1. L 型匹配网络

L 型匹配网络是最简单和最常用的匹配网络之一。依据信源电阻 R_S 与负载电阻 R_L 数值大小的关系，它有如下两种基本形式。

（1）$R_L < R_S$ 的 L 型匹配网络

图 3 - 16 中 X_1 和 X_2 是电抗，两者电抗性质相反，一个是感抗，另一个必须是容抗。利用电抗与电阻串、并联等效互换的关系可以求得匹配网络参数的表示式。阻抗匹配网络的计算式为

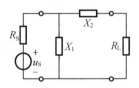

图 3 - 16　$R_L < R_S$ 的 L 型匹配网络

$$Q = \sqrt{\frac{R_S}{R_L} - 1}$$

$$X_2 = QR_L = \sqrt{R_L(R_S - R_L)}$$

$$X_1 = \frac{R_S}{Q} = R_S\sqrt{\frac{R_L}{R_S - R_L}}$$

例 3 - 14　如图 3 - 17（a）所示，已知谐振功率放大器的工作频率为 10 MHz，最佳输出电阻 $R_o = 280\ \Omega$，负载天线阻抗 $R_L = 50\ \Omega$，计算 L 型匹配网络参数值。

注意　最简单匹配网络，熟悉基本计算方法。

解　① 设 X_2 为感抗，则 X_1 为容抗，如图 3 - 17（b）所示，有

$$\omega L = X_2 = \sqrt{R_L(R_o - R_L)} = \sqrt{50 \times (280 - 50)}\ \Omega = 107.238\ \Omega$$

$$L = \frac{107.238}{2\pi \times 10 \times 10^6} \text{ H} = 1.71 \text{ μH}$$

$$\frac{1}{\omega C} = X_1 = R_\text{o} \sqrt{\frac{R_\text{L}}{R_\text{o} - R_\text{L}}} = 280 \sqrt{\frac{50}{280 - 50}} \text{ Ω} = 130.551 \text{ Ω}$$

$$C = \frac{1}{2\pi \times 10 \times 10^6 \times 130.551} \text{ F} = 121.9 \text{ pF}$$

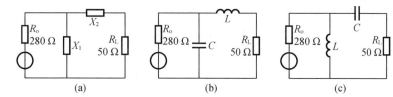

图 3 - 17　L 型匹配网络

②设 X_2 为容抗,则 X_1 为感抗,如图 3 - 17(c)所示。

$$Q = \sqrt{\frac{R_\text{o}}{R_\text{L}} - 1} = \sqrt{\frac{280}{50} - 1} = 2.145$$

$$\frac{1}{\omega C} = X_2 = \sqrt{R_\text{L}(R_\text{o} - R_\text{L})} = \sqrt{50 \times (280 - 50)} \text{ Ω} = 107.238 \text{ Ω}$$

$$C = \frac{1}{2\pi \times 10 \times 10^6 \times 107.238} \text{ F} = 148.4 \text{ pF}$$

$$\omega L = X_1 = R_\text{o} \sqrt{\frac{R_\text{L}}{R_\text{o} - R_\text{L}}} = 280 \sqrt{\frac{50}{280 - 50}} \text{ Ω} = 130.551 \text{ Ω}$$

$$L = \frac{130.551}{2\pi \times 10 \times 10^6} \text{ H} = 2.08 \text{ μH}$$

（2）$R_\text{L} > R_\text{S}$ 的 L 型匹配网络

图 3 - 18 中 X_1 和 X_2 是电抗,两者电抗性质相反,一个是感抗,另一个必须是容抗。利用电抗与电阻串、并联等效互换的关系可以求得匹配网络参数的表示式。阻抗匹配网络的计算式为

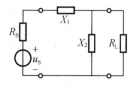

图 3 - 18　$R_\text{L} > R_\text{S}$ 的 L 型
匹配网络

$$Q = \sqrt{\frac{R_\text{L}}{R_\text{S}} - 1}$$

$$X_2 = \frac{R_\text{L}}{Q} = R_\text{L} \sqrt{\frac{R_\text{S}}{R_\text{L} - R_\text{S}}}$$

$$X_1 = Q R_\text{S} = \sqrt{R_\text{S}(R_\text{L} - R_\text{S})}$$

例 3 - 15　如图 3 - 19(a)所示,已知信源电阻 $R_\text{S} = 20 \text{ Ω}$,负载电阻 $R_\text{L} = 120 \text{ Ω}$,工作频率 $f = 5 \text{ MHz}$,设计一个 L 型匹配网络。

注意　最简单匹配网络,熟悉基本计算方法。

解　①设 X_2 为感抗,则 X_1 为容抗,如图 3 - 19(b)所示。

$$Q = \sqrt{\frac{R_\text{L}}{R_\text{S}} - 1} = \sqrt{\frac{120}{20} - 1} = 2.236$$

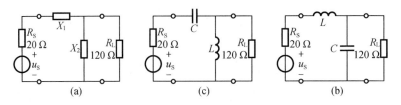

图 3 – 19 L 型匹配网络

$$X_2 = \omega L = \frac{R_L}{Q} = \frac{120}{2.236} \ \Omega = 53.667 \ \Omega$$

$$L = \frac{X_2}{2\pi f} = \frac{53.667}{2\pi \times 5 \times 10^6} \ \text{F} = 1.71 \ \mu\text{H}$$

$$X_1 = \frac{1}{\omega C} = QR_S = 2.236 \times 20 \ \Omega = 44.72 \ \Omega$$

$$C = \frac{1}{\omega X_1} = \frac{1}{2\pi \times 5 \times 10^6 \times 44.72} \ \text{F} = 711.78 \ \text{pF}$$

②设 X_2 为容抗,则 X_1 为感抗,如图 3 – 19(c) 所示。

$$Q = \sqrt{\frac{R_L}{R_S} - 1} = \sqrt{\frac{120}{20} - 1} = 2.236$$

$$X_2 = \frac{1}{\omega C} = \frac{R_L}{Q} = \frac{120}{2.236} \ \Omega = 53.667 \ \Omega$$

$$C = \frac{1}{\omega X_2} = \frac{1}{2\pi \times 5 \times 10^6 \times 53.667} \ \text{F} = 593.12 \ \text{pF}$$

$$X_1 = \omega L = QR_S = 2.236 \times 20 \ \Omega = 44.72 \ \Omega$$

$$L = \frac{X_1}{2\pi f} = \frac{44.72}{2\pi \times 5 \times 10^6} \ \text{H} = 1.42 \ \mu\text{H}$$

(3) L 型匹配网络的通频带

根据 R_S 和 R_L 的大小关系选取对应的电路形式,可设 X_1 为感抗,X_2 为容抗,或者 X_1 为容抗,X_2 为感抗,并根据已知条件分别计算出网络参数。

L 型匹配网络只在工作频率 ω 处并联谐振,电抗抵消,实现两电阻之间的阻抗变换,因此它是一个窄带阻抗变换网络。而 L 型匹配网络支路的品质因数 Q 的表示式为

$$Q = \sqrt{\frac{R_{max}}{R_{min}} - 1}$$

上式表明,在两个阻抗变换的电阻值确定后,Q 值是确定的,是不能任意选择的。另外,因为整个 L 型匹配网络同时接有 R_S 和 R_L,所以 L 型匹配网络的总有载品质因数 Q_L 为

$$Q_L = \frac{1}{2} Q$$

则 L 型匹配网络的通频带为

$$2\Delta f_{0.7} \approx \frac{f}{Q_L}$$

在 R_S 和 R_L 确定后,L 型匹配网络的 Q 值是不可任意选择的,这样就有可能不满足滤波

性能的要求。这是 L 型匹配网络的缺点,解决措施是可采用三个电抗元件组成的 π 型网络和 T 型网络。

2. π 型匹配网络

图 3 – 20(a) 是一个 π 型匹配网络,图 3 – 20(b) 是其等效电路,其中 $X_S = X_{S1} + X_{S2}$。这样 π 型网络就等效为两个 L 型网络,R_L 经 X_{P2} 和 X_{S2} 向左变换为中间假想电阻 R_{inter},且满足 $R_{inter} < R_L$。同样 R_S 经 X_{P1} 和 X_{S1} 向右变换为中间假想电阻 R_{inter},且满足 $R_{inter} < R_S$。只要满足这两个中间电阻相等,此 π 型网络就能完成 R_S 和 R_L 之间的阻抗变换。也就是中间电阻 R_{inter} 的选取必须同时小于 R_S 和 R_L。根据 L 型网络的变换关系,由 X_{P2} 和 X_{S2} 组成的 L 型网络的 Q_2 为

$$Q_2 = \sqrt{\frac{R_L}{R_{inter}} - 1}$$

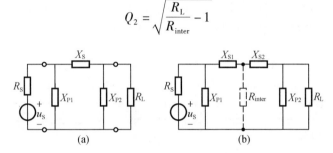

图 3 – 20　π 型匹配网络

而由 X_{P1} 和 X_{S1} 组成的 L 型网络的 Q_1 为

$$Q_1 = \sqrt{\frac{R_S}{R_{inter}} - 1}$$

π 型网络的带宽是由 Q_1 和 Q_2 共同决定的,但最大的 Q 值可以用来估算网络带宽。因此,在设定 Q 值时,可以根据带宽要求设定最大的那个 Q 值。当 $R_S > R_L$ 时,则 $Q_1 > Q_2$,应选 Q_1 从 R_S 端开始进行网络参数计算。当 $R_L > R_S$ 时,则 $Q_2 > Q_1$,应选 Q_2 从 R_L 端开始进行网络参数计算。

π 型网络的电路参数计算式如下。

(1) $R_L > R_S$ 的计算式

选定 Q_2 应满足 $Q_2 > \sqrt{\dfrac{R_L}{R_S} - 1}$,则

$$R_{inter} = \frac{R_L}{1 + Q_2^2}, \quad X_{P2} = \frac{R_L}{Q_2}, \quad X_{S2} = Q_2 R_{inter}$$

$$Q_1 = \sqrt{\frac{R_S}{R_{inter}} - 1}$$

$$X_{P1} = \frac{R_S}{Q_1}, \quad X_{S1} = Q_1 R_{inter}, \quad X_S = X_{S1} + X_{S2}$$

(2) $R_S > R_L$ 的计算式

选定 Q_1 应满足 $Q_1 > \sqrt{\dfrac{R_S}{R_L} - 1}$,则

$$R_{inter} = \frac{R_S}{1 + Q_1^2}, \quad X_{P1} = \frac{R_S}{Q_1}, \quad X_{S1} = Q_1 R_{inter}$$

$$Q_2 = \sqrt{\frac{R_L}{R_{inter}} - 1}$$

$$X_{P2} = \frac{R_L}{Q_2}, \quad X_{S2} = Q_2 R_{inter}, \quad X_S = X_{S1} + X_{S2}$$

π 型匹配网络共有六种基本电路形式,图 3 – 21 是两种最典型的形式,图 3 – 21(a)是由两个电容和一个电感组成的 π 型匹配网络,右边图是其等效为两个 L 型网络的电路。图 3 – 21(b)是由两个电感和一个电容组成的 π 型匹配网络,右边图也是其等效为两个 L 型网络的电路。两种典型电路的串联支路都是用相同性质的两个电抗串联等效的。其特点是 Q 有条件选取,即 $Q > \sqrt{(R_{大}/R_{小}) - 1}$;对信源电阻 R_S 和负载电阻 R_L 的大小没有特定的限制,即 $R_S < R_L$ 或 $R_S > R_L$ 电路都能实现阻抗匹配。根据 $R_S < R_L$ 或 $R_S > R_L$ 应用对应的计算式可以计算网络参数。

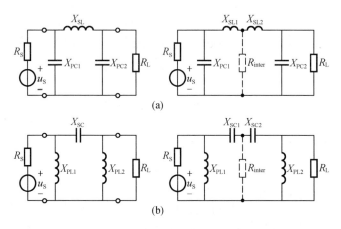

图 3 – 21　π 型匹配网络的典型电路

图 3 – 22 是 $R_S > R_L$ 的 π 型匹配网络。右边图是等效为两个 L 型网络的电路,串联支路用两个性质相反的电抗串联等效,支路电抗由二者差值确定。其限定条件是 $R_S > R_L$ 和 $Q_1 > \sqrt{(R_S/R_L) - 1}$,参数计算用 π 型网络对应 $R_S > R_L$ 的计算式。

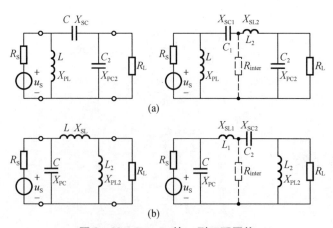

图 3 – 22　$R_S > R_L$ 的 π 型匹配网络

图 3 – 23 是 $R_S < R_L$ 的 π 型匹配网络。右边图是等效为两个 L 型网络的电路,串联支路用两个性质相反的电抗串联等效,支路电抗由二者差值确定。其限定条件是 $R_L > R_S$ 和 $Q_2 > \sqrt{(R_L/R_S) - 1}$,参数计算用 π 型网络对应 $R_L > R_S$ 的计算式。

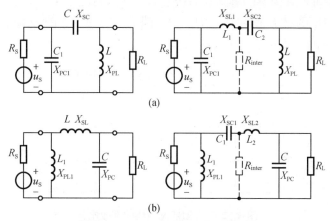

图 3 – 23　$R_L > R_S$ 的 π 型匹配网络

例 3 – 16　已知信源电阻 $R_S = 20\ \Omega$,负载电阻 $R_L = 120\ \Omega$,工作频率 $f = 5$ MHz,通频带为 1.2 MHz。设计一个 π 型匹配网络。

注意　根据工作频率与通频带的要求,L 型匹配网络不一定能满足特定通频带的要求,而 π 型匹配网络和 T 型匹配网络能满足特定通频带的要求。本题就是对通频带有特定要求的分析计算,这里以 π 型匹配网络为例。

解　π 型匹配网络须满足特定通频带的要求,且满足特定的 $R_S < R_L$ 的阻抗匹配关系。图 3 – 24 所示两个匹配网络对 R_S 和 R_L 的相对大小没有特殊规定,选任意一个都可以实现阻抗匹配。而图 3 – 25 所示两个匹配网络具有特定的 $R_S < R_L$ 的阻抗匹配关系。这四个匹配网络都能满足题目要求。

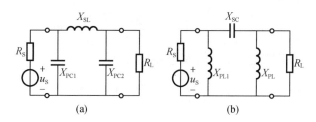

图 3 – 24　π 型匹配网络的典型电路

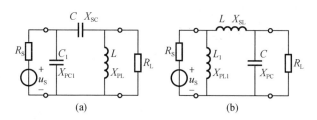

图 3 – 25　$R_L > R_S$ 的 π 型匹配网络

(1)图3-24(a)的设计计算

图3-26所示是图3-24(a)匹配电路的等效电路,将匹配网络的L分成L_1和L_2两个电感串联,则π型匹配网络可等效为由信源端的L_1C_1和负载端的L_2C_2两个L型网络组成。因为由要求的通频带可计算网络的有载品质因数$Q_L = f_0/(2\Delta f_{0.7}) = 5/1.2 = 4$,所以可得两个L型网络的$Q_1$和$Q_2$的最大值为$Q = 2Q_L = 8$。因为$R_L > R_S$,大的$Q$应是负载端的$Q_2$,设$Q_2 = 8$,则根据对应的计算式求出中间电阻为

$$R_{\text{inter}} = \frac{R_L}{1 + Q_2^2} = \frac{120}{1 + 8^2} \ \Omega = 1.846 \ \Omega$$

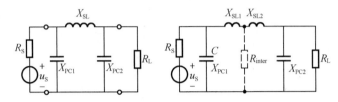

图3-26 π型匹配网络的等效电路

负载端L型网络的并联电容的电抗及电容分别为

$$X_{\text{PC2}} = \frac{R_L}{Q_2} = \frac{120}{8} \ \Omega = 15.0 \ \Omega$$

$$C_2 = \frac{1}{2\pi f X_{\text{PC2}}} = \frac{1}{2\pi \times 5 \times 10^6 \times 15.0} \ \text{F} = 2 \ 122 \ \text{pF}$$

负载端L型网络的串联电感的电抗及电感分别为

$$X_{\text{SL2}} = Q_2 R_{\text{inter}} = 8.0 \times 1.846 \ \Omega = 14.768 \ \Omega$$

$$L_2 = \frac{X_{\text{SL2}}}{2\pi f} = \frac{14.768}{2\pi \times 5 \times 10^6} \ \text{H} = 0.47 \ \mu\text{H}$$

信源端L型网络的Q值为

$$Q_1 = \sqrt{\frac{R_S}{R_{\text{inter}}} - 1} = \sqrt{\frac{20}{1.846} - 1} = 3.136$$

信源端L型网络的并联电容的电抗及电容分别为

$$X_{\text{PC1}} = \frac{R_S}{Q_1} = \frac{20}{3.136} \ \Omega = 6.378 \ \Omega$$

$$C_1 = \frac{1}{2\pi f X_{\text{PC1}}} = \frac{1}{2\pi \times 5 \times 10^6 \times 6.378} \ \text{F} = 4 \ 991 \ \text{pF}$$

信源端L型网络的串联电感的电抗及电感分别为

$$X_{\text{SL1}} = Q_1 R_{\text{inter}} = 3.136 \times 1.846 \ \Omega = 5.789 \ \Omega$$

$$L_1 = \frac{X_{\text{SL1}}}{2\pi f} = \frac{5.789}{2\pi \times 5 \times 10^6} \ \text{H} = 0.184 \ \mu\text{H}$$

π型匹配网络的总电感为

$$L = L_1 + L_2 = (0.184 + 0.47)\mu\text{H} = 0.654 \ \mu\text{H}$$

(2)图 3-25(a)的设计计算

图 3-27 所示是图 3-25(a)匹配电路的等效电路,将匹配网络的 C 分成 L_1 和 C_2 串联等效,则 π 型匹配网络可等效为由信源端的 L_1C_1 和负载端的 LC_2 两个 L 型网络组成。因为要求的通频带可计算网络的有载品质因数 $Q_L = f_0/(2\Delta f_{0.7}) = 5/1.2 = 4$,所以可得两个 L 型网络的 Q_1 和 Q_2 的最大值为 $Q = 2Q_L = 8$。因为 $R_L > R_S$,大的 Q 应是负载端的 Q_2,设 $Q_2 = 8$,则根据对应的计算式求出中间电阻为

$$R_{inter} = \frac{R_L}{1 + Q_2^2} = \frac{120}{1 + 8^2} \ \Omega = 1.846 \ \Omega$$

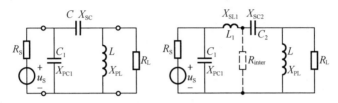

图 3-27 π 型匹配网络的等效电路

负载端 L 型网络的并联电感的电抗及电感分别为

$$X_{PL} = \frac{R_L}{Q_2} = \frac{120}{8} \ \Omega = 15.0 \ \Omega$$

$$L = \frac{X_{PL}}{2\pi f} = \frac{15.0}{2\pi \times 5 \times 10^6} \ H = 0.477 \ \mu H$$

负载端 L 型网络的串联电容的电抗及电容分别为

$$X_{SC2} = Q_2 R_{inter} = 8.0 \times 1.846 \ \Omega = 14.768 \ \Omega$$

$$C_2 = \frac{1}{2\pi f X_{SC2}} = \frac{1}{2\pi \times 5 \times 10^6 \times 14.768} \ F = 2\ 155.4 \ pF$$

信源端 L 型网络的 Q 值为

$$Q_1 = \sqrt{\frac{R_S}{R_{inter}} - 1} = \sqrt{\frac{20}{1.846} - 1} = 3.136$$

信源端 L 型网络的并联电容的电抗及电容分别为

$$X_{PC1} = \frac{R_S}{Q_1} = \frac{20}{3.136} \ \Omega = 6.378 \ \Omega$$

$$C_1 = \frac{1}{2\pi f X_{PC1}} = \frac{1}{2\pi \times 5 \times 10^6 \times 6.378} \ F = 4\ 991 \ pF$$

信源端 L 型网络的串联电感的电抗及电感分别为

$$X_{SL1} = Q_1 R_{inter} = 3.136 \times 1.846 \ \Omega = 5.789 \ \Omega$$

$$L_1 = \frac{X_{SL1}}{2\pi f} = \frac{5.789}{2\pi \times 5 \times 10^6} \ H = 0.184 \ \mu H$$

π 型匹配网络的总串联电容的电抗及电容分别为

$$X_{SC} = X_{SC2} - X_{SL1} = (14.768 - 5.789) \Omega = 8.979 \ \Omega$$

$$C = \frac{1}{2\pi f X_{SC}} = \frac{1}{2\pi \times 5 \times 10^6 \times 8.979} \ F = 3\ 545.05 \ pF$$

3. T 型匹配网络

图 3 - 28(a)是一个 T 型匹配网络,图 3 - 28(b)是其等效电路,即将 X_P 分成两部分且满足 $1/X_P = (1/X_{P1}) + (1/X_{P2})$。这样 T 型网络就变成了两个 L 型网络,$R_L$ 经 X_{S2} 和 X_{P2} 向左变换为中间假想电阻 R_{inter},且满足 $R_{inter} > R_L$。同样 R_S 经 X_{S1} 和 X_{P1} 向右变换为中间假想电阻 R_{inter},且满足 $R_{inter} > R_S$。只要满足这两个 R_{inter} 相等,此 T 型网络就能完成 R_S 和 R_L 之间的阻抗变换。也就是 R_{inter} 的选取必须同时大于 R_S 和 R_L。根据 L 型网络的变换关系,由 X_{S2} 和 X_{P2} 组成的 L 型网络的 Q_2 为

$$Q_2 = \sqrt{\frac{R_{inter}}{R_L} - 1}$$

而由 X_{S1} 和 X_{P1} 组成的 L 型网络的 Q_1 为

$$Q_1 = \sqrt{\frac{R_{inter}}{R_S} - 1}$$

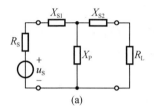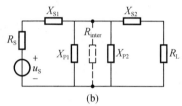

图 3 - 28 T 型匹配网络

T 型网络的带宽是由 Q_1 和 Q_2 共同决定的,但最大的 Q 值可以用来估算网络带宽。因此,在设定 Q 值时,可以根据带宽要求设定最大的那个 Q 值。当 $R_S > R_L$ 时,则 $Q_2 > Q_1$,应选 Q_2 从 R_L 端开始进行网络参数计算。当 $R_L > R_S$ 时,则 $Q_1 > Q_2$,应选 Q_1 从 R_S 端开始进行网络参数计算。

T 型网络的电路参数计算式如下:

(1)$R_S > R_L$ 的计算式

选定 Q_2 应满足 $Q_2 > \sqrt{\dfrac{R_S}{R_L} - 1}$,则

$$R_{inter} = (1 + Q_2^2)R_L, \quad X_{S2} = Q_2 R_L, \quad X_{P2} = \frac{R_{inter}}{Q_2}$$

$$X_{S1} = Q_1 R_S, \quad X_{P1} = \frac{R_{inter}}{Q_1}, \quad \frac{1}{X_P} = \frac{1}{X_{P1}} + \frac{1}{X_{P2}}$$

(2)$R_L > R_S$ 的计算式

选定 Q_1 应满足 $Q_1 > \sqrt{\dfrac{R_L}{R_S} - 1}$,则

$$R_{inter} = (1 + Q_1^2)R_S, \quad X_{S1} = Q_1 R_S, \quad X_{P1} = \frac{R_{inter}}{Q_1}$$

$$X_{S2} = Q_2 R_L, \quad X_{P2} = \frac{R_{inter}}{Q_2}, \quad \frac{1}{X_P} = \frac{1}{X_{P1}} + \frac{1}{X_{P2}}$$

T 型匹配网络共有六种基本电路形式,图 3 - 29 所示是两种最典型的形式,图 3 - 29

（a）是由两个电感和一个电容组成的 T 型匹配网络,右边图是其等效为两个 L 型网络的电路。图 3－29(b)是由两个电容和一个电感组成的 T 型匹配网络,右边图是其等效为两个 L 型网络的电路。两种典型电路的并联支路都是用相同性质的两个电抗并联等效的,其特点是 Q 有条件选取,即 $Q > \sqrt{(R_{大}/R_{小})-1}$;对信源电阻 R_S 和负载电阻 R_L 的大小没有特定的限制,即 $R_S < R_L$ 或 $R_S > R_L$ 电路都能实现阻抗匹配。根据 $R_S < R_L$ 或 $R_S > R_L$ 应用对应的计算式可以计算网络参数。

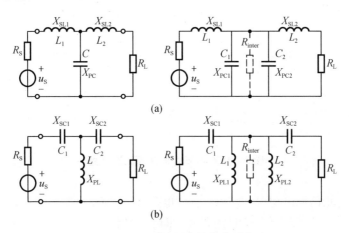

图 3－29　T 型匹配网络的典型电路

图 3－30 是 $R_S > R_L$ 的 T 型匹配网络。图 3－30(a)并联支路电抗为容抗,图 3－30(b)并联支路电抗为感抗。右边图是等效为两个 L 型网络的电路,其中并联支路用两个性质相反的电抗并联等效,其限定条件是 $R_S > R_L$ 和 $Q_2 > \sqrt{(R_S/R_L)-1}$,参数计算用 T 型网络对应 $R_1 > R_2$ 的计算式。

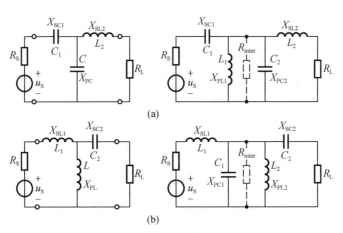

图 3－30　$R_S > R_L$ 的 T 型匹配网络

图 3－31 是 $R_S < R_L$ 的 T 型匹配网络。图 3－31(a)并联支路电抗为容抗,图 3－31(b)并联支路电抗为感抗。右边图是等效为两个 L 型网络的电路,其中并联支路用两个性质相

反的电抗并联等效,其限定条件是 $R_S < R_L$ 和 $Q_1 > \sqrt{(R_L/R_S) - 1}$,参数计算用 T 型网络对应 $R_L > R_S$ 的计算式。

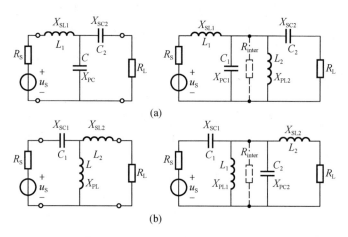

图 3-31 $R_S < R_L$ 的 T 型匹配网络

例 3-17 已知信源电阻 $R_S = 50\ \Omega$,负载电阻 $R_L = 150\ \Omega$,工作频率 $f = 10$ MHz,通频带为 2.4 MHz。设计一个如图 3-32 所示的 T 型匹配网络。

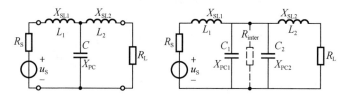

图 3-32 T 型匹配网络及等效电路

解 将匹配网络并联支路 X_{PC} 用相同性质的 X_{PC1} 和 X_{PC2} 两个电抗并联等效,则 T 型匹配网络由信源端的 $L_1 C_1$ 和负载端的 $L_2 C_2$ 两个 L 型网络组成。由要求的通频带可得网络的有载品质因数 $Q_L = 10/2.4 = 4.17$,可得两个 L 型网络的 Q_1 和 Q_2 的最大值为 $Q = 2Q_L = 8.33$。因为 $R_L > R_S$,$Q_1 > Q_2$,大的 Q 应是信源端的 Q_1,选 $Q_1 = 8.33$,满足 $Q_1 > \sqrt{(R_L/R_S) - 1} = \sqrt{2}$。从信源端开始计算,可得中间电阻为

$$R_{inter} = (1 + Q_1^2) R_S = (1 + 8.33^2) \times 50\ \Omega = 3\ 519.445\ \Omega$$

信源端 L 型网络的串联电感的电抗及电感分别为

$$X_{SL1} = Q_1 R_S = 8.33 \times 50\ \Omega = 416.5\ \Omega$$

$$L_1 = \frac{X_{SL1}}{\omega} = \frac{416.5}{2\pi \times 10 \times 10^6}\ \text{H} = 6.629\ \mu\text{H}$$

信源端 L 型网络的并联电容的电抗及电容分别为

$$X_{PC1} = \frac{R_{inter}}{Q_1} = \frac{3\ 519.445}{8.33}\ \Omega = 422.5\ \Omega$$

$$C_1 = \frac{1}{\omega X_{PC1}} = \frac{1}{2\pi \times 10 \times 10^6 \times 422.5}\ \text{F} = 37.67\ \text{pF}$$

负载端 L 型网络的 Q_2 值为

$$Q_2 = \sqrt{\frac{R_{inter}}{R_L} - 1} = \sqrt{\frac{3\,519.445}{150} - 1} = 4.74$$

负载端 L 型网络的串联电感的电抗及电感分别为

$$X_{SI2} = Q_2 R_L = 4.74 \times 150 \ \Omega = 711 \ \Omega$$

$$L_2 = \frac{X_{SI2}}{\omega} = \frac{711}{2\pi \times 10 \times 10^6} \ H = 11.316 \ \mu H$$

负载端 L 型网络的并联电容的电抗及电容分别为

$$X_{PC2} = \frac{R_{inter}}{Q_2} = \frac{3\,519.445}{4.74} \ \Omega = 742.50 \ \Omega$$

$$C_2 = \frac{1}{\omega X_{PC2}} = \frac{1}{2\pi \times 10 \times 10^6 \times 742.5} \ F = 21.44 \ pF$$

T 型网络的总电容为

$$C = C_1 + C_2 = (37.67 + 21.44) \, pF = 59.11 \ pF$$

例 3 - 18　已知 T 型匹配网络如图 3 - 33 所示，信源电阻 $R_S = 300 \ \Omega$，负载电阻 $R_L = 50 \ \Omega$，工作频率 $f = 10$ MHz，试求网络中各元件值。

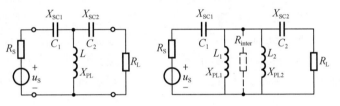

图 3 - 33　T 型匹配网络

解　根据 T 型网络 $R_S > R_L$ 的条件，$Q_2 > Q_1$，通频带没有具体要求，Q_2 的选取必须满足

$$Q_2 > \sqrt{\frac{R_S}{R_L} - 1} = \sqrt{\frac{300}{50} - 1} = 2.24$$

选取 $Q_2 = 7$，则得中间电阻为

$$R_{inter} = (1 + Q_2^2) R_L = (1 + 7^2) \times 50 \ \Omega = 2\,500 \ \Omega$$

负载端 L 型网络串联电容 C_2 的电抗及电容分别为

$$X_{SC2} = Q_2 R_L = 7 \times 50 \ \Omega = 350 \ \Omega$$

$$C_2 = \frac{1}{\omega X_{SC2}} = \frac{1}{2\pi \times 10 \times 10^6 \times 350} \ F = 45.47 \ pF$$

负载端 L 型网络并联电感 L_2 的电抗为

$$X_{PL2} = \frac{R_{inter}}{Q_2} = \frac{2\,500}{7} \ \Omega = 357.14 \ \Omega$$

信源端 L 型网络的 Q_1 为

$$Q_1 = \sqrt{\frac{R_{inter}}{R_S} - 1} = \sqrt{\frac{2\,500}{300} - 1} = 2.71$$

信源端 L 型网络串联电容 C_1 的电抗及电容分别为

$$X_{SC1} = Q_1 R_S = 2.71 \times 300 \ \Omega = 813 \ \Omega$$

$$C_1 = \frac{1}{\omega X_{SC1}} = \frac{1}{2\pi \times 10 \times 10^6 \times 813} \ \text{F} = 19.58 \ \text{pF}$$

信源端 L 型网络并联电感 L_1 的电抗为

$$X_{PL1} = \frac{R_{inter}}{Q_1} = \frac{2\ 500}{2.71} \ \Omega = 922.51 \ \Omega$$

因为

$$\frac{1}{X_{PL}} = \frac{1}{X_{PL1}} + \frac{1}{X_{PL2}}$$

$$X_{PL} = \frac{X_{PL1} X_{PL2}}{X_{PL1} + X_{PL2}} = \frac{922.51 \times 357.14}{922.51 + 357.14} \ \Omega = 257.465 \ \Omega$$

所以 T 型网络并联电感 L 的电感值为

$$L = \frac{X_{PL}}{2\pi f} = \frac{257.465}{2\pi \times 10 \times 10^6} \ \text{H} = 4.10 \ \mu\text{H}$$

4. 信源阻抗和负载阻抗为复阻抗的匹配网络计算

在频率较高的电路中,匹配网络的信号源常含有电容分量,这个电容可以是功率放大器的输出电容或信源的输出电容,通常用 C_o 并联等效。晶体管高频功率放大器的输出电容 $C_o \approx 2C_{ob}$,而 C_{ob} 为共基接法且发射极开路时 c、b 间的结电容。对于负载阻抗(天线或晶体管的输入阻抗),天线的阻抗通常都等效为电阻和容抗的串联,而晶体管输入阻抗也是复数。在计算过程中,通常将信源和负载的容抗作为匹配网络组成元件的一部分进行计算,实际网络元件值应扣除信源和负载的容抗值。计算中还可能对信源和负载的阻抗进行串、并联的等效互换。

例 3 – 19 已知信源阻抗为 $R_S = 400 \ \Omega$ 和 $C_o = 100 \ \text{pF}$ 相串联,负载电阻 $R_L = 50 \ \Omega$,工作频率 $f = 10 \ \text{MHz}$,试计算图 3 – 34(a) 所示匹配网络的元件值。

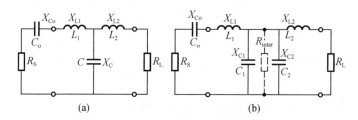

(a)　　　　　　　　　　(b)

图 3 – 34　串联 C_o 的 T 型匹配网络

解　等效电路如图 3 – 34(b) 所示,设 $X'_{L1} = X_{Co} + X_{L1}$,$X_C$ 为 X_{C1} 和 X_{C2} 并联。

因为 $R_S > R_L$,计算从负载端开始,选取 $Q_2 = 6$,则得中间电阻为

$$R_{inter} = (1 + Q_2^2) R_L = (1 + 6^2) \times 50 \ \Omega = 1\ 850 \ \Omega$$

负载端的 L 型网络的串联电抗和电感分别为

$$X_{L2} = Q_2 R_L = 6 \times 50 \ \Omega = 300 \ \Omega$$

$$L_2 = \frac{X_{L2}}{2\pi f} = \frac{300}{2\pi \times 10 \times 10^6} \ \text{H} = 4.775 \ \mu\text{H}$$

负载端的 L 型网络的并联电抗 X_{C2} 和电容 C_2 分别为

$$X_{C2} = \frac{R_{inter}}{Q_2} = \frac{1\,850}{6}\,\Omega = 308.3\,\Omega$$

$$C_2 = \frac{1}{2\pi f} = \frac{1}{2\pi \times 10 \times 10^6 \times 308.3}\,F = 51.62\,pF$$

因为

$$Q_1 = \sqrt{\frac{R_{inter}}{R_S} - 1} = \sqrt{\frac{1\,850}{400} - 1} = 1.904$$

所以信源端 L 型网络的串联电抗 X'_{L1} 为

$$X'_{L1} = Q_1 R_S = 1.904 \times 400\,\Omega = 761.6\,\Omega$$

设 $X'_{L1} = X_{Co} + X_{L1}$，则

$$X_{Co} = -\frac{1}{\omega C_o} = -\frac{1}{2\pi \times 10 \times 10^6 \times 100 \times 10^{-12}}\,\Omega = -159.15\,\Omega$$

$$X_{L1} = X'_{L1} - X_{Co} = [761.6 - (-159.15)]\,\Omega = 920.75\,\Omega$$

$$L_1 = \frac{X_{L1}}{\omega} = \frac{920.75}{2\pi \times 10 \times 10^6}\,H = 14.654\,\mu H$$

信源端 L 型网络的并联电抗 X_{C1} 和电容 C_1 分别为

$$X_{C1} = \frac{R_{inter}}{Q_1} = \frac{1\,850}{1.904}\,\Omega = 971.64\,\Omega$$

$$C_1 = \frac{1}{2\pi f} = \frac{1}{2\pi \times 10 \times 10^6 \times 971.64}\,F = 16.38\,pF$$

T 型网络并联总电容为

$$C = C_1 + C_2 = (16.38 + 51.62)\,pF = 68\,pF$$

例 3 - 20　已知某晶体管高频功率放大器，工作频率 $f = 30$ MHz，负载天线阻抗 $Z_L = (50 - j265.26)\,\Omega$，在 $V_{CC} = 24$ V，$P_o = 2$ W 时，晶体管饱和压降 $V_{CES} = 1$ V，且 $C_{ob} = 5$ pF。试设计一个 T 型匹配网络。

解　根据题意 $V_{CC} = 24$ V，$P_o = 2$ W 且晶体管饱和压降 $V_{CES} = 1$ V，则高频功率放大器工作于临界状态时的最佳电阻为

$$R_o = R_P = \frac{U_{cm}^2}{2P_o} = \frac{(V_{CC} - V_{CES})^2}{2P_o} = \frac{(24-1)^2}{2 \times 2}\,\Omega = 132.25\,\Omega$$

放大器输出电容 $C_o \approx 2C_{ob} = 10$ pF，而负载天线 $Z_L = (50 - j265.26)\,\Omega$ 是等效电阻为 50 Ω，电容为 20 pF 的串联电路，如图 3 - 35(a) 所示。

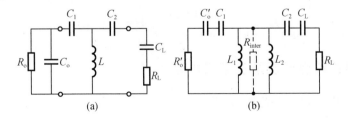

图 3 - 35　T 型匹配网络计算

由于选用了 T 型匹配网络,以并联形式表示的高频功率放大器输出阻抗可等效为串联表示的形式,其等效数值为

$$Q = \frac{R_o}{X_{Co}} = R_o 2\pi f C_o = 132.25 \times 2\pi \times 30 \times 10^6 \times 10 \times 10^{-12} = 0.249$$

$$R'_o = \frac{R_o}{1 + Q^2} = 124.5 \ \Omega$$

因为 $X'_{Co} = \frac{X_{Co}}{1 + (1/Q^2)}$,则

$$C'_o = [1 + (1/Q^2)] C_o = [1 + (1/0.249^2)] \times 10 \ \text{pF} = 171.29 \ \text{pF}$$

设图 3-35(b)所示的 T 型匹配网络等效的两个 L 型网络参数如下:

信源端的 L 型网络的 $X'_{S1} = X'_{Co} + X_{C1}, X'_{P1} = X_{L1}$,其中 $X'_{Co} = 1/(2\pi f C'_o)$;

负载端的 L 型网络的 $X'_{S2} = X_{C2} + X_{CL}, X'_{P2} = X_{L2}$。

因为 $R'_o > R_L$,设 $Q_2 = 8$,则

$$R_{inter} = (1 + Q_2^2) R_L = (1 + 8^2) \times 50 \ \Omega = 3250 \ \Omega$$

$$X'_{S2} = Q_2 R_L = 8 \times 50 \ \Omega = 400 \ \Omega$$

$$X_{C2} = X'_{S2} - X_{CL} = \left(400 - \frac{1}{2\pi \times 30 \times 10^6 \times 20 \times 10^{-12}}\right) \Omega = 134.74 \ \Omega$$

$$C_2 = \frac{1}{2\pi f X_{C2}} = \frac{1}{2\pi \times 30 \times 10^6 \times 134.74} \ \text{F} = 39.37 \ \text{pF}$$

$$X'_{P2} = X_{L2} = \frac{R_{inter}}{Q_2} = \frac{3250}{8} \ \Omega = 406.25 \ \Omega$$

$$Q_1 = \sqrt{\frac{R_{inter}}{R'_o} - 1} = \sqrt{\frac{3250}{124.5} - 1} = 5.01$$

$$X'_{S1} = Q_1 R'_o = 5.01 \times 124.5 \ \Omega = 623.75 \ \Omega$$

$$X_{C1} = X'_{S1} - X'_{Co} = \left(623.75 - \frac{1}{2\pi \times 30 \times 10^6 \times 171.29 \times 10^{-12}}\right) \Omega = 592.78 \ \Omega$$

$$C_1 = \frac{1}{2\pi f X_{C1}} = \frac{1}{2\pi \times 30 \times 10^6 \times 592.78} \ \text{F} = 8.95 \ \text{pF}$$

$$X'_{P1} = X_{L1} = \frac{R_{inter}}{Q_1} = \frac{3250}{5.01} \ \Omega = 648.70 \ \Omega$$

$$X_P = X_L = \frac{X'_{P1} X'_{P2}}{X'_{P1} + X'_{P2}} = \frac{648.70 \times 406.25}{648.70 + 406.25} \ \Omega = 249.81 \ \Omega$$

$$L = \frac{X_L}{2\pi f} = \frac{249.81}{2\pi \times 30 \times 10^6} \ \text{H} = 1.33 \ \mu\text{H}$$

3.3.7 传输线变压器及宽带阻抗变换

1. 传输线变压器的工作原理及特点

图 3-36 是 1:1 传输线变压器。由图 3-36 可以看出,它是将两根等长的导线紧靠在一起,双线并绕在磁环上,其接线方式如图 3-36(a)所示。图 3-36(b)是传输线传输的等

效电路,信号电压由 1,3 端把能量输入传输线,在 2,4 端将能量回馈给负载。图 3 - 36(c)是普通变压器传输的等效电路。信号电压由 1,2 端输入,4,3 端输出给负载。这两种方式传送能量的原理是不同的。对于普通变压器来说,信号电压加于一次侧绕组 1,2 端,使初级线圈有电流流过,然后通过磁力线,在二次侧 3,4 端感应出相应的交变电压,将能量由一次侧传递到二次侧负载上。而传输线方式的信号电压却加于 1,3 端,能量在两导线间的介质中传播,自输入端到达输出端的负载上。由于通过介质传播,磁芯的损耗对信号传输的影响很小,传输线变压器的最高工作频率就可以有很大的提高。高频时,主要通过电磁能交替变换的传输线方式传送。低频时,将同时通过传输线方式和磁耦合变压器方式进行传送。频率越低,传输线传输能量的效率就越差,就更多地依靠磁耦合方式进行传送。

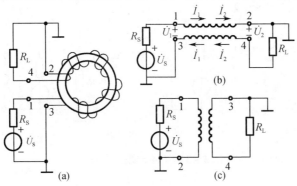

图 3 - 36　1:1 传输线变压器

　　根据传输线的理论,当传输线为无损耗传输线,且负载阻抗 R_L 等于传输线特性阻抗 Z_C 时,传输线终端电压 $\dot U_2$ 与始端电压 $\dot U_1$ 的关系为

$$\dot U_2 = \dot U_1 \mathrm{e}^{-\mathrm{j}\alpha l}$$

式中,$\alpha = 2\pi/\lambda$ 为传输线的相移常数,单位为 rad/m,λ 为工作波长;l 为传输线的长度。如果传输线的长度取得很短,满足 $\alpha l \ll 1$,则 $\dot U_2 = \dot U_1$,同理,$\dot I_1 = \dot I_2$。

　　2. 传输线变压器的阻抗变换

　　(1)1:1 传输线变压器

　　图 3 - 36 是 1:1 传输线变压器。在 2 端与 3 端接地的条件下,则负载 R_L 上获得一个与输入端幅度相等、相位相反的电压,即

$$\dot U_L = -\dot U_1$$

显然,1:1 传输线变压器的最佳匹配条件是

$$Z_C = R_S = R_L$$

负载 R_L 上获得的功率为

$$P_o = I_2^2 R_L$$

而 $I_1 = I_2$,则

$$P_o = I_1^2 R_L = \left(\frac{U_S}{R_S + Z_C}\right)^2 R_L$$

　　(2)1:4 传输线变压器

　　图 3 - 37 是 1:4 传输线变压器。$R_S : R_L = 1:4$。由于无损耗传输线在匹配条件下,$\dot U_1 =$

$\dot{U}_2$, $\dot{I}_1 = \dot{I}_2$, 得

$$Z_i = \frac{\dot{U}_1}{\dot{I}_1 + \dot{I}_2} = \frac{\dot{U}_1}{2\dot{I}_1} = \frac{Z_C}{2}$$

另外

$$R_L = \frac{\dot{U}_1 + \dot{U}_2}{\dot{I}_2} = \frac{2\dot{U}_1}{\dot{I}_1} = 2Z_C$$

所以,在最佳匹配条件下,$R_S = Z_i = Z_C/2 = R_L/4$。这个传输线变压器相当于1:4阻抗变换器。

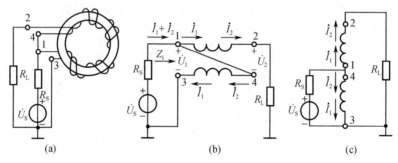

图 3-37 1:4 传输线变压器

(3)4:1 传输线变压器

图3-38是4:1传输线变压器。$R_S:R_L = 4:1$。

由于无损传输线在匹配条件下,$\dot{U}_1 = \dot{U}_2$,$\dot{I}_1 = \dot{I}_2$,则

$$Z_i = \frac{\dot{U}_1 + \dot{U}_2}{\dot{I}_1} = \frac{2\dot{U}_1}{\dot{I}_1} = 2Z_C$$

另外

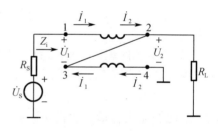

图 3-38 4:1 传输线变压器

$$R_L = \frac{\dot{U}_2}{\dot{I}_1 + \dot{I}_2} = \frac{\dot{U}_1}{2\dot{I}_1} = \frac{1}{2}Z_C$$

所以,在最佳匹配条件下

$$R_S = Z_i = 2Z_C = 4R_L$$

例 3-21 试分析图3-39所示的传输线变压器的阻抗变换关系。

注意 此题是16:1变换电路分析,重点在于电压与电流的对应关系。

解 理想传输线的电压与电流关系如图3-39所示。由图可知,负载电阻R_L的两端电压为$\dot{U}/2$,流过电流为$4\dot{I}$,即

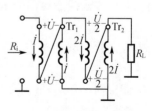

图 3-39 阻抗变换电路

$$R_L = \frac{\dot{U}}{8\dot{I}} = \frac{1}{8}Z_C$$

从输入端看输入电压$\dot{U}_i = 2\dot{U}$,输入电流为$\dot{I}$,则

$$R_i = \frac{2\dot{U}}{\dot{I}} = 2Z_C = 16R_L, \quad R_i : R_L = 16 : 1$$

传输线 Tr_1 的特性阻抗 $Z_C = \dot{U}/\dot{I} = 8R_L$。

传输线 Tr_2 的特性阻抗 $Z_{C2} = \dot{U}/(4\dot{I}) = 2R_L$。

例 3 – 22　试分析图 3 – 40 所示的传输线变压器的阻抗变换关系。

注意　此题是对平衡输入和平衡输出的传输线变压器的阻抗变换关系的分析。

解　理想传输线的电压与电流关系如图 3 – 40 所示。由图可知，负载电阻 R_L 两端电压为 $\dot{U}$，流过电流为 $3\dot{I}$，即

$$R_L = \frac{\dot{U}}{3\dot{I}}$$

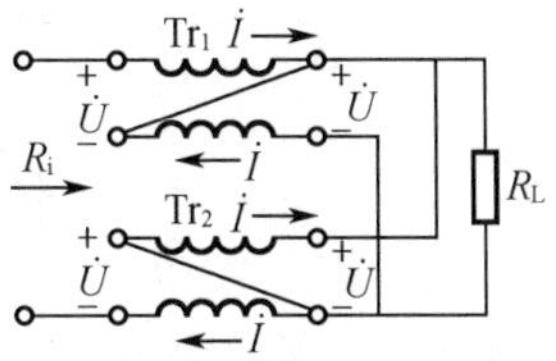

图 3 – 40　阻抗变换电路

从输入端看输入电压 $\dot{U}_i = 3\dot{U}$，输入电流 $\dot{I}_i = \dot{I}$，即

$$R_i = \frac{3\dot{U}}{\dot{I}} = 9R_L, \quad R_i : R_L = 9 : 1$$

传输线 Tr_1 的特性阻抗为

$$Z_C = \frac{\dot{U}}{\dot{I}} = 3R_L$$

传输线 Tr_2 的特性阻抗与传输线 Tr_1 相同。

例 3 – 23　试分析图 3 – 41 所示的传输线变压器的阻抗比。

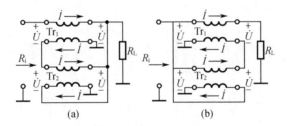

(a)　　　　　　(b)

图 3 – 41　传输线变压器阻抗变换

注意　此题是对非平衡输入和非平衡输出的传输线变压器的阻抗变换关系的分析。

解　(1) 图 3 – 41(a) 输入端的 $U_i = 3U, I_i = I$，则 $R_i = U_i/I_i = 3U/I$。

负载端的 $U_L = U, I_L = 3I$，则 $R_L = U_L/I_L = U/3I$。

因此 $R_i : R_L = (3U/I) : (U/3I) = 9 : 1$。

(2) 图 3 – 41(b) 输入端的 $U_i = U, I_i = 3I$，则 $R_i = U_i/I_i = U/3I$。

负载端的 $U_L = 3U, I_L = I$，则 $R_L = U_L/I_L = 3U/I$。

因此 $R_i : R_L = (U/3I) : (3U/I) = 1 : 9$。

例 3 – 24　传输线变压器电路如图 3 – 42 所示。当负载电阻为 R_L 时，求输入阻抗 R_i。

注意　此题是对平衡 – 不平衡转换的阻抗变换关系的分析。

解　设各个传输线变压器的电流、电压如图 3 – 42 所示。

由图可知

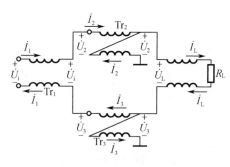

$$\dot{I}_1 = \dot{I}_2 = \dot{I}_3 , \dot{I}_L = 2\dot{I}_2 = 2\dot{I}_1 = 2\dot{I}_3$$

$$\dot{U}_L = \dot{U}_2 - \dot{U}_3 , \dot{U}_1 = 2\dot{U}_2 - 2\dot{U}_3$$

$$= 2(\dot{U}_2 - \dot{U}_3) = 2\dot{U}_L$$

$$R_L = \frac{\dot{U}_L}{\dot{I}_L} = \frac{\dot{U}_1}{4\dot{I}_1} = \frac{1}{4}R_i$$

$$R_i = 4R_L$$

图 3 – 42　传输线变压器电路

3. 宽频带高频功率放大器

图 3 – 43 是宽频带高频功率放大器。它利用传输线变压器在宽频带范围内传送高频能量和实现放大器与放大器的阻抗匹配或实现放大器与负载之间的阻抗匹配。放大器工作于甲类状态。Tr_1 和 Tr_2 串接组成 16∶1 阻抗变换器,使 T_1 的高输出阻抗与 T_2 的低输入阻抗相匹配。Tr_3 是 4∶1 阻抗变换器,由于负载为 50 Ω,T_2 的集电极负载就为 200 Ω。由于 T_2 工作于大功率状态,其输入电阻为 12 Ω 左右,且会随输入信号变化。并联 12 Ω 的电阻使总的输入电阻变为 6 Ω,能减小对 T_1 放大的影响,T_1 的集电极负载为 96 Ω。此电路工作于 2 ~ 30 MHz,输出功率为 60 W。

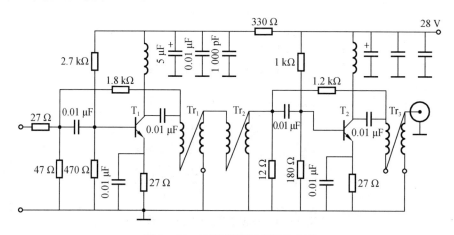

图 3 – 43　宽频带高频功率放大器

3.3.8　功率合成

1. 传输线变压器组成的功率合成与功率分配网络

图 3 – 44 所示为用 4∶1 传输线变压器组成的功率合成和功率分配网络。图 3 – 44 中有电阻 R_A、R_B、R_C、R_D,它们根据网络的不同功能可能是激励源的内阻,也可能是得到功率的负载电阻或平衡电阻。例如,在 A、B 两端加两个激励源 U_S,则在 R_C 或者 R_D 上会得到合成功率。若在 C 端或者 D 端加入一个激励源,则在 R_A 和 R_B 上会得到分配的功率。通常电路应满足 $R_A = R_B = Z_C = R$,$R_C = Z_C/2 = R/2$,$R_D = 2Z_C = 2R$。

2. 功率合成网络

(1) 反相激励合成网络

图 3-45 所示是反相激励功率合成网络，A、B 两端加反相激励电压。通常 $R_A = R_B = Z_C = R, R_C = Z_C/2 = R/2, R_D = 2Z_C = 2R$。

由于电路的对称性，从 A 点流出的电流 $\dot{I}_A$ 与 B 点流入的电流 $\dot{I}_B$ 相等。由图 3-45 可知 $\dot{I}_A = \dot{I}_1 + \dot{I}_D, \dot{I}_B = \dot{I}_D - \dot{I}_1$，则 $\dot{I}_D = \dot{I}_A = \dot{I}_B, \dot{I}_1 = 0$。A、B 两端每边的输出功率为

$$P_A = P_B = \dot{U}\dot{I}_A$$

负载 R_D 上获得的功率为

$$P_D = \dot{I}_A(2\dot{U}) = 2\dot{U}\dot{I}_A = P_A + P_B = 2P_A$$

C 端的 R_C 上没有消耗功率。

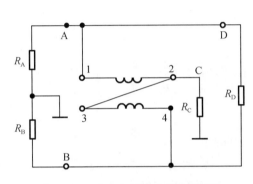

图 3-44　功率合成和功率分配网络

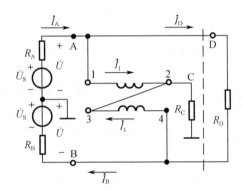

图 3-45　反相激励功率合成网络

假若两激励信号源之一为零（例如 B 端），经过分析可得激励信号源输入功率 $P_A = I_A U, P_B = 0$，则

$$P_D = \dot{I}_D\dot{U} = \frac{\dot{I}_A}{2}\dot{U} = \frac{1}{2}P_A$$

$$P_C = 2\dot{I}_1\frac{\dot{U}}{2} = \frac{\dot{I}_A}{2}\dot{U} = \frac{1}{2}P_A$$

A 端功率均匀分配到 C 端和 D 端。B 端无输出，即 A、B 两端互相隔离。

(2) 同相激励合成网络

图 3-46 所示是一个同相激励功率合成网络。A、B 两端加以同相激励电压。通常取 $R_A = R_B = Z_C = R, R_C = Z_C/2 = R/2, R_D = 2Z_C = 2R$。由于电路的对称性，$\dot{I}_A = \dot{I}_B$。从图 3-46 可知，$\dot{I}_A = \dot{I}_1 + \dot{I}_D, \dot{I}_B = \dot{I}_1 - \dot{I}_D$，则 $\dot{I}_A = \dot{I}_1, \dot{I}_B = \dot{I}_1, \dot{I}_D = 0$。A、B 两端每一边送给负载的功率为

$$P_A = I_A^2 R$$

$$P_B = I_B^2 R$$

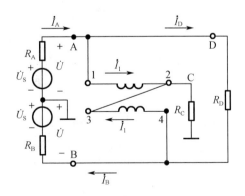

图 3-46　同相激励功率合成网络

负载 R_C 上获得的功率为 $P_C = (2\dot{I}_1)^2 R_C = 2\dot{I}_1^2 R = 2\dot{I}_A^2 R = P_A + P_B$，D 端无功率输出。

同理，只有一个激励源时，则会在 C 端和 D 端各有 $P_A/2$ 输出。

3. 功率分配网络

图 3-47 是功率二分配器的原理图。在传输线变压器的 C 端与地之间接入内阻为 R_C 的信号源。两个负载 R_A、R_B 分别接到 A 端、B 端和地之间。R_D 称为平衡电阻，接在 A、B 之间，

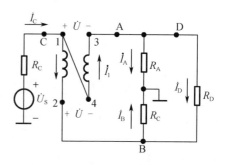

图 3-47 功率二分配器的原理图

$R_A = R_B = R = Z_C$，$R_C = Z_C/2 = R/2$，$R_D = 2Z_C = 2R$。当传输线无损耗，且匹配时，流过两线圈中的电流大小相等。激励信号加到 C 端，且电路是对称的，$R_A = R_B = R$，则 $U_A = U_B$，$U_{AB} = 0$，$I_D = 0$。R_A 和 R_B 上获得的功率相等。

信号源输给负载 R_A 和 R_B 的功率为

$$P = \left(\frac{U_S}{R_C + \dfrac{R_A R_B}{R_A + R_B}}\right)^2 \frac{R_A R_B}{R_A + R_B} = \frac{U_S^2}{2R}$$

负载 R_A 和 R_B 获得的功率分别为

$$P_A = P_B = U_S^2/(4R)$$

如果 R_A、R_B 两个电阻之一出了故障。例如，R_B 开路，则电路的对称性被破坏，A、B 两端电压 $U_{AB} \neq 0$。经分析可知，$P_A = I_A^2 R_A = U_S^2/(4R)$ 不变，其余由平衡电阻 R_D 获得。确保 R_A 上获得的功率不变。

例 3-25 功率四分配器的原理图如图 3-48 所示，已知负载 $R_L = R_{A1} = R_{A2} = R_{B1} = R_{B2} = 50\ \Omega$，试求 R_{D1}、R_{D2}、R_{D3} 和 R_C 的数值。

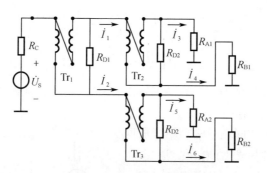

图 3-48 功率四分配器的原理图

注意 此题主要是怎样选取功率分配器各匹配电阻数值的计算。

解 电路由三个功率二分配器组成，都是由 C 端单端激励，R_A 和 R_B 获得同相相等功率。根据功率二分配器阻抗匹配要求，$R_A = R_B = Z_C$，$R_C = Z_C/2$，$R_D = 2Z_C$，可得

$$R_L = R_{A1} = R_{A2} = R_{B1} = R_{B2} = 50\ \Omega$$

$$R_{D2} = R_{D3} = 2R_L = 100\ \Omega$$

$$R_{C2} = R_{C3} = R_L/2 = 25\ \Omega$$

R_{C2} 和 R_{C3} 就是由 Tr_1 组成的功率二分配器的 R_A 和 R_B，故可得

$$R_{D1} = 2R_{C2} = 50 \ \Omega$$

$$R_C = R_{C2}/2 = 12.5 \ \Omega$$

3.4　思考题与习题参考解答

3-1　为什么高频功率放大器一般要工作于乙类或丙类状态？为什么采用谐振回路作负载？为什么要调谐在工作频率？

解　高频功率放大器的输出功率高，其效率也希望高些，这样在有源器件上损耗的功率就低，不仅能节省能源，更重要的是保护有源器件安全工作。乙类和丙类放大的效率比甲类放大高，因此高频功率放大器常选用乙类或丙类放大。

乙类和丙类放大的集电极电流为脉冲状，只有通过谐振回路（或选频网络）选出周期脉冲电流的基波分量，与调谐于基波频率的谐振回路的谐振电阻相乘，产生连续的基波电压输出。回路调谐于工作频率是为了取出基波电压输出。

3-2　为什么低频功率放大器不能工作在丙类状态，而高频功率放大器却可以工作在丙类状态？

解　低频功率放大器所放大信号的频率一般来说为 20 Hz ~ 20 kHz，其相对频带宽，不可能用谐振回路取出不同的频率分量，只能采用甲类或乙类推挽的放大形式。而高频功率放大器一般放大信号的相对频带很窄，采用谐振回路就能完成选频作用，因此可以工作于丙类放大。

3-3　丙类高频功率放大器的动态特性与低频甲类功率放大器的负载线有什么区别，为什么会产生这些区别？动态特性的含义是什么？

解　所谓动态特性是指放大器的晶体管（g_c、U_{BZ}）、偏置电源（V_{CC}、V_{BB}）、输入信号（U_{bm}）、输出信号或谐振电阻（U_{cm} 或 R_P）确定后，放大器的集电极电流 i_C 随 u_{BE} 和 u_{CE} 变化的关系。改变 V_{BB} 可以使放大器工作于甲类、乙类或丙类放大状态。而工作在甲类放大状态，电流 i_C 是不失真的，所做的负载线也是在确定动态特性。它的动态特性为一条负斜率的直线，是由负载线决定的。

而丙类放大器的 $V_{BB} < U_{BZ}$，电流产生失真，是周期脉冲电流。而输出电压是谐振回路的谐振电阻 R_P 与电流脉冲的基波电流的乘积。也就是电流 i_C 为周期脉冲状，而输出电压是连续的基波电压。因此，动态特性不能简单地用谐振电阻 R_P 做负载线决定，只能根据高频谐振功率放大器的电路参数用解析式和作图法求得，它与甲类放大的负载线不同，其动态特性为折线。其原因是电流为脉冲状，有一段时间 i_C 是为零的。

3-4　某一晶体管谐振功率放大器，已知 $V_{CC} = 24$ V，$I_{C0} = 250$ mA，$P_o = 5$ W，电压利用系数 $\xi = 0.95$。试求 $P_=$、η_c、R_P、I_{c1m} 和 θ_c。

解　（1）$P_= = V_{CC}I_{C0} = 24 \times 250 \times 10^{-3}$ W $= 6$ W；

（2）$\eta_c = P_o/P_= = 5/6 = 83.3\%$；

（3）因为 $P_o = U_{cm}^2/(2R_P)$，而 $U_{cm} = \xi V_{CC} = 0.95 \times 24$ V $= 22.8$ V，所以

$$R_P = \frac{U_{cm}^2}{2P_o} = \frac{22.8^2}{2 \times 5} \ \Omega = 52 \ \Omega$$

(4)因为 $P_o = \frac{1}{2} U_{cm} I_{c1m}$,所以 $I_{c1m} = \frac{2P_o}{U_{cm}} = \frac{2 \times 5}{22.8}$ A $= 0.438\ 6$ A $= 438.6$ mA;

(5)因为 $\eta_c = \frac{1}{2} \xi g_1(\theta_c)$,所以 $g_1(\theta_c) = \frac{2\eta_c}{\xi} = \frac{2 \times 0.833}{0.95} = 1.75$,查表 $\theta_c = 66°$。

3-5 晶体管谐振功率放大器工作于临界状态,$R_P = 200 \ \Omega$,$I_{C0} = 90$ mA,$V_{CC} = 30$ V,$\theta_c = 90°$。试求 P_o 和 η_c。

解 (1)因为 $I_{C0} = I_{CM}\alpha_0(\theta_c)$,所以

$$I_{CM} = I_{C0}/\alpha_0(\theta_c) = 90/0.319 \text{ mA} = 282.1 \text{ mA}$$

$$I_{c1m} = I_{CM}\alpha_1(\theta_c) = I_{CM}\alpha_1(90°) = 282.1 \times 0.5 \text{ mA} = 141 \text{ mA}$$

$$P_o = \frac{1}{2} I_{c1m}^2 R_P = \frac{1}{2} \times (141 \times 10^{-3})^2 \times 200 \text{ W} = 1\ 988 \text{ mW}$$

(2) $\eta_c = \dfrac{P_o}{P_=} = \dfrac{P_o}{V_{CC}I_{C0}} = \dfrac{1\ 988}{30 \times 90} = 73.6\%$。

3-6 谐振功率放大器的 V_{CC}、U_{cm} 和谐振电阻 R_P 保持不变,当集电极电流的通角由 $100°$ 减小到 $60°$ 时,效率将怎样变化,变化了多少? 相应的集电极电流脉冲的振幅将怎样变化,变化了多少?

解 (1)因为 $\eta_c = \dfrac{P_o}{P_=} = \dfrac{1}{2} \dfrac{U_{cm}I_{c1m}}{V_{CC}I_{C0}} = \dfrac{1}{2} \xi g_1(\theta_c)$,$V_{CC}$ 和 U_{cm} 不变,所以 $\xi = \dfrac{U_{cm}}{V_{CC}}$ 不变,$\eta_c(100°) = \dfrac{1}{2} \xi g_1(100°)$,查表 $g_1(100°) = 1.49$,则 $\eta_c(100°) = 0.745\xi$;$\eta_c(60°) = \dfrac{1}{2} \xi g_1(60°)$,查表 $g_1(60°) = 1.80$,则 $\eta_c(60°) = 0.9\xi$。

可见,θ_c 从 $100°$ 变到 $60°$,效率是增大的。增大的倍数为 $\eta_c(60°)/\eta_c(100°) = 1.2$。

(2)因为 U_{cm} 和 R_P 不变,所以 I_{c1m} 不变,且

$$I_{c1m} = I_{CM}(100°)\alpha_1(100°)$$

$$I_{c1m} = I_{CM}(60°)\alpha_1(60°)$$

查表 $\alpha_1(100°) = 0.520$,$\alpha_1(60°) = 0.391$,则

$$I_{CM}(60°) = \frac{\alpha_1(100°)}{\alpha_1(60°)} I_{CM}(100°) = \frac{0.520}{0.391} I_{CM}(100°) = 1.33 I_{CM}(100°)$$

即 I_{CM} 增大为原 I_{CM} 的 1.33 倍。

3-7 某一 3DA4 高频功率晶体管的饱和临界线跨导 $g_{cr} = 0.8$ S,用它做成谐振功率放大器,选定 $V_{CC} = 24$ V,$\theta_c = 70°$,$I_{CM} = 2.2$ A,并工作于临界工作状态,试计算 R_P、$P_=$、P_o、P_c 和 η_c。

解 由于放大器工作于临界状态,其各参数的关系如图 3-49 所示。

(1)由图可知

$$I_{CM} = g_{cr}(V_{CC} - U_{cm})$$

$$V_{CC} - U_{cm} = I_{CM}/g_{cr} = 2.2/0.8 \text{ V} = 2.75 \text{ V}$$

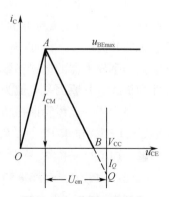

图 3-49 临界工作状态

$$U_{cm} = V_{CC} - 2.75 = (24 - 2.75)\,V = 21.25\,V$$

$$R_P = \frac{U_{cm}}{I_{c1m}} = \frac{U_{cm}}{I_{CM}\alpha_1(70°)} = \frac{21.25}{2.2 \times 0.436}\,\Omega = 21.15\,\Omega$$

式中，$\alpha_1(70°) = 0.436$。

(2) $P_= = V_{CC}I_{C0} = V_{CC}I_{CM}\alpha_0(70°) = 24 \times 2.2 \times 0.253\,W = 13.36\,W$。

(3) $P_o = \dfrac{1}{2}U_{cm}I_{c1m} = \dfrac{1}{2}U_{cm}I_{CM}\alpha_1(70°) = \dfrac{1}{2} \times 21.25 \times 2.2 \times 0.436\,W = 10.19\,W$。

(4) $P_c = P_= - P_o = (13.36 - 10.19)\,W = 3.17\,W$。

(5) $\eta_c = P_o/P_= = 10.19/13.36 = 76.3\%$。

3 - 8　高频功率放大器的欠压、临界、过压状态是如何区分的，各有什么特点？当 V_{CC}、U_{bm}、V_{BB} 和 R_P 四个外界因素只变化其中一个因素时，功率放大器的工作状态如何变化？

解　高频功率放大器的欠压、临界、过压状态是根据动态特性的 A 点的位置来区分的。若 A 点在 u_{BEmax} 和饱和临界线的交点上，这就是临界状态。若 A 点在 u_{BEmax} 的延长线上（实际不存在），动态特性由三段折线组成，则为过压状态。若 A 点在 u_{BEmax} 线上，但是在放大区，输出幅度 U_{cm} 较小，则为欠压状态。三种工作状态也可以用图 3 - 50 所示的动态特性来区分。其中，A_2 点处于临界状态；A_1 点在放大区内，输出幅度 U_{cm} 较小，处于欠压状态；而 A_3 点是不存在的，它对应的动态特性为三段折线，处于过压状态。

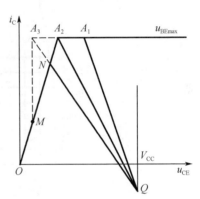

图 3 - 50　三种工作状态

欠压区的特点是电流为尖顶脉冲，输出电压幅度相对较小，其输出功率较小，效率也低，除在基极调幅电路中应用外，其他应用较少。临界状态输出电压较大，电流为尖顶脉冲，输出功率最大，效率较高，较多地应用于发射机的输出级。过压状态的电流脉冲为凹顶脉冲，输出电压幅度较大。过压区内输出电压振幅随 R_P 变化较小，常作为发射机的高频功率放大器的中间级应用。

改变 V_{CC} 时，即 V_{CC} 由小变大，工作状态由过压状态到临界状态，然后到欠压状态。改变 U_{bm} 时，即 U_{bm} 由小变大，工作状态由欠压状态到临界状态，然后到过压状态。改变 V_{BB} 时，即 V_{BB} 由负向正变化，工作状态由欠压状态到临界状态，然后到过压状态。

3 - 9　某高频功率放大器，晶体管的理想化输出特性如图 3 - 51 所示。已知 $V_{CC} = 12\,V$，$V_{BB} = 0.4\,V$，$u_b = 0.3\cos\omega t\,V$，$u_c = 10\cos\omega t\,V$。（1）做动态特性，画出 i_c 与 u_{CE} 的波形，并说明放大器工作于什么状态？（2）试求直流电源 V_{CC} 供给的输入功率 $P_=$、高频输出功率 P_o、集电极损耗功率 P_c、集电极效率 η_c。

解　（1）由图 3 - 51 可知，晶体管的
$$U_{BZ} = 0.50\,V$$

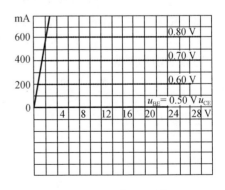

图 3 - 51　题 3 - 9 图

$$g_c = \frac{\Delta i_C}{\Delta u_{BE}} = \frac{400 - 200}{0.70 - 0.60} \text{ mS}$$

$$= 2\,000 \text{ mS(采用虚拟电流法求动态特性)}$$

①$V_{CC} = 12$ V，$I_Q = -g_c(U_{BZ} - V_{BB}) = -2\,000(0.5 - 0.4)$ mA $= -200$ mA，决定 Q 点。

②$u_{CEmin} = V_{CC} - U_{cm} = (12 - 10)$ V $= 2$ V，$u_{BEmax} = V_{BB} + U_{bm} = (0.4 + 0.3)$ V $= 0.7$ V，决定 A 点的坐标，连接 AQ 交横坐标于 B 点。

③$u_{CEmax} = V_{CC} + U_{cm} = (12 + 10)$ V $= 22$ V，$i_C = 0$，决定 C 点，$AB - BC$ 折线为动态特性。其 i_C 和 u_{CE} 的波形如图 3 - 52 所示。

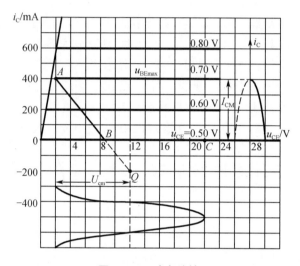

图 3 - 52 动态特性

由于 A 点在放大区内，且不在饱和临界线上，故工作状态为欠压状态。

(2)由动态特性可知，$u_{BEmax} = 0.7$ V，放大器工作于欠压状态，$I_{CM} = 400$ mA，则

$$\cos \theta_c = \frac{U_{BZ} - V_{BB}}{U_{bm}} = \frac{0.5 - 0.4}{0.3} = 0.333$$

$\theta_c = 70.5°$，查表 $\alpha_0(70.5°) = 0.255$，$\alpha_1(70.5°) = 0.438$，则

$$I_{C0} = I_{CM}\alpha_0(\theta_c) = 400 \times 0.255 \text{ mA} = 102 \text{ mA}$$

$$I_{c1m} = I_{CM}\alpha_1(\theta_c) = 400 \times 0.438 \text{ mA} = 175.2 \text{ mA}$$

直流电源 V_{CC} 供给的输入功率为

$$P_= = V_{CC}I_{C0} = 12 \times 102 \text{ mW} = 1\,224 \text{ mW}$$

高频输出功率为

$$P_o = \frac{1}{2}U_{cm}I_{c1m} = \frac{1}{2} \times 10 \times 175.2 \text{ mW} = 876 \text{ mW}$$

集电极损耗功率为

$$P_c = P_= - P_o = (1\,224 - 876) \text{ mW} = 348 \text{ mW}$$

集电极效率为

$$\eta_c = P_o/P_= = 876/1\,224 = 71.6\%$$

3 - 10 某高频功率放大器工作于临界状态，输出功率 $P_o = 3$ W，$\theta_c = 70°$，已知晶体管

的 $g_{cr}=0.33$ S，$g_c=0.24$ S，$U_{BZ}=0.65$ V，$V_{CC}=24$ V。试计算集电极电流脉冲振幅 I_{CM}、电流 I_{C0}、I_{c1m}、功率 $P_=$、效率 η_c、谐振电阻 R_P 以及 V_{BB}、U_{bm} 的值。

解　由于放大器工作于临界状态，电流脉冲振幅为

$$I_{CM}=g_{cr}(V_{CC}-U_{cm})$$

因为输出功率为

$$P_o=\frac{1}{2}U_{cm}I_{c1m}=\frac{1}{2}U_{cm}I_{CM}\alpha_1(\theta_c)=\frac{1}{2}U_{cm}g_{cr}(V_{CC}-U_{cm})\alpha_1(\theta_c)$$

而 $\theta_c=70°$，$\alpha_0(70°)=0.253$，$\alpha_1(70°)=0.436$，则

$$\frac{1}{2}g_{cr}\alpha_1(70°)U_{cm}^2-\frac{1}{2}g_{cr}\alpha_1(70°)V_{CC}U_{cm}+P_o=0$$

$$\frac{1}{2}\times0.33\times0.436U_{cm}^2-\frac{1}{2}\times0.33\times0.436\times24U_{cm}+3=0$$

可得

$$U_{cm}^2-24U_{cm}+41.7=0$$

$$U_{cm}=22.11\ \text{V}，U_{cm}=1.89\ \text{V（舍去）}$$

则

$$I_{CM}=g_{cr}(V_{CC}-U_{cm})=0.33\times(24-22.11)\ \text{A}=0.624\ \text{A}$$
$$I_{C0}=I_{CM}\alpha_0(70°)=0.624\times0.253\ \text{A}=0.158\ \text{A}$$
$$I_{c1m}=I_{CM}\alpha_1(70°)=0.624\times0.436\ \text{A}=0.272\ \text{A}$$
$$P_==V_{CC}I_{C0}=24\times0.158\ \text{W}=3.792\ \text{W}$$
$$\eta_c=P_o/P_==3/3.792=79\%$$
$$R_P=U_{cm}/I_{c1m}=22.11/0.272\ \Omega=81.3\ \Omega$$

因为

$$I_{CM}=g_cU_{bm}(1-\cos\theta_c)$$

所以

$$U_{bm}=\frac{I_{CM}}{g_c(1-\cos70°)}=\frac{0.624}{0.24\times(1-0.342)}\ \text{V}=3.95\ \text{V}$$

又因为

$$\cos\theta_c=\frac{U_{BZ}-V_{BB}}{U_{bm}}$$

可得

$$V_{BB}=U_{BZ}-U_{bm}\cos\theta_c=(0.65-3.95\times0.342)\ \text{V}=-0.70\ \text{V}$$

3-11　谐振功率放大器原来工作于临界状态，它的通角 θ_c 为 $70°$，输出功率为 3 W，效率为 60%。后来由于某种原因，性能发生变化。经实测发现效率增加到 68%，而输出功率明显下降，但 V_{CC}、U_{cm}、u_{BEmax} 不变，试分析原因，并计算这时的实际输出功率和通角。

解　由题意知 V_{CC}、U_{cm}、u_{BEmax} 不变，即电压利用系数 $\xi=U_{cm}/V_{CC}$ 不变。

因为 $\eta_c=\frac{1}{2}\xi g_1(\theta_c)$，$\theta_c=70°$，$\eta_c(70°)=\frac{1}{2}\xi g_1(70°)$，查表 $g_1(70°)=1.73$，则

$$\xi=\frac{2\eta_c(70°)}{g_1(70°)}=\frac{2\times0.6}{1.73}=0.694$$

在效率变为 68% ,电压利用系数 $\xi = U_{cm}/V_{CC}$ 不变的条件下,设通角为 θ'_c ,可得

$$g_1(\theta'_c) = \frac{2\eta_c(\theta'_c)}{\xi} = \frac{2 \times 0.68}{0.694} = 1.96$$

查表
$$\theta'_c = 24°$$

由于 u_{BEmax} 不变,则 I_{CM} 不变,因此

$$P_o = \frac{1}{2}U_{cm}I_{c1m} = \frac{1}{2}U_{cm}I_{CM}\alpha_1(\theta_c)$$

当 $\theta_c = 70°$ 时, $P_o = 3$ W,则

$$\frac{1}{2}U_{cm}I_{CM} = \frac{P_o}{\alpha_1(70°)} = \frac{3}{0.436} = 6.88$$

当 $\theta_c = 24°$ 时, $\alpha_1(24°) = 0.174$

$$P_o = \frac{1}{2}U_{cm}I_{CM}\alpha_1(24°) = 6.88 \times 0.174 \text{ W} = 1.197 \text{ W}$$

引起变化的原因是 θ_c 变化了,即 U_{BZ} 、 V_{BB} 和 U_{bm} 在变化。

3-12 谐振功率放大器原来工作于欠压状态。现在为了提高输出功率,将放大器调整到临界工作状态。试问:可分别改变哪些量来实现? 当改变不同的量调到临界状态时,放大器输出功率是否都是一样大?

解 (1)增大 R_P 可由欠压状态调整到临界状态,这时 I_{CM} 不变, θ_c 不变, I_{c1m} 不变,随 R_P 增大输出功率也增大。

(2)增大 U_{bm} 可由欠压状态调整到临界状态,这时 I_{CM} 随 U_{bm} 增大而增大, $\cos\theta_c = \dfrac{U_{BZ} - V_{BB}}{U_{bm}}$ 随 U_{bm} 增大而减小, θ_c 随 U_{bm} 增大而增大, $\alpha_1(\theta_c)$ 增大。 R_P 不变, $I_{c1m} = I_{CM}\alpha_1(\theta_c)$ 随 U_{bm} 增大而增大,则输出功率随 U_{bm} 增大而增大。

(3)增大 V_{BB} 可由欠压状态调整到临界状态,这时 I_{CM} 随 V_{BB} 增大而增大, $\cos\theta_c$ 随 V_{BB} 增大而减小, θ_c 随 V_{BB} 增大而增大, $\alpha_1(\theta_c)$ 增大, R_P 不变, $I_{c1m} = I_{CM}\alpha_1(\theta_c)$ 随 V_{BB} 增大而增大,则输出功率随 V_{BB} 增大而增大。

三者的改变由欠压状态到临界状态,输出功率不会一样大。

注意 改变 V_{CC} 由欠压状态到临界状态,其输出功率是不变的,因此不能采用改变 V_{CC} 的方法。

3-13 有一谐振功率放大器工作于临界状态,已知 $V_{CC} = 30$ V, $V_{BB} = U_{BZ} = 0.6$ V, $U_{bm} = 0.35$ V, $\xi = 0.96$, $g_{cr} = 0.4$ S。试求 R_P 、 P_o 、 P_c 、 $P_=$ 和 η_c 。在调试过程中,为保证管子安全工作,往往将输出功率减小一半,试问在不变动 R_P 和 V_{CC} 的条件下,能采用什么样的措施?

解 $$U_{cm} = \xi V_{CC} = 0.96 \times 30 \text{ V} = 28.8 \text{ V}$$

由于工作于临界状态,可得

$$I_{CM} = g_{cr}(V_{CC} - U_{cm}) = 0.4 \times (30 - 28.8) \text{A} = 0.48 \text{ A}$$

$$\cos\theta_c = \frac{U_{BZ} - V_{BB}}{U_{bm}} = 0, \theta_c = 90°, \alpha_0(90°) = 0.319, \alpha_1(90°) = 0.500$$

$$I_{C0} = I_{CM}\alpha_0(90°) = 0.48 \times 0.319 \text{ A} = 0.153 \text{ A}$$

$$I_{c1m} = I_{CM}\alpha_1(90°) = 0.48 \times 0.500 \text{ A} = 0.240 \text{ A}$$

$$R_P = \frac{U_{cm}}{I_{c1m}} = \frac{28.8}{0.24} \ \Omega = 120 \ \Omega$$

$$P_o = \frac{1}{2} U_{cm} I_{c1m} = \frac{1}{2} \times 28.8 \times 0.24 \ \mathrm{W} = 3.456 \ \mathrm{W}$$

$$P_= = V_{CC} I_{C0} = 28.8 \times 0.153 \ \mathrm{W} = 4.59 \ \mathrm{W}$$

$$P_c = P_= - P_o = (4.59 - 3.456) \mathrm{W} = 1.134 \ \mathrm{W}$$

$$\eta_c = \frac{P_o}{P_=} = \frac{3.456}{4.59} = 75.3\%$$

在 R_P 和 V_{CC} 不变的条件下,要使功率减半,则应使 U_{cm}^2 减半,而

$$U_{cm} = I_{c1m} R_P, I_{c1m} = I_{CM} \alpha_1(\theta_c), I_{CM} = g_c U_{bm}(1 - \cos \theta_c)$$

可见,减小 U_{bm} 可使 I_{CM} 减小,也使 θ_c 减小,则使输出功率 P_o 下降。当然,使 V_{BB} 由正向负减小也可使 P_o 下降。

3 – 14　某谐振功率放大器,$V_{BB} = -0.2$ V,$U_{BZ} = 0.6$ V,$g_{cr} = 0.4$ S,$V_{CC} = 24$ V,$R_P = 50 \ \Omega$,$U_{bm} = 1.6$ V,$P_o = 1$ W。试求集电极电流最大值 I_{CM}、输出电压振幅 U_{cm}、集电极效率 η_c,并判断放大器工作于什么状态?当 R_P 变为何值时,放大器工作于临界状态,这时输出功率 P_o、集电极效率 η_c 分别为何值?

解

$$\cos \theta_c = \frac{U_{BZ} - V_{BB}}{U_{bm}} = \frac{0.6 - (-0.2)}{1.6} = 0.5$$

$$\theta_c = 60°, \alpha_0(60°) = 0.218, \alpha_1(60°) = 0.391$$

因为

$$P_o = \frac{1}{2} I_{c1m}^2 R_P$$

所以

$$I_{c1m} = \sqrt{\frac{2P_o}{R_P}} = \sqrt{\frac{2 \times 1}{50}} \ \mathrm{A} = 0.2 \ \mathrm{A}$$

$$I_{CM} = I_{c1m}/\alpha_1(60°) = 0.2/0.391 \ \mathrm{A} = 0.512 \ \mathrm{A}$$

$$U_{cm} = I_{c1m} R_P = 0.2 \times 50 \ \mathrm{V} = 10 \ \mathrm{V}$$

$$\eta_c = \frac{P_o}{P_=} = \frac{P_o}{V_{CC} I_{C0}} = \frac{1}{24 \times 0.512 \times 0.218} = 37.3\%$$

判断放大器的工作状态可用下列方法:

①根据 $I_{CM} = 0.512$ A 和 $g_{cr} = 0.4$ S,计算临界状态的 U_{cm}' 值,即

$$V_{CC} - U_{cm}' = I_{CM}/g_{cr} = 0.512/0.4 \ \mathrm{V} = 1.28 \ \mathrm{V}$$

$$U_{cm}' = (24 - 1.28) \mathrm{V} = 22.72 \ \mathrm{V}$$

$$U_{cm}' > U_{cm} = 10 \ \mathrm{V}(放大器工作于欠压状态)$$

②根据 $U_{cm} = 10$ V 和 $g_{cr} = 0.4$ S,计算临界状态的 I_{CM}' 值,即

$$I_{CM}' = g_{cr}(V_{CC} - U_{cm}) = 0.4 \times (24 - 10) \mathrm{A} = 5.6 \ \mathrm{A}$$

$$I_{CM}' > I_{CM} = 0.512 \ \mathrm{A}(放大器工作于欠压状态)$$

③根据 $I_{CM} = 0.512$ A 和 $U_{cm} = 10$ V,计算 g_{cr}' 值,即

$$g_{cr}' = \frac{I_{CM}}{V_{CC} - U_{cm}} = \frac{0.512}{24 - 10} \ \mathrm{S} = 0.037 \ \mathrm{S}$$

$$g'_{cr} < g_{cr}(\text{放大器工作于欠压状态})$$

若要使放大器工作于临界状态,在保证 I_{CM} 与 θ_c 不变的条件下,临界状态对应的 $U_{cm} = 22.72$ V。

$$R_P = U_{cm}/I_{c1m} = 22.72/(0.512 \times 0.391)\,\Omega = 113.6\,\Omega$$

$$P_o = \frac{1}{2}U_{cm}I_{c1m} = \frac{1}{2} \times 22.72 \times 0.2\,\text{W} = 2.272\,\text{W}$$

$$P_= = V_{CC}I_{C0} = 24 \times 0.512 \times 0.218\,\text{W} = 2.679\,\text{W}$$

$$\eta_c = P_o/P_= = 2.272/2.679 = 84.8\%$$

3-15 丙类谐振功率放大器,已知 $V_{CC} = 18$ V,输出功率 $P_o = 1$ W,负载电阻 $R_L = 50\,\Omega$,集电极电压利用系数为 0.95,工作频率 $f = 50$ MHz。采用 L 型匹配网络作为输出匹配网络,试计算网络的元件值。

解 谐振功率放大器的输出电压的 $U_{cm} = \xi V_{CC} = 0.95 \times 18$ V $= 17.1$ V。

放大器的输出电阻为

$$R_P = \frac{U_{cm}^2}{2P_o} = \frac{17.1^2}{2 \times 1}\,\Omega = 146.2\,\Omega$$

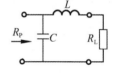

设选用图 3-53 的 L 型网络进行参数计算:

$$Q = \sqrt{\frac{R_P}{R_L} - 1} = \sqrt{\frac{146.2}{50} - 1} = 1.387$$

$$\omega L = QR_L = 1.387 \times 50\,\Omega = 69.35\,\Omega$$

$$L = 69.35/(2\pi \times 50 \times 10^6)\,\text{H} = 220.7\,\text{nH}$$

图 3-53 L 型匹配网络

$$\frac{1}{\omega C} = \frac{R_P}{Q} = \frac{146.2}{1.387}\,\Omega = 105.4\,\Omega$$

$$C = \frac{1}{2\pi \times 50 \times 10^6 \times 105.4}\,\text{F} = 30.2\,\text{pF}$$

3-16 图 3-54 是 L 型网络,它作为谐振功率放大器的输出回路。已知天线电阻 $r_A = 8\,\Omega$,电感线圈的 $Q_0 = 100$,工作频率为 2 MHz,若放大器要求匹配阻抗 $R_P = 40\,\Omega$,试求 L、C 值。

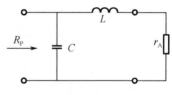

解 设 L 的损耗电阻为 r_0,即

图 3-54 题 3-16 图

$$r_0 = \frac{\omega L}{Q_0}$$

因为

$$R_P = (Q^2 + 1)(r_A + r_0)$$

$$Q = \frac{\omega L}{r_A + r_0}$$

$$R_P = \left[\left(\frac{\omega L}{r_A + r_0}\right)^2 + 1\right](r_A + r_0) = \frac{(\omega L)^2}{r_A + r_0} + r_A + r_0$$

$$= \frac{(\omega L)^2}{r_A + (\omega L/Q_0)} + r_A + \frac{\omega L}{Q_0}$$

所以

$$40 = \frac{(4\pi \times 10^6 \times L)^2}{8 + \left[(4\pi \times 10^6 \times L)/100\right]} + 8 + \frac{4\pi \times 10^6 \times L}{100}$$

$$L = 1.283 \ \mu H$$

$$r_0 = \frac{\omega L}{Q_0} = \frac{4\pi \times 10^6 \times 1.283 \times 10^{-6}}{100} \ \Omega = 0.161\ 2 \ \Omega$$

总天线负载电阻为

$$r_A + r_0 = (8 + 0.161\ 2)\Omega = 8.161\ 2 \ \Omega$$

L 型匹配网络的

$$Q = \sqrt{\frac{R_P}{r_A + r_0} - 1} = \sqrt{\frac{40}{8.161\ 2} - 1} = 1.975$$

L 型匹配网络的

$$X_C = R_P/Q = 40/1.975 \ \Omega = 20.25 \ \Omega$$

$$C = \frac{1}{2\pi f X_C} = \frac{1}{4\pi \times 10^6 \times 20.25} \ F = 3\ 930 \ pF$$

3-17 已知匹配网络如图 3-55 所示,$R_L = 50 \ \Omega$,$R_S = 300 \ \Omega$,$C_o = 10 \ pF$,$f = 10 \ MHz$,试求网络中各元件值。

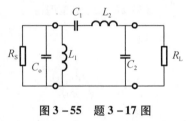

图 3-55 题 3-17 图

解 设 L_1 与 C_o 并联电抗为 $X_{P1} = X_{L1}X_{Co}/(X_{L1} + X_{Co})$,则整个网络可看成由两个 L 型网络组成。

信源端 L 型网络的计算:

$$Q_1 = 4 > \sqrt{\frac{R_S}{R_L} - 1} = \sqrt{\frac{300}{50} - 1} = 2.24$$

$$R_{inter} = \frac{R_S}{1 + Q_1^2} = \frac{300}{1 + 4^2} \ \Omega = 17.647 \ \Omega$$

$$X_{P1} = R_S/Q_1 = 300/4 \ \Omega = 75 \ \Omega$$

$$X_{Co} = -1/(2\pi \times 10 \times 10^6 \times 10 \times 10^{-12}) = -1\ 591.55 \ \Omega(\text{容抗为负值})$$

$$X_{L1} = \frac{X_{P1}X_{Co}}{X_{Co} - X_{P1}} = \frac{75 \times (-1\ 591.55)}{-1\ 591.55 - 75} \ \Omega = 71.62 \ \Omega$$

$$L_1 = X_{L1}/\omega = 71.62/(2\pi \times 10 \times 10^6) \ H = 1.14 \ \mu H$$

$$X_{SC1} = Q_1 R_{inter} = 4 \times 17.647 \ \Omega = 70.588 \ \Omega$$

$$C_1 = 1/(\omega X_{SC1}) = 1/(2\pi \times 10 \times 10^6 \times 70.588) \ F = 225.47 \ pF$$

负载端 L 型网络的计算:

$$Q_2 = \sqrt{\frac{R_L}{R_{inter}} - 1} = \sqrt{\frac{50}{17.647} - 1} = 1.354$$

$$X_{P2} = X_{C2} = R_L/Q_2 = 50/1.354 \ \Omega = 36.93 \ \Omega$$

$$C_2 = 1/(\omega X_{C2}) = 1/(2\pi \times 10 \times 10^6 \times 36.93) \text{F} = 430.99 \text{ pF}$$

$$X_{SL2} = Q_2 R_{\text{inter}} = 1.354 \times 17.647 \ \Omega = 23.894 \ \Omega$$

$$L_2 = X_{SL2}/\omega = 23.894/(2\pi \times 10 \times 10^6) \text{H} = 0.380 \ \mu\text{H}$$

3-18 已知某晶体管高频功率放大器,工作频率为 60 MHz,$R_L = 50 \ \Omega$,$P_o = 1$ W,电源电压 $V_{CC} = 12$ V,晶体管饱和压降 $V_{CES} = 0.5$ V,$C_{ob} = 20$ pF。试设计一个 π 型匹配网络。

解 设放大器工作于临界状态,其输出电压振幅 $U_{cm} = V_{CC} - V_{CES} = (12 - 0.5) \text{V} = 11.5$ V。放大器输出电阻 $R_P = U_{cm}^2/(2P_o) = 11.5^2/(2 \times 1) \ \Omega = 66.13 \ \Omega$,并联输出电容 $C_o = 2C_{ob}$。

选取图 3-56 所示 π 型匹配网络,并将电感分为 $L = L_1 + L_2$,组成两个 L 型网络。

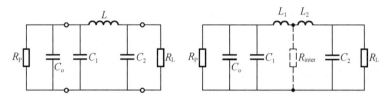

图 3-56 π 型匹配网络

信源端 L 型网络的计算:

$$Q_1 = 4 > \sqrt{\frac{R_P}{R_L} - 1} = \sqrt{\frac{66.13}{50} - 1} = 0.568$$

$$R_{\text{inter}} = \frac{R_P}{1 + Q_1^2} = \frac{66.13}{1 + 4^2} \ \Omega = 3.89 \ \Omega$$

$$X_{P1} = R_P/Q_1 = 66.13/4 \ \Omega = 16.533 \ \Omega$$

$$C_1 + C_o = 1/(\omega X_{P1}) = 1/(2\pi \times 60 \times 10^6 \times 16.533) \text{F} = 160.44 \text{ pF}$$

$$C_1 = (160.44 - 40) \text{pF} = 120.44 \text{ pF}$$

$$X_{SL1} = Q_1 R_{\text{inter}} = 4 \times 3.89 \ \Omega = 15.56 \ \Omega$$

$$L_1 = X_{SL1}/\omega = 15.56/(2\pi \times 60 \times 10^6) \text{H} = 41.27 \text{ nH}$$

负载端 L 型网络的计算:

$$Q_2 = \sqrt{\frac{R_L}{R_{\text{inter}}} - 1} = \sqrt{\frac{50}{3.89} - 1} = 3.44$$

$$X_{P2} = X_{C2} = R_L/Q_2 = 50/3.44 \ \Omega = 14.535 \ \Omega$$

$$C_2 = 1/(\omega X_{C2}) = 1/(2\pi \times 60 \times 10^6 \times 14.535) \text{F} = 182.50 \text{ pF}$$

$$X_{SL2} = Q_2 R_{\text{inter}} = 3.44 \times 3.89 \ \Omega = 13.382 \ \Omega$$

$$L_2 = X_{SL2}/\omega = 13.382/(2\pi \times 60 \times 10^6) \text{H} = 35.50 \text{ nH}$$

$$L = L_1 + L_2 = (41.27 + 35.50) \text{nH} = 76.77 \text{ nH}$$

3-19 信源的内阻 $R_S = 50 \ \Omega$,负载阻抗 $Z_L = (500 - j30) \ \Omega$,试设计一个无损耗的窄带阻抗匹配网络,工作频率 $f_0 = 100$ MHz,要求频带宽 $2\Delta f_{0.7} = 10$ MHz。

解 由频带宽和工作频率可得 $Q_L = f_0/2\Delta f_{0.7} = 100/10 = 10$,则匹配网络 $Q_{\max} = 20$。负

载阻抗 $Z_{\mathrm{L}} = (500 - \mathrm{j}30)\,\Omega$ 在 $f_0 = 100\ \mathrm{MHz}$ 时,等效为 $500\ \Omega$ 电阻和 $53.05\ \mathrm{pF}$ 电容串联。

选取图 $3-57$ 所示 T 型匹配网络。

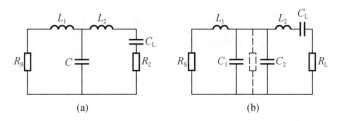

图 $3-57$　T 型匹配网络

设 $X_{\mathrm{PC}} = X_{\mathrm{PC1}}X_{\mathrm{PC2}}/(X_{\mathrm{PC1}} + X_{\mathrm{PC2}})$,其中 $X_{\mathrm{PC}} = 1/(\omega_0 C)$,$X_{\mathrm{PC1}} = 1/(\omega_0 C_1)$,$X_{\mathrm{PC2}} = 1/(\omega_0 C_2)$ 即 $C = C_1 + C_2$,$X_{\mathrm{S2}} = X_{\mathrm{L2}} - X_{\mathrm{CL}}$,其中 $X_{\mathrm{CL}} = 1/(\omega_0 C_{\mathrm{L}})$,$X_{\mathrm{L2}} = \omega_0 L_2$。

因为 $R_{\mathrm{L}} > R_{\mathrm{S}}$,T 型匹配网络从信源端 L 型网络开始计算,$Q_1 = Q_{\mathrm{max}} = 20$,则

$$R_{\mathrm{inter}} = (1 + Q_1^2)R_{\mathrm{S}} = (1 + 20^2) \times 50\ \Omega = 20\ 050\ \Omega$$

$$X_{\mathrm{S1}} = X_{\mathrm{L1}} = Q_1 R_{\mathrm{S}} = 20 \times 50\ \Omega = 1\ 000\ \Omega$$

$$L_1 = X_{\mathrm{L1}}/\omega_0 = 1\ 000/(2\pi \times 100 \times 10^6)\,\mathrm{H} = 1.592\ \mu\mathrm{H}$$

$$X_{\mathrm{P1}} = X_{\mathrm{C1}} = R_{\mathrm{inter}}/Q_1 = 20\ 050/20\ \Omega = 1\ 002.5\ \Omega$$

$$C_1 = 1/(\omega_0 X_{\mathrm{C1}}) = 1/(2\pi \times 100 \times 10^6 \times 1\ 002.5)\ \mathrm{F} = 1.588\ \mathrm{pF}$$

负载端 L 型网络的计算:

$$Q_2 = \sqrt{\frac{R_{\mathrm{inter}}}{R_{\mathrm{L}}} - 1} = \sqrt{\frac{20\ 050}{500} - 1} = 6.253$$

$$X_{\mathrm{S2}} = Q_2 R_{\mathrm{L}} = 6.253 \times 500\ \Omega = 3\ 126.5\ \Omega$$

$$X_{\mathrm{L2}} = X_{\mathrm{S2}} + X_{\mathrm{CL}} = (3\ 126.5 + 30)\,\Omega = 3\ 156.5\ \Omega$$

$$L_2 = X_{\mathrm{L2}}/\omega_0 = 3\ 156.5/(2\pi \times 100 \times 10^6)\,\mathrm{H} = 5.024\ \mu\mathrm{H}$$

$$X_{\mathrm{P2}} = X_{\mathrm{C2}} = R_{\mathrm{inter}}/Q_2 = 20\ 050/6.253\ \Omega = 3\ 206.46\ \Omega$$

$$C_2 = 1/(\omega_0 X_{\mathrm{C2}}) = 1/(2\pi \times 100 \times 10^6 \times 3\ 206.46)\,\mathrm{F} = 0.496\ \mathrm{pF}$$

$$C = C_1 + C_2 = (1.588 + 0.496)\,\mathrm{pF} = 2.084\ \mathrm{pF}$$

$3-20$　试分析图 $3-58$ 所示的传输线变压器的阻抗比,并求出每个输出线变压器的特性阻抗。

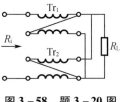

图 $3-58$　题 $3-20$ 图

解　见例 $3-22$ 解答。

$3-21$　试分析图 $3-59$ 所示的传输线变压器的阻抗比。

解　输入端的 $U_{\mathrm{i}} = 3U$,$I_{\mathrm{i}} = I$,则 $R_{\mathrm{i}} = U_{\mathrm{i}}/I_{\mathrm{i}} = 3U/I$。

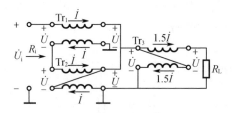

图 3 - 59　题 3 - 21 图

负载端的 $U_L = 2U, I_L = 1.5I$，则 $R_L = U_L/I_L = 2U/1.5I$。

可得 $R_i : R_L = (3U/I):(2U/1.5I) = 9:4$。

3 - 22　试分析图 3 - 60 所示的传输线变压器的阻抗比。

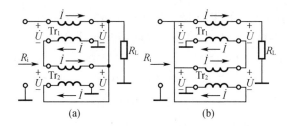

图 3 - 60　题 3 - 22 图

解　(1)图 3 - 60(a)输入端的 $\dot{U}_i = 3\dot{U}, \dot{I}_i = \dot{I}$，则
$$R_i = \dot{U}_i/\dot{I}_i = 3\dot{U}/\dot{I}$$

负载端的 $\dot{U}_L = \dot{U}, \dot{I}_L = 3\dot{I}$，则
$$R_L = \dot{U}_L/\dot{I}_L = \dot{U}/3\dot{I}$$

可得
$$R_i : R_L = (3\dot{U}/\dot{I}):(\dot{U}/3\dot{I}) = 9:1$$

(2)图 3 - 60(b)输入端的 $\dot{U}_i = \dot{U}, \dot{I}_i = 3\dot{I}$，则
$$R_i = \dot{U}_i/\dot{I}_i = \dot{U}/3\dot{I}$$

负载端的 $\dot{U}_L = 3\dot{U}, \dot{I}_L = \dot{I}$，则
$$R_L = \dot{U}_L/\dot{I}_L = 3\dot{U}/\dot{I}$$

可得
$$R_i : R_L = (\dot{U}/3\dot{I}):(3\dot{U}/\dot{I}) = 1:9$$

第4章

正弦波振荡器

4.1　教学基本要求

1. 掌握反馈型正弦波振荡器的基本工作原理。
2. 掌握 LC 振荡器、晶体振荡器的电路组成、工作原理和性能特点。
3. 了解频率稳定度的概念和影响频率稳定度的因素；掌握改善频率稳定度的措施。

4.2　教与学的思考

4.2.1　教学基本要求的分析与思考

本章的教学基本要求有三项。要求的第 1 项是掌握反馈型正弦波振荡器的基本工作原理。反馈型振荡器的振荡原理是本章各振荡电路的基础，掌握基础理论就很容易理解振荡电路和分析振荡电路。要求的第 2 项是掌握 LC 振荡器、晶体振荡器的电路组成、工作原理和性能特点。本章讨论的反馈型正弦波振荡电路以频率稳定度的提高为主线，分别讨论了不同类型的反馈型正弦波振荡器，以提高频率稳定度的观念去理解电路形式的不断改进和升级，很容易掌握振荡电路的基本原理及组成。要求的第 3 项是了解频率稳定度的概念和影响频率稳定度的因素；掌握改善频率稳定度的措施。振荡电路的频率稳定度的优劣决定了其应用的领域，尽可能地提高频率稳定度是科学研究的需求。

4.2.2　本章教学分析讨论的思路

问题 1：正弦波振荡器的功能是什么？

正弦波振荡器的功能是在没有外加输入信号的条件下，电路自动将直流电源提供的能量转换为具有一定频率和一定振幅的正弦波振荡信号输出。

这里应注意的是没有外加输入信号，只是提供了直流电源。振荡电路自动完成能量转换,输出一定频率和一定振幅的正弦波电压。也就是电路具有自激振荡的能力。

问题 2:反馈型正弦波振荡器由哪些基本电路组成?

反馈型正弦波振荡器由调谐放大器与正反馈回路组成。要明白调谐放大器与正反馈回路连接后,什么电路条件是正反馈,什么电路条件是负反馈。

问题 3:什么是反馈型振荡的起振条件? 正弦波振荡器的振荡是怎样建立起来的? 振幅起振条件 $A_0F > 1$;相位起振条件 $\varphi_A + \varphi_F = 2n\pi(n = 0,1,2,\cdots)$ 的物理意义?

见教学主要内容与典型例题分析中的振荡的建立与起振条件。

问题 4:什么是振荡的平衡条件? 电路从起振逐渐达到平衡的物理过程是什么?

振幅平衡条件是 $AF = 1$,相位平衡条件是 $\varphi_A + \varphi_F = 2n\pi(n = 0,1,2,\cdots)$。

起振时放大器是小信号放大,是线性放大,即 A 类放大,起振的振幅条件是 $A_0F > 1$。平衡时放大器是大信号放大,进入非线性区,即集电极电流会失真,还可以是 C 类放大的电流脉冲。这时对应的振幅条件是 $AF = 1$,即振荡平衡时的振幅平衡条件。要分析清楚从起振(A 类放大)到平衡(AB 类放大、B 类放大或 C 类放大)的物理过程。

振荡平衡条件的另一种表示形式:振幅平衡条件是 $Y_{fe}Z_{P1}F = 1$,相位平衡条件是 $\varphi_Y + \varphi_Z + \varphi_F = 2n\pi$。在分析振荡电路时,会经常用到此振荡平衡条件。

问题 5:什么是振荡的稳定平衡? 平衡的稳定条件是什么?

见教学主要内容与典型例题分析中的平衡的稳定条件。

问题 6:LC 互感耦合振荡电路,会识别电路,能利用瞬时极性法判断电路有否可能振荡(满足正反馈条件)? 计算振荡频率。

见教学主要内容与典型例题分析中的互感耦合振荡电路。

问题 7:电容反馈振荡电路(电容三点式振荡器,考比兹振荡器)的电路构成原理? 判断能否振荡的方法? 起振条件的分析? 稳频原理的分析?

见教学主要内容与典型例题分析中的电容反馈振荡电路。

问题 8:三点式振荡器相位平衡条件的判断准则的物理意义是什么?

见教学主要内容与典型例题分析中的三点式振荡器相位平衡条件的判断准则。

问题 9:振荡器频率稳定度的表示方式是什么? 引起频率不稳的原因是什么? 提高频率稳定的措施有哪些?

见教学主要内容与典型例题分析中的振荡电路稳频原理。

问题 10:高稳定度的 LC 振荡器(克拉泼振荡器和西勒振荡器)的电路构成原理是什么? 判断其能否振荡? 怎样分析频率稳定性?

从提高频率稳定性分析电路结构的特点;用三点式振荡器相位平衡条件的判断准则判别能否振荡;用高频等效电路分析振荡频率和频率稳定度。

问题 11:晶体的特点是什么? 晶体振荡电路(并联型晶体振荡器、串联型晶体振荡器和泛音晶体振荡器)的电路构成原理是什么? 振荡频率和稳频原理是什么?

见教学主要内容与典型例题分析中的石英晶体振荡器。

4.3　教学主要内容与典型例题分析

4.3.1　正弦波振荡器的功能、分类和主要技术指标

1. 功能

正弦波振荡器的功能(图 4 - 1)是在没有外加输入信号的条件下,电路自动将直流电源提供的能量转换为具有一定频率和一定振幅的正弦波振荡信号输出。

图 4 - 1　正弦波振荡器的功能

2. 分类

从振荡原理上可将正弦波振荡器分为反馈型振荡器和负阻型振荡器。

3. 主要技术指标

正弦波振荡器的主要技术指标是振荡频率、频率稳定度和振荡幅度。

4.3.2　反馈型 *LC* 正弦波振荡原理

1. 反馈型振荡器的基本组成

反馈型振荡器由放大器和反馈网络两部分组成,如图 4 - 2 所示。

构成反馈型 *LC* 振荡器的放大器,其负载必须是具有选频作用的谐振回路。而反馈网络要根据其是同相放大还是反相放大具体确定,但闭环的相位关系一定要是正反馈。

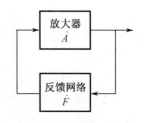

图 4 - 2　反馈型振荡器的组成

2. 振荡的建立与起振条件

反馈型振荡器自激振荡的起振条件如下:

振幅起振条件是

$$A_0 F > 1 \tag{4-1}$$

相位起振条件是

$$\varphi_A + \varphi_F = 2n\pi \ (n = 0,1,2,\cdots) \tag{4-2}$$

为什么满足起振条件的反馈型振荡器能自激振荡呢?

反馈型振荡器没有外加输入信号,振荡器的原始输入信号是在振荡电路接通电源的瞬间,晶体三极管的电流从零跃变为某一数值,相当于阶跃信号,其频谱较宽。因为集电极回路具有选频作用,集电极电流的跃变在放大器的谐振回路中激起振荡,回路两端只建立振荡频率等于谐振回路谐振频率的正弦电压,这个电压很小,不足以构成自激振荡。但是,由于电路满足起振条件,$\varphi_A + \varphi_F = 2n\pi$ 表示振荡器闭环相位差为零,是正反馈。$A_0 F > 1$ 表示每一个反馈周期,集电极电压振幅都会增大,即振荡为增幅振荡。经过几个正反馈循环,自激振荡就建立起来了。

反馈型振荡器自激振荡的起振条件的物理意义是什么?

A_0 为放大器在起振时(即合闸瞬间)的电压增益,F 为反馈网络的反馈系数。$A_0 F > 1$ 的物理意义是振荡为增幅振荡。输入信号经放大和反馈后回到输入端的信号比原输入信号要大,即振荡从弱小电压能够一次次反馈后增大,说明自激振荡能够建立起来。φ_A 是放大器的输出电压与输入电压的相位差,而 φ_F 表示反馈网络的相移,即放大器的输出电压经反馈网络反馈到放大器输入端的反馈电压的相位差。$\varphi_A + \varphi_F = 2n\pi$($n = 0, 1, 2, \cdots$)的物理意义是振荡器闭环相位差为零,即为正反馈。

反馈型振荡器构成自激振荡的条件是放大器加反馈网络必须构成正反馈系统,而且合上电源瞬间必须满足增幅振荡的条件,这样振荡才能建立起来。

3. 振荡的平衡与平衡条件

(1)平衡条件

振荡器的振荡建立起来之后,由于晶体管是非线性器件,随着放大器输出信号的增大,晶体管工作于非线性区,使得电压增益下降,由增幅振荡变为等幅振荡,即进入平衡状态。振荡器的平衡条件如下:

振幅平衡条件是

$$AF = 1 \tag{4-3}$$

相位平衡条件是

$$\varphi_A + \varphi_F = 2n\pi \ (n = 0, 1, 2, \cdots) \tag{4-4}$$

A 为放大器在平衡状态(即进入非线性区)的电压增益。F 为反馈系数。$AF = 1$ 的物理意义是振荡为等幅振荡。而相位平衡条件是振荡器的闭环相位差为零,处于正反馈状态。

(2)平衡状态

当振荡电路的参数确定之后,反馈型振荡器从起振过渡到满足振幅平衡条件 $AF = 1$,这时放大器的工作状态应该如何确定?由于起振时,信号振幅很小,可认为是线性放大。而随着信号幅度的加大,放大器处于非线性状态,放大信号波形失真,放大器谐振回路取出失真波形中的基波分量,即放大器的输出电压为基波电压 $U_{c1} = I_{c1} R_P$,其中 I_{c1} 为基波电流,R_P 为谐振回路谐振电阻。振荡器进入平衡状态时,其放大器的电压增益 A 为

$$A = \frac{U_{c1}}{U_i} = \frac{I_{c1m} R_P}{U_{im}} = \frac{I_{CM} \alpha_1(\theta_c) R_P}{U_{im}} = \frac{g_c U_{im}(1 - \cos \theta_c) \alpha_1(\theta_c) R_P}{U_{im}}$$
$$= g_c (1 - \cos \theta_c) \alpha_1(\theta_c) R_P \tag{4-5}$$

振荡器起振时放大器处于线性放大状态,$\theta_c = 180°$,故起振时放大器的电压增益为 $A_0 = g_c R_P$,即可得平衡状态的电压增益与起振时的电压增益的关系为

$$A = A_0(1 - \cos \theta_c) \alpha_1(\theta_c) = A_0 \nu(\theta_c) \tag{4-6}$$

由式(4-6)可以看出,振荡器的平衡状态完全取决于 $A_0 F$ 的数值大小。例如

① $A_0 = 8$,$F = 0.2$,$A_0 F = 1.6 > 1$ 满足起振条件。平衡时

$$AF = A_0 \nu(\theta_c) F = 1$$

则

$$\nu(\theta_c) = 0.625 = (1 - \cos \theta_c) \alpha_1(\theta_c)$$
$$\theta_c = 101.5°$$

表明平衡状态时的半通角 $\theta_c = 101.5°$,放大器工作于甲乙类放大状态。

② $A_0 = 10$,$F = 0.2$,$A_0 F = 2 > 1$ 满足起振条件。平衡时

$$AF = A_0 \nu(\theta_c) F = 1$$

则
$$\nu(\theta_c) = 0.5 = (1 - \cos\theta_c)\alpha_1(\theta_c)$$
$$\theta_c = 90°$$

表明平衡状态时的半通角 $\theta_c = 90°$，放大器工作于乙类放大状态。

③ $A_0 = 20, F = 0.2, A_0F = 4 > 1$ 满足起振条件。平衡时
$$AF = A_0\nu(\theta_c)F = 1$$
则
$$\nu(\theta_c) = 0.25 = (1 - \cos\theta_c)\alpha_1(\theta_c)$$
$$\theta_c = 66.3°$$

表明平衡状态时的半通角 $\theta_c = 66.3°$，放大器工作于丙类放大状态。

反馈型振荡器起振时，放大器工作于甲类放大状态，而平衡时一定会工作于非线性状态。当 $A_0F = 2$ 时，平衡状态时放大器工作于乙类放大状态；当 $A_0F > 2$ 时，平衡状态时放大器工作于丙类放大状态；当 $1 < A_0F < 2$ 时，平衡状态时放大器工作于甲乙类放大状态。

（3）平衡条件的另一种表示形式

反馈型正弦波振荡器的平衡条件还可以采用另外一种表示形式，即将放大器用晶体管和谐振回路代替，其表示形式为

电压增益 $\dot{A}$ 与晶体管和谐振回路的参数有关。放大器处于平衡状态时，输出电压 $\dot{U}_{c1} = \dot{I}_{c1}\dot{Z}_{P1}$，即 $\dot{A} = \dot{I}_{c1}\dot{Z}_{P1}/\dot{U}_i = \dot{Y}_{fe}\dot{Z}_{P1}$，可得平衡条件的另一表达式 $\dot{Y}_{fe}\dot{Z}_{P1}\dot{F} = 1$，即

$$Y_{fe}Z_{P1}F = 1 \tag{4-7}$$
$$\varphi_Y + \varphi_Z + \varphi_F = 2n\pi \quad (n = 0,1,2,\cdots) \tag{4-8}$$

式中，$\dot{Y}_{fe} = Y_{fe}e^{j\varphi_Y}$ 称为晶体管的平均正向传输导纳，$Y_{fe} = \dot{I}_{c1}/\dot{U}_i$，$\varphi_Y$ 为集电极电流基波分量 $\dot{I}_{c1}$ 与基极输入电压 $\dot{U}_i$ 的相位差；$\dot{Z}_{P1} = Z_{P1}e^{j\varphi_Z}$ 称为谐振回路的基波阻抗，$Z_{P1} = \dot{U}_{c1}/\dot{I}_{c1}$，$\varphi_Z$ 为 $\dot{U}_{c1}$ 与 $\dot{I}_{c1}$ 之间的相位差；$\dot{F} = Fe^{j\varphi_F}$ 称为反馈系数，$F = \dot{U}_f/\dot{U}_{c1}$，$\varphi_F$ 为 $\dot{U}_f$ 与 $\dot{U}_{c1}$ 之间的相位差。

式（4-8）常用来分析振荡器的实际振荡频率。当振荡器的振荡频率较低时，晶体管的极间电容可以忽略，y_{fe}（正向传输导纳）是实数，则 $\dot{U}_i$ 与 $\dot{I}_{c1}$ 的相位差为零，即 $\varphi_Y = 0$。振荡频率较低时，反馈回路的损耗和分布参量的影响可以忽略，$\dot{U}_{c1}$ 与 $\dot{U}_f$ 的相位差为零，即 $\varphi_F = 0$。当振荡器达到平衡时，其相位平衡条件为 $\varphi_Y + \varphi_Z + \varphi_F = 2n\pi \ (n = 0,1,2,\cdots)$，则 $\varphi_Z = 0$，这就说明只有振荡在谐振回路的谐振频率 f_0 时，才能满足相位平衡条件，即在低频振荡时，振荡器的振荡频率 f_c 等于谐振回路的谐振频率 f_0。当振荡器的振荡频率较高时，晶体管的极间电容、谐振回路的损耗等不能忽略，$\dot{I}_{c1}$ 总是滞后 $\dot{U}_i$，即 $\varphi_Y < 0$。而反馈系数的相角 $\varphi_F \neq 0$，即 $\varphi_Y + \varphi_F \neq 0$。若要保持相位平衡条件，只有谐振回路工作于失谐频率以产生一个相角 φ_Z。这样振荡器的实际工作频率不等于谐振回路的固有谐振频率 f_0，Z_{P1} 也不呈现为纯电阻。

4. 平衡的稳定条件

所谓稳定平衡是指因某一外因的变化，振荡的原平衡条件遭到破坏，电路通过自身的调整，能在新的条件下建立新的平衡。当外因去掉后，电路能自动返回原平衡状态。

振幅平衡的稳定条件是在平衡点放大器的电压增益 A 随振幅的增大而减小,即 A 随放大器输出电压的变化为负斜率,也就是

$$\frac{\partial A}{\partial U_c}\bigg|_{U_c = U_{cQ}} < 0 \qquad (4-9)$$

相位平衡的稳定条件是在平衡点谐振回路的相频特性是负斜率,也就是

$$\frac{\partial \varphi_Z}{\partial \omega}\bigg|_{\omega = \omega_c} < 0 \qquad (4-10)$$

原因是要保证相位平衡条件 $\varphi_Y + \varphi_Z + \varphi_F = 0$。当 $(\varphi_Y + \varphi_F)$ 增大时,由于相位超前,使振荡频率增大,而振荡频率增大又使 φ_Z 减小,达到新的平衡,满足 $\varphi_Y + \varphi_Z + \varphi_F = 0$,其结果达到新的平衡,但振荡频率变高。反之,当 $(\varphi_Y + \varphi_F)$ 减小时,与上相反,其结果达到新的平衡,但振荡频率变低。

4.3.3 反馈型 *LC* 振荡电路

1. 互感耦合振荡电路

互感耦合振荡电路的特点是利用电感线圈 L_1 和 L_2 之间的互感 M 来完成正反馈耦合。振荡电路中的放大器可以是共射放大,也可以是共基放大,而完成正反馈满足相位平衡条件,是由互感耦合的同名端来决定的。

对于互感耦合振荡器应该学会识别电路,即能够根据电路形式认识互感耦合振荡电路形式。并掌握利用瞬时极性法判断互感耦合振荡电路能否满足相位平衡条件,即是否构成正反馈。若满足相位平衡条件(即正反馈),电路就可能振荡。若是负反馈,则电路不能振荡。在此要注意的是,可能振荡的含义是只满足了相位平衡条件(正反馈),振幅起振条件能否满足还不一定,也就是说有可能。只有既满足相位平衡条件,又满足振幅起振条件 $A_0 F > 1$,才可能说电路能振荡。

互感耦合振荡器的振荡频率可近似由调谐回路的谐振频率来决定,即

$$f_0 = \frac{1}{2\pi \sqrt{LC}} \qquad (4-11)$$

互感耦合振荡器的振荡频率不能很高,一般可工作于短波段,例如调幅广播接收机的本振信号源就是互感耦合振荡器。

例 4-1 图 4-3 所示互感耦合振荡电路,用瞬时极性法分析判断电路有否可能振荡?

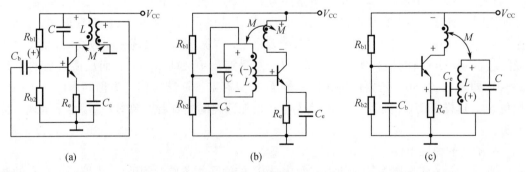

(a)　　　　　　　　(b)　　　　　　　　(c)

图 4-3　互感耦合振荡电路

注意　瞬时极性法是分析判断振荡电路是否满足正反馈的基本方法。对分析判断互感耦合振荡器、RC 振荡器较为方便,而对于三点式振荡器较多的是利用三点式振荡器相位平衡条件的判断准则来分析判断。

在应用瞬时极性法时,首先要识别清楚放大器的组态形式,也就是放大器是共射还是共基或共集。因为共射放大器的输入是基极 b,输出是集电极 c,参考点(或接地点)是发射极 e,它是反相放大器,输出电压与输入信号电压是反相位的。共基放大器的输入是发射极 e,输出是集电极 c,参考点(或接地点)是基极 b,它是同相放大器,输出电压与输入信号电压是同相位的。共集放大器的输入是基极 b,输出是发射极 e,参考点(或接地点)是集电极 c,它是同相放大器,输出电压与输入信号电压是同相位的。在分清了放大器的类型后,根据放大器组态的形式确定输入端和输出端。然后假设某一瞬时,输入端对参考点的电位为 +,从而根据放大器的组态确定输出端对参考点的相位,同相放大为 +,反相放大为 −。再通过互感耦合的同名端决定反馈电压 U_f 对参考点的相位。若反馈到输入端仍为 +,表示为正反馈,可能振荡;若反馈到输入端为 −,则为负反馈,不能振荡。

解　对于图 4−3(a),由于 C_e 为高频旁路电容,发射极 e 交流接地,放大器为共射放大,输入为 b 对地,输出为 c 对地,且为反相放大器。设某一瞬时,基极 b 对地输入为 +,经反相放大,集电极 c 对地输出为 −,由于电源 V_{CC} 相当于交流地电位,则电感 L 两端的电位关系是上 + 下 −。通过互感 M 耦合及同名端确定反馈电压在反馈线圈上是上 + 下 −,正好反馈到输入端 b 为 +,是正反馈,可能振荡。

对于图 4−3(b),由于 C_e 为高频旁路电容,发射极 e 交流接地,放大器为共射放大器,输入为基极 b 对地,输出为集电极 c 对地,且为反相放大器。设某一瞬时,基极 b 对地输入为 +,经反相放大,集电极 c 对地输出为 −,由于电源 V_{CC} 相当于交流地电位,则集电极电感两端的电位关系是上 + 下 −。通过互感 M 耦合及同名端确定 LC 回路两端的电位关系是上 + 下 −。因为 LC 回路的上端通过 C_b 高频旁路为地电位,所以反馈到基极 b 对地的电位关系是 −,是负反馈,不能振荡。

对于图 4−3(c),由于 C_b 为高频旁路电容,基极 b 交流接地,放大器为共基放大器,输入为发射极 e 对地,输出为集电极 c 对地,且为同相放大器。设某一瞬时,发射极 e 对地输入为 +,经同相放大,集电极 c 对地输出为 +,由于电源 V_{CC} 相当于交流地电位,则集电极电感两端的电位关系是上 − 下 +。通过互感 M 耦合及同名端确定 LC 回路两端的电位关系是上 + 下 −。因为 C_e 是耦合电容,通过 LC 回路的 L 的中点对地反馈到发射极 e 为 +,是正反馈,可能振荡。

2. 电容反馈振荡电路

(1)电路形式

电容反馈振荡电路是利用谐振回路中的电容来实现正反馈耦合的。由于这样的电路中,晶体管的三个极分别连接于回路电容的三端,也称为电容三点式振荡器。

图 4−4 是电容三点式振荡电路。图 4−4(a)为共射放大的电容三点式振荡电路,图 4−4(b)为共基放大的电容三点式振荡电路。它们的基本原理是相同的,只是共基放大的上限频率较高,因而在振荡频率较高时,大多采用共基接法的电容三点式振荡电路。

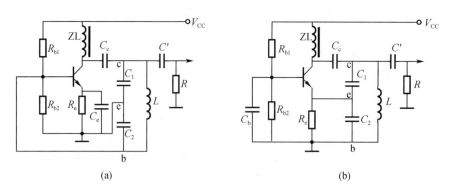

图 4－4　电容三点式振荡电路

（2）判断振荡

电容三点式振荡电路可以利用三点式振荡器相位平衡条件的判断准则来判断电路能否满足相位平衡条件，也就是判断电路有否可能振荡。

三点式振荡器相位平衡条件的判断准则如下：

（1）X_{ce} 与 X_{be} 的电抗性质相同；

（2）X_{cb} 与 X_{ce}、X_{be} 的电抗性质相反；

（3）对于振荡频率，满足 $X_{ce} + X_{be} + X_{cb} = 0$。

我们可以用图 4－4 所示电路来进行分析说明。图 4－4(a) 中，C_c 是耦合电容，C_e 是旁路电容，它们的容抗值相当于零，则回路电容 C_1 交流接于 c、e 两端，回路电容 C_2 交流接于 e、b 两端，即 X_{ce}、X_{be} 为容抗，性质相同。而电感 L 交流接于 c、b 两端，即 X_{cb} 为感抗，与 X_{ce}、X_{be} 反性质，满足相位平衡条件。图 4－4(b) 中，C_c 是耦合电容，C_b 是旁路电容，它们的容抗值相当于零，则 C_1 交流接于 c、e 两端，C_2 交流接于 e、b 两端，即 X_{ce}、X_{be} 为容抗，性质相同。而电感 L 交流接于 c、b 两端，即 X_{cb} 为感抗，与 X_{ce}、X_{be} 反性质，满足相位平衡条件。

例 4－2　图 4－5 所示为三点式振荡电路的交流电路图。根据相位平衡条件的判断准则来分析判断，哪个可能振荡，哪个不能振荡，能振荡的电路是什么振荡器，有什么限制条件？

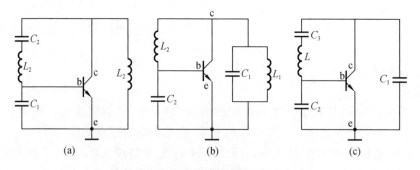

图 4－5　三点式振荡电路的交流电路图

注意　三点式振荡电路有否可能振荡的问题，一般都用三点式振荡器相位平衡条件的判断准则来判断分析。作为判断振荡可能产生与否的问题可用 X_{ce}、X_{eb} 电抗性质相同和 X_{cb}

与 X_{ce}、X_{eb} 电抗性质相反来确定。

解　对于图 4 – 5(a)，X_{ce} 为感抗，X_{eb} 为容抗，而 X_{cb} 为串联谐振回路，可等效为三种情况。当 $f_c = f_0$ 时，X_{cb} 相当于短路(或较小的纯电阻)；当 $f_c > f_0$ 时，X_{cb} 等效为感抗；当 $f_c < f_0$ 时，X_{cb} 等效为容抗。由于 X_{ce} 为感抗，X_{eb} 为容抗，无论 X_{cb} 为何值，X_{ce}、X_{eb} 是反性质的，不能满足相位条件，不能振荡。

对于图 4 – 5(b)，X_{ce} 为并联谐振回路，可等效为三种情况。当 $f_c = f_{01}$ 时，X_{ce} 为纯电阻；当 $f_c > f_{01}$ 时，X_{ce} 等效为容抗；当 $f_c < f_{01}$ 时，X_{ce} 等效为感抗。X_{eb} 为容抗，X_{cb} 为感抗。可见，只有在 $f_c > f_{01}$ 时，X_{ce}、X_{eb} 为容抗，X_{cb} 为感抗，满足相位平衡条件，可能振荡，为电容三点式振荡电路。其限制条件是 $f_c > \dfrac{1}{2\pi \sqrt{L_1 C_1}}$。

对于图 4 – 5(c)，X_{ce} 为容抗，X_{eb} 为容抗，而 X_{cb} 为串联谐振回路，可等效为三种情况。当 $f_c = f_0$ 时，X_{cb} 相当于短路(或较小的纯电阻)；当 $f_c > f_0$ 时，X_{cb} 等效为感抗；当 $f_c < f_0$ 时，X_{cb} 等效为容抗。可见，只有 $f_c > f_0$ 时，X_{ce}、X_{eb} 为容抗，X_{cb} 为感抗，满足相位平衡条件，可能振荡，为电容三点式振荡电路。其限制条件是 $f_c > \dfrac{1}{2\pi \sqrt{L C_3}}$。

(3)振荡频率

电容三点式振荡电路的振荡频率在忽略 g_{ie} 等参数的影响时，可近似用谐振回路的谐振频率 f_0 表示，即

$$f_0 = \frac{1}{2\pi \sqrt{L C_\Sigma}} \tag{4 – 12}$$

式中，$C_\Sigma = C_1' C_2' / (C_1' + C_2')$，$C_1' = C_1 + C_{oe}$，$C_2' = C_2 + C_{ie}$。

(4)反馈系数与起振条件

电容三点式振荡电路的反馈系数 F，因电路形式不同而有所区别。对于图 4 – 4(a) 为共射放大组态，其反馈系数 F 为

$$F = \frac{U_f}{U_c} = \frac{U_{be}}{U_{ce}} = \frac{\dfrac{1}{\omega C_2'}}{\dfrac{1}{\omega C_1'}} = \frac{C_1'}{C_2'} \tag{4 – 13}$$

而对于图 4 – 4(b) 为共基放大组态，其反馈系数 F 为

$$F = \frac{U_f}{U_c} = \frac{U_{eb}}{U_{cb}} = \frac{\dfrac{1}{\omega C_2'}}{\dfrac{1}{\omega \dfrac{C_1' C_2'}{C_1' + C_2'}}} = \frac{C_1'}{C_1' + C_2'} \tag{4 – 14}$$

一般来说，反馈系数 F 选取 $0.1 \sim 0.5$。

电容三点式振荡器的起振条件，一般来说应根据具体电路来确定 A_0 和 F，然后再根据 $A_0 F > 1$ 来分析判断。

例 4 – 3　图 4 – 6 所示是电容三点式振荡电路，$R_{b1} = 15$ kΩ，$R_{b2} = 7.5$ kΩ，$R_L = 2.7$ kΩ，$R_e = 1.8$ kΩ，$C_1 = 510$ pF，$C_2 = 1\ 000$ pF，$C_3 = 12 \sim 250$ pF，$L = 1.5$ μH，$Q_0 = 100$，$V_{CC} = 9$ V，晶体管的极间电容影响忽略，$\beta_0 = 100$。试求满足起振条件的振荡频率范围。

注意 根据振荡回路计算振荡频率的范围。但是，电感的损耗与频率有关，起振条件在整个振荡频率范围内是否都能满足，还需要通过计算来说明。

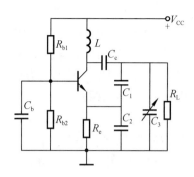

图 4-6 电容三点式振荡电路

解 (1)电路静态工作点与晶体管参数的估算。

$$V_B = \frac{R_{b2}}{R_{b1} + R_{b2}} V_{CC} = \frac{7.5}{15 + 7.5} \times 9 \text{ V} = 3 \text{ V}$$

$$I_{EQ} = \frac{V_B - 0.6}{R_e} = \frac{3 - 0.6}{1.8} \text{ mA} = 1.33 \text{ mA}$$

晶体管的参数为

$$r_{b'e} = 26\beta_0/I_{EQ} = 26 \times 100/1.33 \ \Omega = 1\,955 \ \Omega$$

$$g_m = I_{EQ}/26 = 1.33/26 \text{ S} = 0.051 \text{ S} = 51 \text{ mS}$$

共基组态的输入电阻

$$r_e = 26/I_{EQ} = 26/1.33 \ \Omega = 19.5 \ \Omega$$

(2)根据图 4-6 的共基振荡电路可画出如图 4-7 所示的等效电路。

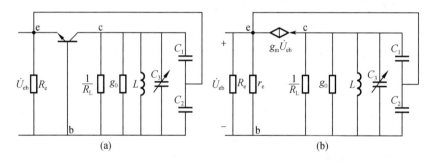

(a)　　　　　　　　　　　(b)

图 4-7 共基等效电路

从图 4-7 中可以看出,在忽略晶体管极间电容时振荡回路总电容为

$$C_\Sigma = \frac{C_1 C_2}{C_1 + C_2} + C_3 = \frac{510 \times 1\,000}{510 + 1\,000} + (12 \sim 250) = 349.75 \sim 587.75 \text{ pF}$$

振荡频率最小值与最大值分别为

$$f_{min} = \frac{1}{2\pi \sqrt{LC_{\Sigma max}}} = \frac{1}{2\pi \sqrt{1.5 \times 10^{-6} \times 587.75 \times 10^{-12}}} \text{ Hz} = 5.360 \text{ MHz}$$

$$f_{max} = \frac{1}{2\pi \sqrt{LC_{\Sigma min}}} = \frac{1}{2\pi \sqrt{1.5 \times 10^{-6} \times 349.75 \times 10^{-12}}} \text{ Hz} = 6.949 \text{ MHz}$$

(3)估算不同频率时对应的开环电压增益。

电感的损耗电导为

$$g_0 = 1/(\omega L Q_0) = 1/(2\pi f Q_0)$$

$f = 5.360$ MHz 时, $g_{0max} = 1/(2\pi \times 5.360 \times 10^6 \times 1.5 \times 10^{-6} \times 100) \text{S} = 197.95 \ \mu\text{S}$。

$f = 6.949$ MHz 时, $g_{0min} = 1/(2\pi \times 6.949 \times 10^6 \times 1.5 \times 10^{-6} \times 100) \text{S} = 152.689 \ \mu\text{S}$。

振荡回路总电导为

$$g_\Sigma = g_L + g_0 + p^2 g_e$$

式中

$$g_e = \frac{1}{r_e} + \frac{1}{R_e} = \left(\frac{1}{19.5} + \frac{1}{1\,800}\right)S = 51.28\ \text{mS}$$

$$p = \frac{C_1}{C_1 + C_2} = \frac{510}{510 + 1\,000} = 0.338$$

$$g_L = 1/R_L = 1/2.7\ \text{mS} = 0.37\ \text{mS}$$

当 $f = 5.360$ MHz 时, $g_\Sigma = [0.37 + 0.197\,95 + (0.338)^2 \times 51.28]\text{mS} = 6.426\ \text{mS}$。

$$A_0 = g_m/g_\Sigma = 51/6.426 = 7.937$$

当 $f = 6.949$ MHz 时, $g_\Sigma = [0.37 + 0.152\,689 + (0.338)^2 \times 51.28]\text{mS} = 6.381\ \text{mS}$。

$$A_0 = g_m/g_\Sigma = 51/6.381 = 7.992$$

(4)判断能否满足起振条件。

反馈系数为

$$F = \frac{U_f}{U_c} = \frac{C_1}{C_1 + C_2} = \frac{510}{510 + 1\,000} = 0.338$$

当 $f = 5.360$ MHz 时, $A_0 F = 7.937 \times 0.338 = 2.68 > 1$,满足起振条件。

当 $f = 6.949$ MHz 时, $A_0 F = 7.992 \times 0.338 = 2.70 > 1$,满足起振条件。

故振荡频率范围为 $5.360 \sim 6.949$ MHz。

3. 电感反馈振荡电路

电感反馈振荡电路是利用谐振回路中的电感来实现正反馈耦合的。由于在这种电路中,晶体管的三个极分别连接于回路电感的三端,也称为电感三点式振荡电路。

图 4 - 8 是电感三点式振荡电路。图 4 - 8(a)中, C_e 为旁路电容, C_b 为耦合电容,在振荡频率上,它们的容抗值相当于零。图 4 - 8(b)是交流等效电路(只画出了回路的等效)。从中可以看出, X_{ce} 和 X_{be} 均为感抗,电抗性质相同,而 X_{cb} 为容抗,它与 X_{ce}、X_{be} 的电抗性质相反,即构成了电感三点式振荡电路,满足相位平衡条件。

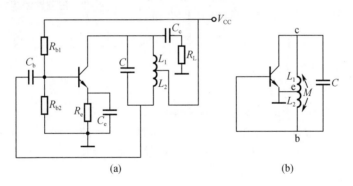

(a) (b)

图 4 - 8 电感三点式振荡电路

电感三点式振荡电路的振荡频率也可用谐振回路的谐振频率近似表示,即

$$f_c = f_0 = \frac{1}{2\pi\sqrt{LC}} \tag{4-15}$$

电感三点式振荡电路的起振条件与电容三点式振荡电路的起振条件分析方法相同,只是反馈系数的表示方式不同。

4. 电容三点式振荡电路与电感三点式振荡电路的比较

电容三点式振荡电路与电感三点式振荡电路相比较,它们各自的优缺点如下:

(1)两种电路都较为简单,容易起振。

(2)电容三点式振荡电路的输出电压波形比电感三点式振荡电路的输出电压波形好。这是因为在电容三点式振荡电路中,反馈是由电容产生的,高次谐波在电容上产生的反馈电压降较小,输出电压中高频谐波电压小;而在电感三点式振荡电路中,反馈是由电感产生的,高次谐波在电感上产生的反馈电压降较大,输出电压中高频谐波电压大。

(3)电容三点式振荡电路最高振荡频率一般比电感三点式振荡电路要高。这是因为在电感三点式振荡电路中,晶体管的极间电容与谐振回路电感并联,在频率较高时,电感与极间电容并联,有可能其电抗性质变成容抗,这样就不能满足电感三点式振荡电路的相位平衡条件,电路不能振荡。在电容三点式振荡电路中,极间电容与电容 C_1、C_2 并联,频率变高不会改变容抗的性质,故能满足相位平衡条件。

(4)电容三点式振荡电路的频率稳定度要比电感三点式振荡电路的频率稳定度高。这是因为电容三点式振荡电路的 φ_{YF} 比电感三点式振荡电路的 φ_{YF} 要小。

因此,在电路应用中,电容三点式振荡电路的应用较为广泛。

例 4 - 4 图 4 - 9 所示是一个三回路振荡电路的等效电路,设有下列几种情况:(1)$L_1C_1 > L_2C_2 > L_3C_3$;(2)$L_1C_1 < L_2C_2 < L_3C_3$;(3)$L_1C_1 = L_2C_2 = L_3C_3$;(4)$L_1C_1 = L_2C_2 > L_3C_3$;(5)$L_1C_1 < L_2C_2 = L_3C_3$。试分析上述几种情况是否都能振荡,振荡频率 f_c 与回路谐振频率有何关系? 属于何种类型的振荡器?

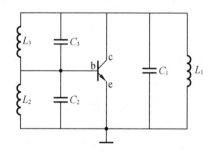

图 4 - 9 三回路振荡电路的等效电路

注意 利用三点式振荡器相位平衡条件的判断准则(X_{ce}、X_{eb} 电抗性质相同,X_{cb} 与 X_{ce}、X_{eb} 电抗性质相反),再加上并联 LC 谐振回路的特性在什么条件下等效为容抗,在什么条件下等效为感抗来分析判断此题,分析时,可设 $\omega_{01} = 1/\sqrt{L_1C_1}$,$\omega_{02} = 1/\sqrt{L_2C_2}$,$\omega_{03} = 1/\sqrt{L_3C_3}$。

解 (1)$L_1C_1 > L_2C_2 > L_3C_3$

由题意知,$\omega_{01}^2 < \omega_{02}^2 < \omega_{03}^2$,则 $\omega_{01} < \omega_{02} < \omega_{03}$。

根据 X_{ce}、X_{eb} 电抗性质相同,X_{cb} 与 X_{ce}、X_{eb} 电抗性质相反的原则,当满足振荡频率 $\omega_{01} < \omega_{02} < \omega_c < \omega_{03}$ 时,L_1C_1、L_2C_2 并联回路等效为容抗,而 L_3C_3 并联回路等效为感抗。满足相位平衡条件,可能振荡,且为电容三点式振荡器。

(2)$L_1C_1 < L_2C_2 < L_3C_3$

由题意知,$\omega_{01}^2 > \omega_{02}^2 > \omega_{03}^2$,则 $\omega_{01} > \omega_{02} > \omega_{03}$。

根据 X_{ce}、X_{eb} 电抗性质都相同,X_{cb} 与 X_{ce}、X_{eb} 电抗性质相反的原则,当满足 $\omega_{01} > \omega_{02} > \omega_c > \omega_{03}$ 时,则 X_{ce}、X_{eb} 电抗性质都为感抗,而 X_{cb} 电抗性质为容抗,满足相位平衡条件,可能振荡,且为电感三点式振荡器。

(3)$L_1C_1 = L_2C_2 = L_3C_3$

由题意知,$\omega_{01}^2 = \omega_{02}^2 = \omega_{03}^2$,则 $\omega_{01} = \omega_{02} = \omega_{03}$。这样的条件,无论在什么频率下,这三个

回路的等效性质都相同,不能满足相位平衡条件,不能振荡。

（4）$L_1 C_1 = L_2 C_2 > L_3 C_3$

由题意知,$\omega_{01}^2 = \omega_{02}^2 < \omega_{03}^2$,则 $\omega_{01} = \omega_{02} < \omega_{03}$。

根据 X_{ce}、X_{eb} 电抗性质相同来看,上式是能满足的。而 X_{cb} 要与 X_{ce}、X_{eb} 电抗性质相反,则应满足 $\omega_{01} = \omega_{02} > \omega_c > \omega_{03}$。

这样的条件下,$L_1 C_1$ 并联回路、$L_2 C_2$ 并联回路等效为容抗,而 $L_3 C_3$ 并联回路等效为感抗,满足相位平衡条件,可能振荡,且为电容三点式振荡器。

（5）$L_1 C_1 < L_2 C_2 = L_3 C_3$

由题意知,$\omega_{01} > \omega_{02} = \omega_{03}$。这样的条件,无论在什么频率下,$X_{eb}$ 与 X_{cb} 电抗性质都相同。因此,不能满足相位平衡条件,不能振荡。

5. 克拉泼（Clapp）振荡电路

（1）电路形式

为了提高频率稳定度,减小一般电容三点式振荡电路中晶体管极间电容不稳定量 ΔC_{oe}、ΔC_{ie} 对回路总电容的影响,提出了改进型的电容三点式振荡电路,而克拉泼振荡电路是其中之一。

图 4 – 10 是克拉泼振荡电路及其等效电路。从图 4 – 10 中可以看出,它是由电感 L 和小电容 C_3 组成的串联电路代替一般电容三点式振荡电路中的原电感 L。电路要求是 $C_3 \ll C_1$,$C_3 \ll C_2$。只要 L 和 C_3 串联电路在振荡频率上能等效为一个电感,则电路就能满足三点式振荡电路的相位平衡条件,构成电容三点式振荡电路。

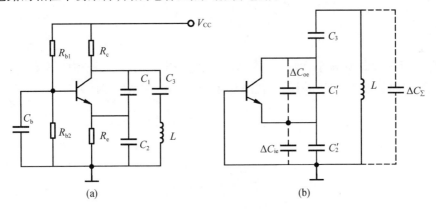

图 4 – 10　克拉泼振荡电路及其等效电路

（2）振荡频率与反馈系数

克拉泼振荡电路的振荡频率可近似用谐振回路的谐振频率 f_0 表示,即

$$f_c \approx f_0 = \frac{1}{2\pi \sqrt{L C_{\Sigma}}} \tag{4-17}$$

式中,$C_{\Sigma} = C_1' C_2' C_3 / (C_1' C_2' + C_2' C_3 + C_3 C_1')$,$C_1' = C_1 + C_{oe}$,$C_2' = C_2 + C_{ie}$,$C_{oe}$ 为晶体管输出电容,C_{ie} 为晶体管输入电容。

图 4 – 10(a)所示的克拉泼振荡电路的反馈系数 F 为

$$F = \frac{U_f}{U_c} = \frac{U_{eb}}{U_{cb}} = \frac{\dfrac{1}{\omega C_2'}}{\omega \dfrac{C_1' C_2'}{C_1' + C_2'}} = \frac{C_1'}{C_1' + C_2'} \qquad (4-18)$$

(3)频率稳定度

克拉泼振荡电路的频率稳定度比一般电容三点式振荡电路的频率稳定度要高。其原因是晶体管极间输出电容不稳定量 ΔC_{oe} 和输入电容不稳定量 ΔC_{ie} 对回路的耦合较弱,即由 ΔC_{oe}、ΔC_{ie} 引起 ΔC_Σ 的变化小,频率稳定度就高。下面对一般电容三点式振荡电路和克拉泼振荡电路的频率稳定原理进行比较说明。

对一般电容三点式振荡电路以图 4-4(b)电路为例,由 ΔC_{oe} 和 ΔC_{ie} 引起的 ΔC_Σ 为

$$\Delta C_\Sigma = p_1^2 \Delta C_{oe} + p_2^2 \Delta C_{ie}$$

式中

$$p_1 = \frac{\dfrac{1}{\omega C_1'}}{\omega \dfrac{C_1' C_2'}{C_1' + C_2'}} = \frac{C_2'}{C_1' + C_2'}$$

$$p_2 = \frac{\dfrac{1}{\omega C_2'}}{\omega \dfrac{C_1' C_2'}{C_1' + C_2'}} = \frac{C_1'}{C_1' + C_2'}$$

p_1 和 p_2 不可能同时减小,即 ΔC_Σ 在 ΔC_{oe}、ΔC_{ie} 一定条的件下,不可能很小。

克拉泼电路如图 4-10(b)所示,由 ΔC_{oe} 和 ΔC_{ie} 引起的 ΔC_Σ 为

$$\Delta C_\Sigma = p_1^2 \Delta C_{oe} + p_2^2 \Delta C_{ie}$$

式中

$$p_1 = \frac{\dfrac{1}{\omega C_1'}}{\dfrac{1}{\omega C_\Sigma}} = \frac{C_\Sigma}{C_1'} \approx \frac{C_3}{C_1'}$$

$$p_2 = \frac{\dfrac{1}{\omega C_2'}}{\dfrac{1}{\omega C_\Sigma}} = \frac{C_\Sigma}{C_2'} \approx \frac{C_3}{C_2'}$$

因为 $C_3 \ll C_1'$,$C_3 \ll C_2'$,故 p_1 和 p_2 可以同时减小,在 ΔC_{oe}、ΔC_{ie} 一定的条件下,ΔC_Σ 可以做到很小,克拉泼振荡电路的频率稳定度就高。

克拉泼振荡电路主要用作固定频率振荡器,因为改变 C_3 可以调节振荡频率,但会引起 p_1、p_2 变化,对电路是不利的。

例 4-5 图 4-11 所示是一个克拉泼振荡电路。电路元件数值为 $R_{b1} = 15 \text{ k}\Omega$,$R_{b2} = 7.5 \text{ k}\Omega$,$R_L = 2.7 \text{ k}\Omega$,$R_e = 2 \text{ k}\Omega$,$C_1 = 510 \text{ pF}$,$C_2 = 1\,000 \text{ pF}$,$C_3 = 30 \text{ pF}$,$L = 2.5 \text{ μH}$,$Q_0$

$100, V_{CC} = 9$ V,晶体管的极间电容影响忽略,$\beta_0 = 100$。试求:(1)电路的振荡频率 f_0;(2)电路的反馈系数 F;(3)分析讨论此电路能否满足起振条件 $A_0 F > 1$。

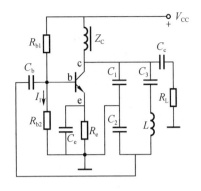

图 4-11 克拉泼振荡电路

注意 根据具体电路参数来估算静态工作点以及晶体管参数,然后确定振荡频率和计算反馈系数,从而验算电路能否满足起振条件。

解 (1)静态工作点与晶体管参数估算。

$$V_B = \frac{R_{b2}}{R_{b1} + R_{b2}} V_{CC} = \frac{7.5}{15 + 7.5} \times 9 \text{ V} = 3 \text{ V}$$

$$I_{EQ} = \frac{V_B - 0.6}{R_e} = \frac{3 - 0.6}{2} \text{ mA} = 1.2 \text{ mA}$$

晶体管的参数为

$$r_{b'e} = 26\beta_0 / I_{EQ} = 26 \times 100 / 1.2 \ \Omega = 2\ 167 \ \Omega$$

$$g_m = I_{EQ} / 26 = 1.2 / 26 \text{ S} = 0.046 \text{ S} = 46 \text{ mS}$$

根据图 4-11 克拉泼振荡电路可画出如图 4-12 所示的等效电路。由图 4-12(a)可以看出,在忽略晶体管极间电容时,回路电容为 C_1、C_2 与 C_3 串联,还可以看出 R_{b1}、R_{b2} 和 r_{be} 是并联的,在忽略 $r_{bb'}$ 的条件下,令其并联的电导值为 g_b,则

$$g_b \approx \frac{1}{R_{b1}} + \frac{1}{R_{b2}} + \frac{1}{r_{b'e}} = \left(\frac{1}{15} + \frac{1}{7.5} + \frac{1}{2.167} \right) \text{ mS} = 0.661 \text{ mS}$$

g_0 为并联在 L 两端的空载损耗电导。

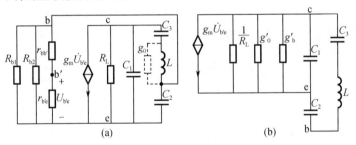

图 4-12 等效电路

由等效电路知,谐振回路的总电容为

$$C_\Sigma = \frac{C_1 C_2 C_3}{C_1 C_2 + C_2' C_3 + C_3 C_1} = \frac{510 \times 1\ 000 \times 30}{510 \times 1\ 000 + 1\ 000 \times 30 + 30 \times 510} \text{ pF} = 27.55 \text{ pF}$$

则

$$f_0 = \frac{1}{2\pi \sqrt{L C_\Sigma}} = \frac{1}{2\pi \sqrt{2.5 \times 10^{-6} \times 27.55 \times 10^{-12}}} \text{ Hz} = 19.177 \text{ MHz}$$

(2)反馈系数 F 的计算。

$$F = \frac{U_f}{U_c} = \frac{U_{be}}{U_{ce}} = \frac{1/(\omega C_2)}{1/(\omega C_1)} = \frac{C_1}{C_2} = \frac{510}{1\ 000} = 0.51$$

(3)判断起振条件。

电感 L 的损耗电导 g_0 为

$$g_0 = \frac{1}{2\pi f_0 L Q_0} = \frac{1}{2\pi \times 19.177 \times 10^6 \times 2.5 \times 10^{-6} \times 100} \text{S} = 33.2 \ \mu\text{S}$$

图4-12(b)中的 $g_0' = p^2 g_0$，式中

$$p = \frac{1/(\omega C_\Sigma)}{1/(\omega C_1)} = \frac{C_1}{C_\Sigma} = \frac{510}{27.55} = 18.51$$

所以

$$g_0' = 18.51^2 \times 33.2 \ \mu\text{S} = 11\,375 \ \mu\text{S} = 11.375 \ \text{mS}$$

$$g_b' = p_1^2 g_b$$

$$p_1 = \frac{1/(\omega C_2)}{1/(\omega C_1)} = \frac{C_1}{C_2} = \frac{510}{1\,000} = 0.51$$

$$g_b' = 0.51^2 \times 0.661 \ \text{mS} = 0.171\,9 \ \text{mS}$$

电路总电导为

$$g_\Sigma = \frac{1}{R_L} + g_0' + g_b' = \left(\frac{1}{2.7} + 11.375 + 0.171\,9 \right) \text{mS} = 11.917 \ \text{mS}$$

$$|A_0| = \frac{g_m}{g_\Sigma} = \frac{46}{11.917} = 3.86$$

则

$$A_0 F = 3.86 \times 0.51 = 1.97 > 1$$

满足起振条件。

6. 西勒(Siler)振荡电路

图4-13所示是西勒振荡电路。它是在克拉泼振荡电路的电感 L 两端并联一个电容 C_4。与克拉泼振荡电路一样，电路中的 $C_3 \ll C_1'$，$C_3 \ll C_2'$，因此晶体管极间电容的不稳定量对回路的影响小，频率稳定度高。

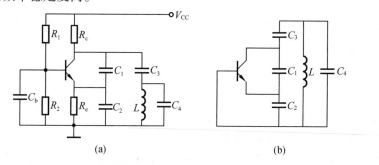

图4-13 西勒振荡电路

西勒振荡电路的 X_{ce} 为 C_1 的容抗，X_{be} 为 C_2 的容抗，X_{cb} 由 L 与 C_4 并联，然后再与 C_3 串联，在一段频率内它是可以等效为感抗的。其在振荡频率上可以满足三点式振荡器的相位平衡条件的要求。

西勒振荡电路的振荡频率可以近似用谐振回路的谐振频率 f_0 表示，即

$$f_c \approx f_0 = \frac{1}{2\pi \sqrt{LC_\Sigma}} \tag{4-19}$$

式中

$$C_{\Sigma} = \frac{C_1' C_2' C_3}{C_1' C_2' + C_2' C_3 + C_3 C_1'} + C_4$$

调整振荡频率可以改变 C_4，C_4 不会影响 p_1 和 p_2。

图 4 - 13 所示西勒振荡电路的反馈系数 F 为

$$F = \frac{U_f}{U_c} = \frac{U_{eb}}{U_{cb}} = \frac{\dfrac{1}{\omega C_2'}}{\dfrac{1}{\omega \dfrac{C_1' C_2'}{C_1' + C_2'}}} = \frac{C_1'}{C_1' + C_2'}$$

4.3.4　石英晶体振荡器

1. 石英晶体的特性

图 4 - 14 所示是晶体较完整的等效电路，可以看出晶体的振动模式存在着多谐性。也就是说，除了基频振动外，还会产生奇次谐波的泛音振动。对于一个晶体，既可以用于基频振动，也可以用于泛音振动。前者称为基频晶体，后者称为泛音晶体。泛音晶体大部分应用三次至七次的泛音振动，很少用七次以上的泛音振动。基频晶体的频率一般限制在 20 MHz 以下。图 4 - 15 是晶体基频等效电路，图中 L_q、C_q、r_q 分别表示晶体的基频动态电感、动态电容和动态电阻，电容 C_o 称为晶体的静态电容。晶体的动态电感很大，一般可从几十毫亨到几亨甚至几百亨；动态电容很小，一般为 10^{-3} pF 量级；动态电阻很小，一般为几欧至几百欧；品质因数为 $10^5 \sim 10^6$ 量级；静态电容 C_o 为 $2 \sim 5$ pF。从等效电路看，晶体有两个谐振频率，一个是串联谐振频率 ω_q，另一个是并联谐振频率 ω_p，而且 $\omega_q < \omega_p$，它们的表示式分别为

$$\omega_q = \frac{1}{\sqrt{L_q C_q}} \tag{4 - 20}$$

$$\omega_p = \frac{1}{\sqrt{L_q \dfrac{C_q C_o}{C_q + C_o}}} \tag{4 - 21}$$

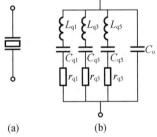

图 4 - 14　晶体较完整的等效电路 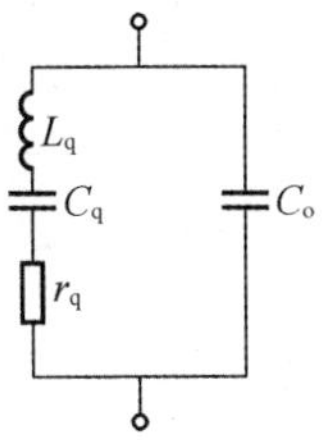　　图 4 - 15　晶体基频等效电路

因为 $C_o \gg C_q$，可得

$$\omega_p = \omega_q \sqrt{1 + \frac{C_q}{C_o}} \approx \omega_q \left(1 + \frac{C_q}{2C_o} \right) \tag{4 - 22}$$

可见

$$\omega_{\mathrm{p}} - \omega_{\mathrm{q}} = \omega_{\mathrm{q}} \frac{C_{\mathrm{q}}}{2C_{\mathrm{o}}}$$

图 4-16 所示是晶体的阻抗频率特性,是在忽略动态电阻 r_{q} 后得出来的特性。从图 4-16 中可以看出,当 $\omega < \omega_{\mathrm{q}}$ 和 $\omega > \omega_{\mathrm{p}}$ 时, $X_e < 0$,负电抗的含义是在该频率范围内晶体等效为电容;当 $\omega_{\mathrm{q}} < \omega < \omega_{\mathrm{p}}$ 时, $X_e > 0$,晶体等效为电感;当 $\omega = \omega_{\mathrm{q}}$ 时, $X_e = 0$,晶体为串联谐振,相当于短路;当 $\omega = \omega_{\mathrm{p}}$ 时, $X_e \to \infty$,晶体为并联谐振。

2. 并联型晶体振荡器

并联型晶体振荡器的晶体在电路中等效为电感,其振荡频率一定在 ω_{q} 与 ω_{p} 之间。图 4-17 所示是并联型晶体振荡器的两种基本类型。其中,图 4-17(a) 等效为电容三点式振荡电路,又称为皮尔斯晶体振荡器;图 4-17(b) 等效为电感三点式振荡电路,又称为密勒晶体振荡器。

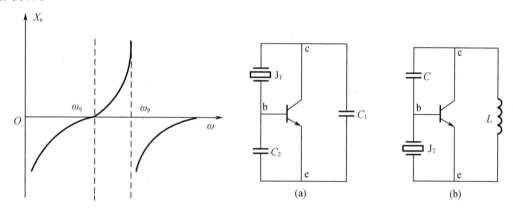

图 4-16　晶体的阻抗频率特性　　　图 4-17　并联型晶体振荡器的两种基本类型

图 4-18(a) 是典型的并联型晶体振荡电路。晶体管的基极通过电容 C_{b} 对高频接地,晶体接在集电极与基极之间。只有当振荡器的振荡频率在晶体串联谐振频率与并联谐振频率之间时,晶体才呈现感性。 C_1 和 C_2 为回路的另外两个电抗元件。由图 4-18 可知,只要晶体等效为电感,就是电容三点式振荡电路。图 4-18(b) 是振荡回路的等效电路。

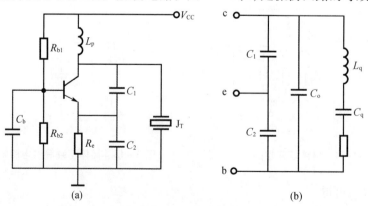

图 4-18　并联型晶体振荡电路

并联型晶体振荡器的振荡频率一定要在串联谐振频率 ω_q 与并联谐振频率 ω_p 之间。其数值可近似用等效谐振回路的谐振频率表示。根据图 4 – 18(b)所示等效电路可求得

$$\omega_0 = \frac{1}{\sqrt{L_q C_\Sigma}}$$

式中

$$C_\Sigma = \frac{(C_o + C_L) C_q}{C_o + C_L + C_q}$$

$$C_L = \frac{C_1 C_2}{C_1 + C_2}$$

所以

$$\omega_0 = \frac{1}{\sqrt{L_q \dfrac{(C_o + C_L) C_q}{C_o + C_L + C_q}}} = \omega_q \sqrt{1 + \frac{C_q}{C_o + C_L}}$$

由于 $C_o \gg C_q$，则

$$\omega_0 = \omega_q \left[1 + \frac{C_q}{2(C_o + C_L)} \right] \tag{4 – 23}$$

并联型晶体振荡器由于与电感 L_q 串联的 C_q 很小，因此晶体管极间电容不稳定量对总电容 C_Σ 的影响很小，因为接入系数非常小，所以频率稳定度较高。

3. 串联型晶体振荡器

图 4 – 19 是一个实用的 5 MHz 串联型晶体振荡电路。串联型晶体振荡电路的特点是，晶体工作于串联谐振频率上，并作为短路元件串接在三点式振荡电路的反馈支路中。电路中的谐振回路的谐振频率应等于晶体的串联谐振频率。晶体在串联谐振频率相当于短路，振荡电路满足相位平衡条件。

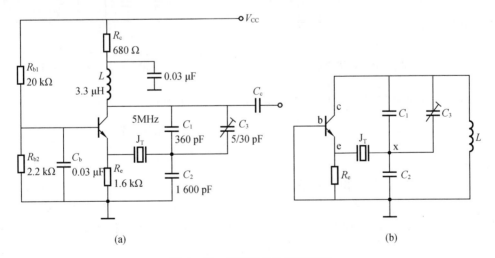

图 4 – 19　串联型晶体振荡电路

串联型晶体振荡器的稳频原理是利用当振荡频率偏离串联谐振频率时，晶体不再等效为短路而等效为电容(频率偏低)或等效为电感(频率偏高)，这样在反馈支路中就要引入一

个附加相移,从而将偏离频率调整到串联谐振频率上,确保有较高频率稳定度。

4.泛音晶体振荡器

在工作频率较高的晶体振荡器中,多采用泛音晶体谐振器。泛音晶体振荡器与基频晶体振荡器在电路结构上基本相同,常采用电容三点式振荡电路,但它们在电路参数的选取上是不相同的。在泛音晶体振荡器中,常用并联谐振回路来代替反馈支路中的某一电容,选择合适的谐振频率,以保证只在要求的奇次泛音上满足相位平衡条件,有效地抑制可能在基频或低次泛音上产生的振荡。

例4-6 图4-20所示是泛音晶体振荡电路,晶体的基频为1 MHz,电路参数如图所示。试画出它的高频等效电路,并分析说明是哪种振荡电路,以及4.7 μH 电感在电路中起什么作用。

注意 本题分析泛音晶体振荡器在实际应用中的有关问题。

解 (1)高频等效电路如图4-21所示。其电容反馈支路由200 pF 的电容和330 pF 的电容与4.7 μH 的电感并联后组成。

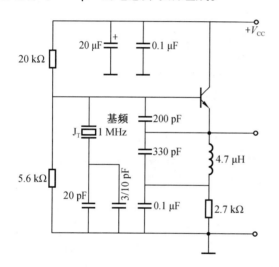

图4-20 泛音晶体振荡器

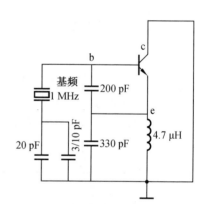

图4-21 高频等效电路

(2)4.7 μH 电感与330 pF 电容并联组成电抗电路,其谐振频率为

$$f_0 = \frac{1}{2\pi\sqrt{4.7\times10^{-6}\times330\times10^{-12}}} \text{ Hz} = 4.04 \text{ MHz}$$

此电抗电路在工作频率大于4.04 MHz 时,等效为容抗;工作频率小于4.04 MHz 时,等效为感抗。根据三点式振荡器相位平衡条件的判断准则,X_{be} 和 X_{ec} 电抗性质相同,才能满足相位平衡条件。因为be 间是200 pF 电容,即 X_{be} 为容抗,则要求 X_{ec} 也为容抗。因而振荡器的振荡频率必须大于4.04 MHz 时 X_{ec} 为容抗,才能满足相位平衡条件。而晶体的基频为1 MHz 时,只有五次及以上奇次谐波能满足要求。所以振荡电路为五次泛音并联型晶体振荡器。4.7 μH 电感的作用是保证在五次泛音频率 X_{ec} 为容抗满足相位平衡条件,而在基频和三次泛音 X_{ec} 为感抗不满足相位平衡条件,不能振荡。

4.3.5　振荡电路的稳频原理

1. 频率稳定度的定义

频率稳定度的定义是在一定时间间隔内,振荡器振荡频率的相对偏差的最大值,即用

$$\left.\frac{\Delta f_{max}}{f_c}\right|_{时间间隔} = \left.\frac{|f - f_c|_{max}}{f_c}\right|_{时间间隔}$$

来表示。

根据时间间隔,频率稳定度可分长期稳定度、短期稳定度和瞬时稳定度。

一般的电容三点式振荡电路和电感三点式振荡电路的频率稳定度为 10^{-3} 量级,克拉泼振荡电路和西勒振荡电路的频率稳定度为 10^{-4} 量级,而晶体振荡电路的频率稳定度可优于 10^{-4} 量级。

2. 振荡器频率稳定度的一般表示式

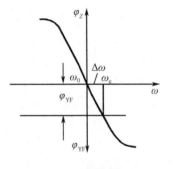

根据相位平衡条件可以确定振荡器的振荡频率。由相位平衡条件 $\varphi_Y + \varphi_Z + \varphi_F = 0$,可得出 $\varphi_{YF} = -\varphi_Z$,将其画在并联谐振回路的相频特性的图上,如图 4-22 所示。其中,$\varphi_{YF} = \varphi_Y + \varphi_F$。

从图 4-22 中可以看出,当 $\varphi_Y + \varphi_F \neq 0$ 时,振荡器的振荡频率 ω_c 为

$$\omega_c = \omega_0 + \Delta\omega$$

而 $\Delta\omega$ 可由并联谐振回路的相频特性求出,即

$$\varphi_Z = -\arctan 2Q\frac{\Delta\omega}{\omega_0}$$

图 4-22　振荡器的相位平衡条件

由相位平衡条件可得

$$\varphi_{YF} - \arctan 2Q\frac{\Delta\omega}{\omega_0} = 0$$

则

$$\Delta\omega = \frac{\omega_0}{2Q}\tan\varphi_{YF} \qquad (4-24)$$

$$\omega_c = \omega_0 + \Delta\omega = \omega_0\left(1 + \frac{1}{2Q}\tan\varphi_{YF}\right) \qquad (4-25)$$

由式(4-25)可知,ω_c 是 ω_0、φ_{YF} 和 Q 的函数,这三者的变化都会引起频率不稳。在实际电路中,由外因引起 ω_0、φ_{YF}、Q 的变化都不大,则实际振荡频率的变化 $\Delta\omega_c$ 为

$$\Delta\omega_c = \frac{\partial\omega_c}{\partial\omega_0}\Delta\omega_0 + \frac{\partial\omega_c}{\partial\varphi_{YF}}\Delta\varphi_{YF} + \frac{\partial\omega_c}{\partial Q}\Delta Q$$

在考虑 Q 较大、φ_{YF} 较小、$\frac{1}{2Q}\tan\varphi_{YF} \ll 1$ 的条件下,可得 LC 振荡器频率稳定度的一般表示式为

$$\frac{\Delta\omega_c}{\omega_c} = \frac{\Delta\omega_0}{\omega_0} + \frac{1}{2Q\cos^2\varphi_{YF}}\Delta\varphi_{YF} - \frac{\tan\varphi_{YF}}{2Q^2}\Delta Q \qquad (4-26)$$

图 4-23 对 ω_0、φ_{YF}、Q 变化对 ω_c 的影响做了定性的描述。图 4-23(a)表示 ω_0 变化对 ω_c 的影响,图 4-23(b)表示 φ_{YF} 变化对 ω_c 的影响,图 4-23(c)表示 Q 变化对 ω_c 的影响。

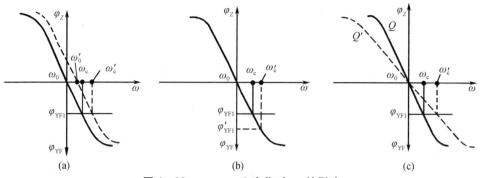

图 4-23　ω_0、φ_{YF}、Q 变化对 ω_c 的影响

3. 引起频率不稳的原因

振荡器的元器件在外部因素变化时会产生一些变化。例如,温度的变化会引起电感 L、电容 C、晶体管的 y 参数的变化;湿度的变化会引起电感 L 及 Q 的变化;电源电压的变化会引起晶体管参数的变化;机械振动会引起电感 L 的变化等。也就是说电路外因(温度、湿度、电源电压、机械振动……)的变化会引起电感 L、电容 C、晶体管参数的变化,这些变化反映出振荡器的 ω_0、φ_{YF}、Q 会产生 $\Delta\omega_0$、$\Delta\varphi_{YF}$、ΔQ 的变化,所以引起频率不稳。

4. 提高振荡器频率稳定度的措施

（1）减小外因的变化

温度变化可以采用恒温措施。湿度变化可以采用将电感线圈密封或者固化措施。电源电压变化可以采用稳压电源措施。机械振动可以采用减振措施。负载变化可以采用射随器隔离措施。这些措施只能达到减小外因的变化的影响。

（2）提高电路参数抗外因变化的能力

①选用正温度系数的电感和负温度系数的电容组成谐振回路进行温度补偿,减小 $\Delta\omega_0$ 的变化。

②减小晶体管极间电容不稳定量 ΔC_{oe}、ΔC_{ie} 对回路总电容 C_Σ 的影响。可以采用克拉泼振荡电路、西勒振荡电路和晶体振荡电路。

③选用高 Q 的回路元件,确保品质因数 Q 高。

（3）选用 φ_{YF} 小的电容三点式振荡电路。φ_{YF} 越小,频率稳定度越高。

例 4-7　若晶体管的不稳定电容为 $\Delta C_{ce} = 0.2$ pF,$\Delta C_{be} = 1$ pF,$\Delta C_{cb} = 0.2$ pF,求考比兹电路和克拉泼电路在中心频率处的频率稳定度 $\left|\dfrac{\Delta f_c}{f_c}\right|$。设振荡电路的振荡频率 $f_c = 10$ MHz,电感 $L = 13.8$ μH。可得克拉泼电路的 $C_1 = 300$ pF,$C_2 = 900$ pF,$C_3 = 20$ pF。考比兹电路的 $C_1 = 50$ pF,$C_2 = 29$ pF。

解
$$\omega_c = 1/\sqrt{LC_\Sigma} = f(L, C_\Sigma)$$

$$\Delta\omega_c = \frac{\partial\omega_c}{\partial L}\Delta L + \frac{\partial\omega_c}{\partial C_\Sigma}\Delta C_\Sigma = -\frac{1}{2}\omega_c\left(\frac{\Delta L}{L} + \frac{\Delta C_\Sigma}{C_\Sigma}\right)$$

因为题意只提 ΔC,没提 ΔL,可认为 ΔL 为零,则

$$\Delta\omega_c = -\frac{1}{2}\omega_c\frac{\Delta C_\Sigma}{C_\Sigma}$$

$$\left| \frac{\Delta \omega_c}{\omega_c} \right| = \frac{1}{2} \frac{\Delta C_\Sigma}{C_\Sigma}$$

$$\left| \frac{\Delta f_c}{f_c} \right| = \frac{\Delta C_\Sigma}{2 C_\Sigma}$$

（1）考比兹电路

由图 4-24(a) 已知考比兹电路的回路总电容为 $C_\Sigma = C_1 C_2 / (C_1 + C_2)$（由于没有给出 C_{ce}、C_{be} 和 C_{cb} 的电容值，C_Σ 中忽略了这三个电容）。

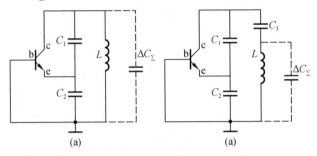

图 4-24　考比兹电路和克拉泼电路的等效电路

由晶体管的不稳定电容 ΔC_{ce}、ΔC_{be} 和 ΔC_{cb} 产生的对回路总电容影响的 ΔC_Σ 为

$$\Delta C_\Sigma = p_1^2 \Delta C_{ce} + p_2^2 \Delta C_{be} + \Delta C_{cb}$$

式中，$p_1 = \dfrac{1/(\omega C_1)}{1/(\omega C_\Sigma)} = \dfrac{C_\Sigma}{C_1}$；$p_2 = \dfrac{1/(\omega C_2)}{1/(\omega C_\Sigma)} = \dfrac{C_\Sigma}{C_2}$。

因为

$$C_\Sigma = \frac{C_1 C_2}{C_1 + C_2} = \frac{50 \times 29}{50 + 29} \ \mathrm{pF} = 18.354 \ \mathrm{pF}$$

所以

$$p_1 = \frac{18.354}{50} = 0.367, \quad p_2 = \frac{18.354}{29} = 0.633$$

$$\Delta C_\Sigma = 0.367^2 \times 0.2 + 0.633^2 \times 1 + 0.2 = 0.628 \ \mathrm{pF}$$

$$\left| \frac{\Delta f_c}{f_c} \right| = \frac{\Delta C_\Sigma}{2 C_\Sigma} = \frac{0.628}{2 \times 18.354} = 1.71 \times 10^{-2}$$

（2）克拉泼电路

由图 4-24(b) 已知克拉泼电路的回路总电容 C_Σ 为

$$C_\Sigma = \frac{C_1 C_2 C_3}{C_1 C_2 + C_2 C_3 + C_3 C_1}$$

$$= \frac{300 \times 900 \times 20}{300 \times 900 + 900 \times 20 + 20 \times 300} \ \mathrm{pF}$$

$$= 18.367 \ \mathrm{pF}$$

由晶体管的不稳定电容 ΔC_{ce}、ΔC_{be} 和 ΔC_{cb} 产生的对回路总电容影响的 ΔC_Σ 为

$$\Delta C_\Sigma = p_1^2 \Delta C_{ce} + p_2^2 \Delta C_{be} + p_3^2 \Delta C_{cb}$$

式中

$$p_1 = \frac{1/(\omega C_1)}{1/(\omega C_\Sigma)} = \frac{C_\Sigma}{C_1} = \frac{18.367}{300} = 0.061$$

$$p_2 = \frac{1/(\omega C_2)}{1/(\omega C_\Sigma)} = \frac{C_\Sigma}{C_2} = \frac{18.367}{900} = 0.020$$

令

$$C' = \frac{C_1 C_2}{C_1 + C_2} = \frac{300 \times 900}{300 + 900} \text{pF} = 225 \text{ pF}$$

$$p_3 = \frac{1/(\omega C')}{1/(\omega C_\Sigma)} = \frac{C_\Sigma}{C'} = \frac{18.367}{225} = 0.082$$

所以

$$\Delta C_\Sigma = (0.061^2 \times 0.2 + 0.020^2 \times 1 + 0.082^2 \times 0.2) \text{pF}$$
$$= 2.49 \times 10^{-3} \text{ pF}$$

$$\left| \frac{\Delta f_c}{f_c} \right| = \frac{\Delta C_\Sigma}{2 C_\Sigma} = \frac{2.49 \times 10^{-3}}{2 \times 18.367} = 6.78 \times 10^{-5}$$

4.4　思考题与习题参考解答

4-1　什么是振荡器的起振条件、平衡条件和稳定条件? 各有什么物理意义? 它们与振荡器电路参数有何关系?

解　(1)起振条件:

振幅起振条件是

$$A_0 F > 1$$

相位起振条件是

$$\varphi_A + \varphi_F = 2n\pi \ (n = 0, 1, 2, \cdots)$$

平衡条件:

振幅平衡条件是

$$AF = 1$$

相位平衡条件是

$$\varphi_A + \varphi_F = 2n\pi \ (n = 0, 1, 2, \cdots)$$

平衡的稳定条件:

振幅平衡的稳定条件是

$$\frac{\partial A}{\partial U_0} < 0$$

相位平衡的稳定条件是

$$\frac{\partial \varphi_Z}{\partial \omega} < 0$$

(2)振幅起振条件 $A_0 F > 1$ 表明振荡是增幅振荡,振幅由小增大,振荡能够建立起来。振幅平衡条件 $AF = 1$ 表明振荡是等幅振荡,振幅保持不变,处于平衡状态。

相位起振条件和相位平衡条件都是 $\varphi_A + \varphi_F = 2n\pi$（$n = 0,1,2,\cdots$），它表明反馈是正反馈，是构成反馈型振荡器的必要条件。

振幅平衡的稳定条件 $\partial A / \partial U_o < 0$ 表示放大器的电压增益随振幅增大而减小，它能保证电路参数发生变化引起 A、F 变化时，电路能在新的条件下建立新的平衡，即由振幅产生变化来保证 $AF = 1$。相位平衡的稳定条件 $\partial \varphi_Z / \partial \omega < 0$ 表示振荡回路相移 φ_Z 随频率增大而减小是负斜率。它能保证在振荡电路的参数发生变化时，能自动通过频率变化来调整 $\varphi_A + \varphi_F = \varphi_{YF} + \varphi_F = 0$，保证振荡电路处于正反馈。

（3）显然，上述三个条件都与电路参数有关。A_0 由放大器的参数决定，除与工作点有关外，还与晶体管的参数有关。而反馈系数 F 由反馈元件的参数决定，对于电容三点式电路与反馈电容有关，对于电感三点式电路与反馈电感有关。

4 - 2　反馈型 LC 振荡器从起振到平衡，放大器的工作状态是怎样变化的？它与电路的哪些参数有关？

解　反馈型 LC 振荡器从起振到平衡，放大器的工作状态一般来说是从甲类放大状态进入甲乙类、乙类或丙类放大状态。当 $A_0 F = 2$ 时，平衡状态是放大器工作于乙类放大状态；当 $A_0 F > 2$ 时，平衡状态是放大器工作于丙类放大状态；当 $1 < A_0 F < 2$ 时，平衡状态是放大器工作于甲乙类放大状态。实际上，这一过程与放大器的电压增益和反馈系数的乘积有关。

4 - 3　反馈型振荡器满足平衡条件，是否必然满足稳定条件，为什么？

解　反馈型振荡器满足平衡条件时，不一定满足振幅平衡的稳定条件。因为在满足平衡条件时有可能是不稳定平衡点。

4 - 4　从反馈型振荡器的起振条件和平衡条件分析说明振荡器的输出电压信号的振幅和频率分别由什么决定。

解　一般来说，振荡器的输出电压的振幅由振幅平衡条件决定，而频率由相位平衡条件决定。但是振幅的大小与振幅起振条件 $A_0 F$ 的大小有关，例如放大器的增益 A_0 不变，增大反馈系数 F，则振幅会加大。对于振荡频率，由于起振和平衡时的相位条件相同，即满足正反馈条件 $\varphi_A + \varphi_F = 2n\pi$（$n = 0,1,2,\cdots$）决定振荡频率。

4 - 5　反馈型 LC 振荡器的输出电压振幅稳定的原理与方法是什么？

解　正常的振幅稳定平衡由晶体管的非线性特性和外偏置电路（含分压式偏置和自给偏置）确定。满足振幅平衡稳定条件的反馈型振荡器具有稳幅作用，即当外因引起输出电压变化时，振荡器具有自动稳幅性能。它是由放大器件的非线性特性实现的稳幅（称为内稳幅），以及由外偏置电路的稳定静态工作点、引入负反馈进行的稳幅（称为外稳幅）的共同作用实现的。可见，实现方法是内稳幅和外稳幅的共同结果。

4 - 6　为了满足下列电路起振的相位条件，给图 4 - 25 中互感耦合线圈标注正确的同名端，并说明各电路的名称。

解　图 4 - 26（a）为共基调集型；图 4 - 26（b）为共基调射型；图 4 - 26（c）为共基调集型；图 4 - 26（d）为共射调基型。

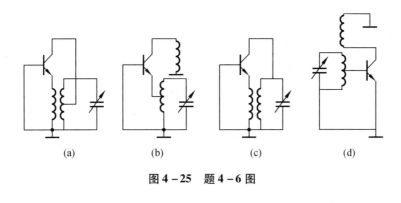

图4-25 题4-6图

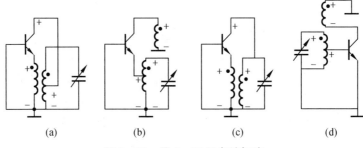

图4-26 题4-26同名端标注

4-7 什么是三点式振荡器,其电路构成的特点是什么?

解 由于 LC 振荡器要满足相位条件,即构成正反馈。正反馈信号要由并联谐振回路上提取,这样并联谐振回路上就会有与放大器相连接构成正反馈的三个端点。从并联谐振回路在满足选频作用的同时,还要提取正反馈信号的要求来看,应该是采用同样性质的电抗元件分压实现。也就是说在并联谐振回路的电容部分采用电容串联分压提取正反馈信号,或者是在并联谐振回路的电感部分采用电感串联分压提取正反馈信号。这样的结构是并联谐振回路的三个端点分别连接到放大器件的三个极上,在满足起振条件(振幅与相位条件)时,就构成了三点式振荡器。

三点式振荡器的特点是放大器件的三个极分别接到并联谐振回路的三端,并要满足(以晶体管放大为例) X_{ce} 与 X_{eb} 电抗性质相同,且 X_{ce}、X_{eb} 与 X_{cb} 电抗性质相反,$X_{ce} + X_{eb} + X_{cb} = 0$。

4-8 三点式振荡器相位平衡条件的判断准则是什么,其含义是什么?

解 三点式振荡器相位平衡条件的判断准则如下:

(1) X_{ce} 与 X_{eb} 电抗性质相同;

(2) X_{ce}、X_{eb} 与 X_{cb} 电抗性质相反;

(3) 对于振荡频率满足 $X_{ce} + X_{eb} + X_{cb} = 0$。

X_{ce} 与 X_{eb} 电抗性质相同是确保反馈电压为正反馈;X_{ce}、X_{eb} 与 X_{cb} 电抗性质相反是保证谐振回路为并联谐振回路;$X_{ce} + X_{eb} + X_{cb} = 0$ 是确定振荡频率的。

4-9 如图4-27所示,试从振荡器的相位条件出发,判断下列高频等效电路中,哪些可能振荡,哪些不可能振荡? 能振荡的线路属于哪种电路?

解 图4-27(a)可能振荡,属于电感三点式振荡电路;图4-27(b)、图4-27(c)、

图 4-27(d) 不满足三点式振荡电路的相位平衡条件的判断准则,不能振荡。

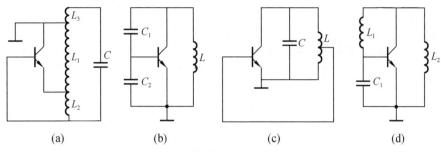

(a)   (b)   (c)   (d)

图 4-27 题 4-9 图

4-10 如图 4-28 所示为三回路振荡器的等效电路,设有以下四种情况:

(1) $L_1C_1 > L_2C_2 > L_3C_3$;

(2) $L_1C_1 < L_2C_2 < L_3C_3$;

(3) $L_1C_1 = L_2C_2 > L_3C_3$;

(4) $L_1C_1 < L_2C_2 = L_3C_3$。

试分析上述四种情况哪种可能振荡? 振荡频率 f_0 与回路谐振频率有何关系?

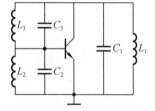

图 4-28 题 4-10 图

解 见例 4-4 分析与计算。

4-11 LC 回路的谐振频率 $f_0 = 10$ MHz,晶体管在 10 MHz 时的相移 $\varphi_Y = -20°$,反馈电路的相移 $\varphi_F = 3°$。试求回路 $Q_L = 10$ 及 $Q_L = 20$ 时电路的振荡频率 f_c,并分析 Q_L 的高低对电路性能有什么影响。

解 根据振荡器的相位平衡条件可求得

$$\omega_c = \omega_0 + \Delta\omega = \omega_0\left(1 + \frac{1}{2Q_L}\tan\varphi_{YF}\right)$$

当 $Q_L = 10$ 时

$$f_c = f_0\left(1 + \frac{1}{2Q_L}\tan\varphi_{YF}\right) = 10 \times\left[1 + \frac{1}{2\times10}\tan(-20° + 3°)\right] = 9.847 \text{ MHz}$$

当 $Q_L = 20$ 时

$$f_c = f_0\left(1 + \frac{1}{2Q_L}\tan\varphi_{YF}\right) = 10 \times\left[1 + \frac{1}{2\times20}\tan(-20° + 3°)\right] = 9.924 \text{ MHz}$$

Q_L 越高,f_c 偏离 f_0 越小。

4-12 如图 4-29 所示振荡电路,设晶体管输入电容 $C_i \ll C_2$,输出电容 $C_o \ll C_1$,可忽略 C_i 和 C_o 的影响。试问:

(1) 该电路是什么形式的振荡电路,画出其高频等效电路;

(2) 若振荡频 $f_0 = 1$ MHz,L 为何值?

(3) 计算反馈系数 F,若把 F 值减小到 $F' = F/2$,应如何修改电路元件参数?

(4) R_c 的作用是什么? 若将 R_c 改变为高频扼流圈,电路是否仍能正常工作,为什么?

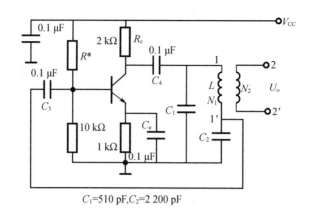

$C_1=510$ pF,$C_2=2\,200$ pF

图 4-29   题 4-12 图

(5)电路中的耦合电容 C_3 和 C_4 能否省去一个,能全部省去吗,为什么?

(6)若输出线圈的匝数比 $N_1/N_2 \gg 1$,从 2-2′端用频率计测得振荡频率为 1 MHz,而从 1 端到地之间测得振荡频率却小于 1 MHz,这是为什么? 哪个结果正确?

解   (1)电路形式是一般电容三点式振荡电路,即考比兹振荡电路。其高频等效电路如图 4-30 所示。

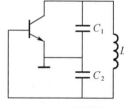

(2)由等效电路可知

$$f_0 = \frac{1}{2\pi\sqrt{LC_\Sigma}} \ , \ C_\Sigma = \frac{C_1 C_2}{C_1 + C_2} = \frac{510 \times 2\,200}{510 + 2\,200} \text{ pF} = 414 \text{ pF}$$

图 4-30   高频等效电路

所以

$$L = \frac{1}{(2\pi f_0)^2 C_\Sigma} = \frac{1}{(2\pi \times 1 \times 10^6)^2 \times 414 \times 10^{-12}} \text{ H} = 61.25 \text{ μH}$$

(3)反馈系数 F 为

$$F = \frac{U_f}{U_c} = \frac{U_{be}}{U_{ce}} = \frac{\dfrac{1}{\omega C_2}}{\dfrac{1}{\omega C_1}} = \frac{C_1}{C_2} = \frac{510}{2\,200} = 0.232$$

若 $F' = F/2 = 0.116$,且要保证振荡频率不变,即 $C_\Sigma = 414$ pF,则可列方程式

$$\begin{cases} \dfrac{C_1'}{C_2'} = F' = 0.116 \\[2mm] \dfrac{C_1' C_2'}{C_1' + C_2'} = C_\Sigma = 414 \text{ pF} \end{cases}$$

则

$$\frac{0.116 C_2'^2}{1.116 C_2'} = 414 \text{ pF}$$

$$C_2' = 3\,983 \text{ pF}, \ C_1' = 462 \text{ pF}$$

可将 C_1 由 510 pF 改为 462 pF,C_2 由 2 200 pF 改为 3 983 pF。

(4)R_c 的作用是作为放大器负载之一使用,若将 R_c 改为高频扼流圈,同样可以构成振荡器正常工作。高频扼流圈的直流电阻为零,集电极直流电位提高到 V_{CC},高频扼流圈的交流电阻很大,使起振变得容易些。放大器电压增益 A_0 加大,F 不变。

(5)电路中的耦合电容 C_3 和 C_4 只能省去一个,不能全省去。因为耦合电路对交流起耦合作用,对直流起隔直作用,留下一个是确保晶体管的集电极 c 与基极 b 不因电感而短路,使放大器能正常工作。

(6)由于频率计在测试时,输入端有一个输入电容,接到 2 − 2′端时,由于 $N_1/N_2 \gg 1$ 输入电容对振荡器谐振回路几乎没影响,测试频率为 1 MHz 是正确的。假若频率计加到电感线圈 L 到地之间测量,相当于在原 C_Σ 上并联了一个输入电容,振荡器的振荡频率因 C_Σ 的加大而变小,这个测量频率是不准确的。

4 − 13　图 4 − 31 是一个克拉泼振荡电路。电路中 $R_{b1} = 15$ kΩ,$R_{b2} = 7.5$ kΩ,$R_c = 2.7$ kΩ,$R_e = 2$ kΩ,$C_1 = 510$ pF,$C_2 = 1\ 000$ pF,$C_3 = 30$ pF,$L = 2.5$ μH,$Q_0 = 100$,晶体管在工作点的参数为 $g_{ie} = 2\ 860$ μS,$C_{ie} = 18$ pF,$g_{oe} = 200$ μS,$C_{oe} = 7$ pF,$|y_{fe}| = 45$ mS。

(1)试求电路的振荡频率 f_0;

(2)试求电路的反馈系数 F;

(3)分析讨论此电路能否满足起振条件 $A_0 F > 1$。

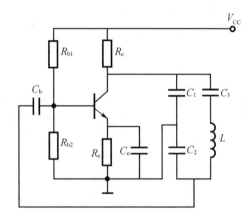

图 4 − 31　题 4 − 13 图

解　根据图 4 − 31 所示的克拉泼振荡电路可画出如图 4 − 32 所示的等效电路。由图 4 − 32(a) 可看出 C_1 与 C_{oe} 并联,C_2 与 C_{ie} 并联,令 $C_1' = C_1 + C_{oe}$,$C_2' = C_2 + C_{ie}$。还可以看出 R_{b1}、R_{b2} 和 g_{ie} 并联,令其并联值为 g_b,则

$$g_b = \frac{1}{R_{b1}} + \frac{1}{R_{b2}} + g_{ie} = \left(\frac{1}{15} + \frac{1}{7.5} + 2.86 \right) \text{mS}$$
$$= 3.06 \text{ mS}$$

g_0 为并联在 L 两端的空载损耗电导。

(1)由图 4 − 32 知,谐振回路的总电容为

$$C_\Sigma = \frac{C_1' C_2' C_3}{C_1' C_2' + C_2' C_3 + C_3 C_1'} = \frac{517 \times 1\ 018 \times 30}{517 \times 1\ 018 + 1\ 018 \times 30 + 30 \times 517} \text{ pF} = 27.59 \text{ pF}$$

$$f_0 = \frac{1}{2\pi \sqrt{L C_\Sigma}} = \frac{1}{2\pi \sqrt{2.5 \times 10^{-6} \times 27.59 \times 10^{-12}}} \text{ Hz} = 19.173 \text{ MHz}$$

(2)反馈系数 F 为

$$F = \frac{U_f}{U_c} = \frac{U_{be}}{U_{ce}} = \frac{\dfrac{1}{\omega C_2'}}{\dfrac{1}{\omega C_1'}} = \frac{517}{1\ 018} = 0.508$$

(3)电感 L 的损耗电导 g_0 为

$$g_0 = \frac{1}{2\pi f_0 L Q_0} = \frac{1}{2\pi \times 19.173 \times 10^6 \times 2.5 \times 10^{-6} \times 100} \text{ S} = 33.2 \text{ μS}$$

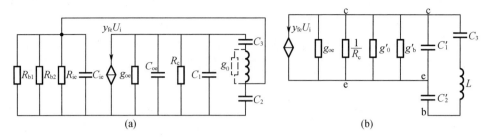

图 4 – 32 高频等效电路

图 4 – 32(b)中的 $g_0' = p^2 g_0$，其中

$$p = \frac{\dfrac{1}{\omega C_\Sigma}}{\dfrac{1}{\omega C_1'}} = \frac{C_1'}{C_\Sigma} = \frac{517}{27.59} = 18.74$$

所以

$$g_0' = (18.74)^2 \times 33.2\ \mu S = 11\,659\ \mu S = 11.659\ mS$$

$$g_b' = p_1^2 g_b$$

$$p_1 = \frac{\dfrac{1}{\omega C_2'}}{\dfrac{1}{\omega C_1'}} = \frac{C_1'}{C_2'} = \frac{517}{1\,018} = 0.508$$

$$g_b' = 0.508^2 \times 3.06\ mS = 0.789\,7\ mS$$

电路总电导为

$$g_\Sigma = g_{oe} + \frac{1}{R_c} + g_0' + g_b' = (0.2 + 0.37 + 11.659 + 0.789\,7)\,mS = 13.018\ mS$$

$$|A_0| = \frac{|y_{fe}|}{g_\Sigma} = \frac{45}{13.018} = 3.45$$

则

$$A_0 F = 3.45 \times 0.508 = 1.753 > 1$$

满足起振条件。

4 – 14 试画出克拉泼振荡电路图,并说明为什么克拉泼振荡电路的频率稳定度比一般电容三点式(考比兹)振荡电路要高?

解 (1)克拉泼振荡电路如图 4 – 33(a)所示,图 4 – 33(b)为其等效电路。

(2)对于克拉泼振荡电路,在只考虑晶体管极间电容不稳定量 ΔC_{ce} 和 ΔC_{be} 的影响时,由图 4 – 33(b)可知

$$C_1' = C_1 + C_{ce},\quad C_2' = C_2 + C_{be}$$

$$C_\Sigma = \frac{C_1' C_2' C_3}{C_1' C_2' + C_2' C_3 + C_3 C_1'} \approx C_3$$

$$\Delta C_\Sigma = p_1^2 \Delta C_{ce} + p_2^2 \Delta C_{be}$$

$$p_1 = \frac{C_\Sigma}{C_1'} \approx \frac{C_3}{C_1'},\quad p_2 = \frac{C_\Sigma}{C_2'} \approx \frac{C_3}{C_2'}$$

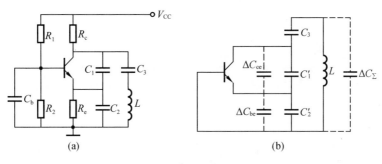

图 4 – 33　克拉泼振荡电路

总电容增量相对于总电容量的变化量为

$$\frac{\Delta C_\Sigma}{C_\Sigma} = p_1^2 \frac{\Delta C_{ce}}{C_\Sigma} + p_2^2 \frac{\Delta C_{be}}{C_\Sigma}$$

对于考比兹振荡电路,其等效电路如图 4 – 34 所示,可得

$$C_1' = C_1 + C_{ce}, \quad C_2' = C_2 + C_{be}$$

$$C_\Sigma = \frac{C_1' C_2'}{C_1' + C_2'}$$

$$\Delta C_\Sigma = p_1^2 \Delta C_{ce} + p_2^2 \Delta C_{be}$$

$$p_1 = \frac{C_2'}{C_1' + C_2'}, \quad p_2 = \frac{C_1'}{C_1' + C_2'}$$

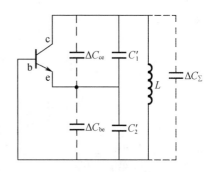

图 4 – 34　考比兹振荡电路的
等效电路

总电容增量相对于总电容量的变化量为

$$\frac{\Delta C_\Sigma}{C_\Sigma} = p_1^2 \frac{\Delta C_{ce}}{C_\Sigma} + p_2^2 \frac{\Delta C_{be}}{C_\Sigma}$$

由于考比兹振荡电路的 p_1 和 p_2 不能同时减小,ΔC_Σ 不可能很小,要受到限制。而克拉泼振荡电路的 C_3 选取得较小,且 p_1 和 p_2 可以同时减小,ΔC_Σ 可以做到很小。由相对频率变化量

$$\left| \frac{\Delta f_0}{f_0} \right| = \frac{\Delta C_\Sigma}{2 C_\Sigma}$$

可见,克拉泼振荡电路的 ΔC_Σ 可以比考比兹振荡电路的 ΔC_Σ 要小,故克拉泼振荡电路的频率稳定度要比考比兹振荡电路的高。

4 – 15　若晶体管的不稳定电容为 $\Delta C_{ce} = 0.2$ pF,$\Delta C_{be} = 1$ pF,$\Delta C_{cb} = 0.2$ pF,求考比兹电路和克拉泼电路在中心频率处的频率稳定度 $\left| \dfrac{\Delta f_c}{f_c} \right|$,其中 $C_1 = 300$ pF,$C_2 = 900$ pF,$C_3 = 20$ pF,设振荡器的振荡频率 $f_c = 10$ MHz。

解
$$\omega_c = 1 / \sqrt{L C_\Sigma} = f(L, C_\Sigma)$$

$$\Delta \omega_c = \frac{\partial \omega_c}{\partial L} \Delta L + \frac{\partial \omega_c}{\partial C_\Sigma} \Delta C_\Sigma = -\frac{1}{2} \omega_c \left(\frac{\Delta L}{L} + \frac{\Delta C_\Sigma}{C_\Sigma} \right)$$

因为题意只提到 ΔC,没提到 ΔL,所以认为 ΔL 为零,则

$$\Delta\omega_c = -\frac{1}{2}\omega_c\frac{\Delta C_\Sigma}{C_\Sigma}$$

$$\left|\frac{\Delta\omega_c}{\omega_c}\right| = \frac{1}{2}\frac{\Delta C_\Sigma}{C_\Sigma}$$

$$\left|\frac{\Delta f_c}{f_c}\right| = \frac{\Delta C_\Sigma}{2C_\Sigma}$$

(1)考比兹电路

由图 4-35(a)已知考比兹电路的回路总电容为 $C_\Sigma = C_1C_2/(C_1+C_2)$(由于没有给出 C_{ce}、C_{be} 和 C_{cb} 的电容值,C_Σ 中忽略了这三个电容)。

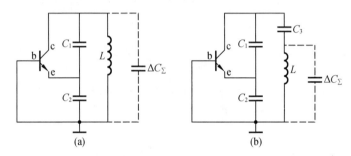

图 4-35 考比兹电路和克拉泼电路的等效电路

由晶体管的不稳定电容 ΔC_{ce}、ΔC_{be} 和 ΔC_{cb} 产生的对回路总电容影响的 ΔC_Σ 为

$$\Delta C_\Sigma = p_1^2\Delta C_{ce} + p_2^2\Delta C_{be} + \Delta C_{cb}$$

式中, $p_1 = \dfrac{1/(\omega C_1)}{1/(\omega C_\Sigma)} = \dfrac{C_\Sigma}{C_1}$; $p_2 = \dfrac{1/(\omega C_2)}{1/(\omega C_\Sigma)} = \dfrac{C_\Sigma}{C_2}$。

因为

$$C_\Sigma = \frac{C_1C_2}{C_1+C_2} = \frac{300\times900}{300+900}\text{ pF} = 225\text{ pF}$$

所以

$$p_1 = \frac{225}{300} = 0.75, \quad p_2 = \frac{225}{900} = 0.25$$

$$\Delta C_\Sigma = (0.75^2\times0.2 + 0.25^2\times1 + 0.2)\text{pF} = 0.375\text{ pF}$$

$$\left|\frac{\Delta f_c}{f_c}\right| = \frac{\Delta C_\Sigma}{2C_\Sigma} = \frac{0.375}{2\times225} = 8.3\times10^{-4}$$

(2)克拉泼电路

由图 4-35(b)已知克拉泼电路的回路总电容 C_Σ 为

$$C_\Sigma = \frac{C_1C_2C_3}{C_1C_2 + C_2C_3 + C_3C_1} = \frac{300\times900\times20}{300\times900 + 900\times20 + 20\times300}\text{ pF} = 18.37\text{ pF}$$

由晶体管的不稳定电容 ΔC_{ce}、ΔC_{be} 和 ΔC_{cb} 产生的对回路总电容影响的 ΔC_Σ 为

$$\Delta C_\Sigma = p_1^2\Delta C_{ce} + p_2^2\Delta C_{be} + p_3^2\Delta C_{cb}$$

式中

$$p_1 = \frac{1/(\omega C_1)}{1/(\omega C_\Sigma)} = \frac{C_\Sigma}{C_1} = \frac{18.37}{300} = 0.061$$

$$p_2 = \frac{1/(\omega C_2)}{1/(\omega C_\Sigma)} = \frac{C_\Sigma}{C_2} = \frac{18.37}{900} = 0.020$$

令

$$C' = \frac{C_1 C_2}{C_1 + C_2} = \frac{300 \times 900}{300 + 900}\ \text{pF} = 225\ \text{pF}$$

$$p_3 = \frac{1/(\omega C')}{1/(\omega C_\Sigma)} = \frac{C_\Sigma}{C'} = \frac{18.37}{225} = 0.082$$

所以

$$\Delta C_\Sigma = (0.061^2 \times 0.2 + 0.020^2 \times 1 + 0.082^2 \times 0.2)\ \text{pF}$$
$$= 2.49 \times 10^{-3}\ \text{pF}$$

$$\left| \frac{\Delta f_c}{f_c} \right| = \frac{\Delta C_\Sigma}{2 C_\Sigma} = \frac{2.49 \times 10^{-3}}{2 \times 18.37} = 6.78 \times 10^{-5}$$

4-16　图 4-36 所示为 LC 振荡器。(1)试说明振荡电路各元件的作用;(2)若当电感 $L = 1.5\ \mu\text{H}$ 要使振荡频率为 49.5 MHz,则 C 应调到何值?

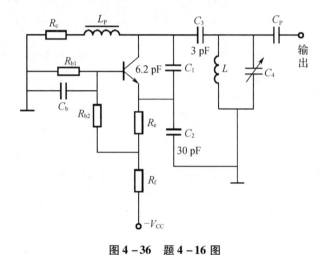

图 4-36　题 4-16 图

解　(1)R_c、R_{b1}、R_{b2}、R_e 和 R_f 确定偏置工作点,C_b 为高频旁路电容使放大器为共基放大组态。L、C_1、C_2、C_3 和 C_4 组成振荡回路。C_1 和 C_2 构成反馈支路,提供正反馈。C_P 为输出耦合电容。

(2)振荡回路总电容 C_Σ 为

$$C_\Sigma = \frac{C_1 C_2 C_3}{C_1 C_2 + C_2 C_3 + C_3 C_1} + C_4 = \frac{6.2 \times 30 \times 3}{6.2 \times 30 + 30 \times 3 + 3 \times 6.2} + C_4 = 1.894 + C_4$$

已知回路振荡频率为 49.5 MHz,则

$$C_\Sigma = \frac{1}{(2\pi f_0)^2 L} = \frac{1}{(2\pi \times 49.5 \times 10^6)^2 \times 1.5 \times 10^{-6}}\ \text{F} = 6.892\ \text{pF}$$

可得

$$C_4 = C_\Sigma - 1.894 = 4.998\ \text{pF}$$

4-17　试画一个串联型晶体振荡电路图,并说明晶体在电路中等效为什么元件,振荡

频率等于什么。

解 (1)串联型晶体振荡器电路如图 4-37 所示。

(2)晶体在电路中等效为短路。振荡频率等于晶体的串联谐振频率 f_q,且 LC 回路要谐振于 f_q。

4-18 试画一个并联型晶体振荡电路图,并说明晶体在电路中等效为什么元件,振荡频率等于什么。

解 (1)并联型晶体振荡器电路如图 4-38 所示。

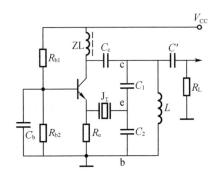

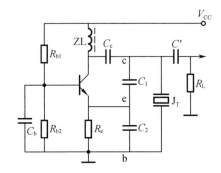

图 4-37 串联型晶体振荡器电路   图 4-38 并联型晶体振荡器电路

(2)晶体在电路中等效为电感。振荡频率为

$$f_0 = f_q \Big[1 + \frac{C_q}{2(C_o + C_L)} \Big], \quad C_L = \frac{C_1 C_2}{C_1 + C_2}$$

4-19 试分析说明为什么并联型晶体振荡电路的频率稳定度比克拉泼振荡电路要高。

解 (1)克拉泼振荡电路(只考虑晶体管不稳定电容 ΔC_{ce} 和 ΔC_{be} 的影响)(图 4-39)

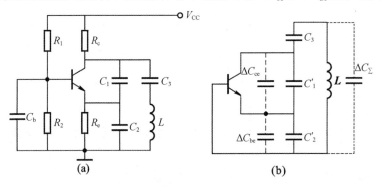

图 4-39 克拉泼振荡电路频率稳定性分析

振荡回路总电容及其变化增量分别为

$$C_\Sigma = \frac{C_1' C_2' C_3}{C_1' C_2' + C_2' C_3 + C_3 C_1'} \approx C_3$$

$$\Delta C_\Sigma = p_1^2 \Delta C_{ce} + p_2^2 \Delta C_{be}$$

式中

$$p_1 = \frac{C_\Sigma}{C_1'} \approx \frac{C_3}{C_1'}$$

$$p_2 = \frac{C_\Sigma}{C_2'} \approx \frac{C_3}{C_2'}$$

$$C_1' = C_1 + C_{ce}, \quad C_2' = C_2 + C_{be}$$

可得总电容增量相对于总电容量的变化量为

$$\frac{\Delta C_\Sigma}{C_\Sigma} = p_1^2 \frac{\Delta C_{ce}}{C_\Sigma} + p_2^2 \frac{\Delta C_{be}}{C_\Sigma}$$

相对频率变化量为

$$\left| \frac{\Delta f_0}{f_0} \right| = \frac{\Delta C_\Sigma}{2 C_\Sigma}$$

（2）并联型晶体振荡电路（只考虑晶体管不稳定电容 ΔC_{ce} 和 ΔC_{be} 的影响）（图 4 – 40）

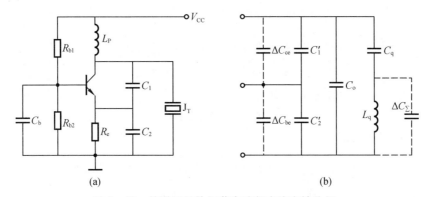

图 4 – 40　并联型晶体振荡电路频率稳定性分析

振荡回路总电容及其变化增量分别为

$$C_\Sigma = \frac{(C_0 + C_L) C_q}{C_0 + C_L + C_q}$$

$$\Delta C_\Sigma = p_1^2 \Delta C_{ce} + p_2^2 \Delta C_{be}$$

式中

$$C_L = \frac{C_1' C_2'}{C_1' + C_2'}, \quad C_1' = C_1 + C_{ce}, \quad C_2' = C_2 + C_{be}$$

$$p_1 = \frac{C_2'}{C_1' + C_2'} \frac{C_q}{C_q + C_0 + C_L}$$

$$p_2 = \frac{C_1'}{C_1' + C_2'} \frac{C_q}{C_q + C_0 + C_L}$$

可得总电容增量相对于总电容量的变化量为

$$\frac{\Delta C_\Sigma}{C_\Sigma} = p_1^2 \frac{\Delta C_{ce}}{C_\Sigma} + p_2^2 \frac{\Delta C_{be}}{C_\Sigma}$$

相对频率变化量为

$$\left| \frac{\Delta f_0}{f_0} \right| = \frac{\Delta C_\Sigma}{2 C_\Sigma}$$

(3)结论

从数学表示式来看,两种电路是相同的。由于晶体的 C_q 很小,并联型晶体振荡电路的 p_1 和 p_2 很小,ΔC_Σ 很小,则频率稳定度很高。而克拉泼振荡电路的 C_3 可以减小,但是有一定限制的。受起振条件的限制,C_3 不可能无限减小。电路的 p_1 和 p_2 不可能像并联型晶体振荡电路那样很小,ΔC_Σ 不可能很小,故其频率稳定度比并联型晶体振荡电路要差一些。

4-20 若晶体的参数为 $L_q = 19.5\ \text{H}$,$C_q = 0.000\ 21\ \text{pF}$,$C_o = 5\ \text{pF}$,$r_q = 110\ \Omega$。试求:

(1)串联谐振频率 f_q;

(2)并联谐振频率 f_p 与 f_q 相差多少;

(3)晶体的品质因数 Q_q 和等效并联谐振电阻 R_q。

解 (1)串联谐振频率 f_q 为

$$f_q = \frac{1}{2\pi\sqrt{L_q C_q}} = \frac{1}{2\pi\sqrt{19.5 \times 0.000\ 21 \times 10^{-12}}}\ \text{Hz}$$
$$= 2.487\ 099\ 6\ \text{MHz}$$

(2)
$$f_P = \frac{1}{2\pi\sqrt{L_q \dfrac{C_q C_o}{C_q + C_o}}} = \frac{1}{2\pi\sqrt{19.5 \times \dfrac{0.000\ 21 \times 5}{0.000\ 21 + 5} \times 10^{-12}}}\ \text{Hz}$$
$$= 2.487\ 151\ 8\ \text{MHz}$$
$$f_P - f_q = 52.2\ \text{Hz}$$

也可以采用下式计算,即

$$f_P - f_q = f_q \frac{C_q}{2C_o} = 2.487\ 099\ 6 \times \frac{0.000\ 21}{2 \times 5}\ \text{MHz} = 52.229\ \text{Hz}$$

(3)
$$Q_q = \frac{\omega_q L_q}{r_q} = \frac{2\pi \times 2.487\ 1 \times 10^6 \times 19.5}{110} = 4.4 \times 10^5$$
$$R_P = Q_q^2 r_q = (4.4 \times 10^5)^2 \times 110\ \Omega = 21.296 \times 10^{12}\ \Omega$$

4-21 图4-41是实用晶体振荡线路,试画出它们的高频等效电路,并指出它们是哪一种振荡器。图4-41(a)的4.7 μH 电感在线路中起什么作用?

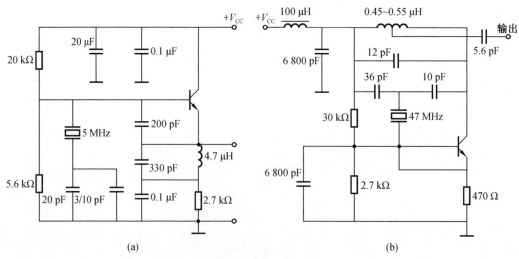

图4-41 题4-21图

解　两个晶体振荡电路的高频等效如图 4 – 42 所示。

图 4 – 41(a) 的等效电路如图 4 – 42(a) 所示。图 4 – 42(a) 中的 4.7 μH 与电容 330 pF 并联组成一个电抗电路,其谐振频率为 $f_0 = 1/(2\pi \sqrt{4.7 \times 10^{-6} \times 330 \times 10^{-12}})$ Hz = 4.04 MHz。对于 5 MHz 的晶体,由于是组成并联型晶体振荡器,在晶体工作于基波频率 5 MHz 时,4.7 μH 与 330 pF 并联等效为容抗,满足三点式振荡器的相位平衡条件,即电路振荡于晶体的基频 5 MHz。

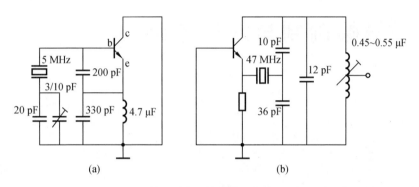

图 4 – 42　高频等效电路

若 4.7 μH 电感改为 0.6 μH,则 0.6 μH 与 330 pF 并联谐振频率为 $f_0 = 1/(2\pi \sqrt{0.6 \times 10^{-6} \times 330 \times 10^{-12}})$ Hz = 11.32 MHz。此并联回路对晶体的基频 5 MHz 等效为电感,不满足 X_{ce}、X_{eb} 同电抗性质的要求,不能在 5 MHz 振荡。然而对三次谐波 15 MHz 来说,并联回路等效为电容,满足 X_{ce}、X_{eb} 同为电容,故振荡于三次谐波 15 MHz,称为三次泛音晶体振荡器。

图 4 – 41(b) 是串联型晶体振荡器,其 LC 并联谐振回路谐振于晶体的串联谐振频率 47 MHz。晶体在电路中等效为短路。其高频等效电路如图 4 – 42(b) 所示。

第 5 章

振幅调制与解调电路

5.1 教学基本要求

1. 了解调制的作用。掌握调幅信号的定义、表达式、波形、频谱等基本特征。
2. 掌握典型的振幅调制与解调电路的结构、工作原理、分析方法和性能特点。
3. 了解数字调制与解调的基本概念和典型的调制与解调的方式及其实现电路。

5.2 教与学的思考

5.2.1 教学基本要求的分析与思考

本章的教学基本要求有三项。要求的第 1 项是了解调制的作用。掌握调幅信号的定义、表达式、波形、频谱等基本特征。掌握了这些基本概念对理解和掌握调制与解调电路是很容易的。要求的第 2 项是掌握典型的振幅调制与解调电路的结构、工作原理、分析方法和性能特点。这是本章的重点教学内容,需要认真学习与研究。要求的第 3 项是了解数字调制与解调的基本概念和典型的调制与解调的方式及其实现电路,这是数字调制与解调的最基本内容。

5.2.2 本章教学分析讨论的思路

问题 1:调制电路的功能是什么? 解调电路的功能是什么?

调制与解调电路是通信系统的主要功能电路。通信系统中为什么需要调制与解调? 首先应了解所需传送信息的特点。通信中所需传送的信息(语言、文字、图像及计算机的数据等)通过相应的变换器转换成电信号,此电信号是占有一定频谱宽度的低频信号,通常称为基带信号。基带信号直接传送是通信的一种基本形式。例如,基带信号通过功率放大经天线发射进行无线传输,受本身频谱的限制,存在难于实现多路传输和有效发射功率的问题。

如果改为调制发射的通信形式,就能解决多路传输和减小天线尺寸有效发射功率。

调制是将基带信号加载到高频载波信号上去的过程,实质是用需传送的基带信号(调制信号)去控制高频载波振荡信号电压的三参量之一,使其随调制信号线性关系变化。

表征高频载波振荡信号电压的有振幅、相位和频率三个参量,"调制"可分为振幅调制、相位调制和频率调制三类。

解调电路的功能是从调制信号中解调出原调制信号,与调制过程相反。

问题 2:普通调幅波的定义是什么? 普通调幅波的数学表示式、频谱、波形是什么? 多频调制的普通调幅波的数学表示式、频谱是什么?

见教学主要内容与典型例题分析中的调幅信号的基本特性。

问题 3:普通调幅波各频率分量的功率关系是什么? 有什么问题需要我们思考?

设普通调幅波(AM 波)的数学表示式为

$$u(t) = U_{cm}(1 + m_a \cos \Omega t) \cos \omega_c t$$

$$= U_{cm} \cos \omega_c t + \frac{1}{2} m_a U_{cm} \cos (\omega_c + \Omega)t + \frac{1}{2} m_a U_{cm} \cos (\omega_c - \Omega)t$$

则

(1)载波功率为

$$P_{oT} = \frac{1}{2} \frac{U_{cm}^2}{R}$$

(2)每一个边频功率为

$$P_{o(\omega_c + \Omega)} = P_{o(\omega_c - \Omega)} = \frac{1}{2} \left(\frac{m_a U_{cm}}{2} \right)^2 \frac{1}{R}$$

(3)调制一周内总平均功率为

$$P_{oav} = P_{oT} + P_{o(\omega_c + \Omega)} + P_{o(\omega_c - \Omega)} = \left(1 + \frac{m_a^2}{2} \right) P_{oT}$$

调制一周内总平均功率是载波功率与上下边频功率之和,其中载波功率不含有需传送信息,而上下边频功率含有需传送的信息。含有需传送信息的上下边频功率,在 $m_a = 1$ 时,等于总平均功率的1/3。实际应用时,平均 m_a 约为 0.3,上下边频功率在总平均功率中占的比例更小。若采用 AM 调制方式传送,则在传送的调幅波的总平均功率中含需传送信息的上下边频功率很小,不含有传送信息的载波功率很大,这种传输中的能量浪费是调制方式决定的。为了减少载波功率的浪费,可以采用抑制载波的双边带调幅波(DSB)方式或单边带调幅波(SSB)方式。

问题 4:抑制载波的双边带调幅波(DSB)和单边带调幅波(SSB)的数学表示式频谱和波形是什么?

见教学主要内容与典型例题分析中的抑制载波的双边带调幅和单边带调幅。

问题 5:普通调幅波调制电路的功能是什么? 双边带调幅波调制电路的功能是什么? 单边带调幅波调制电路的功能是什么?(用输入信号频谱与输出信号频谱的关系表示)

用此功能关系可判别具体电路能实现哪种方式的调幅。

问题 6:振幅调制电路的分类及各调幅电路的输出。

分类	电路名称	输出频谱与调幅波类型
高电平调幅	集电极调幅电路	ω_c，$\omega_c \pm \Omega$ 普通调幅波
	基极调幅电路	ω_c，$\omega_c \pm \Omega$ 普通调幅波
低电平调幅	单二极管开关状态调幅电路	ω_c，$\omega_c \pm \Omega$ 普通调幅波
	开关状态平衡调幅电路	$\omega_c \pm \Omega$ 双边带调幅波
	开关状态环形调幅电路	$\omega_c \pm \Omega$ 双边带调幅波
	乘法器调幅电路	ω_c 或 $\omega_c \pm \Omega$ 普通调幅波或 $\omega_c \pm \Omega$ 双边带调幅波

分类：高电平调幅(集电极调幅电路、基极调幅电路)；

低电平调幅(单二极管开关状态调幅电路、开关状态平衡调幅电路、开关状态环形调幅电路、乘法器调幅电路)。

问题 7：模拟乘法器调幅的原理是什么？采用 MC1596 和 AD835 乘法器实现双边带调幅和普通调幅,片外电路应如何连接？

见教学主要内容与典型例题分析中的模拟乘法器调幅电路。

问题 8：单二极管开关状态调幅电路的特点是什么？输出什么样的调幅波？

见教学主要内容与典型例题分析中的单二极管开关状态调幅电路。

问题 9：二极管开关状态平衡幅与开关状态环形调幅电路的特点和分析方法是什么？

见教学主要内容与典型例题分析中的平衡调幅和环形调幅电路。

问题 10：集电极调幅电路和基极调幅电路的特点是什么？

见教学主要内容与典型例题分析中的集电极调幅电路和基极调幅电路。

问题 11：单边带信号的产生方法是什么？

见教学主要内容与典型例题分析中的单边带信号的产生方法。

问题 12：二极管大信号包络检波器的特点是什么？具体电路的技术指标的定义及电路计算是什么？

见教学主要内容与典型例题分析中的二极管大信号包络检波器。

问题 13：二极管小信号检波器的特点是什么？

见教学主要内容与典型例题分析中的二极管小信号检波器。

问题 14：同步检波器的功能是什么？电路组成及特点是什么？

见教学主要内容与典型例题分析中的同步检波器。

问题 15：数字调幅信号 2ASK 的产生与解调方法。

见教学主要内容与典型例题分析中的数字信号的调制与解调。

5.3 教学主要内容与典型例题分析

5.3.1 调制

通信中所需传送的信息(语言、图像、文字及计算机的数据等)通过相应的变换器转换成电信号,此电信号是占有一定频谱宽度的低频信号,通常称为基带信号。

由于基带信号是占有一定频谱宽度的低频信号,基带信号直接通过功率放大经天线发射进行无线传输,存在难于实现多路传输和有效发射的问题。因为基带信号都属于低频范围,多路同时传送时,接收端接收的信息不易区分。另外,低频的基带信号直接通过天线辐射,要实现有效发射,其天线尺寸要求很长,在结构上很难实现。如果采用的天线尺寸过小,传输效率会很低。

将基带信号加载到高频信号上,用高频信号作为运载工具,不仅天线尺寸小,易于做到有效发射,而且可以采用不同的载频较好地实现多路有选择的通信。将需传送基带信号加载到高频信号上去的过程称为调制。另外,基带信号在调制时又常称为调制信号。

由于高频振荡信号含有振幅、频率和相位三个参量,用需传送的调制信号去控制高频振荡的三参量之一,使其随调制信号线性关系变化,则能实现相应振幅、频率和相位调制。所以调制分为振幅调制、频率调制和相位调制三类。

5.3.2　调幅信号的基本特性

1. 普通调幅波(标准调幅波)的定义

用需传送的信息电压 $u_\Omega(t)$ 作为调制信号去控制高频载波振荡信号的振幅,使其随调制信号 $u_\Omega(t)$ 呈线性关系变化,即 $U'_m(t) = U_{cm} + k_a u_\Omega(t)$。

2. 普通调幅波的数学式、波形及其频谱

若高频载波信号电压 $u_c(t) = U_{cm}\cos\omega_c t$,调制信号电压为 $u_\Omega(t)$,根据振幅调制定义

$$U'_m(t) = U_{cm} + k_a u_\Omega(t)$$

则普通调幅波的数学表示式为

$$u(t) = U'_m\cos\omega_c t = [U_{cm} + k_a u_\Omega(t)]\cos\omega_c t$$

若调制信号电压为

$$u_\Omega(t) = U_{\Omega m}\cos\Omega t = U_{\Omega m}\cos 2\pi F t$$

通常 $\omega_c \gg \Omega$,根据调幅波的定义

$$U'_m(t) = U_{cm} + k_a U_{\Omega m}\cos\Omega t$$

则

$$u(t) = (U_{cm} + k_a U_{\Omega m}\cos\Omega t)\cos\omega_c t$$
$$= U_{cm}(1 + m_a\cos\Omega t)\cos\omega_c t$$

这是单频调制时普通调幅波的表示式,其中 $m_a = k_a U_{\Omega m}/U_{cm}$ 称为调幅指数。$m_a \leqslant 1$ 是不失真调制。$m_a > 1$ 为过调幅,是失真调制。图 5 – 1 所示是单频调制的普通调幅波波形图。而

$$m_a = \frac{U_{mmax} - U_{mmin}}{U_{mmax} + U_{mmin}}$$

过量调幅波形如图 5 – 2 所示。

单频调制的普通调幅波的频谱可由下式表示:

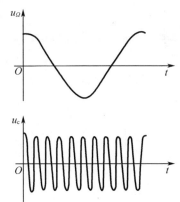

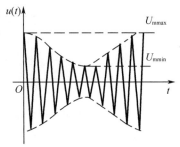

图 5 – 1　普通调幅波波形

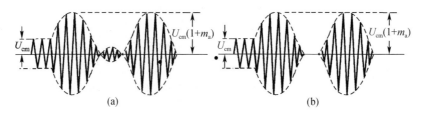

图 5 - 2　过量调幅波形

$$u(t) = U_{cm}(1 + m_a \cos \Omega t) \cos \omega_c t$$

$$= U_{cm} \cos \omega_c t + \frac{1}{2} m_a U_{cm} \cos (\omega_c + \Omega) t +$$

$$\frac{1}{2} m_a U_{cm} \cos (\omega_c - \Omega) t$$

它表明单频调制的普通调幅波由三个频率分量组成,即载波分量 ω_c、上边频分量 $\omega_c + \Omega$ 和下边频分量 $\omega_c - \Omega$。其频谱如图 5 - 3 所示。

对于调制信号由多个频率信号组成时,设其为

$$u_\Omega(t) = U_{1m} \cos \Omega_1 t + U_{2m} \cos \Omega_2 t + U_{3m} \cos \Omega_3 t$$

根据调幅的定义

$$U'_m(t) = U_{cm} + k_a U_{1m} \cos \Omega_1 t + k_a U_{2m} \cos \Omega_2 t + k_a U_{3m} \cos \Omega_3 t$$

$$= U_{cm} \left(1 + \frac{k_a U_{1m}}{U_{cm}} \cos \Omega_1 t + \frac{k_a U_{2m}}{U_{cm}} \cos \Omega_2 t + \frac{k_a U_{3m}}{U_{cm}} \cos \Omega_3 t \right)$$

$$= U_{cm}(1 + m_{a1} \cos \Omega_1 t + m_{a2} \cos \Omega_2 t + m_{a3} \cos \Omega_3 t)$$

则普通调幅波的数学式为

$$u(t) = U_{cm}(1 + m_{a1} \cos \Omega_1 t + m_{a2} \cos \Omega_2 t + m_{a3} \cos \Omega_3 t) \cos \omega_c t$$

可见,其频谱为 ω_c、$\omega_c \pm \Omega_1$、$\omega_c \pm \Omega_2$、$\omega_c \pm \Omega_3$。图 5 - 4 所示是多频调制的普通调幅波的频谱。

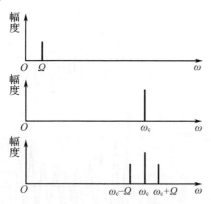

图 5 - 3　单频调制的普通调幅波的频谱

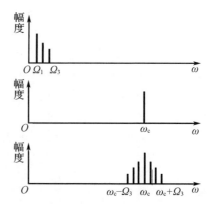

图 5 - 4　多频调制的普通调幅波的频谱

3. 普通调幅波的功率关系

为了分清普通调幅波中各频率分量的功率关系,通常可将普通调幅波电压加在电阻 R

两端,电阻 R 上消耗的各频率分量对应的功率如下。

（1）载波功率

$$P_{oT} = \frac{1}{2}\frac{U_{cm}^2}{R}$$

（2）每个边频功率

$$P_{o(\omega_c+\Omega)} = P_{o(\omega_c-\Omega)} = \frac{1}{2}\left(\frac{m_a U_{cm}}{2}\right)^2 \times \frac{1}{R} = \frac{1}{4}m_a^2 P_{oT}$$

（3）调制一周内的平均总功率

$$P_{oav} = P_{oT} + P_{o(\omega_c+\Omega)} + P_{o(\omega_c-\Omega)} = \left(1+\frac{m_a^2}{2}\right)P_{oT}$$

从各频率分量所占的功率比例来看,含有传送信息的上、下边频分量所占功率成分比载波功率要小很多。也就是说,在传送信息时,利用普通调幅波进行传送,其中不含传送信息的载波功率太大,含传送信息的上、下边频功率较小,这样的传送能量浪费太大。因而提出能否在传送过程中占功率大的载波不传送,只传送上、下边频分量。

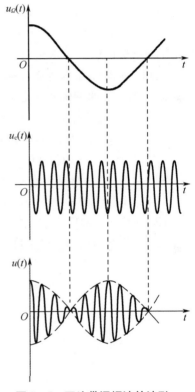

4. 抑制载波的双边带调幅波和单边带调幅波

（1）双边带调幅波（DSB）

双边带调幅波的数学表示式为

$$u(t) = u_\Omega(t)u_c(t) = U_{\Omega m}\cos\Omega t \cdot U_{cm}\cos\omega_c t$$
$$= U_m\cos\Omega t \cdot \cos\omega_c t$$

双边带调幅波的频谱为 $\omega_c \pm \Omega$。

双边带调幅波的波形如图 5−5 所示。

（2）单边带调幅波（SSB）

单边带调幅波可认为是双边带调幅波再抑制一个边带,因此其数学表示式为

$$u(t) = \frac{1}{2}U_{\Omega m}U_{cm}\cos(\omega_c+\Omega)t = U_m'\cos(\omega_c+\Omega)t$$

或 $u(t) = \frac{1}{2}U_{\Omega m}U_{cm}\cos(\omega_c-\Omega)t = U_m'\cos(\omega_c-\Omega)t$

图 5−5　双边带调幅波的波形

单边带调幅波的频谱为 $\omega_c+\Omega$ 或 $\omega_c-\Omega$。

5.3.3　振幅调制电路的功能、分类及要求

振幅调制电路的功能是将输入的调制信号和载波信号通过电路变换成高频调幅信号输出。振幅调制电路的功能用输入、输出信号的频谱关系来表示,是一个比较容易理解的方法。图 5−6 所示是普通调幅波调幅电路、双边带调幅电路和单边带调幅电路的功能用输入、输出信号的频谱变换关系表示的形式。

振幅调制电路可分为高电平调幅电路和低电平调幅电路两大类。

低电平调幅是先在低功率电平级进行振幅调制,然后再经过高频功率放大器放大到所需要的发射功率。由于低电平调幅电路的功率较小,对调幅电路来说,输出功率和效率不是主要指标,重点是提高调制的线性,减小不需要的频率分量的产生和提高滤波性能。

高电平调幅是直接产生满足输出功率要求的已调波,一般都是在大信号条件下工作的。为了获得大的输出功率,是用调制信号去控制处于丙类工作的末级谐振功率放大器来实现调幅。它的优点是效率高。对高电平调幅电路要兼顾输出功率、效率和调制线性的要求。

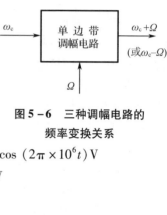

图 5-6　三种调幅电路的
频率变换关系

例 5-1　已知某普通调幅电路的 $k_a = 1$,载波输出电压为 $u_c(t) = 10\cos(2\pi \times 10^6 t)$ V,调制信号电压为 $u_\Omega(t) = 6\cos(2\pi \times 600t)$ V。试求输出调幅波的数学表示式。

注意　此题是掌握普通调幅波的定义及数学表示式。

解　根据普通调幅波的定义

$$U'_m(t) = U_{cm} + k_a u_\Omega(t) = 10 + 6\cos(2\pi \times 600t) \text{ V}$$

$$u(t) = U'_m(t)\cos\omega_c t = [10 + 6\cos(2\pi \times 600t)]\cos(2\pi \times 10^6 t) \text{ V}$$

$$= 10(1 + 0.6\cos 1\,200\pi t)\cos(2\pi \times 10^6 t) \text{ V}$$

例 5-2　已知调幅波的频谱如图 5-7 所示。

(1)写出载波信号和调幅波的数学表示式;

(2)计算单位电阻上消耗的载波功率、边频功率和总功率;

(3)计算调幅波的频带宽度。

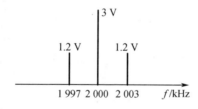

图 5-7　调幅波的频谱

注意　此题已知调幅波的频谱(载波振幅与频率、上下边频振幅与频率),就是已知调幅波的数学表示式,可求相关参数。

解　(1)由图 5-7 可知,载波振幅 $U_{cm} = 3$ V,载波频率 $f_c = 2 \times 10^6$ Hz,则载波电压的表示式为

$$u_c(t) = 3\cos 4\pi \times 10^6 t \text{ V}$$

由于边频分量振幅为 $\frac{1}{2}m_a U_{cm} = 1.2$ V,则 $m_a = 0.8$。

调制信号频率为

$$F = (2\,003 - 2\,000)\text{kHz} = 3 \text{ kHz}$$

调幅波的数学表示式为

$$u(t) = U_{cm}(1 + m_a \cos 6\pi \times 10^3 t) \cos 4\pi \times 10^6 t \text{ V}$$
$$= 3(1 + 0.8 \cos 6\pi \times 10^3 t) \cos 4\pi \times 10^6 t \text{ V}$$

（2）单位电阻上消耗的载波功率为

$$P_{oT} = \frac{1}{2} \frac{U_{cm}^2}{R} = \frac{1}{2} \times \frac{3^2}{1} \text{ W} = 4.5 \text{ W}$$

边频功率为

$$P_{o(\omega_c \pm \Omega)} = \frac{1}{2} m_a^2 P_{oT} = \frac{1}{2} 0.8^2 \times 4.5 \text{ W} = 1.44 \text{ W}$$

总功率为

$$P_{oav} = P_{oT} + P_{o(\omega_c \pm \Omega)} = 5.94 \text{ W}$$

（3）调幅波的频带宽度为

$$B = 2 \times 3 \times 10^3 \text{ Hz}$$

例 5 - 3　试问下面三个电压各代表什么信号。画出它们的波形示意图与振幅频谱图。

（1）$u(t) = (1 + 0.3 \cos \Omega t) \cos \omega_c t$ V；

（2）$u(t) = \cos \Omega t \cos \omega_c t$ V；

（3）$u(t) = \cos (\omega_c + \Omega) t$ V。

注意　已知调幅波的数学表示式，求波形与频谱。

解　（1）$u(t) = (1 + 0.3 \cos \Omega t) \cos \omega_c t$ V 是表示载波振幅 $U_{cm} = 1$ V 的普通调幅波，其调幅指数 $m_a = 0.3$，调制信号角频率为 Ω，载波角频率为 ω_c。其波形如图 5 - 8(a)所示，振幅频谱如图 5 - 8(b)所示。

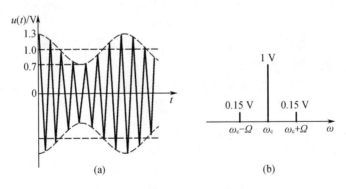

图 5 - 8　普通调幅波波形及频谱

（2）$u(t) = \cos \Omega t \cos \omega_c t$ V 是表示振幅为 1 V 的双边带调幅波。调制信号角频率为 Ω，载波角频率为 ω_c。每一边频分量的振幅为 0.5 V。其波形如图 5 - 9(a)所示，振幅频谱如图 5 - 9(b)所示。

（3）$u(t) = \cos (\omega_c + \Omega) t$ V 是表示振幅为 1 V 的单边带调幅波。由于是单频调制，其波形与频率为($\omega_c + \Omega$)的等幅波相似，如图 5 - 10(a)所示，振幅频谱如图 5 - 10(b)所示。

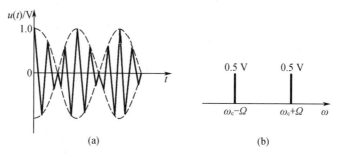

图 5 – 9　双边带调幅波波形及频谱

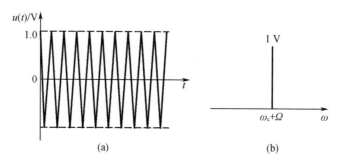

图 5 – 10　单频单边带调幅波的波形及频谱

例 5 – 4　已知调制信号 $u_\Omega(t) = \cos \Omega_1 t + 0.5\cos \Omega_2 t$ V，载波 $u_c(t) = 2\cos \omega_c t$ V，设 $\Omega_2 > \Omega_1$，$\omega_c \gg \Omega_2$，且 $k_a = 1$ 时实现 AM 调制。试求：

(1)已调波的时域数学表示式，说明不产生过调幅应满足什么条件；

(2)已调波的频谱和频带宽度；

(3)已调波在单位电阻上的载波功率边频功率和总功率；

注意　多频调制的普通调幅波的相关内容求解。

解　(1)已调波的时域数学表示式为

$$u(t) = [U_{cm} + k_a u_\Omega(t)]\cos \omega_c t$$
$$= (2 + \cos \Omega_1 t + 0.5\cos \Omega_2 t)\cos \omega_c t \text{ V}$$
$$= 2(1 + 0.5\cos \Omega_1 t + 0.25\cos \Omega_2 t)\cos \omega_c t \text{ V}$$

不产生过调幅的条件是

$$U_{cm} \geqslant k_a |u_\Omega(t)|_{\max}$$

即
$$U_{cm} \geqslant 1 + 0.5 = 1.5 \text{ V}$$

(2)已调波的频谱

$$u(t) = 2\cos \omega_c t + 0.5\cos (\omega_c + \Omega_1)t + 0.5\cos (\omega_c - \Omega_1)t +$$
$$0.25\cos (\omega_c + \Omega_2)t + 0.25\cos (\omega_c - \Omega_2)t$$

即已调波中含载波 ω_c，上边频 $\omega_c + \Omega_1$，$\omega_c + \Omega_2$ 和下边频 $\omega_c - \Omega_1$，$\omega_c - \Omega_2$（图 5 – 11）。

已调波的频谱宽度为 $2\Omega_2$。

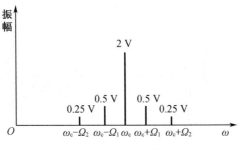

图 5-11　频谱

（3）在单位电阻上，已调波的载波功率为

$$P_{oT} = \frac{U_{cm}^2}{2R} = \frac{2^2}{2}\ W = 2\ W$$

上边频功率为

$$P_{o(\omega_c + \Omega)} = \left(\frac{0.5^2}{2} + \frac{0.25^2}{2}\right)W = 0.156\ 25\ W$$

下边频功率为

$$P_{o(\omega_c - \Omega)} = \left(\frac{0.5^2}{2} + \frac{0.25^2}{2}\right)W = 0.156\ 25\ W$$

总功率为

$$P_{oav} = P_{oT} + P_{o(\omega_c + \Omega)} + P_{o(\omega_c - \Omega)} = 2.312\ 5\ W$$

例 5-5　试画出下列已调波的波形图和频谱图。已知 $\omega_c \gg \Omega$，并说明它是什么波。

$$u(t) = \begin{cases} 5\cos \omega_c t\ V,\ 2n\pi < \Omega t < (2n+1)\pi \\ 0\ V,\ (2n+1)\pi < \Omega t < (2n+2)\pi \end{cases} \quad (n = 0,1,2,\cdots)$$

注意　调制信号为矩形波的调幅波的波形与频谱分析。

解　调制信号是开关函数

$$K(\Omega t) = \begin{cases} 1, 2n\pi < \Omega t < (2n+1)\pi \\ 0, (2n+1)\pi < \Omega t < (2n+2)\pi \end{cases} \quad (n = 0,1,2,\cdots)$$

$$K(\Omega t) = \frac{1}{2} + \frac{2}{\pi}\sin \Omega t + \frac{2}{3\pi}\sin 3\Omega t + \frac{2}{5\pi}\sin 5\Omega t + \cdots$$

$$u(t) = 5\cos \omega_c t \cdot K(\Omega t)$$

$$= 5\cos \omega_c t \cdot \left(\frac{1}{2} + \frac{2}{\pi}\sin \Omega t + \frac{2}{3\pi}\sin 3\Omega t + \frac{2}{5\pi}\sin 5\Omega t + \cdots\right)$$

$$= 2.5\cos \omega_c t + \frac{5}{\pi}\sin(\omega_c + \Omega)t - \frac{5}{\pi}\sin(\omega_c - \Omega)t +$$

$$\frac{5}{3\pi}\sin(\omega_c + 3\Omega)t - \frac{5}{3\pi}\sin(\omega_c - 3\Omega)t +$$

$$\frac{5}{5\pi}\sin(\omega_c + 5\Omega)t - \frac{5}{5\pi}\sin(\omega_c - 5\Omega)t + \cdots$$

其波形如图 5-12（a）所示，频谱如图 5-12（b）所示，为 ASK 调幅波。

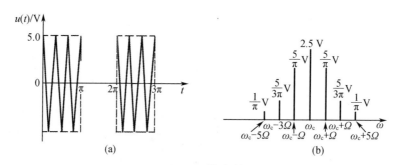

图 5 - 12　ASK 调幅波的波形及频谱

5.3.4　振幅调制电路的基本组成原理

从振幅调制电路的功能可以看出,输入为载波频率 ω_c 和调制频率 Ω 的信号,而输出信号的频率含有新的频率分量 $\omega_c + \Omega$、$\omega_c - \Omega$。要产生新的频率分量必须采用非线性器件来实现产生新的频率分量,而该分量由载波信号 $u_c(t)$ 和调制信号 $u_\Omega(t)$ 的相乘积项产生,因此非线性特性只要有和 $u_\Omega(t)$ 的乘积项就能实现振幅调制。例如,模拟乘法器的输出电流正比于两输入信号相乘的特性;具有平方律特性的二极管,输入 $u_c(t) + u_\Omega(t)$ 的信号时,在 $[u_c(t) + u_\Omega(t)]^2$ 项中就含有 $u_c(t)u_\Omega(t)$ 项。一般来说,振幅调制电路的基本组成可认为是由输入回路、非线性器件和带通滤波器三部分组成的。其中,带通滤波器是取出上、下边频分量,而将其他谐波及组合频率分量滤掉。图 5 - 13 是振幅调制电路的基本组成方框图。

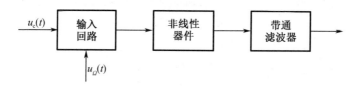

图 5 - 13　振幅调制电路的基本组成方框图

5.3.5　模拟乘法器调幅电路

模拟乘法器是一种完成两个模拟信号(电压或电流)相乘作用的电子器件。它具有两个输入端对(即 x 和 y 输入端对)和一个输出端对,是三端对非线性有源器件。

图 5 - 14 所示是模拟乘法器的电路符号,其电路类型多种多样,应用于频率变换的专用模拟乘法器也有多种类型。如 MC1496、MC1596、XCC、BG314、AD630、AD835 等。模拟乘法器大多不具有理想的相乘特性,在应用中应根据具体电路采取相应措施以确保频率变换的需要。

1. 双差分对管振幅调制电路

图 5 - 15 是双差分对管模拟乘法器原理电路。它由两个单差分对管电路 T_1、T_2、T_5 和 T_3、T_4、T_6 组合而成。输入信号 u_1 加在两个单差分对管的输入端,u_2 加到 T_5 和 T_6 的输入端。

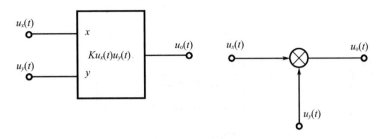

图 5-14　模拟乘法器的电路符号

双端输出时,输出电流 $i = i_{\mathrm{I}} - i_{\mathrm{II}}$,即

$$i = i_{\mathrm{I}} - i_{\mathrm{II}} = (i_1 + i_3) - (i_2 + i_4) = (i_1 - i_2) - (i_4 - i_3) = I_0 \mathrm{th} \frac{qu_1}{2kT} \mathrm{th} \frac{qu_2}{2kT}$$

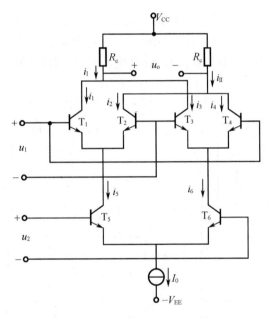

图 5-15　双差分对管模拟乘法器原理电路

当 u_1 和 u_2 都小于 26 mV 时

$$i = I_0 \mathrm{th} \frac{qu_1}{2kT} \mathrm{th} \frac{qu_2}{2kT} \approx I_0 \left(\frac{qu_1}{2kT} \right) \left(\frac{qu_2}{2kT} \right) = K_{\mathrm{M}} u_1 u_2$$

扩大 u_2 线性动态范围的措施:

在 T_5 与 T_6 的发射极之间接入负反馈电阻 R_y(图 5-16),并将恒流源 I_0 分为两个 $I_0/2$ 的恒流源。当 R_y 足够大时,满足深度负反馈条件,可得双端输出电流

$$i = \frac{2}{R_y} u_2 \mathrm{th} \frac{qu_1}{2kT}$$

值得注意的是,$i_{e5} + i_{e6} = I_0$,且 i_{e5}、i_{e6} 均为正值,故 u_2 的最大动态范围为

$$-I_0 R_y / 2 \leqslant u_2 \leqslant I_0 R_y / 2$$

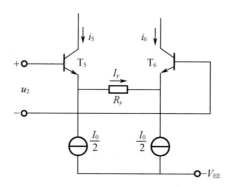

图 5 – 16　引入负反馈的差分对电路

2. MC1596 平衡调幅电路

图 5 – 17 是用模拟乘法器 MC1596G 构成的双边带调幅电路。偏置电阻 R_B 使 $I_0 = 2$ mA；R_1 和 R_3 分压给 7 端和 8 端提供偏压，8 端为交流地电位；51 Ω 电阻为与传输电缆特性阻抗匹配；两只 10 kΩ 电阻与 R_W 构成的电路，用来对载波信号调零。

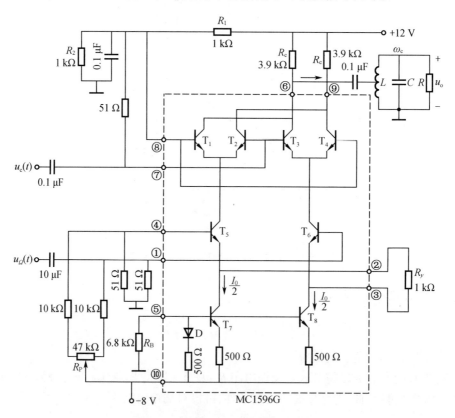

图 5 – 17　MC1596G 双边带调幅电路

设载波信号 $u_c(t) = U_{cm}\cos \omega_c t$，$U_{cm} \gg \dfrac{2kT}{q}$，是大信号输入。根据双曲线正切函数的特性，在上述条件下具有开关函数的形式

$$\text{th}\,\frac{qu_c}{2kT} = \begin{cases} +1\,, & -\dfrac{\pi}{2} < \omega_c t \le \dfrac{\pi}{2} \\[2mm] -1\,, & \dfrac{\pi}{2} < \omega_c t \le \dfrac{3\pi}{2} \end{cases}$$

上式的傅里叶级数展开为

$$\text{th}\,\frac{qu_c}{2kT} = \frac{4}{\pi}\cos\,\omega_c t - \frac{4}{3\pi}\cos\,3\omega_c t + \frac{4}{5\pi}\cos\,5\omega_c t - \cdots$$

因为在 2 端与 3 端加了反馈电阻 $R_y = 1\text{ k}\Omega$，$I_0 = 2\text{ mA}$，对于输入调制信号 $u_\Omega(t) = U_{\Omega m}\cos\,\Omega t$ 可扩大线性范围为 ± 1 V，输出的电流 $i = i_{\text{I}} - i_{\text{II}}$ 为

$$\begin{aligned} i &= \frac{2}{R_y}u_\Omega(t)\,\text{th}\,\frac{q}{2kT}u_c(t) \\ &= \frac{2}{R_y}U_{\Omega m}\cos\,\Omega t\left(\frac{4}{\pi}\cos\,\omega_c t - \frac{4}{3\pi}\cos\,3\omega_c t + \frac{4}{5\pi}\cos\,5\omega_c t - \cdots\right) \end{aligned}$$

若在输出端加入一个中心频率为 ω_c，带宽为 $2\,\Omega$ 的带通滤波器，则取出的差值电流为

$$\Delta i = \frac{8}{\pi R_y}U_{\Omega m}\cos\,\Omega t \cdot \cos\,\omega_c t$$

从图 5 – 17 可看出，电路采用了单端输出方式。集电极电阻 R_c 对电流取样，可得单端输出时的 u_{oM} 表示为

$$u_{oM} = \frac{1}{2}iR_c = \frac{R_c}{R_y}u_\Omega(t)\,\text{th}\,\frac{q}{2kT}u_c(t)$$

若带通滤波器带内电压传输系数为 A_{BP}，则经带通滤波器后输出电压为

$$u_o = A_{BP}\frac{R_c}{R_y}\frac{4}{\pi}U_{\Omega m}\cos\,\Omega t \cdot \cos\,\omega_c t$$

这是一个抑制载波的双边带调幅波。

图 5 – 17 中 R_P 是载波调零电位器，其作用是调节 MC1596G 的 4 端和 1 端的直流电位差为零，确保输出为抑制载波的双边带调幅波。如果 4 端和 1 端的直流电位差不为零，则有载波分量输出，相当于是普通调幅波。

3. AD835 乘法器调幅电路

AD835 是单芯片 250 MHz 四象限电压输出乘法器。它是由 X 和 Y 的输入差模电压 – 电流变换器、跨导线性四象限乘法器、加法器和单位增益放大器组成的。乘法器噪声低，输入阻抗高(100 kΩ 和 2 pF 并联)，输出阻抗低，能实现 X、Y 的线性相乘，只需极少的外部器件，适用于各种信号处理应用。X、Y、Z 端正常的输入电压应为 ± 1 V。其原理框图如图 5 – 18 所示。

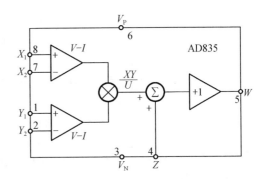

图 5 – 18　AD835 乘法器原理框图

两差模输入电压 $X = X_1 - X_2$ 和 $Y = Y_1 - Y_2$ 经差模电压 – 电流线性变换器，变换成差模电流送给流控跨导线性四象限乘法器，乘法器单端输出电压为 XY/U。此电压经加法器与输入电压 Z 相加，再经单位增益放大器，单端输出电压为

$$W = \frac{XY}{U} + Z$$

乘法器的增益系数 $K_M = 1/U$，AD835 的 $U = 1.05$ V。在很多应用中，对乘法器的增益系数要求不严格，不用采取外电路调整，可以按上式应用。但是对乘法器的增益系数要求为 1 的应用，需要在外电路进行调整。图 5 – 19 是 AD835 乘法器的外接电路图，供电电源电压为 ±5 V，分别通过铁氧体磁珠 FB 和 4.7 μF(钽电容)、0.01 μF(陶瓷电容)组成的去耦滤波电路加到 6 脚 V_P 端和 3 脚 V_N 端；7 脚 X_2 接地，8 脚 X_1 单端输入电压 X；2 脚 Y_2 接地，1 脚 Y_1 单端输入电压 Y；5 脚输出电压端 W 与新建输入点 Z' 之间接电阻 $R_1 = (1 - k)R$ 和 $R_2 = kR$ 串联分压反馈到 Z 输入端。

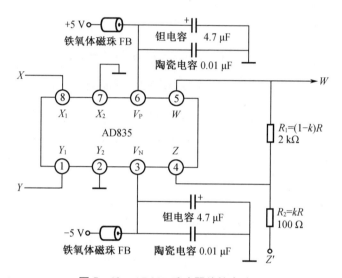

图 5 – 19　AD835 乘法器外接电路图

根据外接电路可知

$$Z = (W - Z')k + Z' = kW + (1 - k)Z'$$

$$W = \frac{XY}{U} + Z = \frac{XY}{U} + kW + (1 - k)Z'$$

$$W = \frac{XY}{(1 - k)U} + Z'$$

当电路中 $U = 1.05$ V，$R_1 = 2$ kΩ，$R_2 = 100$ Ω 时，$(1 - k)U = 1$ V，则可得乘法器的增益系数 $K_M = 1/\text{V}$。

$$W = \frac{XY}{1\ \text{V}} + Z' = K_M XY + Z'$$

例 5 – 6　用 AD835 设计 AM 调幅电路。调制信号电压和载波信号电压均为单端输入。

注意　此题的目的是学习实际应用电路的设计。

解　AD835 AM 调幅电路如图 5 – 20 所示。

调制电压 $X = U_{\Omega m}\cos \Omega t$ 加到 X_1 端，X_2 端接地；载波电压 $Y = U_{cm}\cos \omega_c t$ 加到 Y_1 端，Y_2 接地；Z' 点连接到 Y_1 端，$Z' = Y = U_{cm}\cos \omega_c t$。由于电路中 $U = 1.05$ V，$R_1 = 2$ kΩ，$R_2 = 100$ Ω，$(1 - k)U = 1$ V，则输出端电压为

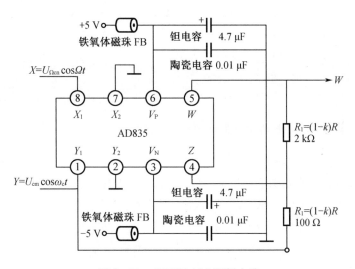

图 5 - 20　**AD835 AM 调幅电路**

$$W = \frac{XY}{(1-k)U} + Z' = K_{\mathrm{M}}XY + Z'$$

$$= K_{\mathrm{M}}U_{\Omega m}\cos \Omega t U_{\mathrm{cm}}\cos \omega_c t + U_{\mathrm{cm}}\cos \omega_c t$$

$$= U_{\mathrm{cm}}(1 + K_{\mathrm{M}}U_{\Omega m}\cos \Omega t)\cos \omega_c t$$

式中，$K_{\mathrm{M}} = 1/\mathrm{V}$。

例 5 - 7　用 AD835 设计 DSB 调幅电路。调制信号电压和载波信号电压均为单端输入。

注意　此题的目的是学习实际应用电路的设计。

解　DSB 调幅电路如图 5 - 21 所示。

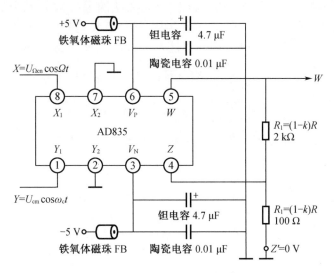

图 5 - 21　**AD835 DSB 调幅电路**

调制电压 $X = U_{\Omega m}\cos \Omega t$ 加到 X_1 端，X_2 端接地；载波电压 $Y = U_{\mathrm{cm}}\cos \omega_c t$ 加到 Y_1 端，Y_2 端

接地;Z'点连接地,$Z' = 0$ V。由于电路中 $U = 1.05$ V,$R_1 = 2$ kΩ,$R_2 = 100$ Ω,$(1 - k) U = 1$ V,则输出端电压为

$$W = \frac{XY}{(1 - k) U} + Z' = K_M XY = K_M U_{\Omega m} U_{cm} \cos \Omega t \cos \omega_c t$$

式中,$K_M = 1/V$。

5.3.6　二极管平衡调幅电路与环形调幅电路

1. 二极管平衡调幅电路

二极管平衡调幅电路如图 5 – 22 所示。设图中的变压器为理想变压器,其中 Tr_2 的一次、二次匝数比为 1∶2,Tr_3 的一次、二次匝数比(匝比)为 2∶1。在 Tr_2 一次侧输入调制电压为 $u_\Omega(t) = U_{\Omega m} \cos \Omega t$,在 Tr_1 输入载波电压 $u_c(t) = U_{cm} \cos \omega_c t$。在 U_{cm} 足够大的条件下,二极管 D_1 和 D_2 均工作于受 $u_c(t)$ 控制的开关状态,其导通电阻为 r_d。

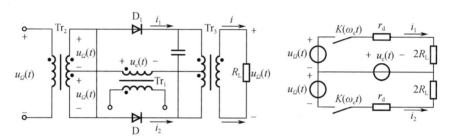

图 5 – 22　二极管平衡调幅电路

设流过二极管 D_1 的电流为 i_1,流过二极管 D_2 的电流为 i_2,它们的流向如图 5 – 22 所示。根据变压器 Tr_3 的一次、二次匝数比为 2∶1,且一次侧为中心抽头的特定条件,二次侧负载 R_L 折合到一次侧的等效电阻为 $4R_L$,对应有中心抽头的每一部分,则为 $2R_L$。在开关工作状态,$u_c(t)$ 为大信号,对 D_1 来说,$u_c(t)$ 的正半周导通,负半周截止。对 D_2 来说,$u_c(t)$ 的正半周导通,负半周截止。它们的开关函数都是 $K(\omega_c t)$。因此,电流 i_1 和 i_2 分别为

$$i_1 = \frac{1}{r_d + 2R_L} K(\omega_c t) [u_c(t) + u_\Omega(t)]$$

$$i_2 = \frac{1}{r_d + 2R_L} K(\omega_c t) [u_c(t) - u_\Omega(t)]$$

根据变压器 Tr_3 的同名端及假设的二次侧电流 i 的流向。因为 i_1 和 i_2 流过 Tr_3 的一次侧的方向相反,所以电流 i 为

$$i = i_1 - i_2 = \frac{2u_\Omega(t)}{r_d + 2R_L} K(\omega_c t)$$

$$= \frac{2U_{\Omega m} \cos \Omega t}{r_d + 2R_L} \left(\frac{1}{2} + \frac{2}{\pi} \cos \omega_c t - \frac{2}{3\pi} \cos 3\omega_c t + \cdots \right)$$

$$= \frac{U_{\Omega m}}{r_d + 2R_L} \Big[\cos \Omega t + \frac{2}{\pi} \cos (\omega_c + \Omega) t + \frac{2}{\pi} \cos (\omega_c - \Omega) t -$$

$$\frac{2}{3\pi} \cos (3\omega_c + \Omega) t - \frac{2}{3\pi} \cos (3\omega_c - \Omega) t + \cdots \Big]$$

由上式可见，i 中包含 Ω、$\omega_c \pm \Omega$、$3\omega_c \pm \Omega$ 等频率分量。由于采用开关状态和平衡抵消措施，很多不需要的频率分量在 i 中已不存在。通过中心频率为 ω_c，带宽为 2Ω 的带通滤波器滤波，只有 $\omega_c \pm \Omega$ 频率成分的电流流过负载 R_L，在 R_L 上建立双边带调幅波的电压。

例 5 – 8　平衡调幅电路如图 5 – 23 所示。电路对称，两个二极管特性相同，其伏安特性 $i_D = f(u_D)$ 为自原点出发的直线，斜率为 g_d（导通电阻 $r_d = 1/g_d$）。加入的载波电压为 $u_c(t) = U_{cm}\cos \omega_c t$，调制电压 $u_\Omega(t) = U_{\Omega m}\cos \Omega t$，且有 $U_{cm} \gg U_{\Omega m}$，二极管工作于 $u_c(t)$ 控制的开关工作状态。

（1）试分析图 5 – 23(a) 输出电流的频谱；

（2）若将图 5 – 23(a) 改变为图 5 – 23(b)，试问输出电流的频谱有无变化。

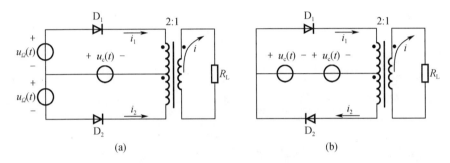

图 5 – 23　平衡调幅电路

注意　怎样确定开关函数？要区分开关函数是 $K(\omega_c t)$ 还是 $K(\omega_c t - \pi)$，同时要掌握在选定电流方向的参考方向后，输出电流 i 与 i_1 和 i_2 的关系。

解　图 5 – 23(a) 的开关函数的确定方法是根据大信号 $u_c(t)$ 的正端与二极管 D_1 的正极相连，说明正半周导通，开关函数为 $K(\omega_c t)$。同理，$u_c(t)$ 的正端也与二极管 D_2 的正极相连，说明正半周导通，开关函数也为 $K(\omega_c t)$。则流过二极管 D_1 的电流为

$$i_1 = \frac{1}{r_d + 2R_L} K(\omega_c t)\left[u_c(t) + u_\Omega(t)\right]$$

流过二极管 D_2 的电流为

$$i_2 = \frac{1}{r_d + 2R_L} K(\omega_c t)\left[u_c(t) - u_\Omega(t)\right]$$

流过负载 R_L 的电流为

$$i = i_1 - i_2 = \frac{2u_\Omega(t)}{r_d + 2R_L} K(\omega_c t)$$

$$= \frac{2}{r_d + 2R_L} U_{\Omega m}\cos \Omega t \left(\frac{1}{2} + \frac{2}{\pi}\cos \omega_c t - \frac{2}{3\pi}\cos 3\omega_c t + \cdots\right)$$

$$= \frac{U_{\Omega m}}{r_d + 2R_L}\left[\cos \Omega t + \frac{2}{\pi}\cos (\omega_c + \Omega)t + \frac{2}{\pi}\cos (\omega_c - \Omega)t - \right.$$

$$\left. \frac{2}{3\pi}\cos (3\omega_c + \Omega)t - \frac{2}{3\pi}\cos (3\omega_c - \Omega)t + \cdots\right]$$

输出电流中含有 Ω、$n\omega_c \pm \Omega (n = 1, 3, 5, \cdots)$。

若在输出端加一个中心频率为 ω_c，通带宽为 2Ω 的带通滤波器可取出双边带调幅波。

图 5−23(b)根据大信号 $u_c(t)$ 的正端与二极管 D_1 的正极相连,说明正半周导通,开关函数为 $K(\omega_c t)$。而对于二极管 D_2 来说,大信号 $u_c(t)$ 的正端与二极管的负极相连,说明负半周导通,开关函数为 $K(\omega_c t - \pi)$。流过二极管 D_1 的电流(方向如图 5−23 所示)为

$$i_1 = \frac{1}{r_d + 2R_L} K(\omega_c t) \left[u_c(t) + u_\Omega(t) \right]$$

流过二极管 D_2 的电流(方向如图 5−23 所示)为

$$i_2 = \frac{1}{r_{d'} + 2R_L} K(\omega_c t - \pi) \left[-u_c(t) - u_\Omega(t) \right]$$

流过负载 R_L 的电流为

$$
\begin{aligned}
i &= i_1 + i_2 \\
&= \frac{u_c(t)}{r_d + 2R_L} \left[K(\omega_c t) - K(\omega_c t - \pi) \right] + \frac{u_\Omega(t)}{r_d + 2R_L} \left[K(\omega_c t) - K(\omega_c t - \pi) \right] \\
&= \frac{U_{cm} \cos \omega_c t}{r_d + 2R_L} \left(\frac{4}{\pi} \cos \omega_c t - \frac{4}{3\pi} \cos 3\omega_c t + \frac{4}{5\pi} \cos 5\omega_c t - \cdots \right) + \\
&\quad \frac{U_{\Omega m} \cos \Omega t}{r_d + 2R_L} \left(\frac{4}{\pi} \cos \omega_c t - \frac{4}{3\pi} \cos 3\omega_c t + \frac{4}{5\pi} \cos 5\omega_c t - \cdots \right) \\
&= \frac{U_{cm}}{r_d + 2R_L} \left(\frac{2}{\pi} + \frac{2}{\pi} \cos 2\omega_c t - \frac{2}{3\pi} \cos 2\omega_c t - \frac{2}{3\pi} \cos 4\omega_c t + \frac{2}{5\pi} \cos 4\omega_c t + \frac{2}{5\pi} \cos 6\omega_c t - \cdots \right) + \\
&\quad \frac{U_{\Omega m}}{r_d + 2R_L} \left[\frac{2}{\pi} \cos(\omega_c + \Omega)t + \frac{2}{\pi} \cos(\omega_c - \Omega)t - \frac{2}{3\pi} \cos(3\omega_c + \Omega)t - \right. \\
&\quad \left. \frac{2}{3\pi} \cos(3\omega_c - \Omega)t + \frac{2}{5\pi} \cos(5\omega_c + \Omega)t + \frac{2}{5\pi} \cos(5\omega_c - \Omega)t - \cdots \right]
\end{aligned}
$$

可见 i 中含有直流以及 $2\omega_c$、$4\omega_c$、$6\omega_c$、$\cdots$、$\omega_c \pm \Omega$、$3\omega_c \pm \Omega$、$5\omega_c \pm \Omega \cdots$ 比图 5−23(a)多了直流以及 $2\omega_c$、$4\omega_c \cdots$。

若通过中心频率为 ω_c,通带宽为 2Ω 的带通滤波器也能取出双边带调幅波,只不过产生的不需要频率分量多了。从电路结构上来说,图 5−23(a)优于图 5−23(b)。

例 5−9 图 5−24 所示电路的两个二极管特性相同,其伏安特性 $i_D = f(u_D)$ 为自原点出发的直线,斜率为 g_d(导通电阻 $r_d = 1/g_d$)加入的载波电压 $u_c(t) = U_{cm} \cos \omega_c t$,调制电压 $u_\Omega(t) = U_{\Omega m} \cos \Omega t$,且有 $U_{cm} \gg U_{\Omega m}$,二极管工作于 $u_c(t)$ 控制的开关工作状态。试分析输出电流的频谱,并说明此电路能否实现双边带调幅。

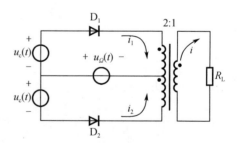

图 5−24 二极管平衡电路

注意 掌握双边带调幅波与普通调幅波的区别,双边带调幅波在输出电流中必须有 $\omega_c \pm \Omega$ 的分量,而且没有载波分量 ω_c,这样通过中心频率为 ω_c,通带宽为 2Ω 的带通滤波器就可取出双边带调幅波输出。如果输出电流中有 $\omega_c \pm \Omega$ 分量,而且也有载波分量 ω_c,通过中心频率为 ω_c,带宽为 2Ω 的带通滤波器取出的是含 ω_c、$\omega_c \pm \Omega$ 的普通调幅波。

解 设流过二极管 D_1 的电流 i_1,流过二极管 D_2 的电流 i_2 和流过次级负载电流 i 如图 5−24 所示。载波电压 $u_c(t)$ 为大信号,二极管 D_1、D_2 的导通受 $u_c(t)$ 的控制。对 D_1 来说,

$u_c(t)$ 的正端与 D_1 的正极相连,正半周导通,开关函数为 $K(\omega_c t)$。对 D_2 来说,$u_c(t)$ 的正端与 D_2 的负极相连,负半周导通,开关函数为 $K(\omega_c t - \pi)$。

根据假设的电流方向,可得

$$i_1 = \frac{1}{r_d + 2R_L} K(\omega_c t) \left[u_c(t) + u_\Omega(t) \right]$$

$$i_2 = \frac{1}{r_d + 2R_L} K(\omega_c t - \pi) \left[-u_c(t) + u_\Omega(t) \right]$$

则

$$i = i_1 - i_2 = \frac{u_c(t)}{r_d + 2R_L} \left[K(\omega_c t) + K(\omega_c t - \pi) \right] + \frac{u_\Omega(t)}{r_d + 2R_L} \left[K(\omega_c t) - K(\omega_c t - \pi) \right]$$

因为

$$K(\omega_c t) + K(\omega_c t - \pi) = 1$$

$$K(\omega_c t) - K(\omega_c t - \pi) = \frac{4}{\pi}\cos \omega_c t - \frac{4}{3\pi}\cos 3\omega_c t + \cdots$$

所以

$$i = \frac{1}{r_d + 2R_L} U_{cm}\cos \omega_c t + \frac{U_{\Omega m}}{r_d + 2R_L}\left[\frac{2}{\pi}\cos (\omega_c + \Omega)t + \frac{2}{\pi}\cos (\omega_c - \Omega)t - \right.$$
$$\left. \frac{2}{3\pi}\cos (3\omega_c + \Omega)t - \frac{2}{3\pi}\cos (3\omega_c - \Omega)t + \cdots \right]$$

i 中含有 ω_c、$\omega_c \pm \Omega$、$3\omega_c \pm \Omega$ 等分量。若通过中心频率为 ω_c、通带宽为 2Ω 的带通滤波器滤波,由于有 ω_c 存在,取出的是 ω_c、$\omega_c \pm \Omega$ 的普通调幅波,不能实现双边带调幅。

2. 二极管环形调幅电路

图 5 - 25(a)所示是二极管环形调幅电路的原理电路图。二极管 D_3 和 D_4 的极性分别与 D_1 和 D_2 的极性相反。这样,在大信号 $u_c(t)$ 的作用下,$u_c(t)$ 的正半周 D_1 和 D_2 导通,D_3 和 D_4 截止。$u_c(t)$ 的负半周 D_3 和 D_4 导通,D_1 和 D_2 截止。因而 D_1 和 D_2 的开关函数为 $K(\omega_c t)$,而 D_3 和 D_4 的开关函数为 $K(\omega_c t - \pi)$。

环形调幅电路可以看成由图 5 - 25(b)和图 5 - 25(c)所示的两个平衡调幅电路组成。其中,图 5 - 25(b)电路中的二极管 D_1 和 D_2 仅在 $u_c(t)$ 的正半周导通,流过输出负载电阻 R_L 的电流为

$$i_I = i_1 - i_2 = \frac{2u_\Omega(t)}{r_d + 2R_L} K(\omega_c t)$$

图 5 - 25(c)电路中的晶体二极管 D_3 和 D_4,仅在 $u_c(t)$ 的负半周导通,设流过 D_3 的电流为 i_3,流过 D_4 的电流为 i_4,其流向如图 5 - 25(c)所示。

$$i_3 = \frac{1}{r_d + 2R_L} K(\omega_c t - \pi) \left[-u_c(t) - u_\Omega(t) \right]$$

$$i_4 = \frac{1}{r_d + 2R_L} K(\omega_c t - \pi) \left[-u_c(t) + u_\Omega(t) \right]$$

设流过二次回路负载电阻的电流为 i_{II},流向如图 5 - 25(c)所示,则根据同名端及电流流向的假设,可得

$$i_{\text{II}} = i_4 - i_3 = \frac{2u_{\Omega}(t)}{r_{\text{d}} + 2R_{\text{L}}} K(\omega_{\text{c}}t - \pi)$$

式中，$K(\omega_{\text{c}}t - \pi) = \dfrac{1}{2} - \dfrac{2}{\pi}\cos \omega_{\text{c}}t + \dfrac{2}{3\pi}\cos 3\omega_{\text{c}}t - \cdots$

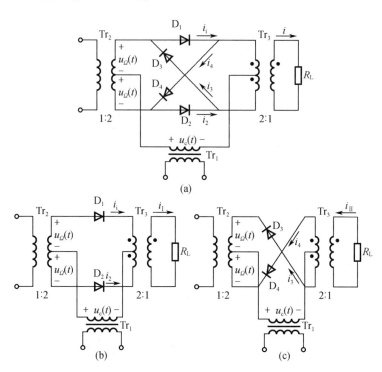

图 5 – 25　环形调幅电路

因此，流过 R_{L} 的总电流为

$$i = i_{\text{I}} - i_{\text{II}} = \frac{2u_{\Omega}(t)}{r_{\text{d}} + 2R_{\text{L}}} [\, K(\omega_{\text{c}}t) - K(\omega_{\text{c}}t - \pi)\,]$$

$$= \frac{2U_{\Omega\text{m}}\cos \Omega t}{r_{\text{d}} + 2R_{\text{L}}} \left(\frac{4}{\pi}\cos \omega_{\text{c}}t - \frac{4}{3\pi}\cos 3\omega_{\text{c}}t + \cdots \right)$$

$$= \frac{U_{\Omega\text{m}}}{r_{\text{d}} + 2R_{\text{L}}} \Big[\frac{4}{\pi}\cos (\omega_{\text{c}} + \Omega)t + \frac{4}{\pi}\cos (\omega_{\text{c}} - \Omega)t -$$

$$\frac{4}{3\pi}\cos (3\omega_{\text{c}} + \Omega)t - \frac{4}{3\pi}\cos (3\omega_{\text{c}} - \Omega)t + \cdots \Big]$$

可见，环形调幅电路与平衡调幅电路比较，进一步抵消了 Ω 分量，而且各分量的振幅加倍。通过中心频率为 ω_{c}，通带为 2Ω 的带通滤波器滤波，可取出 $\omega_{\text{c}} \pm \Omega$ 的电流，在 R_{L} 上可建立双边带调幅电压。

例 5 – 10　双平衡器件构成振幅调制电路，如图 5 – 26 所示。图中 $u_{\text{c}}(t) = U_{\text{cm}}\cos \omega_{\text{c}}t$，$u_{\Omega}(t) = U_{\Omega\text{m}}\cos \Omega t$。各二极管正向导通电阻为 r_{d}，且工作于受 $u_{\text{c}}(t)$ 控制的开关状态。设 $R_{\text{L}} \gg r_{\text{d}}$，试求输出电压 u_{o} 的表示式。

注意　利用双平衡模块电路(在混频电路中应用较多)实现振幅调制，观察电路构成的特点,载波信号与调制信号注入的位置不同,开关函数受 $u_c(t)$ 控制。

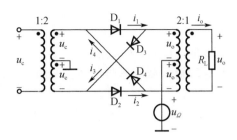

解　设在输入信号共同作用下,流过二极管 D_1 的电流为 i_1,流过二极管 D_2 的电流为 i_2,流过二极管 D_3 的电流为 i_3,流过二极管 D_4 的电流为 i_4。根据高频变压器的匝数比和同名端的关系,可知流过负载 R_L 的电流 $i_o = (i_1 - i_3) + (i_4 - i_2)$。

图 5 - 26　双平衡调幅电路

根据题意,$u_c(t) = U_{cm}\cos\omega_c t$ 为大信号,正半周时二极管 D_1、D_3 导通,二极管 D_4、D_2 截止。D_1 和 D_3 的开关函数为 $K(\omega_c t)$。负半周时二极管 D_4、D_2 导通,二极管 D_1、D_3 截止。D_4 和 D_2 的开关函数为 $K(\omega_c t - \pi)$。

(1)计算电流 $i_1 - i_3$,由图 5 - 27 可得

$$i_1 = \frac{1}{r_d + 2R_L}K(\omega_c t)(u_c - u_\Omega) \approx \frac{1}{2R_L}K(\omega_c t)(u_c - u_\Omega)$$

$$i_3 = \frac{1}{r_d + 2R_L}K(\omega_c t)(u_c + u_\Omega) \approx \frac{1}{2R_L}K(\omega_c t)(u_c + u_\Omega)$$

$$i'_o = i_1 - i_3 \approx \frac{1}{R_L}K(\omega_c t)u_\Omega$$

(2)计算电流 $i_4 - i_2$,由图 5 - 28 可得

$$i_4 = \frac{1}{r_d + 2R_L}K(\omega_c t - \pi)(-u_c + u_\Omega) \approx \frac{1}{2R_L}K(\omega_c t - \pi)(-u_c + u_\Omega)$$

$$i_2 = \frac{1}{r_d + 2R_L}K(\omega_c t - \pi)(-u_c - u_\Omega) \approx \frac{1}{2R_L}K(\omega_c t - \pi)(-u_c - u_\Omega)$$

$$i''_o = i_4 - i_2 \approx \frac{1}{R_L}K(\omega_c t - \pi)u_\Omega$$

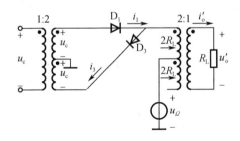

图 5 - 27　正半周导通等效

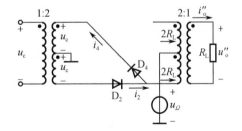

图 5 - 28　负半周导通等效

(3)计算输出电压 $u_o = i_o R_L = (i'_o + i''_o)R_L$

$$i_o = (i_1 - i_3) + (i_4 - i_2) \approx \frac{-u_\Omega}{R_L}[K(\omega_c t) - K(\omega_c t - \pi)]$$

$$u_o = -u_\Omega[K(\omega_c t) - K(\omega_c t - \pi)] = -U_{\Omega m}\cos\Omega t\left(\frac{4}{\pi}\cos\omega_c t - \frac{4}{3\pi}\cos 3\omega_c t + \cdots\right)$$

在输出端选用中心频率为 ω_c,通带为 2Ω 的带通滤波器滤波,可选取双边带调幅波输出。

例 5 - 11　图 5 - 29 是应用广泛的二极管环形调幅电路。Tr_2 和 Tr_3 是高频变压器,Tr_1

是低频变压器,4 个二极管串接成环形。Tr_1 一次与二次匝比 1:1 用于传送低频调制信号。Tr_2 的二次侧为中心抽头,一次与二次匝比为 1:2,输入载波信号电压。Tr_3 的一次侧为中心抽头,一次与二次匝比为 2:1,输出高频双边带调幅波。试分析此电路能否实现双边带调幅。

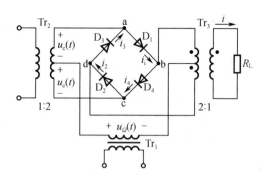

图 5 – 29　二极管环形调幅电路

注意　开关工作状态的环形调幅电路的开关函数是分析电路的关键,需根据设定的参考方向正确选取。

解　设输入载波电压 $u_c(t) = U_{cm}\cos \omega_c t$,且 U_{cm} 足够大,使二极管处于开关工作状态。输入调制电压为 $u_\Omega(t) = U_{\Omega m}\cos \Omega t$,是小信号。在 $u_c(t)$ 的正半周,D_1、D_4 导通,D_2、D_3 截止,其开关函数为 $K(\omega_c t)$。在 $u_c(t)$ 的负半周,D_2、D_3 导通,D_1、D_4 截止,其开关函数为 $K(\omega_c t - \pi)$。

在 $u_c(t)$ 的正半周,等效电路如图 5 – 30 所示。开关函数为 $K(\omega_c t)$。流入 Tr_3 一次侧同名端的电流为 $i_1 - i_4$,由等效电路可得

$$i_1 = \frac{1}{2R_L + r_d}K(\omega_c t)\left[u_c(t) + u_\Omega(t)\right]$$

$$i_4 = \frac{1}{2R_L + r_d}K(\omega_c t)\left[u_c(t) - u_\Omega(t)\right]$$

$$i_1 - i_4 = \frac{2u_\Omega(t)}{2R_L + r_d}K(\omega_c t)$$

在 $u_c(t)$ 的负半周,等效电路如图 5 – 31 所示。开关函数为 $K(\omega_c t - \pi)$。流出 Tr_3 一次侧同名端的电流为 $i_2 - i_3$,由等效电路可得

$$i_2 = \frac{1}{2R_L + r_d}K(\omega_c t - \pi)\left[-u_c(t) + u_\Omega(t)\right]$$

$$i_3 = \frac{1}{2R_L + r_d}K(\omega_c t - \pi)\left[-u_c(t) - u_\Omega(t)\right]$$

$$i_2 - i_3 = \frac{2u_\Omega(t)}{2R_L + r_d}K(\omega_c t - \pi)$$

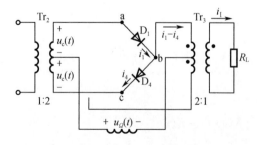

图 5 – 30　$u_c(t)$ 的正半周等效电路

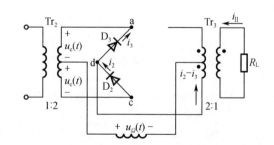

图 5 – 31　$u_c(t)$ 的负半周等效电路

流过 Tr_3 二次侧的电流 $i = i_I - i_{II} = (i_1 - i_4) - (i_2 - i_3)$,则

$$i = \frac{2u_\Omega(t)}{2R_L + r_d}[K(\omega_c t) - K(\omega_c t - \pi)]$$

$$= \frac{2U_{\Omega m}\cos\Omega t}{2R_L + r_d}\left(\frac{4}{\pi}\cos\omega_c t - \frac{4}{3\pi}\cos 3\omega_c t + \cdots\right)$$

可见,输出电流 i 中含有 $\omega_c \pm \Omega$、$3\omega_c \pm \Omega$、$5\omega_c \pm \Omega$ …。经带通滤波器输出双边带调幅波。

5.3.7　集电极调幅电路与基极调幅电路

1. 集电极调幅电路

图 5 – 32 是集电极调幅电路。低频调制信号 $u_\Omega(t)$ 与丙类放大器的直流电源 V_{CT} 相串联,有效集电极电源电压 V_{CC} 等于两个电压之和,它随调制信号变化而变化。电容器 C' 是高频旁路电容,它的作用是避免高频电流通过调制变压器 Tr_3 的二次线圈以及 V_{CT} 电源,对调制信号相当于开路,有效电源电压加到放大器上。载波信号由高频变压器 Tr_1 输入,高频变压器 Tr_2 的一次侧构成并联谐振回路,调谐于载波频率,组成带通滤波器。调幅信号由 Tr_2 的二次侧输出。

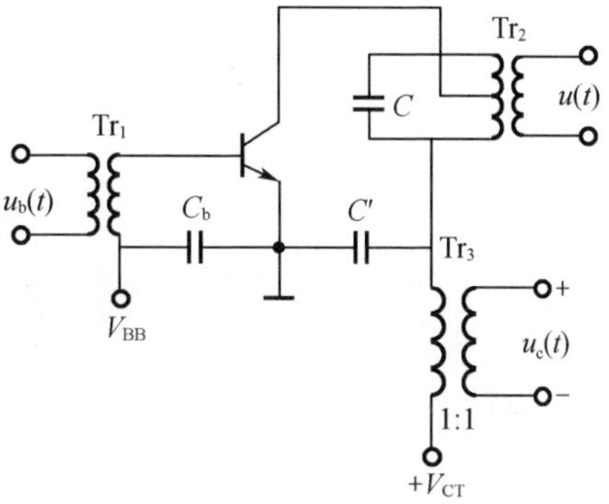

图 5 – 32　集电极调幅电路

丙类高频功率放大器,在 V_{BB}、g_c、U_{BZ}、U_{bm}、R_P 不变的条件下,只改变 V_{CC} 时,在欠压区集电极电流 I_{C0}、I_{c1m} 不变。而在过压区,I_{C0}、I_{c1m} 将随 V_{CC} 变化而变化,即在过压区具有调幅特性。集电极调幅就是利用这个特性实现调幅。设调制特性如图 5 – 33 所示,在过压区,在 V_{BB}、g_c、U_{BZ}、U_{bm}、R_P 不变的条件下,改变 V_{CC} 中的 $u_\Omega(t)$,可得

$$V_{CC} = V_{CT} + U_{\Omega m}\cos\Omega t = V_{CT}(1 + m_a\cos\Omega t)$$

式中,调幅指数 $m_a = U_{\Omega m}/V_{CT}$。

$$I_{C0} = I_{C0T}(1 + m_a\cos\Omega t)$$

$$I_{c1m} = I_{c1T}(1 + m_a\cos\Omega t)$$

输出电压为

$$u(t) = I_{c1m}R_P\cos\omega_c t = U_{cm}(1 + m_a\cos\Omega t)\cos\omega_c t$$

集电极调幅的功率与效率:

(1)载波状态 $u_\Omega(t) = 0$,$V_{CC} = V_{CT}$,$I_{C0} = I_{C0T}$,$I_{c1m} = I_{c1T}$。

直流电源 V_{CT} 输入功率为

$$P_{=T} = V_{CT}I_{C0T}$$

载波输出功率为

$$P_{oT} = \frac{1}{2}I_{c1T}^2 R_P$$

集电极损耗功率为

$$P_{cT} = P_{=T} - P_{oT}$$

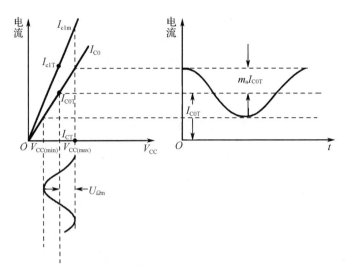

图 5－33　理想化静态调幅特性

集电极效率为

$$\eta_{cT} = P_{oT}/P_{=T}$$

（2）调制一周内：$u_{\Omega}(t) = U_{\Omega m}\cos\Omega t$，$V_{CC} = V_{CT} + U_{\Omega m}\cos\Omega t$，$I_{C0} = I_{C0T}(1 + m_a\cos\Omega t)$，$I_{c1m} = I_{c1T}(1 + m_a\cos\Omega t)$。

有效电源电压 V_{CC} 提供平均输入功率为

$$P_{=av} = \frac{1}{2\pi}\int_{-\pi}^{\pi} V_{CC}I_{C0}\mathrm{d}(\Omega t) = \frac{1}{2\pi}\int_{-\pi}^{\pi} V_{CT}(1 + m_a\cos\Omega t)I_{C0T}(1 + m_a\cos\Omega t)\mathrm{d}(\Omega t)$$

$$= V_{CT}I_{C0T} + \frac{m_a^2}{2}V_{CT}I_{C0T} = P_{=T}\left(1 + \frac{m_a^2}{2}\right)$$

式中，直流电源 V_{CT} 所供给的平均输入功率 $P_{=} = P_{=T} = V_{CT}I_{C0T}$；调制信号源 $u_{\Omega}(t)$ 提供的平均输入功率 $P_{=T} = \frac{m_a^2}{2}$。

平均输出功率为

$$P_{oav} = \frac{1}{2\pi}\int_{-\pi}^{\pi}\frac{1}{2}I_{c1m}^2 R_P\mathrm{d}(\Omega t) = \frac{1}{2\pi}\int_{-\pi}^{\pi}\frac{1}{2}I_{c1T}(1 + m_a\cos\Omega t)^2 R_P\mathrm{d}(\Omega t)$$

$$= \frac{1}{2}I_{c1T}^2 R_P\left(1 + \frac{m_a^2}{2}\right) = P_{oT}\left(1 + \frac{m_a^2}{2}\right)$$

式中，载波输出功率为 P_{oT}；边频功率为 $\frac{m_a^2}{2}P_{oT}$。

平均集电极损耗功率为

$$P_{cav} = P_{=av} - P_{oav} = (P_{=T} - P_{oT})\left(1 + \frac{m_a^2}{2}\right) = P_{CT}\left(1 + \frac{m_a^2}{2}\right)$$

平均集电极效率为

$$\eta_{\mathrm{cav}} = \frac{P_{\mathrm{oav}}}{P_{=\mathrm{av}}} = \frac{P_{\mathrm{oT}}\left(1 + \dfrac{m_a^2}{2}\right)}{P_{=\mathrm{T}}\left(1 + \dfrac{m_a^2}{2}\right)} = \eta_{\mathrm{cT}}$$

（3）集电极调幅电路的特点

①必须工作于过压区。

②调制过程中效率不变，可保持在高效率下工作。

③总输入功率分别由直流电源 V_{CT} 和调制信号源 $u_\Omega(t)$ 提供。因而调制信号源应是功率源。

④载波输出功率由直流电源 V_{CT} 提供，而边频输出功率由调制信号 $u_\Omega(t)$ 提供。

⑤在调制过程中，集电极最大瞬时电压与最小瞬时电压分别为

$$U_{\mathrm{CEmax}} = V_{\mathrm{CT}}(1 + m_a) + U_{\mathrm{cm}}(1 + m_a), \quad U_{\mathrm{CEmin}} = V_{\mathrm{CT}}(1 - m_a) - U_{\mathrm{cm}}(1 - m_a)$$

例 5 - 12　某集电极调幅电路如图 5 - 31 所示。集电极直流电源电压 $V_{\mathrm{CT}} = 24$ V，集电极电流直流分量 $I_{\mathrm{C0}} = 20$ mA，调制变压器次级的调制音频电压为 $u_\Omega(t) = 16.8\sin 2\pi \times 10^3 t$ V，集电极平均效率 $\eta_{\mathrm{cav}} = 80\%$，回路载波输出电压 $u_{\mathrm{c}}(t) = 21.6\cos 2\pi \times 10^6 t$ V。试求：

（1）调幅指数 m_a；

（2）输出调幅波的数学表示式；

（3）直流电源 V_{CT} 提供的直流平均输入功率；

（4）调制信号源 $u_\Omega(t)$ 提供的平均输入功率；

（5）有效电源 $[V_{\mathrm{CT}}$ 和 $u_\Omega(t)]$ 提供的总平均输入功率；

（6）载波输出功率、边频输出功率和总平均输出功率；

（7）集电极最大和最小的瞬时电压。

注意　此题是集电极调幅电路计算的一个较为全面的题，首先要根据集电极调幅电路的基本原理确定调幅指数 m_a，其次确定调幅波的数学表示式，最后计算各项功率以及最大、最小集电极瞬时电压。

解　（1）根据集电极调幅的 $m_a = U_{\Omega\mathrm{m}}/V_{\mathrm{CT}}$，可得

$$m_a = \frac{U_{\Omega\mathrm{m}}}{V_{\mathrm{CT}}} = \frac{16.8}{24} = 0.7$$

（2）集电极调幅电路输出为普通调幅波，在调制信号 $u_\Omega(t) = 16.8\sin 2\pi \times 10^3 t$ V 时，其数学表示式为

$$u(t) = 21.6(1 + 0.7\sin 2\pi \times 10^3 t)\cos 2\pi \times 10^6 t \text{ V}$$

（3）直流电源 V_{CT} 提供的直流平均输入功率为

$$P_{=\mathrm{T}} = V_{\mathrm{CT}} I_{\mathrm{C0}} = 24 \times 20 \times 10^{-3} \text{ W} = 0.480 \text{ W} = 480 \text{ mW}$$

（4）调制信号源 $u_\Omega(t)$ 提供的平均输入功率为

$$P_\Omega = \frac{1}{2} m_a^2 P_{=\mathrm{T}} = \frac{1}{2} \times 0.7^2 \times 480 \text{ mW} = 117.6 \text{ mW}$$

（5）有效电源提供的平均输入功率为

$$P_{=\mathrm{av}} = P_{=\mathrm{T}}\left(1 + \frac{m_a^2}{2}\right) = (480 + 117.6) \text{ mW} = 597.6 \text{ mW}$$

（6）载波输出功率为

$$P_{oT} = P_{=T}\eta_{cT} = 480 \times 80\% \text{ mW} = 384 \text{ mW}$$

边频功率为

$$P_{o(\omega_c \pm \Omega)} = \frac{1}{2} \times 0.7^2 \times 384 \text{ mW} = 94.08 \text{ mW}$$

总平均输出功率为

$$P_{oav} = P_{oT}\left(1 + \frac{m_a^2}{2}\right) = (384 + 94.08)\text{mW} = 478.08 \text{ mW}$$

（7）集电极最大瞬时电压为

$$u_{CEmax} = V_{CT}(1 + m_a) + U_{cm}(1 + m_a) = [24(1 + 0.7) + 21.6(1 + 0.7)]\text{V} = 77.52 \text{ V}$$

集电极最小瞬时电压为

$$u_{CEmin} = V_{CT}(1 - m_a) + U_{cm}(1 - m_a) = [24(1 - 0.7) + 21.6(1 - 0.7)]\text{V} = 0.72 \text{ V}$$

2. 基极调幅电路

图 5 – 34 是基极调幅电路。图中 C_1、C_3 为高频旁路电容；C_2 为低频旁路电容；Tr_1 为高频变压器；Tr_2 为低频变压器；LC 回路谐振于载波频率 ω_c，通频带为 $2\Omega_{max}$。

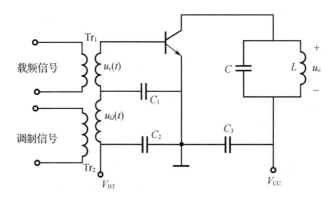

图 5 – 34　基极调幅电路

基极调幅电路的基本原理是利用丙类功率放大器在电源电压 V_{CC}、输入信号振幅 U_{bm}、谐振电阻 R_P、晶体管（g_c、U_{BZ}）不变的条件下，在欠压区改变 V_{BB}，其输出电流 I_{C0} 和 I_{c1m} 随 V_{BB} 的变化这一特点来实现调幅的。

基极调幅电路的特点如下：

① 必须工作于欠压区；

② 载波功率和边频功率都由直流电源 V_{CC} 提供；

③ 调制过程中效率是变化的；

④ 调制线性范围小，只能用于输出功率小，对失真要求不严的发射机中。

5.3.8　单边带信号的产生方法

1. 滤波法

将双边带调幅信号经边带滤波器滤去一个边带得到单边带调幅信号。但是，在 $f_c \gg F_{mn}$

时,要求边带通滤波器的相对带宽很小,制作上难度很大,通常是采用适当降低第一次调制的载波频率,这样就可增大边带滤波器的相对带宽。经过多次调制和滤波,提高载波频率以实现单边带的调制,图 5 - 35 是一种实用的滤波法调制方式,载波频率 $f_c = f_1 + f_2 + f_3$。

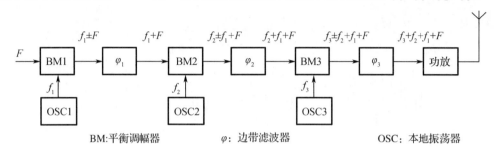

图 5 - 35 实现滤波法的一种方案

2. 移相法

输入载波信号 $u_c(t) = U_{cm}\cos \omega_c t$ 和调制信号 $u_\Omega(t) = U_{\Omega m}\cos \Omega t$,要求输出单边带信号 $u(t)$。

$$u(t) = KU_{cm}U_{\Omega m}\cos(\omega_c + \Omega)t = KU_{cm}U_{\Omega m}\cos \Omega t\cos \omega_c t - KU_{cm}U_{\Omega m}\sin \Omega t\sin \omega_c t$$

可以看出它是由两个双边带信号组成的,只是其中之一的载波信号和调制信号要移相 90°。因此,在输入载波为 $U_{cm}\cos \omega_c t$ 和调制信号为 $U_{\Omega m}\cos \Omega t$ 时,可由图 5 - 36 所示原理框图实现单边带信号的产生。这种方法的优点是不需要难度大的滤波器。但是在调制信号为多频时,移相网络对所有频率都为 90°是很难做到的。

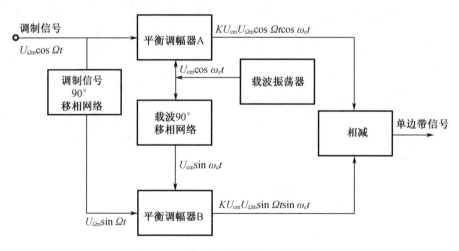

图 5 - 36 相移法单边带调制器方框图

5.3.9 调幅解调电路的功能、组成与分类

1. 调幅解调电路的功能

调幅解调电路的功能是从调幅波中不失真地解调出原调制信号。当输入信号是高频等

幅波时,检波电路输出为直流电压,如图 5-37(a)所示。当输入信号是正弦调制的调幅波时,检波器输出电压为正弦波,如图 5-37(b)所示。当输入信号是脉冲调制的调幅波时,检波器输出电压为脉冲波,如图 5-37(c)所示。

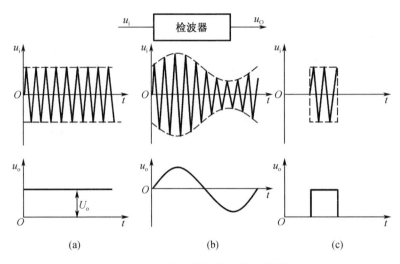

图 5-37 检波器的输入输出波形

调幅解调电路(检波器)的功能也可以用根据输入信号的不同形式,用输入信号与输出信号的频谱关系来表示。图 5-38 是检波器功能的频谱表示形式。

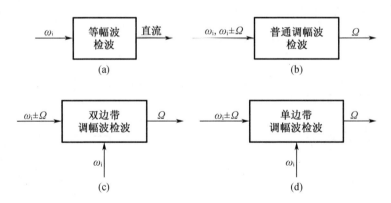

图 5-38 检波器的输入与输出频谱

2. 调幅解调电路的组成

从图 5-38 可以看出,检波是振幅调制的相反过程,其输出信号的频谱是输入振幅调制信号的原调制信号的频谱。因而需要通过非线性器件将输入信号的频率经变换产生新的频率成分,即原调制信号的频率成分。例如,图 5-38(a)是输入信号频率为 ω_i 高频等幅波,输出是直流电压。它是利用非线性器件使输入波形产生失真,其中含有直流分量经低通滤波器在负载上得到直流电压输出。图 5-38(b)是输入信号为普通调幅波,其频谱为 ω_i、$\omega_i \pm \Omega$,输出是 Ω。利用非线性器件能产生载频 ω_i 和上下边频 $\omega_i \pm \Omega$ 的差频 Ω,经低通滤波器选出原调制信号电压。图 5-38(c)是输入信号为双边带调幅波,其频谱为 $\omega_i \pm \Omega$,输

出是 Ω。图 5 − 38(d)是输入信号为单边带调幅波,其频谱为 $\omega_i + \Omega$,输出是 Ω。对于这两种调幅波,由于输入信号频谱中不含有独立的 ω_i,经过非线性器件不能直接产生 Ω 分量。必须在输入端外加本地载频信号 ω_i 后,通过非线性器件才能产生 Ω 分量。所以,调幅解调电路(检波器)是由输入回路、非线性器件和低通滤波器三部分组成的。

3. 调幅解调电路的分类

调幅解调电路(检波器)可分为包络检波和同步检波两大类。图 5 − 38(a)、图 5 − 38(b)是包络检波,图 5 − 38(c)、图 5 − 38(d)是同步检波。

5.3.10　二极管大信号包络检波器

1. 大信号包络检波

输入信号振幅大于 0.5 V,利用二极管两端加正向电压时导通,输入信号电压通过二极管对低通滤波器的电容 C 充电,二极管两端加反向电压时截止,电容 C 通过 R 放电这一特性实现的检波,称为大信号包络检波。其输出电压反映输入信号振幅变化的规律。

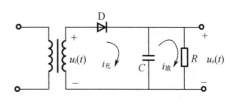

图 5 − 39　二极管大信号检波的原理电路

2. 二极管大信号检波器的原理电路

图 5 − 39 是二极管大信号检波的原理电路,它是由输入回路、非线性器件和低通滤波器组成的。

3. 二极管大信号检波的检波过程

(1)输入为高频等幅波时,其检波过程如图 5 − 40 所示。$0 \sim t_1$,输入信号 $u_i(t)$ 大于输出电压 $u_o(t)$,二极管导通,输入电压对 C 充电。充电时间常数 $r_d C$ 很小,充电快。$t_1 \sim t_2$,输入信号 $u_i(t)$ 小于输出电压 $u_o(t)$,二极管截止,C 上电压通过 R 放电。放电时间常数 RC 很大,放电慢。$t_2 \sim t_3$,输入信号 $u_i(t)$ 大于输出电压 $u_o(t)$,二极管导通,又对 C 充电。$t_3 \sim t_4$,输入信号 $u_i(t)$ 小于输出电

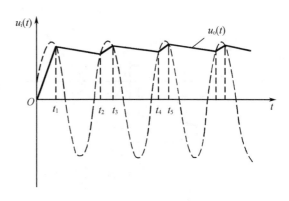

图 5 − 40　输入等幅波时的检波过程

压 $u_o(t)$,二极管截止,C 上电压又对 R 放电。经过多次反复充放电,直到在一周内电容充电电荷量与放电电荷量相等,充放电达到动态平衡进入稳定工作状态。输出电压为直流电压。

(2)输入为普通调幅波时,其检波过程如图 5 − 41 所示。输出电压 $u_o(t)$ 的变化规律正好与输入信号的包络相同。

4. 二极管大信号检波的分析

大信号检波的二极管伏安特性可近似用折线表示。其数学表示式为

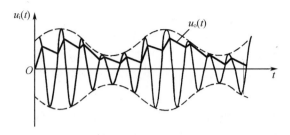

图 5 – 41　输入为普通调幅波时的检波过程

$$i_D = \begin{cases} g_d(u_D - U_{BZ}), u_D \geqslant U_{BZ} \\ 0, u_D < U_{BZ} \end{cases}$$

式中,g_d 为二极管导通时的电导,即 $g_d = 1/r_d$;U_{BZ} 为二极管的导通电压。

二极管两端电压 $u_D = u_i - u_o$,若 $u_i = U_{im}\cos \omega_i t$,则

$$u_D = -u_o + U_{im}\cos \omega_i t$$

流过二极管的电流 i_D 是重复频率为 ω_i 的周期余弦电流脉冲,如图 5 – 42 所示。其通角为 θ,振幅最大值为 I_M。i_D 可表示为

$$i_D = I_0 + I_{1m}\cos \omega_i t + I_{2m}\cos 2\omega_i t + \cdots + I_{nm}\cos n\omega_i t$$

式中,$I_0 = I_M\alpha_0(\theta)$ 为直流分量;$I_{1m} = I_M\alpha_1(\theta)$ 为基波分量振幅;$I_{nm} = I_M\alpha_n(\theta)$ 为 n 次谐波分量振幅。

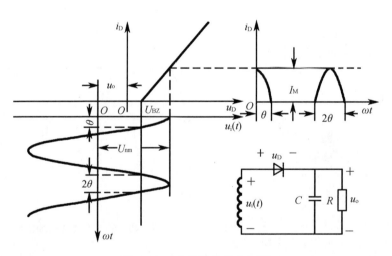

图 5 – 42　大信号检波分析图

检波输出电压 u_o 为

$$u_o = I_0 R$$

从图 5 – 42 可知,在 $U_{BZ} = 0$(或 $U_{im} \gg U_{BZ}$)的条件下,可得

$$u_o = U_{im}\cos \theta$$

而 θ 与电路参数的关系(见《高频电子线路(第 4 版)》中的分析)可得

$$\theta = \sqrt[3]{\frac{3\pi r_d}{R}} \text{ rad}$$

①输入为高频等幅波 $U_{im}\cos \omega_i t$ 时,输出电压为
$$u_o = U_{im}\cos \theta$$

②输入为普通调幅波 $U_{im}(1 + m_a\cos \Omega t)\cos \omega_i t$ 时,由于 $\Omega \ll \omega_i$,则输出电压为
$$u_o = U'_{im}\cos \theta = U_{im}(1 + m_a\cos \Omega t)\cos \theta$$

5. 大信号检波器的技术指标

（1）电压传输系数 K_d

输入为等幅波 $u_i = U_{im}\cos \omega_i t$ 时,其定义为输出直流电压与输入高频电压振幅的比值。

$$K_d = \frac{U_o}{U_{im}} = \frac{U_{im}\cos \theta}{U_{im}} = \cos \theta$$

输入为普通调幅波 $u_i = U_{im}(1 + m_a\cos \Omega t)\cos \omega_i t$ 时,其定义为输出的 Ω 分量振幅 $U_{\Omega m}$ 与输入高频调幅波包络变化的振幅 $m_a U_{im}$ 的比值。

$$K_d = \frac{U_{\Omega m}}{m_a U_{im}} = \frac{m_a U_{im}\cos \theta}{m_a U_{im}} = \cos \theta$$

二极管大信号检波器的电压传输系数 K_d 为常数,又称线性检波。线性检波由电路参数决定,与输入信号 U_{im} 无关。

（2）等效输入电阻 R_{id}

检波器通常作为前级放大器的负载,其等效输入电阻将会影响前级放大器的特性。它对前级放大器的电压增益、通频带等均有影响。检波器输入信号为高频信号,其等效输入电阻的定义是

$$R_{id} = \frac{U_{im}}{I_{1m}}$$

式中,I_{1m} 是流过二极管脉冲电流的基波分量的振幅。

$$R_{id} \approx \frac{1}{2}R$$

式中,R 为检波器的直流负载电阻。

（3）检波器的失真

检波器在实现对调幅波进行解调时,为了取出原调制频率 Ω,通常要采用隔直电容 C_C 作为耦合电容与下级输入电阻 R_L 相连接,在 R_L 上取出所需调制信号。图 5 - 43 所示是一个有耦合电容 C_C 的检波电路。

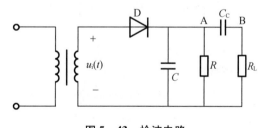

图 5 - 43　检波电路

①频率失真

当输入信号是调制频率为 $\Omega_{min} \sim \Omega_{max}$ 的普通调幅波时,检波器输出端 A 点的电压频率包含直流、$\Omega_{min} \sim \Omega_{max}$,而输出 B 点的电压频率包含 $\Omega_{min} \sim \Omega_{max}$。低通滤波器 RC 具有一定的频率特性,电容 C 的主要作用是滤除普通调幅波中的载波分量,为此应满足

$$\frac{1}{\omega_i C} \ll R$$

但是,当 C 取得过大时,对于检波后输出电压的上限频率 Ω_{max},C 的容抗将产生旁路作用。不同的 Ω 将产生不同的旁路作用,这样便引起了频率失真。为了不产生频率失真,应满足

$$\frac{1}{\Omega_{\max}C} \gg R$$

耦合电容 C_c 的容抗将影响检波器输出的下限频率 $\Omega_{\min}$,即在 $\Omega_{\min} \sim \Omega_{\max}$,电容 C_c 上电压降大小不同,在输出端 B 点的电压会因此而产生频率失真。为此,不产生频率失真的条件必满足

$$\frac{1}{\Omega_{\min}C_c} \ll R_L$$

②惰性失真

当低通滤波器 RC 的放电时间常数 RC 过大时,会产生如图 5-44 所示的惰性失真。由于放电时间常数 RC 过大,放电慢,图中 $t_5 \sim t_6$ 这段时间内二极管一直处于截止状态,输出电压 $u_o(t)$ 的变化规律就不能反映输入电压振幅变化的规律而造成惰性失真。

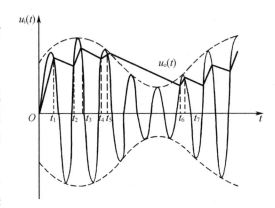

图 5-44　惰性失真

当电容器 C 上电压变化速度,即放电速度比输入调幅波振幅变化的速度要快时,则不会产生惰性失真,即不产生惰性失真的条件是

$$\left|\frac{\mathrm{d}u_c}{\mathrm{d}t}\right| \geqslant \left|\frac{\mathrm{d}U'_{im}}{\mathrm{d}t}\right|$$

式中,$U'_{im} = U_{im}(1 + m_a \cos \Omega t)$。

根据 U'_{im} 与 m_a 有关,不产生惰性失真的条件是

$$RC\Omega \leqslant \frac{\sqrt{1-m_a^2}}{m_a}$$

若调制信号频率为 $\Omega_{\min} \sim \Omega_{\max}$ 时,则不产生惰性失真的条件是

$$RC\Omega_{\max} \leqslant \frac{\sqrt{1-m_a^2}}{m_a}$$

③负峰切割失真

当输入信号电压为普通调幅波 $u_i = U_{im}(1 + m_a \cos \Omega t)\cos \omega_i t$ 时,检波器输出端 A 点的输出 $u_A = U_{im}(1 + m_a \cos \Omega t)\cos \theta$,而输出端 B 点因采用了隔直耦合电容 C_c,其输出 $u_B = m_a U_{im} \cos \theta \cos \Omega t$,在电容 C_c 两端建立直流电压 $U_{im}\cos \theta$。因为 C_c 的电容量大,其上电压可认为在 Ω 一周内保持不变。这个电压通过 R 和 R_L 的分压,将会在 R 上建立分压电压 U_R。U_R 对二极管 D 来说是反向电压,当输入普通调幅波的振幅的最小值附近电压数值小于 U_R 时,二极管截止,将会产生输出电压波形底部被切割,如图 5-45 所

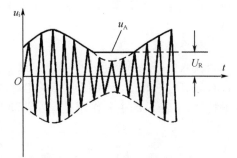

图 5-45　负峰切割失真波形

示,通常称其为负峰切割失真。

不产生负峰切割失真的条件是输入普通调幅波的振幅最小值必须大于或等于 U_R。

设检波器电压传输系数 $K_d = \cos\theta \approx 1$,则

$$U_R = \frac{R}{R_L + R}U_{im}$$

而 $u_{imin} = U_{im}(1 - m_a)$,可得

$$U_{im}(1 - m_a) \geqslant \frac{R}{R_L + R}U_{im}$$

故不产生负峰切割失真的条件是

$$m_a \leqslant \frac{R_\Omega}{R} = \frac{R_L}{R_L + R}$$

式中,R_Ω 为交流电阻;在图 5-43 中,$R_\Omega = \dfrac{RR_L}{R + R_L}$。

在实际应用中,常用如图 5-46 所示的电路来提高电路不产生负峰切割失真的能力。电路中的直流电阻为 $R = R_1 + R_2$,而交流电阻 R_Ω 为

$$R_\Omega = R_1 + \frac{R_2 R_L}{R_2 + R_L}$$

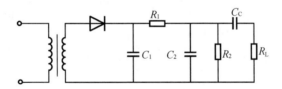

图 5-46　减小负峰切割失真的检波电路

可见,在 R 一定条件下,R_1 越大,R_Ω 与 R 的差别越小,负峰切割失真也就不易产生。但 R_1 过大,检波输出电压就小,因而一般取 $R_1 = (0.1 \sim 0.2)R$。

例 5-13　二极管检波器如图 5-47 所示。二极管的导通电阻 $r_d = 80\ \Omega$,$U_{BZ} = 0$,$R = 10\ k\Omega$,$C = 0.01\ \mu F$,当输入信号电压 $u_i(t)$ 为

(1) $u_i(t) = 2\cos 2\pi \times 465 \times 10^3 t$ V;

(2) $u_i(t) = -2\cos 2\pi \times 465 \times 10^3 t$ V;

(3) $u_i(t) = 2\sin 2\pi \times 465 \times 10^3 t$ V。

试分别计算图 5-47(a)、图 5-47(b)的检波输出电压 u_A 各为多大?

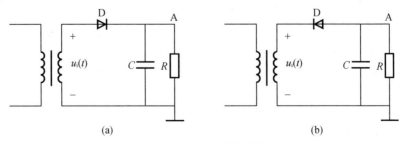

(a)　　　　　　　　　　　　(b)

图 5-47　二极管检波器

注意 二极管的单向导电特性决定了二极管大信号检波器的输出电压的正负极性,而输出电压大小决定于电路参数。

解 1. 图 5 - 47(a)二极管为正向连接

$$\theta = \sqrt[3]{\frac{3\pi r_d}{R}} = \sqrt[3]{\frac{3\pi \times 80}{10 \times 10^3}} \text{ rad} = 0.422 \text{ rad} = 24°$$

电压传输系数 $K_d = \cos\theta = 0.912$。

由于二极管为正向连接,输入正半周导通,检波输出电压为正,K_d 取正,即

$$K_d = \cos\theta = 0.912$$

(1)
$$u_i(t) = 2\cos 2\pi \times 465 \times 10^3 t \text{ V}$$
$$u_A = |U_{im}| \times K_d = 2 \times 0.912 \text{ V} = 1.824 \text{ V}$$

(2)
$$u_i(t) = -2\cos 2\pi \times 465 \times 10^3 t \text{ V}$$
$$u_A = |U_{im}| \times K_d = |-2| \times 0.912 \text{ V} = 1.824 \text{ V}$$

(3)
$$u_i(t) = 2\sin 2\pi \times 465 \times 10^3 t \text{ V}$$
$$u_A = |U_{im}| \times K_d = 2 \times 0.912 \text{ V} = 1.824 \text{ V}$$

2. 图 5 - 47(b)二极管为反向连接

$$\theta = \sqrt[3]{\frac{3\pi r_d}{R}} = \sqrt[3]{\frac{3\pi \times 80}{10 \times 10^3}} \text{ rad} = 0.422 \text{ rad} = 24.2°$$

电压传输系数 $K_d = \cos\theta = 0.912$。

由于二极管为反向连接,输入负半周导通,在计算 u_A 时,K_d 可认为是负值,即 $K_d = -0.912$。

(1)
$$u_i(t) = 2\cos 2\pi \times 465 \times 10^3 t \text{ V}$$
$$u_A = |U_{im}| \times K_d = 2 \times (-0.912) \text{ V} = -1.824 \text{ V}$$

(2)
$$u_i(t) = -2\cos 2\pi \times 465 \times 10^3 t \text{ V}$$
$$u_A = |U_{im}| \times K_d = |-2| \times (-0.912) \text{ V} = -1.824 \text{ V}$$

(3)
$$u_i(t) = 2\sin 2\pi \times 465 \times 10^3 t \text{ V}$$
$$u_A = |U_{im}| \times K_d = 2 \times (-0.912) \text{ V} = -1.824 \text{ V}$$

综上所述,振幅检波器只是检出振幅 U_{im} 的大小,与输入信号本身的相位无关。而输出电压的正、负完全由二极管的方向决定。因为二极管对直流电流来说是具有单向性的,所以在此题中我们选用了二极管正向连接 K_d 取正,二极管负向连接 K_d 取负来计算。

例 5 - 14 二极管检波器如图 5 - 48 所示。二极管的导通电阻 $r_d = 80 \ \Omega$,$U_{BZ} = 0$,$R = 5 \text{ k}\Omega$,$C = 0.01 \ \mu\text{F}$,$C_C = 20 \ \mu\text{F}$,$R_L = 10 \text{ k}\Omega$,若输入信号电压

(1)$u_i(t) = 1.5\cos 2\pi \times 465 \times 10^3 t$ V;

(2)$u_i(t) = 1.5(1 + 0.7\cos 4\pi \times 10^3 t)\cos 2\pi \times 465 \times 10^3 t$ V。

试分别求出 u_A、u_B、R_{id},并判断能否产生惰性失真和负峰切割失真。

注意 输入为等幅波和普通调幅波的检波的输出计算有什么异同,判断在什么条件下会产生惰性失真和负峰切割失真。

解 对于图 5 - 48(a)检波器:

(1)$u_i(t) = 1.5\cos 2\pi \times 465 \times 10^3 t$ V

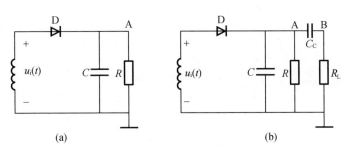

图 5 - 48　二极管检波器

$$\theta = \sqrt[3]{\frac{3\pi r_d}{R}} = \sqrt[3]{\frac{3\pi \times 80}{5 \times 10^3}} \text{ rad} = 0.532 \text{ rad} = 30.49°$$

$$K_d = \cos \theta = 0.862$$

$$u_A = |U_{im}| \times K_d = 1.5 \times 0.862 \text{ V} = 1.293 \text{ V}$$

$$R_{id} = R/2 = 2.5 \text{ k}\Omega$$

由于 $u_i(t)$ 是等幅波，$m_a = 0$，不产生惰性失真的条件是 $RC\Omega \leqslant \dfrac{\sqrt{1 - m_a^2}}{m_a}$ 成立，不会产生惰性失真。

不产生负峰切割失真的条件是 $m_a \leqslant \dfrac{R_\Omega}{R}$，$R_\Omega = R$，故条件成立，不会产生负峰切割失真。

（2）$u_i(t) = 1.5(1 + 0.7\cos 4\pi \times 10^3 t)\cos 2\pi \times 465 \times 10^3 t$ V

$$\theta = \sqrt[3]{\frac{3\pi r_d}{R}} = \sqrt[3]{\frac{3\pi \times 80}{5 \times 10^3}} \text{ rad} = 0.532 \text{ rad} = 30.49°$$

$$K_d = \cos \theta = 0.862$$

$$u_A = U'_{im}K_d = 1.5(1 + 0.7\cos 4\pi \times 10^3 t) \times 0.862 = (1.293 + 0.905\cos 4\pi \times 10^3 t) \text{ V}$$

$$R_{id} = R/2 = 2.5 \text{ k}\Omega$$

不产生惰性失真的条件是 $RC\Omega \leqslant \dfrac{\sqrt{1 - m_a^2}}{m_a}$，而

$$RC\Omega = 5 \times 10^3 \times 0.01 \times 10^{-6} \times 4\pi \times 10^3 = 0.628$$

$$\frac{\sqrt{1 - m_a^2}}{m_a} = \frac{\sqrt{1 - 0.7^2}}{0.7} = 1.02$$

满足

$$RC\Omega \leqslant \frac{\sqrt{1 - m_a^2}}{m_a}$$

不产生惰性失真。

不产生负峰切割失真的条件是 $m_a \leqslant \dfrac{R_\Omega}{R}$，由于无 C_c，$R_\Omega = R$，不产生负峰切割失真。

对于图 5 - 48（b）检波器：

(1) $u_i(t) = 1.5\cos 2\pi \times 465 \times 10^3 t$ V

$$\theta = \sqrt[3]{\frac{3\pi r_d}{R}} = \sqrt[3]{\frac{3\pi \times 80}{5 \times 10^3}} \text{ rad} = 0.532 \text{ rad} = 30.49°$$

$$K_d = \cos\theta = 0.862$$

$$u_A = |U_{im}| \times K_d = 1.5 \times 0.862 \text{ V} = 1.293 \text{ V}$$

$$u_B = 0$$

$$R_{id} = R/2 = 2.5 \text{ k}\Omega$$

由于 $u_i(t)$ 是等幅波，$m_a = 0$。

不产生惰性失真的条件 $RC\Omega \leqslant \dfrac{\sqrt{1-m_a^2}}{m_a}$ 成立，不会产生惰性失真。

不产生负峰切割失真的条件 $m_a \leqslant \dfrac{R_\Omega}{R}$ 成立，不会产生负峰切割失真。

(2) $u_i(t) = 1.5(1 + 0.7\cos 4\pi \times 10^3 t)\cos 2\pi \times 465 \times 10^3 t$ V

$$\theta = \sqrt[3]{\frac{3\pi r_d}{R}} = \sqrt[3]{\frac{3\pi \times 80}{5 \times 10^3}} \text{ rad} = 0.532 \text{ rad} = 30.49°$$

$$K_d = \cos\theta = 0.862$$

$$u_A = U'_{im}K_d = 1.5(1 + 0.7\cos 4\pi \times 10^3 t) \times 0.862$$

$$= 1.293 + 0.905\cos 4\pi \times 10^3 t \text{V}$$

$$u_B = 0.905\cos 4\pi \times 10^3 t \text{ V}$$

$$R_{id} = R/2 = 2.5 \text{ k}\Omega$$

不产生惰性失真的条件是 $RC\Omega \leqslant \dfrac{\sqrt{1-m_a^2}}{m_a}$，而

$$RC\Omega = 5 \times 10^3 \times 0.01 \times 10^{-6} \times 4\pi \times 10^3 = 0.628$$

$$\frac{\sqrt{1-m_a^2}}{m_a} = \frac{\sqrt{1-0.7^2}}{0.7} = 1.02$$

满足

$$RC\Omega \leqslant \frac{\sqrt{1-m_a^2}}{m_a}$$

不产生惰性失真。

不产生负峰切割失真的条件是 $m_a \leqslant \dfrac{R_\Omega}{R}$，而

$$R_\Omega = \frac{RR_L}{R+R_L} = \frac{5 \times 10}{5+10} \text{ k}\Omega = 3.33 \text{ k}\Omega$$

$$\frac{R_\Omega}{R} = \frac{3.33}{5} = 0.667 < m_a = 0.7$$

产生负峰切割失真。

例 5-15 图 5-49 所示是一个小信号调谐放大器和二极管检波器的电路图。调谐放大器的谐振频率 f_0 为 10.7 MHz，$L_{31} = 4$ μH，$Q_0 = 80$，$N_{13} = 10$，$N_{12} = 4$，$N_{45} = 5$，其余参数如图

5-49 所示,晶体三极管的参数,$g_{ie} = 2\,860\ \mu S$,$C_{ie} = 18\ pF$,$g_{oe} = 200\ \mu S$,$C_{oe} = 7\ pF$,$|y_{fe}| = 45\ mS$,$\varphi_{fe} = -54°$,$y_{re} = 0$,二极管的导通电阻 $r_d = 100\ \Omega$,$U_{BZ} = 0$。若 $u_i(t) = 0.1(1 + 0.3\cos 2\pi \times 10^3 t)\cos 2\pi \times 10.7 \times 10^6 t\ V$,试求检波器输出电压 $u_o(t)$。

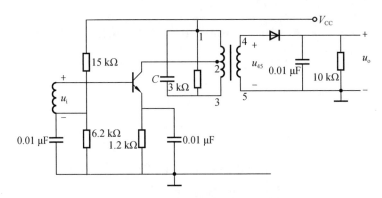

图 5-49 调谐放大器与检波器

注意 小信号调谐放大器与二极管检波器连接构成一个放大检波电路,二极管检波器作为小信号放大器的负载,负载是检波器等效输入电阻 R_{id},放大检波器怎样计算。

解 (1)小信号调谐放大器的计算

图 5-50 所示是本题小信号调谐放大器的等效电路。其中,R_{id} 为二极管大信号检波器的等效输入电阻。其值为 $R/2 = 5\ k\Omega$。

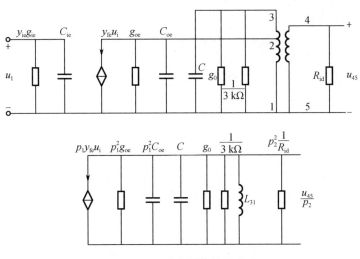

图 5-50 放大器的等效电路

g_0 为电感 L_{31} 的空载损耗电导,由 $g_0 = \dfrac{1}{\omega_0 L_{31} Q_0}$,可得

$$g_0 = \frac{1}{2\pi f_0 L_{31} Q_0} = \frac{1}{2\pi \times 10.7 \times 10^6 \times 4 \times 10^{-6} \times 80}\ S = 46.5\ \mu S$$

由等效电路可知

$$p_1 = \frac{N_{21}}{N_{31}} = \frac{4}{10} = 0.4, \quad p_2 = \frac{N_{45}}{N_{31}} = \frac{5}{10} = 0.5$$

$$\begin{aligned}
g_\Sigma &= \left(p_1^2 g_{oe} + g_0 + \frac{1}{3 \times 10^3} + p_2^2 \frac{1}{R_{id}} \right) S \\
&= \left(0.4^2 \times 200 \times 10^{-6} + 46.5 \times 10^{-6} + 333.3 \times 10^{-6} + 0.5^2 \frac{1}{5 \times 10^3} \right) S \\
&= 461.8 \times 10^{-6} S = 461.8 \ \mu S
\end{aligned}$$

$$|A_{u0}| = \frac{p_1 p_2 |y_{fe}|}{g_\Sigma} = \frac{0.4 \times 0.5 \times 45 \times 10^{-3}}{461.8 \times 10^{-6}} = 19.49$$

$$u_{45} = A_{u0} u_i(t)$$

放大器输出电压的振幅为

$$\begin{aligned}
U_{45} &= |A_{u0}| \times U'_{im} = 19.49 \times 0.1(1 + 0.3\cos 2\pi \times 10^3 t) \ V \\
&= 1.949(1 + 0.3\cos 2\pi \times 10^3 t) \ V
\end{aligned}$$

(2)二极管检波器计算

$$\theta = \sqrt[3]{\frac{3\pi r_d}{R}} = \sqrt[3]{\frac{3\pi \times 100}{10 \times 10^3}} \ rad = 0.455 \ rad = 26.07°$$

$$K_d = \cos\theta = 0.898$$

$$\begin{aligned}
u_o(t) &= K_d |U_{45}| = 0.898 \times 1.949(1 + 0.3\cos 2\pi \times 10^3 t) \ V \\
&= 1.750(1 + 0.3\cos 2\pi \times 10^3 t) \ V
\end{aligned}$$

例5-16 在图5-51所示大信号二极管检波电路中,二极管D的导通电阻$r_d = 80 \ \Omega$, $U_{BZ} = 0$,输入高频信号电压为

$$u_i(t) = 2(1 + 0.3\cos 2\pi \times 10^3 t)\cos 2\pi \times 10^6 t \ V$$

试求:

(1)u_A、u_B、u_C;

(2)检波器输入电阻R_{id}。

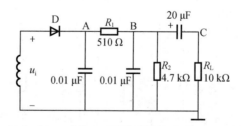

图5-51 大信号二极管检波器

注意 这是一种常用的检波电路,从检波原理上u_A、u_B、u_C应该如何计算? R_{id}应该怎样计算?

解 (1)A点电压为二极管大信号检波器输出电压,其电压传输系数$K_d = \cos\theta$,

$$\theta = \sqrt[3]{\frac{3\pi r_d}{R}} = \sqrt[3]{\frac{3\pi \times 80}{510 + 4\ 700}} \ rad = 0.525 \ rad = 30.1°$$

$$K_{\mathrm{d}} = \cos\theta = 0.865$$

$$u_{\mathrm{A}} = K_{\mathrm{d}}|U_{\mathrm{im}}'| = 0.865 \times 2(1 + 0.3\cos 2\pi \times 10^3 t)\ \mathrm{V} = (1.730 + 0.519\cos 2\pi \times 10^3 t)\ \mathrm{V}$$

由于 u_{A} 含有直流和 1 kHz 的交流电压,则

$$u_{\mathrm{B}} = \frac{R_2}{R_1 + R_2} \times 1.730 + \frac{R_2//R_{\mathrm{L}}}{R_1 + R_2//R_{\mathrm{L}}} \times 0.519\cos 2\pi \times 10^3 t\ \mathrm{V}$$

$$= \left(\frac{4.7}{0.51 + 4.7} \times 1.730 + \frac{\dfrac{4.7 \times 10}{4.7 + 10}}{0.51 + \dfrac{4.7 \times 10}{4.7 + 10}} \times 0.519\cos 2\pi \times 10^3 t \right)\ \mathrm{V}$$

$$= (1.56 + 0.448\cos 2\pi \times 10^3 t)\ \mathrm{V}$$

$$u_{\mathrm{C}} = 0.448\cos 2\pi \times 10^3 t\ \mathrm{V}$$

(2) $$R_{\mathrm{id}} = \frac{1}{2}(R_1 + R_2) = \frac{1}{2}(0.51 + 4.7) = 2.605\ \mathrm{k\Omega}$$

5.3.11　二极管小信号检波电路

1. 小信号检波

小信号检波是指输入高频信号的振幅小于 0.2 V,利用二极管伏安特性的弯曲部分进行频率变换,然后通过低通滤波器实现检波。

由于输入信号振幅小于 0.2 V,也就是小于锗二极管的导通电压 U_{BZ},要工作于非线性的弯曲部分,因而必须给二极管加一个正向直流偏置电压。其电路如图 5 - 52 所示。

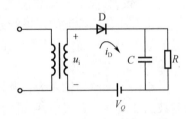

图 5 - 52　二极管小信号检波电路

2. 小信号检波器的分析

由于正向偏置电压 V_Q 使二极管的静态工作点 Q 在伏安特性的弯曲部分。二极管的伏安特性在工作点 Q 附近,可用泰勒级数展开,即

$$i_{\mathrm{D}} = b_0 + b_1(u_{\mathrm{D}} - V_Q) + b_2(u_{\mathrm{D}} - V_Q)^2 + b_3(u_{\mathrm{D}} - V_Q)^3 + \cdots$$

因为二极管小信号检波器输出电压很小,忽略输出电压的反作用,可得

$$u_{\mathrm{D}} = u_{\mathrm{i}} + V_Q$$

则

$$i_{\mathrm{D}} = b_0 + b_1 u_{\mathrm{i}} + b_2 u_{\mathrm{i}}^2 + b_3 u_{\mathrm{i}}^3 + \cdots$$

当 u_{i} 较小时,可忽略其高次项,可得

$$i_{\mathrm{D}} = b_0 + b_1 u_{\mathrm{i}} + b_2 u_{\mathrm{i}}^2$$

式中,$b_0 = I_Q$ 为二极管的直流偏置电流;b_1 和 b_2 为工作点处泰勒级数的展开式系数。

(1) 当输入为等幅波 $u_{\mathrm{i}} = U_{\mathrm{im}}\cos\omega_{\mathrm{i}}t$ 时,得

$$i_{\mathrm{D}} = I_Q + b_1 U_{\mathrm{im}}\cos\omega_{\mathrm{i}}t + b_2 U_{\mathrm{im}}^2\cos^2\omega_{\mathrm{i}}t$$

$$= I_Q + b_1 U_{\mathrm{im}}\cos\omega_{\mathrm{i}}t + \frac{1}{2}b_2 U_{\mathrm{im}}^2 + \frac{1}{2}b_2 U_{\mathrm{im}}^2\cos 2\omega_{\mathrm{i}}t$$

经过低通滤波器取出 $I_Q + \dfrac{1}{2}b_2 U_{\mathrm{im}}^2$,其中 $\dfrac{1}{2}b_2 U_{\mathrm{im}}^2$ 为直流电流增量,它代表二极管的检波作用

的结果。输出电压增量为$\frac{1}{2}b_2 U_{\text{im}}^2 R$。

（2）当输入为普通调幅波$u_i = U_{\text{im}}(1 + m_a \cos \Omega t)\cos \omega_i t$ 时，因为$\omega_i \gg \Omega$，可认为在ω_i一周的$U_{\text{im}}(1 + m_a \cos \Omega t) = U'_{\text{im}}$是不变的。这样检波器的输出电压增量为

$$\frac{1}{2}b_2 R U_{\text{im}}'^2 = \frac{1}{2}b_2 R U_{\text{im}}^2 (1 + m_a \cos \Omega t)^2$$

$$= \frac{1}{2}b_2 R U_{\text{im}}^2 + \frac{1}{4}b_2 R m_a^2 U_{\text{im}}^2 + b_2 R m_a U_{\text{im}}^2 \cos \Omega t + \frac{1}{4}b_2 R m_a^2 U_{\text{im}}^2 \cos 2\Omega t$$

此电压增量经C_C隔直耦合在R_L上得到电压为

$$b_2 R m_a U_{\text{im}}^2 \cos \Omega t + \frac{1}{4}b_2 R m_a^2 U_{\text{im}}^2 \cos 2\Omega t$$

可见输出电压中除Ω分量外，还有2Ω的频率成分，也就是产生了非线性失真。

3. 二极管小信号检波与大信号检波的特点比较

①小信号检波当输入为等幅波时的电压传输系数$K_d = b_2 R U_{\text{im}}/2$，输入为普通调幅波时的电压传输系数$K_d = b_2 R U_{\text{im}}$。它们都与输入信号振幅$U_{\text{im}}$成正比，由于$U_{\text{im}}$很小，故电压传输系数很小，即检波效率低。而大信号检波的电压传输系数$K_d = \cos \theta$为常数，由电路参数决定，数值较大，近于1，即检波效率高。

②由于小信号检波的二极管始终处于导通状态，其等效输入电阻R_{id}可近似认为等于二极管导通电阻r_d。而大信号检波的二极管工作于导通与截止的交替状态，导通时间较短，其等效输入电阻R_{id}为$R/2$。

③小信号检波当输入为普通调幅波时，有2Ω分量输出，产生非线性失真较大。而大信号检波的非线性失真很小，可认为是线性检波。

5.3.12 同步检波器

1. 同步检波器的定义

同步检波器主要用于对双边带调幅波和单边带调幅波进行检波。由于输入调幅信号的频谱中不含有独立的载波ω_i，要实现检波必须增加一个与原载频同频同相位的本地载频信号，因此称为同步检波器。

2. 同步检波器的组成

同步检波器由相乘器和低通滤波器两部分组成。图5-53是乘积型同步检波器的方框原理图。

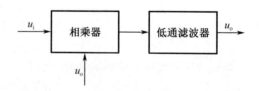

3. 工作原理

（1）输入信号是双边带调幅信号电压

图5-53 乘积型同步检波器的方框原理图

$$u_i = U_{\text{im}} \cos \Omega t \cos \omega_i t$$

本地载频信号电压为

$$u_0 = U_{0m} \cos \omega_i t$$

即本地载频信号与输入信号的载频同频同相位。经相乘器相乘，输出电流为

$$K u_i u_0 = K U_{\text{im}} U_{0m} \cos \Omega t \cos \omega_i t \cos \omega_i t$$

$$= \frac{1}{2}KU_{im}U_{0m}\cos \Omega t + \frac{1}{4}KU_{im}U_{0m}\cos (2\omega_i + \Omega)t +$$

$$\frac{1}{4}KU_{im}U_{0m}\cos (2\omega_i - \Omega)t$$

经低通滤波器滤除 $2\omega_i \pm \Omega$ 频率分量,就得到频率为 Ω 的低频信号

$$u_\Omega = \frac{1}{2}KU_{im}U_{0m}R\cos \Omega t$$

(2)输入信号为单边带调幅信号电压

$$u_i = U_{im}\cos (\omega_i + \Omega)t$$

本地载频信号电压为

$$u_0 = U_{0m}\cos \omega_i t$$

经相乘器相乘,输出电流为

$$Ku_iu_0 = KU_{im}U_{0m}\cos (\omega_i + \Omega)t\cos \omega_i t$$

$$= \frac{1}{2}KU_{im}U_{0m}\cos \Omega t + \frac{1}{2}KU_{im}U_{0m}\cos (2\omega_i + \Omega)t$$

经低通滤波器滤除 $2\omega_i \pm \Omega$ 频率分量后,取出频率为 Ω 的低频信号

$$u_\Omega = \frac{1}{2}KU_{im}U_{0m}R\cos \Omega t$$

(3)普通调幅波也可以采用乘积型同步检波器实现检波。

(4)本地载频信号与输入信号的载频不能保持同步,对检波性能所产生的影响是产生频率失真和相位失真,详细分析见《高频电子线路(第4版)》。

例 5-17 图 5-53 所示是由乘法器和低通滤波器组成的同步检波器。设相乘器的输出为 Ku_iu_0,若

(1)本地载波电压 $u_0 = U_{0m}\cos (\omega_i t + \varphi)$;

(2)本地载波电压 $u_0 = U_{0m}\cos (\omega_i + \Delta\omega)t$,而输入电压分别为双边带调幅波 $u_i = U_{im}\cos \Omega t\cos \omega_i t$ 和单边带调幅波 $u_i = U_{im}\cos (\omega_i + \Omega)t$,试分别分析检波输出电压是否失真。

解 (1)本地载频 $u_0 = U_{0m}\cos (\omega_i t + \varphi)$(不同相)

输入双边带调幅波 $\qquad u_i = U_{im}\cos \Omega t\cos \omega_i t$

$$Ku_iu_0 = KU_{im}U_{0m}\cos \Omega t\cos \omega_i t\cos (\omega_i t + \varphi)$$

$$= \frac{1}{2}KU_{im}U_{0m}\cos \varphi\cos \Omega t + \frac{1}{2}KU_{im}U_{0m}\cos \Omega t\cos (2\omega_i t + \varphi)$$

经低通滤波器取出输出电压

$$\frac{1}{2}KU_{im}U_{0m}R\cos \varphi\cos \Omega t$$

在输出中含有 $\cos \varphi$,若 φ 为固定值,只是振幅减小($\cos \varphi < 1$)。若 φ 是随机变化的量,则会产生相位失真。

输入单边带调幅波 $\qquad u_i = U_{im}\cos \omega_i + \Omega)t$

$$Ku_iu_0 = KU_{im}U_{0m}\cos (\omega_i + \Omega)t\cos (\omega_i t + \varphi)$$

$$= \frac{1}{2}KU_{im}U_{0m}\cos (\Omega t - \varphi) + \frac{1}{2}KU_{im}U_{0m}\cos [(2\omega_i + \Omega)t + \varphi]$$

经低通滤波器取出输出电压

$$\frac{1}{2}KU_{\text{im}}U_{0\text{m}}R\cos\left(\Omega t-\varphi\right)$$

在输出电压中引入了相位失真。

（2）本地载频 $u_0 = U_{0\text{m}}\cos\left(\omega_i+\Delta\omega\right)t$（不同频）

输入双边带调幅波 $\quad\quad u_i = U_{\text{im}}\cos\Omega t\cos\omega_i t$

$$Ku_i u_0 = KU_{\text{im}}U_{0\text{m}}\cos\Omega t\cos\omega_i t\cos\left(\omega_i+\Delta\omega\right)t$$

$$= \frac{1}{2}KU_{\text{im}}U_{0\text{m}}\cos\Omega t\cos\Delta\omega t + \frac{1}{2}KU_{\text{im}}U_{0\text{m}}\cos\Omega t\cos\left(2\omega_i+\Delta\omega\right)t$$

$$= \frac{1}{4}KU_{\text{im}}U_{0\text{m}}\cos\left(\Omega+\Delta\omega\right)t + \frac{1}{4}KU_{\text{im}}U_{0\text{m}}\cos\left(\Omega-\Delta\omega\right)t +$$

$$\frac{1}{2}KU_{\text{im}}U_{0\text{m}}\cos\Omega t\cos\left(2\omega_i+\Delta\omega\right)t$$

经低通滤波器取出输出电压

$$\frac{1}{4}KU_{\text{im}}U_{0\text{m}}R\cos\left(\Omega+\Delta\omega\right)t + \frac{1}{4}KU_{\text{im}}U_{0\text{m}}R\cos\left(\Omega-\Delta\omega\right)t$$

输出电压中产生了频率失真。

输入单边带调幅波 $\quad\quad u_i = U_{\text{im}}\cos\left(\omega_i+\Omega\right)t$

$$Ku_i u_0 = KU_{\text{im}}U_{0\text{m}}\cos\left(\omega_i+\Omega\right)t\cos\left(\omega_i+\Delta\omega\right)t$$

$$= \frac{1}{2}KU_{\text{im}}U_{0\text{m}}\cos\left(\Omega-\Delta\omega\right)t + \frac{1}{2}KU_{\text{im}}U_{0\text{m}}\cos\left(2\omega_i+\Omega+\Delta\omega\right)t$$

经低通滤波器取出输出电压

$$\frac{1}{2}KU_{\text{im}}U_{0\text{m}}R\cos\left(\Omega-\Delta\omega\right)t$$

输出电压中产生了频率失真。

5.3.13 数字信号调幅与解调

1. 数字信号调幅

当调制信号为数字信号对载波进行幅度调制时,称为数字信号调幅,也称为幅度键控（ASK）。二进制数字振幅键控通常称为2ASK。

2. 数字信号调幅的基本原理

（1）数字基带信号 $S(t)$

设二进制数字为数字序列 a_n

$$a_n = \begin{cases} 1,\text{概率为} P \\ 0,\text{概率为} 1-P \end{cases}$$

将 a_n 通过基带信号形成器转换成单极性基带矩形序列 $S(t)$，即

$$S(t) = \sum_n a_n g\left(t-nT_S\right)$$

式中，$g(t)$ 为持续时间为 T_S 的矩形脉冲。

（2）基本原理

利用数字基带信号 $S(t)$ 和载波信号 $u_c(t) = U_{cm}\cos \omega_c t$ 经模拟乘法器相乘来实现，即

$$u(t) = S(t) \cdot u_c(t) = \sum_n a_n g(t - nT_S) U_m \cos \omega_c t$$

图 5 - 54 是数字信号调幅的原理框图，图 5 - 55 是 2ASK 的波形图。

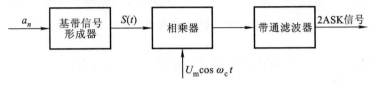

图 5 - 54　数字信号调幅的原理框图

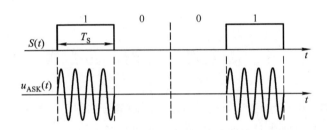

图 5 - 55　2ASK 的波形图

3. 数字信号调幅的实现方法

（1）乘法器实现法

采用模拟乘法器实现与模拟信号调幅相同。也可以采用平衡调幅或环形调幅电路实现。与模拟调制不同的是数字调制采用数字基带信号控制二极管的导通与截止，即数字基带信号为大信号，载波为小信号。而模拟调制是采用载波信号控制二极管的导通与截止，即载波为大信号，调制信号为小信号。

（2）键控实现法

采用数字基带信号去控制电子开关的通断，实现载波信号输出的控制。

4. 数字调幅信号的解调

数字调幅信号 2ASK 的解调与模拟调幅信号解调相似，也有两种方法，即包络解调法和相干解调法。

（1）包络解调法（图 5 - 56）

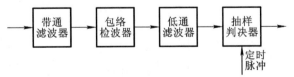

图 5 - 56　2ASK 信号包络解调

（2）相干解调法（图 5 – 57）

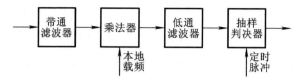

图 5 – 57 2ASK 信号相干解调

包络解调法是在模拟调幅的包络检波器后加抽样判决器,而相干解调法是在模拟调幅的同步检波后加抽样判决器。

抽样判决器包括抽样、判决及码元形成,是为了提高数字解调的性能而增加的,有时也称译码器。

5.4 思考题与习题参考解答

5 – 1 已知载波电压为 $u_c(t) = U_{cm}\cos \omega_c t$,调制信号如图 5 – 58 所示,$f_c \gg 1/T_\Omega$,分别画出 $m_a = 0.5$ 及 $m_a = 1$ 两种情况下所对应的 AM 波的波形。

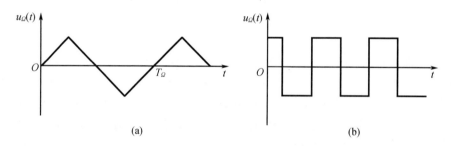

(a)   (b)

图 5 – 58 题 5 – 1 图

解 如图 5 – 59 所示。

5 – 2 设某一广播电台的信号电压 $u(t) = 20(1 + 0.3\cos 6\,280t)\cos 6.33 \times 10^6 t$ mV。此电台的频率是多少? 调制信号频率是多少?

解 电台的角频率 $\omega_c = 6.33 \times 10^6$ rad/s,则

$$f_c = \frac{\omega_c}{2\pi} = 1.007 \text{ MHz}$$

调制信号角频率 $\Omega = 6\,280$ rad/s,则

$$F = \frac{\Omega}{2\pi} = 100 \text{ Hz}$$

5 – 3 为什么调制必须利用电子器件的非线性特性才能实现? 它和小信号放大在本质上有什么不同?

解 调制的过程是频谱搬移过程,它必须要产生新的频率分量,即上下边频分量。要产生新的频率分量没有非线性器件是不行的,因此必须利用非线性器件的非线性特性才能产

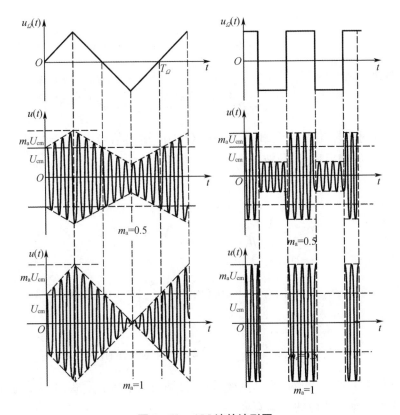

图 5 – 59　AM 波的波形图

生新的频率分量。而小信号放大器是工作于线性工作状态,它不会产生新的频率分量(严格讲是产生的谐波分量很小,可以忽略),即输出信号频率与输入信号频率相同。

5 – 4　有一调幅波,载波功率为 100 W,试求当 $m_a = 1$ 与 $m_a = 0.3$ 时的总功率、边频功率和每一边频的功率。

解　$m_a = 1$ 时
总功率为

$$P_{oav} = P_{oT}\left(1 + \frac{m_a^2}{2}\right) = 100\left(1 + \frac{1^2}{2}\right)W = 150\ W$$

边频功率为

$$P_{o(\omega_c \pm \Omega)} = \frac{m_a^2}{2}P_{oT} = \frac{1^2}{2} \times 100\ W = 50\ W$$

每一边频功率为

$$P_{o(\omega_c + \Omega)} = P_{o(\omega_c - \Omega)} = \frac{m_a^2}{4}P_{oT} = 25\ W$$

$m_a = 0.3$ 时
总功率为

$$P_{oav} = P_{oT}\left(1 + \frac{m_a^2}{2}\right) = 100\left(1 + \frac{0.3^2}{2}\right)W = 104.5\ W$$

边频功率为

$$P_{o(\omega_c \pm \Omega)} = \frac{m_a^2}{2} P_{oT} = \frac{0.3^2}{2} \times 100 \text{ W} = 4.5 \text{ W}$$

每一边频功率为

$$P_{o(\omega_c + \Omega)} = P_{o(\omega_c - \Omega)} = \frac{m_a^2}{4} P_{oT} = 2.25 \text{ W}$$

5－5 某发射机输出级在负载 $R_L = 100 \ \Omega$ 上的输出信号 $u(t) = 4(1 + 0.5\cos \Omega t)\cos \omega_c t$ V，试求总的输出功率、载波功率和边频功率。

解 $U_{cm} = 4 \text{ V}, m_a = 0.5$

载波输出功率为

$$P_{oT} = \frac{1}{2} \frac{U_{cm}^2}{R_L} = \frac{4^2}{2 \times 100} \text{ W} = 0.08 \text{ W}$$

总输出功率为

$$P_{oav} = P_{oT}\left(1 + \frac{m_a^2}{2}\right) = 0.08\left(1 + \frac{0.5^2}{2}\right)\text{W} = 0.09 \text{ W}$$

边频功率为

$$P_{o(\omega_c \pm \Omega)} = \frac{m_a^2}{2} P_{oT} = \frac{0.5^2}{2} \times 0.08 \text{ W} = 0.01 \text{ W}$$

5－6 试指出下列电压是什么已调波，写出已调波的电压表示式，并指出它们在单位电阻上消耗的平均功率及相应的频谱宽度。

(1) $u(t) = (2\cos 4\pi \times 10^6 t + 0.1\cos 3\ 996\pi \times 10^3 t + 0.1\cos 4\ 004\pi \times 10^3 t)$ V；

(2) $u(t) = [4\cos 2\pi \times 10^6 t + 1.6\cos 2\pi(10^6 + 10^3)t + 0.4\cos 2\pi(10^6 + 10^4)t +$
$1.6\cos 2\pi(10^6 - 10^3)t + 0.4\cos 2\pi(10^6 - 10^4)t]$ V。

解 (1) $u(t) = (2\cos 4\pi \times 10^6 t + 0.1\cos 3\ 996\pi \times 10^3 t + 0.1\cos 4\ 004\pi \times 10^3 t)$ V

载波为

$$u_c(t) = U_{cm}\cos 2\pi f_c t = 2\cos 2\pi \times 2 \times 10^6 t \text{ V}$$

式中 $\qquad U_{cm} = 2 \text{ V}, \omega_c = 4\pi \times 10^6 \text{ rad/s}, f_c = 2 \text{ MHz}$

$$\begin{aligned}
\text{边频分量} &= 0.1\cos 3\ 996\pi \times 10^3 t + 0.1\cos 4\ 004\pi \times 10^3 t \\
&= 0.1\cos 2\pi(2\ 000 - 2) \times 10^3 t + 0.1\cos 2\pi(2\ 000 + 2) \times 10^3 t \\
&= 0.2\cos 2\pi \times 2 \times 10^3 t \cos 2\pi \times 2 \times 10^6 t
\end{aligned}$$

从边频分量看是载频为 2 MHz，调制信号频率为 2 kHz 的双边带信号。

$u(t)$ 是有载频和上下边频是单频调制的普通调幅波，其电压数学表示式为

$$u(t) = U_{cm}(1 + m_a\cos \Omega t)\cos \omega_c t = 2(1 + 0.1\cos 4\pi \times 10^3 t)\cos 2\pi \times 10^6 t \text{ V}$$

单位电阻上消耗的平均功率为

$$P_{oT} = \frac{1}{2}\frac{U_{cm}^2}{R} = \frac{2^2}{2} \text{ W} = 2 \text{ W}$$

$$P_{oav} = P_{oT}\left(1 + \frac{m_a^2}{2}\right) = 2\left(1 + \frac{0.1^2}{2}\right)\text{W} = 2.01 \text{ W}$$

频谱宽度为 4 kHz。

$(2)\ u(t) = [\,4\cos 2\pi \times 10^6 t + 1.\,6\cos 2\pi(10^6 + 10^3)t + 0.\,4\cos 2\pi(10^6 + 10^4)t +$

$\qquad 1.\,6\cos 2\pi(10^6 - 10^3)t + 0.\,4\cos 2\pi(10^6 - 10^4)t\,]\ \text{V}$

载波为

$$u_c(t) = U_{cm}\cos 2\pi f_c t = 4\cos 2\pi \times 10^6 t \ \text{V}$$

式中
$$U_{cm} = 4\ \text{V},\quad \omega_c = 2\pi \times 10^6\ \text{rad/s},\quad f_c = 1\ \text{MHz}$$

边频分量 $= [\,1.\,6\cos 2\pi(10^6 + 10^3)t + 0.\,4\cos 2\pi(10^6 + 10^4)t +$

$\qquad 1.\,6\cos 2\pi(10^6 - 10^3)t + 0.\,4\cos 2\pi(10^6 - 10^4)t\,]\ \text{V}$

$\qquad = [\,3.\,2\cos(2\pi \times 10^3 t)\cos(2\pi \times 10^6 t) + 0.\,8\cos(2\pi \times 10^4 t)\cos(2\pi \times 10^6 t)\,]\ \text{V}$

从边频分量看是载频为 1 MHz,调制信号频率为 1 kHz 和 10 kHz 的双频调制双边带信号。

有载频和上下边频是双频调制的普通调幅波,其电压数学表示式为

$$u(t) = U_{cm}(1 + m_1\cos \Omega_1 t + m_2\cos \Omega_2 t)\cos \omega_c t$$

$$\qquad = [\,4(1 + 0.\,8\cos 2\pi \times 10^3 t + 0.\,2\cos 2\pi \times 10^4 t)\cos 2\pi \times 10^6 t\,]\ \text{V}$$

单位电阻上消耗的平均功率

$$P_{oav} = P_{oT}\left(1 + \frac{m_1^2}{2} + \frac{m_2^2}{2}\right) = \frac{U_{cm}^2}{2R}\left(1 + \frac{m_1^2}{2} + \frac{m_2^2}{2}\right)$$

$$\qquad = \frac{4^2}{2}\left(1 + \frac{0.\,8^2}{2} + \frac{0.\,2^2}{2}\right) = 10.\,72\ \text{W}$$

频谱宽度为 2×10^4 Hz。

5 – 7　集电极调幅是高电平调幅,集电极调幅电路是利用丙类高频功率放大器实现的,为了实现线性调制,高频功率放大器应工作于什么状态? 电路输出是什么调幅波? 调制信号源是电压源还是功率源?

解　集电极调幅电路应工作于过压状态,因为高频功率放大器在过压状态时改变电源电压 V_{CC},可以实现线性调幅。集电极调幅电路输出为普通调幅波。集电极调幅电路的调制信号源应是功率源,输出的边频功率是由调制信号源提供的。

5 – 8　能实现普通调幅波的调幅电路有哪些电路? 能实现双边带调幅波的调幅电路有哪些电路?

解　能实现普通调幅波调幅的有高电平调幅的集电极调幅电路和基极调幅电路以及低电平调幅的模拟乘法器调幅电路和单二极管调幅电路。

能实现双边带调幅波调幅的有模拟乘法器调幅电路、二极管平衡调幅电路和二极管环形调幅电路。

5 – 9　一集电极调幅电路,它的载波输出功率为 50 W,调幅指数 $m_a = 0.\,5$,平均集电极效率 $\eta_{cav} = 60\%$,试求:

(1)集电极平均直流输入功率;

(2)集电极平均输出功率;

(3)调制信号源提供的输入功率;

(4)载波状态时的集电极效率;

(5)集电极最大损耗功率。

解　对于集电极调幅,$\eta_{cav} = \eta_{cT}$。

(1)集电极直流输入功率为

$$P_{=T} = \frac{P_{oT}}{\eta_{cT}} = \frac{50}{0.6} \text{ W} = 83.33 \text{ W}$$

(2)集电极平均输出功率为

$$P_{oav} = P_{oT}\left(1 + \frac{m_a^2}{2}\right) = 50\left(1 + \frac{0.5^2}{2}\right)\text{W} = 56.25 \text{ W}$$

(3)调制信号源提供的输入功率为

$$P_\Omega = P_{=T}\frac{m_a^2}{2} = 83.33 \times \frac{0.5^2}{2} \text{ W} = 10.42 \text{ W}$$

(4)载波状态时的集电极效率为

$$\eta_{cT} = \eta_{cav} = 0.6$$

(5)集电极最大损耗功率为

$$P_{cmax} = P_{cT}(1 + m_a)^2 = (83.33 - 50) \times (1 + 0.5)^2 \text{ W} = 74.99 \text{ W}$$

5 - 10 已知某集电极调幅电路,集电极直流电源电压 $V_{cT} = 9$ V,未加调制时的高频载波电压振幅为 $U_{cm} = 6$ V,当加入调制电压,实现 $m_a = 1$ 调制时,试求高频输出电压的最大值和此时的集电极瞬时电压。

解 (1)高频输出电压的最大值为

$$U_{max} = U_{cm}(1 + m_a) = 6 \times (1 + 1) \text{ V} = 12 \text{ V}$$

(2)对应的集电极瞬时电压为

$$\begin{aligned}
u_{CEmax} &= V_{cT}(1 + m_a) + U_{cm}(1 + m_a) \\
&= [9 \times (1 + 1) + 6 \times (1 + 1)] \text{V} \\
&= 30 \text{ V}
\end{aligned}$$

5 - 11 有一集电极调幅电路,未调制载波状态为 $V_{cT} = 30$ V, $U_{cm} = 28$ V, $P_{cT} = 3$ W, $\eta_{cT} = 80\%$,试求 $m_a = 0.5$ 调幅时,

(1)集电极直流输入功率;

(2)调制信号源提供输入功率;

(3)平均总输入功率;

(4)载波输出功率和边频功率;

(5)集电极平均损耗功率;

(6)最大与最小的集电极瞬时电压。

解 已知 $P_{cT} = 3$ W, $\eta_{cT} = 80\%$,

$$P_{=T} = P_{oT} + P_{cT}$$

(1)集电极直流输入功率为

$$P_{=T} = \frac{P_{cT}}{1 - \eta_{cT}} = \frac{3}{1 - 0.8} \text{ W} = 15 \text{ W}$$

(2)调制信号源提供输入功率为

$$P_\Omega = \frac{m_a^2}{2}P_{=T} = \frac{0.5^2}{2} \times 15 \text{ W} = 1.875 \text{ W}$$

（3）平均总输入功率为

$$P_{=av} = P_{=T}\left(1 + \frac{m_a^2}{2}\right) = 15\left(1 + \frac{0.5^2}{2}\right)\text{W} = 16.875\text{ W}$$

（4）载波输出功率和边频功率分别为

$$P_{oT} = P_{=T}\eta_{cT} = 15 \times 0.8\text{ W} = 12\text{ W}$$

$$P_{o\omega_c \pm \Omega} = P_{oT}\frac{m_a^2}{2} = 12 \times \frac{0.5^2}{2}\text{ W} = 1.5\text{ W}$$

（6）最大与最小的集电极瞬时电压分别为

$$u_{CEmax} = V_{cT}(1 + m_a) + U_{cm}(1 + m_a)$$
$$= [30(1 + 0.5) + 12(1 + 0.5)]\text{V}$$
$$= 87\text{ V}$$
$$u_{CEmin} = V_{cT}(1 - m_a) - U_{cm}(1 - m_a)$$
$$= [30(1 - 0.5) - 12(1 - 0.5)]\text{V}$$
$$= 1\text{ V}$$

5 – 12　某集电极调幅电路，已知载频 $f_c = 1\,000$ kHz，电源电压 $V_{cT} = 24$ V，电源电压利用系数 $\xi = 0.8$，集电极平均效率为 50%，集电极回路的谐振阻抗 $R_p = 500$ Ω，调制信号频率 $F = 1$ kHz，调幅指数 $m_a = 0.6$，调制信号 $u_\Omega(t) = U_{\Omega m}\cos\Omega t$。

（1）画出原理电路图；

（2）写出输出电压的表达式；

（3）求未调制时输出的载波功率以及已调波的平均输出功率；

（4）求调制信号源供给的功率；

（5）求集电极最大瞬时电压和最小瞬时电压。

解　（1）画出原理电路图如图 5 – 60 所示。

（2）写出输出电压的表达式为

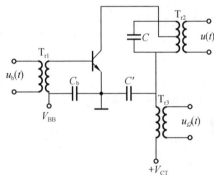

图 5 – 60　集电极调幅原理电路图

$u(t) = U_{cm}(1 + m_a\cos\Omega t)\cos\omega_c t$

$= 24 \times 0.8(1 + 0.6\cos 2\pi \times 10^3 t)\cos 2\pi \times 10^6 t$ V

$= 19.2(1 + 0.6\cos 2\pi \times 10^3 t)\cos 2\pi \times 10^6 t$ V

（3）载波功率和已调波的平均输出功率分别为

$$P_{oT} = \frac{U_{cm}^2}{2R_p} = \frac{19.2^2}{2 \times 500}\text{ W} = 0.369\text{ W}$$

$$P_{oav} = P_{oT}\left(1 + \frac{m_a^2}{2}\right) = 0.369\left(1 + \frac{0.6^2}{2}\right)\text{W} = 0.435\text{ W}$$

（4）调制信号源供给的功率为

$$P_\Omega = P_{=T}\frac{m_a^2}{2} = \frac{P_{oT}m_a^2}{\eta_{cT}\,2} = \frac{0.369}{0.5} \times \frac{0.6^2}{2}\text{ W} = 0.133\text{ W}$$

(5)集电极最大瞬时电压和最小瞬时电压分别为

$$u_{CEmax} = V_{cT}(1 + m_a) + U_{cm}(1 + m_a)$$
$$= [24 \times (1 + 0.6) + 19.2 \times (1 + 0.6)]\,V$$
$$= 69.12\,V$$

$$u_{CEmin} = V_{cT}(1 - m_a) - U_{cm}(1 - m_a)$$
$$= [24 \times (1 - 0.6) - 19.2 \times (1 - 0.6)]\,V$$
$$= 1.92\,V$$

5 – 13 一个调幅发射机的载波输出功率为 5 W，$m_a = 0.5$，平均效率为 50%。试求：

(1)电路为集电极调幅时，直流电源提供的输入功率和输出边频功率；

(2)电路为基极调幅时，直流电源提供的输入功率和输出边频功率。

解 (1)电路为集电极调幅时

直流电源提供的输入功率为

$$P_{=T} = \frac{P_{oT}}{\eta_{cT}} = \frac{P_{oT}}{\eta_{cav}} = \frac{5}{0.5}\,W = 10\,W$$

输出边频功率为

$$P_{o(\omega_c \pm \Omega)} = \frac{m_a^2}{2} P_{oT} = \frac{0.5^2}{2} \times 5\,W = 0.625\,W$$

(2)电路为基极调幅时

$$\eta_{cav} = \left(1 + \frac{m_a^2}{2}\right)\eta_{cT}, \quad \eta_{cT} = \frac{\eta_{cav}}{1 + \frac{m_a^2}{2}} = \frac{0.5}{1 + \frac{0.5^2}{2}} = 0.444$$

直流电源提供输入功率为

$$P_{=T} = \frac{P_{oT}}{\eta_{cT}} = \frac{5}{0.444}\,W = 11.25\,W$$

输出边频功率为

$$P_{o(\omega_c \pm \Omega)} = \frac{m_a^2}{2} P_{oT} = \frac{0.5^2}{2} \times 5\,W = 0.625\,W$$

5 – 14 某集电极调制电路，其静态调制特性如图 5 – 61 所示，设振幅最大值时 η_{cmax} = 80%，试求：

(1)$m_a = 1$ 时总平均输出功率；

(2)调制信号源供给的输入功率；

(3)直流电源的输入功率；

(4)集电极平均损耗功率；

(5)负载电阻及集电极电压利用系数。

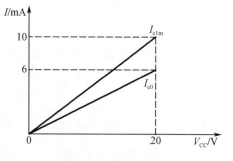

图 5 – 61 题 5 – 14 图

解 由于静态调制特性的最大 V_{CC} 为 20 V，

要实现 $m_a = 1$ 调幅时，V_{cT} 应选取为 10 V。根据静态调制特性的线性关系可得 $I_{c1T} = 5$ mA，$I_{C0T} = 3$ mA。由于集电极调幅在调制过程中效率不变，即载波效率与平均效率相等为 80%。在此条件下，可得

集电极直流电源输入功率为

$$P_{=\mathrm{T}} = V_{c\mathrm{T}} I_{C0\mathrm{T}} = 10 \times 3 \ \mathrm{mW} = 30 \ \mathrm{mW}$$

载波输出功率为

$$P_{o\mathrm{T}} = P_{=\mathrm{T}} \eta_{c\mathrm{T}} = 30 \times 0.8 \ \mathrm{mW} = 24 \ \mathrm{mW}$$

（1）$m_a = 1$ 时总平均输出功率为

$$P_{oav} = P_{o\mathrm{T}} \left(1 + \frac{m_a^2}{2} \right) = 24 \times \left(1 + \frac{1}{2} \right) \mathrm{mW} = 36 \ \mathrm{mW}$$

（2）调制信号源供给的输入功率为

$$P_{\Omega} = P_{=\mathrm{T}} \frac{m_a^2}{2} = 30 \times \frac{1}{2} \ \mathrm{mW} = 15 \ \mathrm{mW}$$

（3）直流电源的输入功率为

$$P_{=\mathrm{T}} = 30 \ \mathrm{mW}$$

（4）集电极平均损耗功率为

$$P_{cav} = P_{c\mathrm{T}} \left(1 + \frac{m_a^2}{2} \right) = (30 - 24) \times \left(1 + \frac{1}{2} \right) \mathrm{mW} = 9 \ \mathrm{mW}$$

（5）因为

$$P_{o\mathrm{T}} = \frac{1}{2} I_{c1\mathrm{T}}^2 R_{\mathrm{P}}$$

所以负载电阻为

$$R_{\mathrm{P}} = \frac{2 P_{o\mathrm{T}}}{I_{c1\mathrm{T}}^2} = \frac{2 \times 24 \times 10^{-3}}{(5 \times 10^{-3})^2} \ \Omega = 1.92 \times 10^3 \ \Omega$$

又因为

$$U_{cm} = I_{c1\mathrm{T}} R_{\mathrm{P}} = 5 \times 10^{-3} \times 1.92 \times 10^3 \ \mathrm{V} = 9.6 \ \mathrm{V}$$

所以集电极电压利用系数为

$$\xi = \frac{U_{cm}}{V_{c\mathrm{T}}} = \frac{9.6}{10} = 0.96$$

5－15　二极管调幅电路中采用开关工作调幅、平衡调幅和环形调幅的目的是什么？

解　二极管调幅电路是利用二极管的非线性特性实现调幅的。当输入的载波信号电压为 $u_c(t) = U_{cm} \cos \omega_c t$，调制信号电压 $u_\Omega(t) = U_{\Omega m} \cos \Omega t$ 都是小信号时，由于二极管特性的非线性，输出电流中产生了很多新的频率分量，即 $p\omega_c \pm q\Omega$，其中 $p = 0, 1, 2, \cdots, q = 0, 1, 2, \cdots$。非线性特性的最高次项 n 决定了 p 和 q 的取值，满足 $p + q \leq n$。对于调幅电路来说，通过带通滤波器取出 ω_c、$\omega_c \pm \Omega$，完成普通调幅波的调幅。输出电流中的其余的各个频率分量都是不需要的频率成分，需要滤掉。可是，由于带通滤波器的矩形系数非理想特性，$\omega_c \pm 2\Omega$ 的频率分量也会通过带通滤波器，则在负载上的输出电压会含有的频率分量是 ω_c、$\omega_c \pm \Omega$ 和 $\omega_c \pm 2\Omega$，产生了非线性失真。

当载波信号电压 $u_c(t) = U_{cm} \cos \omega_c t$ 的振幅足够大，使二极管处于开关工作状态实现调幅时，输出电流中含有直流、ω_c、Ω、$\omega_c \pm \Omega$，以及 ω_c 的偶次谐波，还有 ω_c 的奇次谐波与 Ω 的和频和差频。经带通滤波器取出 ω_c、$\omega_c \pm \Omega$ 的普通调幅波。开关状态比小信号状态产生的不需要的组合频率少了很多，特别是可能引起非线性失真的 $\omega_c \pm 2\Omega$ 项。

对于二极管平衡调幅电路,通常是平衡与开关状态同时应用,即开关工作状态的平衡调幅电路。平衡电路的主要目的是抵消载波分量,实现双边带调幅。平衡和开关状态的应用,输出电流中有 Ω、$\omega_c \pm \Omega$ 和 ω_c 的奇次谐波与 Ω 的和频和差频。很多不需要的频率分量在 i 中已不存在。

对于开关工作状态的二极管环形调幅电路,比二极管平衡调幅电路进一步抵消了 Ω 分量,而且各频率分量幅值加倍。

5-16 单二极管调幅电路如图 5-62 所示,输入的载波信号 $u_c(t) = U_{cm}\cos\omega_c t$ 和调制信号 $u_\Omega(t) = U_{\Omega m}\cos\Omega t$ 都为小信号,在偏置电压 V_Q 作用下,二极管偏置电流为 I_Q,在工作点附近二极管特性为 $i_D = I_Q + b_1(u_D - V_Q) + b_2(u_D - V_Q)^2 + b_3(u_D - V_Q)^3 + \cdots$。

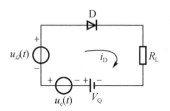

图 5-62 小信号状态

(1)试分析流过负载电阻的电流包含有哪些频率成分,应采用什么样的滤波器才能取出调幅波。

(2)与单二极管开关状态调幅电路相比较,分析说明开关状态调幅特点是什么。

解 (1)$u_D = V_Q + u_c(t) + u_\Omega(t)$,则

$$
\begin{aligned}
i_D &= I_Q + b_1[u_c(t) + u_\Omega(t)] + b_2[u_c(t) + u_\Omega(t)]^2 + b_3[u_c(t) + u_\Omega(t)]^3 + \cdots \\
&= I_Q + b_1 U_{cm}\cos\omega_c t + b_1 U_{\Omega m}\cos\Omega t + b_2 U_{cm}^2\cos^2\omega_c t + b_2 U_{\Omega m}^2\cos^2\Omega t + \\
&\quad 2b_2 U_{cm} U_{\Omega m}\cos\omega_c t\cos\Omega t + b_3 U_{cm}^3\cos^3\omega_c t + b_3 U_{\Omega m}^3\cos^3\Omega t + \\
&\quad 3b_3 U_{cm}^2\cos^2\omega_c t U_{\Omega m}\cos\Omega t + 3b_3 U_{cm}\cos\omega_c t U_{\Omega m}^2\cos^2\Omega t + \cdots
\end{aligned}
$$

可见非线性特性的电流中含有直流、ω_c、$2\omega_c$、$3\omega_c$、Ω、2Ω、3Ω、$\omega_c \pm \Omega$、$2\omega_c \pm \Omega$、$\omega_c \pm 2\Omega\cdots$,即为 $p\omega_c + q\Omega$,$p = 0,1,2,\cdots$,$q = 0,1,2,\cdots$,$p+q \leqslant n$。

经中心频率为 ω_c,通带为 2Ω 的带通滤波器可取出普通调幅波(ω_c、$\omega_c \pm \Omega$)。但要求带通滤波器的矩形系数近于理想要求,否则会取出 $\omega_c \pm 2\Omega$ 的失真项(因为 Ω 是低频),一般的带通滤波很难做到。

(2)对于单二极管开关状态调幅电路,由于载波信号为大信号,二极管处于开关工作状态,如图 5-63 所示,其电流为

$$
\begin{aligned}
i_D &= \frac{1}{r_d + R_L}K(\omega_c t)(U_{cm}\cos\omega_c t + U_{\Omega m}\cos\Omega t) \\
&= \frac{1}{r_d + R_L}\left(\frac{1}{2} + \frac{2}{\pi}\cos\omega_c t - \frac{2}{3\pi}\cos 3\omega_c t + \cdots\right)(U_{cm}\cos\omega_c t + U_{\Omega m}\cos\Omega t)
\end{aligned}
$$

电流中含有直流、ω_c、Ω、$\omega_c \pm \Omega$、和 ω_c 的偶次谐波,还有 ω_c 的奇次谐波与 Ω 的和频和差频。开关状态比小信号状态产生的不需要的组合频率少了很多,特别是可能引起非线性失真的 $\omega_c \pm 2\Omega$ 项。因而开关工作状态在频率变换电路中应用很广泛。

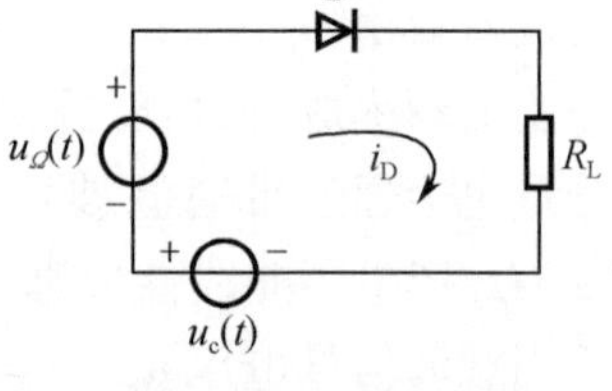

5-17 二极管平衡调制器电路如图 5-64 所示。如果 $u_c(t)$ 及 $u_\Omega(t)$ 的注入位置如图示,其中 $u_c(t) = U_{cm}\cos\omega_c t$,$u_\Omega(t) = U_{\Omega m}\cos\Omega t$,$U_{cm} \gg U_{\Omega m}$,求 $u(t)$ 的表示式(输出调谐回路中心频率为 ω_c,且谐振电阻为 R_P)。

图 5-63 开关状态

解　由于 $u_c(t)$ 为大信号，D_1 的开关函数为 $K(\omega_c t)$，而 D_2 的开关函数为 $K(\omega_c t - \pi)$。由图 5-65 等效电路所示的电流流向，可得

$$i_1 = \frac{1}{r_d + R'_L} K(\omega_c t)\left[\, u_c(t) + u_\Omega(t)\,\right]$$

$$i_2 = \frac{1}{r_d + R'_L} K(\omega_c t - \pi)\left[\, u_c(t) - u_\Omega(t)\,\right]$$

其中，R'_L 表示高频变压器二次侧的谐振负载电阻 R_P 等效到一次侧的等效电阻，$R'_L = 2R_P$。

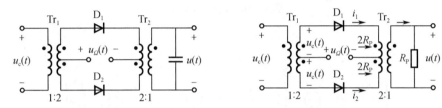

图 5-64　题 5-17 图　　　　　　图 5-65　等效电路

在不考虑滤波作用时，二次侧回路电流 i 为

$$
\begin{aligned}
i &= i_1 - i_2 \\
&= \frac{1}{r_d + R'_L} u_\Omega(t)\left[\, K(\omega_c t) - K(\omega_c t - \pi)\,\right] + \frac{1}{r_d + R'_L} u_c(t)\left[\, K(\omega_c t) + K(\omega_c t - \pi)\,\right] \\
&= \frac{1}{r_d + R'_L} U_{\Omega m}\cos\Omega t\left(\frac{4}{\pi}\cos\omega_c t - \frac{4}{3\pi}\cos 3\omega_c t + \cdots\right) + \frac{1}{r_d + R'_L} U_{cm}\cos\omega_c t
\end{aligned}
$$

经二次侧的带通滤波器（中心频率 ω_c、带通宽度为 2Ω），取输出电压为

$$
\begin{aligned}
u(t) &= R_P \frac{1}{r_d + R'_L} U_{\Omega m}\cos\Omega t \times \frac{4}{\pi}\cos\omega_c t + R_P \frac{1}{r_d + R'_L} U_{cm}\cos\omega_c t \\
&= \frac{R_P}{r_d + 2R_P}\left[\frac{2}{\pi} U_{\Omega m}\cos(\omega_c + \Omega)t + \frac{2}{\pi} U_{\Omega m}\cos(\omega_c - \Omega)t + U_{cm}\cos\omega_c t\right]
\end{aligned}
$$

此式中含有 ω_c、$\omega_c \pm \Omega$，为普通调幅波，即此电路的输入方式不能实现双边带调幅。

5-18　某调幅电路如图 5-66 所示，图中 D_1、D_2 的伏安特性相同，均为自原点出发斜率为 g_d 的直线，设调制电压 $u_\Omega(t) = U_{\Omega m}\cos\Omega t$，载波电压 $u_c(t) = U_{cm}\cos\omega_c t$，并且 $\omega_c \gg \Omega$，$U_{cm} \gg U_{\Omega m}$。

（1）试问这两个电路是否都能实现振幅调制作用。

（2）在能实现振幅调制的电路中，试分析其输出电流的频谱。

解　图 5-67 是等效电路及设定电流流向图。

对于图 5-67(a)电路，可得

$$i_1 = \frac{1}{r_d + R'_L} K(\omega_c t)\left[\, u_c(t) + u_\Omega(t)\,\right]$$

$$i_2 = \frac{1}{r_d + R'_L} K(\omega_c t)\left[\, u_c(t) + u_\Omega(t)\,\right]$$

二次侧回路电流 $i = i_1 - i_2 = 0$，不能实现调幅。

对于图 5-67(b)所示电路，D_1 的开关函数为 $K(\omega_c t)$，D_2 的开关函数为 $K(\omega_c t - \pi)$，可得

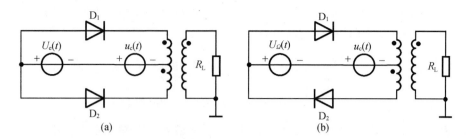

图 5-66 题 5-18 图

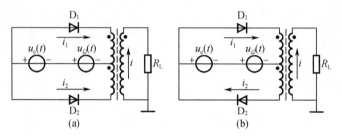

图 5-67 等效电路

$$i_1 = \frac{1}{r_d + R_L'}K(\omega_c t)[u_c(t) + u_\Omega(t)]$$

$$i_2 = \frac{1}{r_d + R_L'}K(\omega_c t - \pi)[-u_c(t) - u_\Omega(t)]$$

二次侧回路电流 $i = i_1 + i_2$，即

$$i = \frac{1}{r_d + R_L'}u_c(t)[K(\omega_c t) - K(\omega_c t - \pi)] + \frac{1}{r_d + R_L'}u_\Omega(t)[K(\omega_c t) - K(\omega_c t - \pi)]$$

$$= \frac{1}{r_d + R_L'}U_{cm}\cos \omega_c t\left(\frac{4}{\pi}\cos \omega_c t - \frac{4}{3\pi}\cos 3\omega_c t + \cdots\right) +$$

$$\frac{1}{r_d + R_L'}U_{\Omega m}\cos \Omega t\left(\frac{4}{\pi}\cos \omega_c t - \frac{4}{3\pi}\cos 3\omega_c t + \cdots\right)$$

i 中含有直流、$2\omega_c$、$4\omega_c$、$\cdots$、$\omega_c \pm \Omega$、$3\omega_c \pm \Omega$、$\cdots$。

经带通滤波器可取出的双边带信号，即图 5-67(b)电路可实现双边带调幅。

5-19 图 5-68 所示电路中，调制信号电压 $u_\Omega(t) = U_{\Omega m}\cos \Omega t$，载波电压 $u_c(t) = U_{cm}\cos \omega_c t$，并且 $\omega_c \gg \Omega, U_{cm} \gg U_{\Omega m}$，二极管特性相同，均为从原点出发，斜率为 g_d 的直线，试问图中电路能否实现双边带调制，为什么？

解 对于图 5-68(a)来说，在大信号 $u_c(t)$ 作用下，D_1、D_2 的开关函数均为 $K(\omega_c t)$。其电流流向如图 5-69(a)所示，可得

$$i_1 = \frac{1}{r_d + R_L'}K(\omega_c t)[u_c(t) + u_\Omega(t)]$$

$$i_2 = \frac{1}{r_d + R_L'}K(\omega_c t)[u_c(t) - u_\Omega(t)]$$

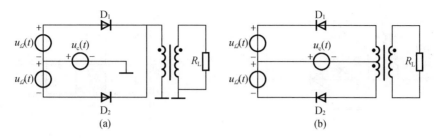

图 5 – 68　题 5 – 19 图

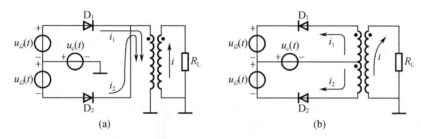

图 5 – 69　电流流向图

二次侧回路电流 $i = i_1 + i_2$，即

$$i = \frac{2}{r_d + R_L'} K(\omega_c t) u_c(t)$$

$$= \frac{2}{r_d + R_L'} \left(\frac{1}{2} + \frac{2}{\pi} \cos \omega_c t - \frac{2}{3\pi} \cos 3\omega_c t + \cdots \right) U_{cm} \cos \omega_c t$$

可见 i 中含有 ω_c、$2\omega_c$、$4\omega_c$、$\cdots$。因不含 $\omega_c \pm \Omega$ 项，故不能实现调幅。

对于图 5 – 68(b)电路，在大信号 $u_c(t)$ 的作用下，D_1 和 D_2 的开关函数均为 $K(\omega_c t - \pi)$。其电流流向如图 5 – 68(b)所示，可得

$$i_1 = \frac{1}{r_d + R_L'} K(\omega_c t - \pi) \left[-u_c(t) - u_\Omega(t) \right]$$

$$i_2 = \frac{1}{r_d + R_L'} K(\omega_c t - \pi) \left[-u_c(t) + u_\Omega(t) \right]$$

二次侧回路电流 $i = i_2 - i_1$，即

$$i = \frac{2}{r_d + R_L'} K(\omega_c t - \pi) u_\Omega(t)$$

$$= \frac{2}{r_d + R_L'} \left(\frac{1}{2} - \frac{2}{\pi} \cos \omega_c t + \frac{2}{3\pi} \cos 3\omega_c t - \cdots \right) U_{\Omega m} \cos \Omega t$$

可见 i 中含有 Ω、$\omega_c \pm \Omega$、$3\omega_c \pm \Omega$ 等项。若采用中心频率为 ω_c，带宽为 2Ω 的带通滤波器，则可取出双边带调幅波，因而此电路能实现双边带调幅。

5 – 20　二极管环形调制器如图 5 – 70 所示，设四个二极管的伏安特性完全一致，均自原点出点、斜率为 g_d 的直线。调制信号 $u_\Omega(t) = U_{\Omega m} \cos \Omega t$，载波电压 $u_c(t)$ 为图所示的对称方波，重复周期为 $T_c = 2\pi/\omega_c$，并且有 $U_{cm} > U_{\Omega m}$，试求输出电流的频谱分量。

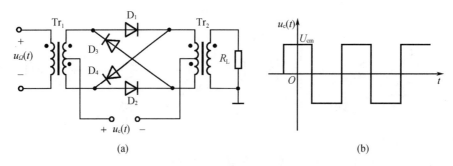

(a)   (b)

图 5 - 70　题 5 - 20 图

解　在大信号 $u_c(t)$ 的作用下，D_1 和 D_2 的开关函数均为 $K(\omega_c t)$，D_3 和 D_4 的开关函数均为 $K(\omega_c t - \pi)$。其电流流向如图 5 - 71 所示。在 $u_c(t)$ 为对称方波的条件下，开关函数为如下表示形式：

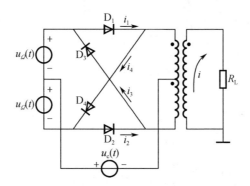

图 5 - 71　等效电路与电流流向

$$K(\omega_c t) = \frac{4}{\pi}\cos \omega_c t - \frac{4}{3\pi}\cos 3\omega_c t + \frac{4}{5\pi}\cos 5\omega_c t - \cdots$$

$$K(\omega_c t - \pi) = -\frac{4}{\pi}\cos \omega_c t + \frac{4}{3\pi}\cos 3\omega_c t - \frac{4}{5\pi}\cos 5\omega_c t + \cdots$$

根据图 5 - 71 可知

$$i_1 = \frac{1}{r_d + R_L'}K(\omega_c t)[u_c(t) + u_\Omega(t)]$$

$$i_2 = \frac{1}{r_d + R_L'}K(\omega_c t)[u_c(t) - u_\Omega(t)]$$

$$i_3 = \frac{1}{r_d + R_L'}K(\omega_c t - \pi)[-u_c(t) - u_\Omega(t)]$$

$$i_4 = \frac{1}{r_d + R_L'}K(\omega_c t - \pi)[-u_c(t) + u_\Omega(t)]$$

二次侧回路电流 $i = (i_1 + i_3) - (i_2 + i_4)$，可得

$$i = \frac{1}{r_d + R_L'} u_\Omega(t) \left[K(\omega_c t - K(\omega_c t - \pi)) \right]$$

$$= \frac{1}{r_d + R_L'} U_{\Omega m} \cos \Omega t \left(\frac{8}{\pi} \cos \omega_c t - \frac{8}{3\pi} \cos 3\omega_c t + \frac{8}{5\pi} \cos 5\omega_c t - \cdots \right)$$

输出电流中的频谱为 $\omega_c \pm \Omega$、$3\omega_c \pm \Omega$、$5\omega_c \pm \Omega$ 等项,若通过一个中心频率为 ω_c,带宽为 2Ω 的带通滤波器,即可实现双边带调幅。

5-21　ADE-1 微型电路如图 5-72 所示。高频宽频带变压器 Tr_1 的初、次级匝比为 1:2,Tr_2 的初、次级匝比为 2:1。输入载波电压为 $u_c(t) = U_{cm} \cos \omega_c t$(大信号),输入调制电压为 $u_\Omega(t) = U_{\Omega m} \cos \Omega t$,试分析此电路能否实现双边带调幅,需采用什么样的滤波器;求负载电阻 R_L 上电压的 $u_o(t)$。

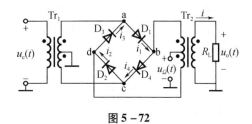

图 5-72

解　设输入载波电压 $u_c(t) = U_{cm} \cos \omega_c t$,且 U_{cm} 足够大,使二极管处于开关工作状态。输入调制电压为 $u_\Omega(t) = U_{\Omega m} \cos \Omega t$,是小信号。在 $u_c(t)$ 的正半周,D_1、D_4 导通,D_2、D_3 截止,其开关函数为 $K(\omega_c t)$。在 $u_c(t)$ 的负半周,D_2、D_3 导通,D_1、D_4 截止,其开关函数为 $K(\omega_c t - \pi)$。

在 $u_c(t)$ 的正半周,等效电路如图 5-73 所示。开关函数为 $K(\omega_c t)$。流入 Tr_2 一次侧同名端的电流为 $i_1 - i_4$,由等效电路可得

$$i_1 = \frac{1}{2R_L + r_d} K(\omega_c t) \left[u_c(t) - u_\Omega(t) \right]$$

$$i_4 = \frac{1}{2R_L + r_d} K(\omega_c t) \left[u_c(t) + u_\Omega(t) \right]$$

$$i_1 - i_4 = \frac{-2u_\Omega(t)}{2R_L + r_d} K(\omega_c t)$$

在 $u_c(t)$ 的负半周,等效电路如图 5-74 所示。开关函数为 $K(\omega_c t - \pi)$。流出 Tr_2 一次侧同名端的电流为 $i_2 - i_3$,由等效电路可得

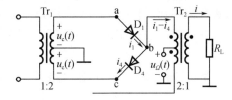

图 5-73　$u_c(t)$ 的正半周等效电路

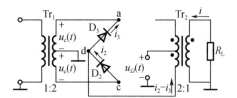

图 5-74　$u_c(t)$ 的负半周等效电路

$$i_2 = \frac{1}{2R_L + r_d} K(\omega_c t - \pi) \left[-u_c(t) - u_\Omega(t) \right]$$

$$i_3 = \frac{1}{2R_L + r_d} K(\omega_c t - \pi) \left[-u_c(t) + u_\Omega(t) \right]$$

$$i_2 - i_3 = \frac{-2u_\Omega(t)}{2R_L + r_d} K(\omega_c t - \pi)$$

流过 Tr_2 二次侧的电流 $i = i_1 - i_{\mathrm{II}} = (i_1 - i_4) - (i_2 - i_3)$,则

$$i = \frac{-2u_\Omega(t)}{2R_L + r_d}\left[K(\omega_c t) - K(\omega_c t - \pi) \right]$$

$$= \frac{-2U_{\Omega m}\cos\Omega t}{2R_L + r_d}\left(\frac{4}{\pi}\cos\omega_c t - \frac{4}{3\pi}\cos 3\omega_c t + \cdots \right)$$

可见,输出电流 i 中含有 $\omega_c \pm \Omega$,$3\omega_c \pm \Omega$,$5\omega_c \pm \Omega \cdots$。经带通滤波器输出双边带调幅波。

选用中心频率为 ω_c,带宽为 2Ω 的带通滤波器。

设带通滤波器的电压传输系数为 A,可得负载电阻上的输出电压 $u_o(t)$ 为

$$u_o(t) = -A\frac{8R_L U_{\Omega m}}{\pi(2R_L + r_d)}\cos\Omega t \cdot \cos\omega_c t$$

5 – 22 试分析比较说明单二极管小信号调幅、单二极管开关状态调幅、双二极管小信号平衡调幅、双二极管开关状态平衡调幅和四个二极管开关状态环形调幅的优缺点。

解 (1)单二极管小信号调幅:输入的载波信号电压和调制信号电压都是小信号,电路需加正向偏压,使其工作于非线性区。输出电流中含有频率分量最多,通过带通滤波器取出普通调幅波 ω_c、$\omega_c \pm \Omega$,但也有 $\omega_c \pm 2\Omega$ 的非线性失真项输出。此种调幅方法很少应用。

(2)单二极管开关状态调幅:载波信号电压为大信号,调制信号电压为小信号,不用加正向偏压,零偏压可以工作于开关状态。由于开关工作状态,抵消了 ω_c 三次以上的奇次谐波、Ω 的谐波、ω_c 与 Ω 谐波的和频和差频以及 ω_c 的谐波与 Ω 谐波的和频和差频,特别是非线性失真项 $\omega_c \pm 2\Omega$ 抵消。通过带通滤波器输出为普通调幅波。

(3)双二极管小信号平衡调幅:两个输入信号都是小信号,电路需提供正向偏压,使其工作于非线性区。平衡的主要目的是抵消载波频率分量,实现双边带调幅。输出电流中含有 Ω、$\omega_c \pm \Omega$、3Ω、$2\omega_c \pm \Omega$ 等频率分量,同时也抵消很多不需要的频率分量,其中含 $\omega_c \pm 2\Omega$ 的非线性失真项也抵消了。

(4)双二极管开关状态平衡调幅:载波信号电压是大信号,调制信号电压是小信号,电路不用加正向偏压,零偏压可以工作于开关状态。开关平衡调幅的输出电流中含有 Ω、$\omega_c \pm \Omega$、$3\omega_c \pm \Omega$ 等频率分量,与平衡调幅相比又抵消了 3Ω、$2\omega_c \pm \Omega$ 等频率分量。通过带通滤波器输出双边带调幅波。

(5)四个二极管开关状态环形调幅:与开关平衡调幅相比,进一步抵消了 Ω 频率分量,而且输出双边带信号幅值倍增。应用前景广泛,还有成品模块可选用,载波频率可用到数千兆赫兹。

5 – 23 振幅检波器必须由哪几个组成部分? 各部分作用如何? 下列各电路能否检波? 图 5 – 75 中 RC 为正常值,二极管为折线特性。

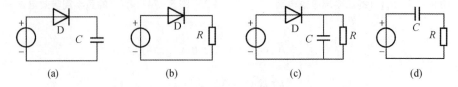

图 5 – 75 题 5 – 23 图

解　振幅检波器由三部分组成,包含有输入回路、非线性器件和低通滤波器。

图 5−75(a)不能检波,没有低通滤波器;图 5−75(b)也不能检波,没有低通滤波器;图 5−75(c)能实现检波;图 5−75(d)不能检波,没有非线性器件和低通滤波器。

5−24　检波电路如图 5−76 所示,二极管的 $r_d = 100\ \Omega$, $U_{BZ} = 0$,输入电压 $u_i = 1 \times 2(1 + 0.5\cos 10\pi \times 10^3 t)\cos 2\pi \times 465 \times 10^3 t$ V,试计算输出电压 u_A 和 u_B,等效输入电阻 R_{id},并判断能否产生负峰切割失真和惰性失真。

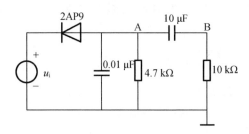

图 5−76　题 5−24 图

解　$\theta = \sqrt[3]{\dfrac{3\pi r_d}{R}} = \sqrt[3]{\dfrac{3\pi \times 100}{4\ 700}}$ rad $= 0.585$ rad $= 33.54°$

由于二极管反接,输出电压应为负值,可认为电压传输系数为负值,即

$$K_d = -\cos\theta = -\cos 33.54° = -0.834$$

(1)输出电压

$$u_A = K_d U'_{im} = -0.834 \times 1.2(1 + 0.5\cos 10\pi \times 10^3 t)$$
$$= -1.001(1 + 0.5\cos 10\pi \times 10^3 t)\ \text{V}$$
$$u_B = -0.500\cos 10\pi \times 10^3 t\ \text{V}$$

(2)等效输入电阻

$$R_{id} = \frac{1}{2}R = \frac{1}{2} \times 4.7\ \text{k}\Omega = 2.35\ \text{k}\Omega$$

(3)判断失真

不产生负峰切割失真的条件是 $m_a \leqslant \dfrac{R_\Omega}{R}$,而

$$\frac{R_\Omega}{R} = \frac{R_L}{R + R_L} = \frac{10}{4.7 + 10} = 0.68$$

$m_a = 0.5 < 0.68$,不产生负峰切割失真。

不产生惰性失真的条件是 $RC\Omega \leqslant \dfrac{\sqrt{1 - m_a^2}}{m_a}$,而

$$RC\Omega = 4.7 \times 10^3 \times 0.01 \times 10^{-6} \times 10\pi \times 10^3 = 1.48$$

$$\frac{\sqrt{1 - m_a^2}}{m_a} = \frac{\sqrt{1 - 0.5^2}}{0.5} = 1.73$$

满足 $RC\Omega \leqslant \dfrac{\sqrt{1 - m_a^2}}{m_a}$,不产生惰性失真。

5 – 25 二极管检波电路如图 5 – 77 所示。已知输入电压 $u_i(t) = 2[1 + 0.6\cos(2\pi \times 10^3 t)]\cos(2\pi \times 10^6 t)$ V，检波器负载电阻 $R = 5$ kΩ，二极管导通电阻 $r_d = 80$ Ω，$U_{BZ} = 0$，试求：

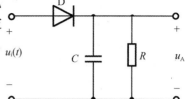

图 5 – 77 题 5 – 25 图

(1) 检波器电压传输系数 K_d；

(2) 检波器输出电压 u_A；

(3) 保证输出波形不产生惰性失真时的最大负载电容 C。

解 $\theta = \sqrt[3]{\dfrac{3\pi r_d}{R}} = \sqrt[3]{\dfrac{3\pi \times 80}{5\,000}} = 0.532$ rad $= 30.49°$

(1) 检波器电压传输系数 K_d

$$K_d = \cos\theta = \cos 30.49° = 0.862$$

(2) 检波器输出电压 u_A

$$u_A = K_d U_{im}(1 + m_a \cos\Omega t) = 0.862 \times 2(1 + 0.6\cos 2\pi \times 10^3 t)$$
$$= 1.724(1 + 0.6\cos 2\pi \times 10^3 t) \text{ V}$$

(3) 保证输出波形不产生惰性失真时的最大负载电容 C

不产生惰性失真的条件是 $RC\Omega \leqslant \dfrac{\sqrt{1 - m_a^2}}{m_a}$，则

$$C \leqslant \frac{\sqrt{1 - m_a^2}}{m_a R\Omega} = \frac{\sqrt{1 - 0.6^2}}{0.6 \times 5 \times 10^3 \times 2\pi \times 10^3} = 0.042 \times 10^{-6} \text{ F}$$

5 – 26 二极管检波器如图 5 – 78 所示。已知 $R = 5$ kΩ，$R_L = 10$ kΩ，$C = 0.01$ μF，$C_C = 20$ μF，输入调幅波的载波为 465 kHz，调制信号频率为 5 kHz，调幅波振幅的最大值为 20 V，最小值为 5 V，二极管导通电阻 $r_d = 60$ Ω，$U_{BZ} = 0$，试求：

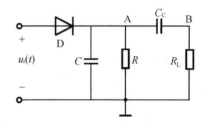

图 5 – 78

(1) u_A、u_B；

(2) 能否产生惰性失真和负峰切割失真。

解 根据题意 $U_{max} = U_{im}(1 + m_a) = 20$ V，$U_{min} = U_{im}(1 - m_a) = 5$ V，则

$$m_a = \frac{U_{max} - U_{min}}{U_{max} + U_{min}} = \frac{20 - 5}{20 + 5} = 0.6$$

$$U_{im} = \frac{U_{max}}{1 + m_a} = \frac{20}{1 + 0.6} \text{ V} = 12.5 \text{ V}$$

可得输入信号电压为

$$u_i(t) = 12.5(1 + 0.6\cos 10\pi \times 10^3 t)\cos 2\pi \times 465 \times 10^3 t \text{ V}$$

(1) 求 u_A、u_B

$$\theta = \sqrt[3]{\frac{3\pi r_d}{R}} = \sqrt[3]{\frac{3\pi \times 60}{5\,000}} \text{ rad} = 0.484 \text{ rad} = 27.73°$$

$$K_d = \cos\theta = 0.885$$

$$u_A = K_d U'_{im} = 0.885 \times 12.5(1 + 0.6\cos 10\pi \times 10^3 t)$$
$$= 11.06(1 + 0.6\cos 10\pi \times 10^3 t)\ \text{V}$$
$$u_B = 6.64\cos 10\pi \times 10^3 t\ \text{V}$$

(2)不产生惯性失真的条件是 $RC\Omega \leqslant \dfrac{\sqrt{1-m_a^2}}{m_a}$，而

$$RC\Omega = 5 \times 10^3 \times 0.01 \times 10^{-6} \times 10\pi \times 10^3 = 1.57$$

$$\frac{\sqrt{1-m_a^2}}{m_a} = \frac{\sqrt{1-0.6^2}}{0.6} = 1.33$$

$RC\Omega > \dfrac{\sqrt{1-m_a^2}}{m_a}$ 产生惯性失真。

不产生负峰切割失真的条件是 $m_a \leqslant \dfrac{R_\Omega}{R}$，而

$$\frac{R_\Omega}{R} = \frac{R_L}{R+R_L} = \frac{10}{5+10} = 0.666$$

$m_a < \dfrac{R_\Omega}{R}$ 不产生负峰切割失真。

5-27　二极管检波电路如图 5-78 所示。$R_L = 5\ \text{k}\Omega$，其他电路参数与题 5-26 相同，输入信号电压 $u_i(t)$ 为 $u_i(t) = [1.2\cos(2\pi \times 465 \times 10^3 t) + 0.36\cos(2\pi \times 462 \times 10^3 t) + 0.36\cos(2\pi \times 468 \times 10^3 t)]\text{V}$。

(1)试求调幅波的调幅指数 m_a、调制信号频率 F，并写出调幅波的数学表示式；

(2)试问会不会产生惯性失真或负峰切割失真；

(3)试求 u_A、u_B；

(4)画出 A 与 B 两点的瞬时电压波形图。

解　(1)$u_i(t) = U_{im}(1 + m_a\cos\Omega t)\cos\omega_i t$
$$= U_{im}\cos\omega_i t + \frac{1}{2}m_a U_{im}\cos(\omega_i+\Omega)t + \frac{1}{2}m_a U_{im}\cos(\omega_i-\Omega)t$$

所以

$$U_{im} = 1.2\ \text{V},\ m_a = 0.6,\ F = 3\ \text{kHz},\ f_c = 464\ \text{kHz}$$

数学表示式为

$$u_i(t) = 1.2(1 + 0.6\cos 6\pi \times 10^3 t)\cos 2\pi \times 465 \times 10^3 t\ \text{V}$$

(1)不产生惯性失真的条件是 $RC\Omega \leqslant \dfrac{\sqrt{1-m_a^2}}{m_a}$，而

$$RC\Omega = 5 \times 10^3 \times 0.01 \times 10^{-6} \times 6\pi \times 10^3 = 0.942$$

$$\frac{\sqrt{1-m_a^2}}{m_a} = \frac{\sqrt{1-0.6^2}}{0.6} = 1.33$$

满足 $RC\Omega \leqslant \dfrac{\sqrt{1-m_a^2}}{m_a}$，不产生惯性失真。

不产生负峰切割失真的条件是 $m_a \leqslant \dfrac{R_\Omega}{R}$，而

$$\frac{R_\Omega}{R} = \frac{R_L}{R + R_L} = \frac{5}{5 + 5} = 0.5 , \quad m_a = 0.6$$

$m_a > \dfrac{R_\Omega}{R}$ 产生负峰切割失真。

(3)

$$\theta = \sqrt[3]{\frac{3\pi r_d}{R}} = \sqrt[3]{\frac{3\pi \times 60}{5\,000}} = 0.484 \text{ rad} = 27.73°$$

$$K_d = \cos\theta = 0.885$$

$$u_A = K_d U'_{im} = 0.885 \times 1.2(1 + 0.6\cos 6\pi \times 10^3 t)$$

$$= 1.062(1 + 0.6\cos 6\pi \times 10^3 t) \text{ V}$$

$$u_B = 0.637\cos 6\pi \times 10^3 t \text{ V}$$

u_A、u_B 波形如图 5-79 所示。

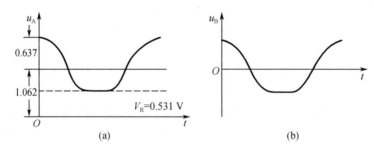

图 5-79　检波电压波形图

5-28　二极管检波电路如图 5-78 所示。$u_i(t)$ 为调幅信号电压,其调制信号频率 $F = 100 \sim 10\,000$ Hz,$C = 0.01$ μF,$R_L = 10$ kΩ,$R = 5$ kΩ,$C_C = 20$ μF,$r_d = 60$ Ω,$U_{BZ} = 0$。试问:

(1)不产生惰性失真,m_a 最大值应为多少?

(2)不产生负峰切割失真,m_a 最大值应为多少?

(3)不产生惰性失真和负峰切割失真,m_a 应为多少?

解　(1)不产生惰性失真的条件是 $RC\Omega \leqslant \dfrac{\sqrt{1 - m_a^2}}{m_a}$,则

$$m_a \leqslant \sqrt{\frac{1}{1 + (RC\Omega_{max})^2}} = \sqrt{\frac{1}{1 + (5 \times 10^3 \times 0.01 \times 10^{-6} \times 2\pi \times 10^4)^2}} = 0.303$$

不产生惰性失真的 $m_{amax} = 0.303$。

(2)不产生负峰切割失真的条件是 $m_a \leqslant \dfrac{R_\Omega}{R}$,则

$$\frac{R_\Omega}{R} = \frac{R_L}{R + R_L} = \frac{10}{5 + 10} = 0.667$$

不产生负峰切割失真的 $m_{amax} = 0.667$。

(3)不产生惰性失真和不产生负峰切割失真的 $m_{amax} = 0.303$。

5-29　二极管包络检波电路如图 5-80 所示。已知 $f_c = 465$ Hz,单频调制指数 $m_a = 0.3$,$R_2 = 5.1$ kΩ,为不产生负峰切割失真,R_2 的滑动点应放在什么位置?

解　设电位器中点放置位置在下部为 xR_2 处不产生负峰切割失真,则根据不产生负峰

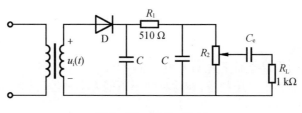

图 5-80　题 5-29 图

切割失真的条件 $m_a \leqslant \dfrac{R_\Omega}{R}$，其中

$$R = R_1 + R_2 = (510 + 5\,100)\,\Omega = 5\,610\,\Omega$$

$$R_\Omega = R_1 + (1-x)R_2 + \frac{R_L(xR_2)}{R_L + xR_2} = 510 + 5\,100 - 5\,100x + \frac{1\,000 \times 5\,100x}{1\,000 + 5\,100x}$$

$$m_a = \frac{R_\Omega}{R} = \frac{5\,610 - 5\,100x + \dfrac{5\,100\,000x}{1\,000 + 5\,100x}}{5\,610} = 0.3$$

可得

$$(5.1 \times 10^3)^2 x^2 - 3.927 \times 5.1 \times 10^6 x - 3.927 \times 10^6 = 0$$

$$x = 0.932$$

即电位器中点在 $xR_2 = 0.932 \times 5.1\,\text{k}\Omega = 4\,753.2\,\Omega$ 处（对地）。

5-30　同步检波电路如图 5-81 所示，乘法器
的乘积因子为 K，本地载频信号电压 $u_0 = \cos(\omega_c t + \varphi)$。若输入信号电压 u_i 为

（1）双边带调幅波

$$u_i = (\cos \Omega_1 t + \cos \Omega_2 t)\cos \omega_c t$$

（2）单边带调幅波

$$u_i = \cos(\omega_c + \Omega_1)t + \cos(\omega_c + \Omega_2)t$$

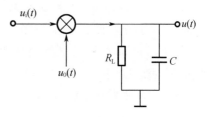

图 5-81　题 5-30 图

试分别写出两种情况下输出电压 $u(t)$ 的表示式。并说明有否失真。假设：$Z_L(\omega_c) \approx 0$，$Z_L(\Omega) \approx R_L$。

　　解　（1）输入为双边带调幅波时，乘法器输出
经低通滤波器后输出电压

$$u(t) = \frac{1}{2}KR_L\cos \varphi(\cos \Omega_1 t + \cos \Omega_2 t)$$

$\cos \varphi < 1$，表明振幅减小。

　　（2）输入为单边带调幅波时，乘法器输出

$$i = Ku_i(t)u_o(t) = K[\cos(\omega_c + \Omega_1)t + \cos(\omega_c + \Omega_2)]\cos(\omega_c t + \varphi)$$

$$= \frac{1}{2}K\cos[(2\omega_c + \Omega_1)t + \varphi] + \frac{1}{2}K\cos(\Omega_1 t - \varphi) + \frac{1}{2}K\cos[(2\omega_c + \Omega_2)t + \varphi] +$$

$$\frac{1}{2}K\cos(\Omega_2 t - \varphi)$$

经低通滤波器后输出电压

$$u(t) = \frac{1}{2}KR_L\cos\ (\Omega_1 t - \varphi) + \frac{1}{2}KR_L\cos\ (\Omega_2 t - \varphi)$$

产生相位失真。

5-31 设乘积同步检波器中，$u_i(t) = U_{im}\cos\Omega t\cos\omega_i t$，而 $u_0 = U_{0m}\cos(\omega_i + \Delta\omega)t$，并且 $\Delta\omega < \Omega$，试画出检波器输出电压频谱，在这种情况下能否实现不失真解调？

解 经乘法器相乘得

$$i = Ku_i(t)u_0(t) = KU_{im}U_{0m}\cos\ \Omega t\cos\ \omega_i t\cos\ (\omega_i + \Delta\omega)t$$

$$= \frac{1}{2}KU_{im}U_{0m}\cos\ (\omega_i + \Omega)t\cos\ (\omega_i + \Delta\omega)t +$$

$$\frac{1}{2}KU_{im}U_{0m}\cos\ (\omega_i - \Omega)t\cos\ (\omega_i + \Delta\omega)t$$

$$= \frac{1}{4}KU_{im}U_{0m}\cos\ (2\omega_i + \Omega + \Delta\omega)t + \frac{1}{4}KU_{im}U_{0m}\cos\ (\Omega - \Delta\omega)t +$$

$$\frac{1}{4}KU_{im}U_{0m}\cos\ (2\omega_i - \Omega + \Delta\omega)t + \frac{1}{4}KU_{im}U_{0m}\cos\ (-\Omega - \Delta\omega)t$$

经低通滤波器后输出电压

$$u(t) = \frac{1}{4}KU_{im}U_{0m}R_L\cos\ (\Omega - \Delta\omega)t + \frac{1}{4}KU_{im}U_{0m}\cos\ (\Omega + \Delta\omega)t$$

产生频率失真，不能实现不失真解调。其输出信号频谱如图 5-82 所示。

5-32 设乘积同步检波器中，$u_i(t) = U_{im}\cos(\omega_i + \Omega)t$，即 $u_i(t)$ 为单边带信号，而 $u_0(t) = U_{0m}\cos(\omega_i t + \varphi)$，试问当 φ 为常数时能否实现不失真解调？

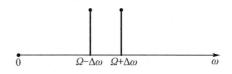

图 5-82 输出电压的频谱

解 经相乘器相乘后，可得

$$i = Ku_i(t)u_0(t) = KU_{im}\cos\ (\omega_i + \Omega)t \cdot U_{0m}\cos\ (\omega_i t + \varphi)$$

$$= \frac{1}{2}KU_{im}U_{0m}\cos[\ (2\omega_i + \Omega)t + \varphi] + \frac{1}{2}KU_{im}U_{0m}\cos\ (\Omega t - \varphi)$$

经低通滤波器后输出电压

$$u(t) = \frac{1}{2}KU_{im}U_{0m}R_L\cos\ (\Omega t - \varphi)$$

产生相位失真，φ 为常数时仍有相位失真。

5-33 试用相乘器、相加器、滤波器组成产生下列信号的框图：

(1)AM 信号；(2)DSB 信号；(3)SSB 信号；(4)2ASK 信号。

解 (1)AM 波(图 5-83)

图 5-83 AM 信号的产生

(2)DSB 波(图 5 – 84)

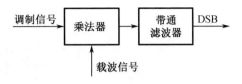

图 5 – 84　DSB 信号的产生

(3)SSB 波(图 5 – 85)

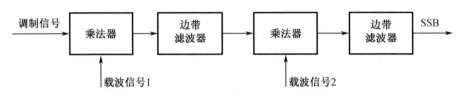

图 5 – 85　SSB 信号的产生

(4)2FSK 波(图 5 – 86)

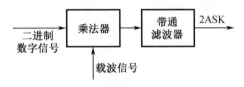

图 5 – 86　2ASK 信号的产生

5 – 34　试分析说明二极管大信号检波器、二极管小信号检波器和同步检波器的特点。

解　(1)二极管大信号检波:输入信号电压振幅大于 0.5 V;是线性检波,电压传输系数 $K_d = \cos\theta$ 为常数;输入等效电阻 $R_{id} = R/2$;解调普通调幅波或等幅波。

(2)同步检波:主要用于双边带调幅波或单边带调幅波的解调;必须输入本地载频信号电压,要求本地载频信号电压的频率和相位与调幅波的载频频率和相位相同,否则解调信号会产生失真。

第6章

角度调制与解调电路

6.1　教学基本要求

1. 掌握调角信号的定义、表示式、波形、频谱等基本特征。
2. 掌握典型的角度调制与解调电路的结构、工作原理、分析方法和性能特点。
3. 了解数字角度调制的典型调制与解调方式及其实现方法。

6.2　教与学的思考

6.2.1　教学基本要求的分析与思考

本章的教学基本要求有三项。要求的第 1 项是掌握调角信号的定义、表达式、波形、频谱等基本特征。掌握了这些基本概念对理解和掌握调制与解调电路是很容易的。要求的第 2 项是掌握典型的角度调制与解调电路的结构、工作原理、分析方法和性能特点。这是本章的重点教学内容，需要认真学习与研究。要求的第 3 项是了解数字角度调制的典型调制与解调方式及其实现电路，这是数字角度调制与解调的最基本内容。

6.2.2　本章教学分析讨论的思路

问题 1：角度调制的定义、分类及特点是什么？
需掌握这些基本概念，便于理解调角波的基本性质。
问题 2：调角波的数学表示式、瞬时相位和瞬时频率是什么？调相波和调频波有什么异同点？
由调相波的定义，高频振荡的振幅不变，其瞬时相位随调制信号 $u_\Omega(t)$ 线性关系变化，可得出调相波的数学表示式、瞬时相位和瞬时频率。同理，由调频波的定义，高频振荡的振幅不变，其瞬时频率随调制信号 $u_\Omega(t)$ 线性关系变化，可得出调频波的数学表示式、瞬时相位和瞬时频率。

问题 3：调角波的调制指数的定义是什么？调相波和调频波的调制指数等于什么？有什么异同点？

调角波的最大相移定义为调制指数，是调角波的重要参数，决定了调角波的频谱宽度，掌握其特性很有必要。

问题 4：调角波的频谱与频谱宽度的概念是什么？与哪些参数有关？

调角波的频谱与频谱宽度是非常重要的概念，要理解角度调制是非线性频谱搬移以及频谱宽度的选取原则，学会计算频谱宽度。

问题 5：调相波与调频波的波形是什么？二者有什么差别？

根据定义理解调相与调频的异同点，学会画波形的基本方法。

问题 6：相位调制与解调电路的功能是什么？输入信号与输出信号的频谱关系是什么？

见教学主要内容与典型例题分析中的相位调制电路的功能和调相解调电路的功能。

问题 7：频率调制与解调电路的功能是什么？输入信号与输出信号的频谱关系是什么？

见教学主要内容与典型例题分析中的频率调制电路的功能和调频解调电路的功能。

问题 8：调频电路分直接调频电路和间接调频电路两类，什么是直接调频？什么是间接调频？各自的调频原理是什么？

见教学主要内容与典型例题分析中的直接调频电路和间接调频电路。

问题 9：变容二极管直接调频电路是直接调频的基本形式，变容二极管直接调频电路的特点是什么？变容二极管作为回路总电容实现线性调频的条件是什么？

见教学主要内容与典型例题分析中的变容二极管直接调频电路。

问题 10：调相电路分为可变移相法调相、可变延时法调相和矢量合成法调相三类，其调相原理是什么？有什么特点？

见教学主要内容与典型例题分析中的调相电路。

问题 11：间接调频电路的原理是调制信号先经过积分电路积分后，再与载波信号通过调相电路调相，实现间接调频。间接调频电路的特点是什么？

变容二极管直接调频电路利用晶体管或集成振荡电路同含有变容二极管的 LC 谐振回路组成正弦波振荡器，用调制信号电压控制变容二极管的结电容，实现调频。其主要特点是调频的最大频偏大，载波频率稳定度低（调制信号电压为零时的振荡频率是载波频率）。晶体振荡器直接调频，载波频率的稳定度可得到较大提高，但调频最大频偏小。

间接调频受调相电路的限制，由于调相电路的载波输入信号由晶体振荡器提供，载载频率稳定度高，最大相移很小，对应的最大频移也小。

问题 12：间接调频电路为什么要采用扩频？有哪些实施的方法？

加倍频器扩展频偏，加混频器调整载波频率。

问题 13：相位鉴频器的原理是什么？特点是什么？矢量合成分析鉴频特性？

见教学主要内容与典型例题分析中的相位鉴频器。

问题 14：比例鉴频器的特点是什么？限幅原理是什么？

见教学主要内容与典型例题分析中的比例鉴频器。

问题 15：相移乘法鉴频器的原理与特点是什么？

见教学主要内容与典型例题分析中的相移乘法鉴频器。

问题 16:乘积型鉴相电路的原理是什么? 输入信号大小对鉴相特性有什么影响?

见教学主要内容与典型例题分析中的乘积型鉴相电路。

问题 17:什么是数字频率调制? 什么是数字调频解调? 2FSK 的直接调频法和频率键控法的原理是什么? 包络解调法与同步解调法的特点是什么?

见教学主要内容与典型例题分析中的数字频率调制与解调电路。

问题 18:什么是数字相位调制? 什么是数字调相解调? 绝对调相(CPSK)和相对调相(DPSK)的定义波形以及产生方法是什么? 调动相解调的极性比较法和相位比较法的特点是什么?

见教学主要内容与典型例题分析中的数字相位调制与解调电路。

6.3 教学主要内容与典型例题分析

6.3.1 角度调制的基本概念

1. 角度调制的定义分类与特点

定义:高频振荡的振幅不变,而角度随调制信号 $u_{\Omega}(t)$ 按一定关系变化。

分类:相位调制与频率调制两类,统称为调角。

相位调制的定义:高频振荡的振幅不变,而其瞬时相位随调制信号 $u_{\Omega}(t)$ 线性关系变化。这样的已调波称为调相波,常用 PM 表示。

频率调制的定义:高频振荡的振幅不变,而其瞬时频率随调制信号 $u_{\Omega}(t)$ 线性关系变化。这样的已调波称为调频波,常用 FM 表示。

特点:抗干扰能力强,载波功率利用系数高。调频主要用于调频广播、广播电视、通信与遥控、遥测等。调相主要用于数字通信。

2. 调角波的数学表示式、瞬时频率和瞬时相位

调相波:

设载波振荡信号 $u_c(t) = U_{cm} \cos \omega_c t$,调制信号 $u_{\Omega}(t) = U_{\Omega m} \cos \Omega t$。

根据调相波的定义:$U_m = U_{cm}$,瞬时相位为

$$\theta(t) = \omega_c t + K_P u_{\Omega}(t) = \omega_c t + K_P U_{\Omega m} \cos \Omega t$$

式中,K_P 为比例常数,单位是 $\text{rad}/(\text{s} \cdot \text{V})$。而其瞬时频率为

$$\omega(t) = \frac{\mathrm{d}\theta(t)}{\mathrm{d}t} = \omega_c + K_P \frac{\mathrm{d}u_{\Omega}(t)}{\mathrm{d}t} = \omega_c - K_P U_{\Omega m} \Omega \sin \Omega t$$

则调相波的一般表示式为

$$u(t) = U_{cm} \cos \theta(t) = U_{cm} \cos [\omega_c t + K_P u_{\Omega}(t)]$$
$$= U_{cm} \cos(\omega_c t + K_P U_{\Omega m} \cos \Omega t)$$

调频波:

设载波振荡信号 $u_c(t) = U_{cm} \cos \omega_c t$,调制信号 $u_{\Omega}(t) = U_{\Omega m} \cos \Omega t$。

根据调频波的定义:$U_m = U_{cm}$,瞬时角频率为

$$\omega(t) = \omega_c + K_f u_{\Omega}(t) = \omega_c + K_f U_{\Omega m} \cos \Omega t$$

式中,K_f 为比例常数,单位是 rad/s·V。而其瞬时相位为

$$\theta(t) = \int_0^t \omega(t)\mathrm{d}t = \omega_c t + K_f \int_0^t u_\Omega(t)\mathrm{d}t = \omega_c t + \frac{K_f U_{\Omega m}}{\Omega}\sin \Omega t$$

则调频波的一般表示式为

$$u(t) = U_{cm}\cos \theta(t) = U_{cm}\cos\left[\omega_c t + K_f \int_0^t u_\Omega(t)\mathrm{d}t\right]$$

$$= U_{cm}\cos\left(\omega_c t + \frac{K_f U_{\Omega m}}{\Omega}\sin \Omega t\right)$$

3. 调角波的调制指数与最大频移

(1)调角波的调制指数

定义:调角波的最大相移定义为调制指数。

调相波的调相指数 m_P 为

$$m_P = K_P \left| u_\Omega(t) \right|_{\max}$$

调频波的调频指数 m_f 为

$$m_f = K_f \left| \int_0^t u_\Omega(t)\mathrm{d}t \right|_{\max}$$

若调制信号 $u_\Omega(t) = U_{\Omega m}\cos \Omega t$ 时

$$m_P = K_P U_{\Omega m}, \quad m_f = \frac{K_f U_{\Omega m}}{\Omega}$$

(2)调角波的最大频移 $\Delta \omega_m$

调相波的最大频移为

$$\Delta \omega_{pm} 为 \Delta \omega_{pm} = K_P \left| \frac{\mathrm{d}u_\Omega(t)}{\mathrm{d}t} \right|_{\max}$$

调频波的最大频移为

$$\Delta \omega_{fm} 为 \Delta \omega_{fm} = K_f \left| u_\Omega(t) \right|_{\max}$$

若调制信号 $u_\Omega(t) = U_{\Omega m}\cos \Omega t$ 时

$$\Delta \omega_{pm} = K_P U_{\Omega m}\Omega, \quad \Delta \omega_{fm} = K_f U_{\Omega m}$$

(3)调角波的最大相移与调制指数的关系

调相波　　　　　　　　　　　$\Delta \omega_{pm} = m_p \Omega$

调频波　　　　　　　　　　　$\Delta \omega_{fm} = m_f \Omega$

调角波　　　　　　　　　　　$\Delta \omega_m = m\Omega$

4. 调角波用调制指数表示的数学表示式

调相波的数学表示式为

$$u(t) = U_{cm}\cos(\omega_c t + K_P U_{\Omega m}\cos \Omega t) = U_{cm}\cos(\omega_c t + m_p\cos \Omega t)$$

调频波的数学表示式为

$$u(t) = U_{cm}\cos\left(\omega_c t + K_f \int_0^t U_{\Omega m}\cos \Omega t\mathrm{d}t\right)$$

$$= U_{cm}\cos\left(\omega_c t + \frac{K_f U_{\Omega m}}{\Omega}\sin \Omega t\right)$$

$$= U_{cm}\cos(\omega_c t + m_f\sin \Omega t)$$

5. 调角波的波形

当调制信号为 $u_\Omega(t) = U_{\Omega m}\cos \Omega t$，载波信号为 $u_c(t) = U_{cm}\cos \omega_c t$ 时，调频波和调相波的波形如图6-1和图6-2所示。

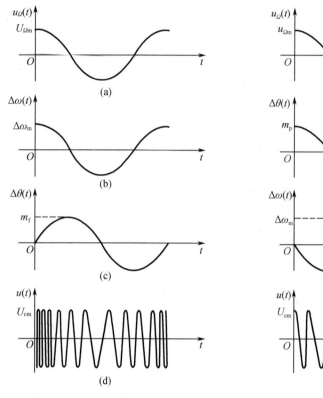

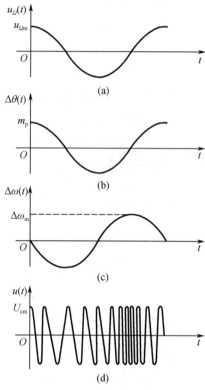

图6-1 调频波的波形　　　　图6-2 调相波的波形

图6-1是单频调制时的调频波。图6-1(a)是 $u_\Omega(t) = U_{\Omega m}\cos \Omega t$ 的单频调制信号，图6-1(b)是瞬时频率的变化值 $\Delta\omega(t) = K_f u_\Omega(t) = K_f U_{\Omega m}\cos \Omega t$，图6-1(c)是瞬时相位的变化值 $\Delta\theta(t) = K_f \int_0^t u_\Omega(t)\mathrm{d}t = \dfrac{K_f U_{\Omega m}}{\Omega}\sin \Omega t = m_f\sin \Omega t$，图6-1(d)是单频调制的调频波 $u(t) = U_{cm}\cos (\omega_c t + m_f\sin \Omega t)$ 的波形图。

图6-2是单频调制时的调相波。图6-2(a)是 $u_\Omega(t) = U_{\Omega m}\cos \Omega t$ 的单频调制信号，图6-2(b)是瞬时相位的变化值 $\Delta\theta(t) = K_p u_\Omega(t) = K_p U_{\Omega m}\cos \Omega t$，图6-2(c)是瞬时频率的变化值 $\Delta\omega(t) = K_p \dfrac{\mathrm{d}u_\Omega(t)}{\mathrm{d}t} = -K_p U_{\Omega m}\Omega\sin \Omega t = -\Delta\omega_m\sin \Omega t$，图6-2(d)是单频调制的调相波 $u(t) = U_{cm}\cos (\omega_c t + m_p\cos \Omega t)$ 的波形图。

例6-1　调制信号为三角波时，画出相对应的调相波和调频波的波形，并比较调相波和调频波的波形差别。

注意　通过调制信号为三角波的调频波和调相波波形比较，清楚地理解二者的差别。

解　(1)调频波如图6-3所示。

图6-3(a)是调制信号 $u_\Omega(t)$ 为三角波的波形，图6-3(b)是调频波的瞬时频率偏移

$\Delta\omega(t) = K_f u_\Omega(t)$，图 6 – 3（c）是调频波的波形，其瞬时频率是 $\omega(t) = \omega_c + K_f u_\Omega(t)$，与调制信号电压成正比。

（2）调相波如图 6 – 4 所示。

图 6 – 4（a）是调制信号 $u_\Omega(t)$ 为三角波的波形，图 6 – 4（b）是调相波的瞬时频率偏移 $\Delta\omega(t) = K_P \dfrac{\mathrm{d}u_\Omega(t)}{\mathrm{d}t}$，图 6 – 4（c）是调相波的波形，其瞬时频率是 $\omega(t) = \omega_c + K_P \dfrac{\mathrm{d}u_\Omega(t)}{\mathrm{d}t}$，与调制信号电压的微分成正比。

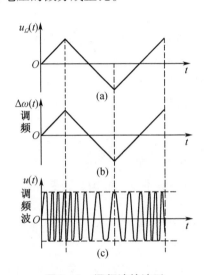

图 6 – 3　调频波的波形

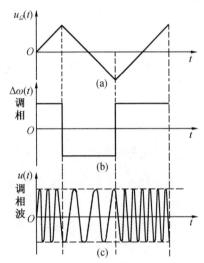

图 6 – 4　调相波的波形

6. 调角波的频谱

单频调制时，调相波与调频波的数学表示式相似，它们具有相同的频谱。

设调制信号是 $u_\Omega(t) = U_{\Omega m}\cos\Omega t$ 的调频波为

$$u(t) = U_{cm}\cos(\omega_c t + m_f\sin\Omega t) = U_{cm}\cos\omega_c t\cos(m_f\sin\Omega t) - U_{cm}\sin\omega_c t\sin(m_f\sin\Omega t)$$

式中，$\cos(m_f\sin\Omega t)$ 和 $\sin(m_f\sin\Omega t)$ 可展开为傅里叶级数

$$\cos(m_f\sin\Omega t) = J_0(m_f) + 2\sum_{n=1}^{\infty} J_{2n}(m_f)\cos 2n\Omega t$$

$$\sin(m_f\sin\Omega t) = 2\sum_{n=0}^{\infty} J_{2n+1}(m_f)\sin(2n+1)\Omega t$$

式中，n 为正整数，$J_n(m_f)$ 是以 m_f 为参数的 n 阶第一类贝塞尔函数。

$$u(t) = U_{cm}J_0(m_f)\cos\omega_c t + \qquad\qquad\qquad\text{载频}$$
$$U_{cm}J_1(m_f)\cos(\omega_c+\Omega)t - U_{cm}J_1(m_f)\cos(\omega_c-\Omega)t + \qquad\text{第一对边频}$$
$$U_{cm}J_2(m_f)\cos(\omega_c+2\Omega)t + U_{cm}J_2(m_f)\cos(\omega_c-2\Omega)t + \qquad\text{第二对边频}$$
$$U_{cm}J_3(m_f)\cos(\omega_c+3\Omega)t - U_{cm}J_3(m_f)\cos(\omega_c-3\Omega)t + \qquad\text{第三对边频}$$
$$\cdots$$

调频波频谱的特点：①以载频 ω_c 为中心，由无数对边频分量组成。它不是调制信号频谱的简单搬移。②各频率分量振幅取决于贝塞尔函数 $J_n(m_f)$，而 $J_n(m_f)$ 与 m_f 有关。对于调相波来说，其频谱结构与调频波相似，与 m_p 有关。

7. 调角波的频谱宽度

(1)从理论上看,调角波的频谱包含无限多对边频分量,即频谱宽度为无限大。

(2)在实际应用中,由于边频分量的振幅与 $J_n(m_f)$ 有关,而 $J_n(m_f)$ 在 $m(m_f$ 或 $m_p)$ 一定时,随着 n 的增加,$J_n(m_f)$ 的数值虽有起伏,但总的趋势是减小的。当 $n > m$ 时,$J_n(m_f)$ 数值很小。所以在忽略振幅很小的边频分量的条件下,频谱宽度就为有限值。

$$|J_n(m)| \geq 0.01, \quad |J_{n+1}(m)| < 0.01$$

则频谱宽度为

$$B = 2nF$$

式中,F 为调制信号频率。n 的确定根据 m_f 查《高频电子线路(第 4 版)》的表 $6-1$。

(4)中等质量通信系统,以忽略小于 10% 未调制载波振幅的边频分量来决定频谱宽度。当 $n > m + 1$ 时,$J_n(m_f)$ 恒小于 0.1。因此,有效频谱宽度为

$$B_{CR} = 2(m+1)F$$

(5)对于调频波,由于

$$m_f = \frac{K_f U_{\Omega m}}{\Omega} = \frac{\Delta \omega_m}{\Omega} = \frac{\Delta f_m}{F}$$

即调频波的调频指数 m_f 与调制频率 F 成反比。在 $U_{\Omega m}$ 不变(或 Δf_m 不变)的条件下,增大 F,B_{CR} 变化很小。

(6)对于调相波,由于 $m_p = K_p U_{\Omega m}$ 与调制信号频率 F 无关。在 $U_{\Omega m}$ 不变的条件下,增大 F,B_{CR} 随 F 的增大而增大。

例 6-2 调角波 $u(t) = 2\cos(2\pi \times 10^8 t + 5\cos 1\,000\pi t)$ V,试计算说明:(1)调角波的载波频率 f_c;(2)调角波的调制信号频率 F;(3)最大频偏 Δf_m;(4)最大相移;(5)信号频谱宽度;(6)在单位电阻上信号的损耗功率;(7)能否确定是调频波还是调相波。

注意 本题是调角波的基本概念内容,需要对各个概念区分清楚。

解 (1)载波频率 $f_c = 10^8$ Hz $= 100$ MHz;

(2)调制信号频率 $F = 500$ Hz;

(3)最大频偏 $\Delta f_m = mF = 5 \times 0.5$ kHz $= 2.5$ kHz;

(4)最大相移 $m = 5$ rad;

(5)信号频谱宽度 $B_{CR} = 2(m+1)F = 2 \times (5+1) \times 0.5$ kHz $= 6$ kHz;

(6)因为是等幅波,振幅为 2 V,所以单位电阻上信号的损耗功率为

$$P = \frac{1}{2} \frac{U_{cm}^2}{R} = \frac{1}{2} \times 2^2 \text{ W} = 2 \text{ W}$$

(7)由于不知道调制信号的类型,因此不能确定是调频波还是调相波。如果调制信号为正弦波,则 $u(t)$ 为调频波;如果调制信号为余弦波,则 $u(t)$ 为调相波。

例 6-3 已知某调频电路单位调制电压产生频偏为 $2\pi \times 10^3$ rad/s·V,电路的输出载波电压 $u_c(t) = 3\cos 2\pi \times 10^8 t$ V,调制信号电压 $u_\Omega(t) = 2\cos 1\,000\pi t$ V。试求:

(1)调频指数 m_f;

(2)最大频偏 Δf_m;

(3)有效频带宽度 B_{CR};

(4)调频波的数学表示式 $u(t)$。

注意　此题是基本概念计算题,应用基本公式就能解。

解　(1) 调频指数为

$$m_f = \frac{K_f U_{\Omega m}}{\Omega} = \frac{2\pi \times 10^3 \times 2}{1\,000\pi} = 4$$

(2) 最大频偏为

$$\Delta f_m = m_f F = 4 \times 500 \text{ Hz} = 2 \text{ kHz}$$

(3) 有效频带宽度

$$B_{CR} = 2(m_f + 1)F = 2 \times (4 + 1) \times 0.5 \text{ kHz} = 5 \text{ kHz}$$

(4) 调频波的数学表示式为

$$u(t) = 3\cos(2\pi \times 10^8 t + 4\sin 1\,000\pi t) \text{ V}$$

例 6 – 4　某调频电路的调制灵敏度 $K_f = 2$ kHz/V,电路的载波输出电压 $u_c(t) =$ $2\cos 10\pi \times 10^6 t$ V,调制信号电压 $u_\Omega(t) = 5\cos 2\pi \times 10^3 t$ V,试求:调频电路输出调频波的数学表示式、最大频偏、载波频率和调制信号频率。

注意　此题也是基本概念题,由调制信号电压和调制灵敏度 K_f 来确定调频波的最大频偏和调制指数。在应用中通常可采用下列的关系式进行分析计算:

$$m_f = \frac{K_f U_{\Omega m}}{\Omega} = \frac{\Delta \omega_m}{\Omega} = \frac{\Delta f_m}{F} = \frac{K_f' U_{\Omega m}}{F}$$

式中,K_f 的单位是 rad/(s·V),而 K_f' 的单位是 Hz/V。它们都是单位调制电压产生的频率偏移,只不过 K_f 是单位调制电压产生的角频率偏移。Ω 为调制信号角频率,单位是 rad/s,F 为调制信号频率,单位是 Hz。在分析计算时应该特别注意是用 K_f 还是用 K_f',它们的单位是不同的。值得注意的是,在应用中符号 K_f 和 K_f' 有时是不严格区分的,但一定要注意它们的量纲单位。上式之所以区分是在一个等式中,必须用不同的符号表示。假若已知条件给出 $K_f = 1$ kHz/V,则在计算 m_f 时只能用 $m_f = \dfrac{K_f U_{\Omega m}}{F}$,而不能用 $m_f = \dfrac{K_f U_{\Omega m}}{\Omega}$,因为 $K_f = 1$ kHz/V,实际上它是前面公式中的 K_f',只不过用 K_f 代替了。

解　(1) 调频指数为

$$m_f = \frac{K_f U_{\Omega m}}{F} = \frac{2 \times 10^3 \times 5}{1\,000} = 10$$

(2) 最大频偏为

$$\Delta f_m = K_f U_{\Omega m} = 2 \times 10^3 \times 5 \text{ Hz} = 10 \text{ kHz}$$

(3) 有效频带宽度为

$$B_{CR} = 2(m_f + 1)F = 2 \times (10 + 1) \times 10^3 \text{ Hz} = 22 \text{ kHz}$$

(4) 调频波的数学表示式为

$$u(t) = 2\cos(10\pi \times 10^6 t + 10\sin 2\,000\pi t) \text{ V}$$

例 6 – 5　已知某调频电路的调制灵敏度 $K_f = 3$ kHz/V,电路输出载波信号电压 $u_c(t) =$ $3\cos 2\pi \times 10^8 t$ V,调制信号电压 $u_\Omega(t) = (2\cos 2\pi \times 10^3 t + 3\cos 6\pi \times 10^3 t)$ V。试写出输出调频波的数学表示式 $u(t)$。

注意　此题仍是调频波的基本概念题,只不过调制信号为双音信号。它的数学表示式与单音调制信号是稍有不同的。

解 因为 $K_f = 3 \text{ kHz/V}$,对 $2\cos 2\pi \times 10^3 t$ 的调制信号

$$m_{f1} = \frac{K_f U_{\Omega m1}}{F_1} = \frac{3 \times 10^3 \times 2}{1 \times 10^3} = 6$$

对 $3\cos 6\pi \times 10^3 t$ 的调制信号

$$m_{f2} = \frac{K_f U_{\Omega m2}}{F_2} = \frac{3 \times 10^3 \times 3}{3 \times 10^3} = 3$$

则调频波数学表示式为

$$u(t) = 3\cos\ (2\pi \times 10^8 t + 6\sin 2\pi \times 10^3 t + 3\sin 6\pi \times 10^3 t)\ \text{V}$$

例 6-6 已知某调频电路要求最大频偏 $\Delta f_m = 75 \text{ kHz}$,调频电路的输出载波电压 $u_c(t) = 5\cos 2\pi \times 10^8 t \text{ V}$,调制信号电压 $u_\Omega(t) = 10\cos 2\ 000\pi t \text{ V}$。试求:

(1)调频灵敏度 K_f;

(2)调频指数 m_f;

(3)有效频带宽度 B_{CR};

(4)调频波的数学表示式 $u(t)$。

注意 此题是基本概念计算题,由要求最大频偏及调制信号电压计算电路的调频灵敏度,然后应用基本公式求解。

解 因为调频电路最大频偏为 $\Delta f_m = K_f \left| u_\Omega(t) \right|_{max}$,为单频调制时,则

$$\left| u_\Omega(t) \right|_{max} = U_{\Omega m} = 10 \text{ V}$$

(1)调频灵敏度为

$$K_f = \frac{\Delta f_m}{U_{\Omega m}} = \frac{75}{10} \text{ kHz/V} = 7.5 \text{ kHz/V}$$

(2)调频指数为

$$m_f = \frac{\Delta f_m}{F} = \frac{75}{1} = 75$$

(3)有效频带宽度为

$$B_{CR} = 2(m_f + 1)F = 2(75 + 1) \times 1 \text{ kHz} = 152 \text{ kHz}$$

(4)调频波的数学表示式为

$$u(t) = 5\cos[2\pi \times 10^8 t + 75\sin\ (2\ 000\pi t)]\ \text{V}$$

例 6-7 已知某调频电路要求最大频偏 $\Delta f_m = 75 \text{ kHz}$,电路输出载波信号电压 $u_c(t) = 5\cos 2\pi \times 10^8 t \text{ V}$,调制信号 $u_\Omega(t) = [3\cos 2\pi \times 10^3 t + 2\cos\ (2\pi \times 500 t)] \text{V}$,试写出调频波的数学表示式 $u(t)$。

注意 此题仍是基本概念题,是根据要求最大频偏 Δf_m 来确定调频电路的调制灵敏度 K_f 的。因为 $\Delta f_m = K_f \left| u_\Omega(t) \right|_{max}$,已知 Δf_m 和 $u_\Omega(t)$ 就能确定 K_f,K_f 确定后就可根据常规计算方法计算。

解 因为

$$\Delta f_m = K_f \left| u_\Omega(t) \right|_{max}$$

$$u_\Omega(t) = [3\cos 2\pi \times 10^3 t + 2\cos\ (2\pi \times 500 t)] \text{V}$$

$$\left| u_\Omega(t) \right|_{max} = 5 \text{ V}$$

所以

$$K_f = \frac{\Delta f_m}{\mid u_\Omega(t)\mid_{max}} = \frac{75}{5}\ kHz/V = 15\ kHz/V$$

对于 $3\cos 2\pi \times 10^3 t$ V 的调制信号

$$m_{f1} = \frac{K_f U_{\Omega m1}}{F_1} = \frac{15 \times 10^3 \times 3}{1 \times 10^3} = 45$$

对于 $2\cos(2\pi \times 500t)$ V 的调制信号

$$m_{f2} = \frac{K_f U_{\Omega m2}}{F_2} = \frac{15 \times 10^3 \times 2}{0.5 \times 10^3} = 60$$

调频波的数学表示式为

$$u(t) = 5\cos(2\pi \times 10^8 t + 45\sin 2\pi \times 10^3 t + 60\sin 2\pi \times 500t)\ V$$

例 6 - 8　已知调制信号 $u_\Omega(t) = 5\cos 2\pi \times 10^3 t$ V,$m_f = m_p = 6$,试求:(1)对应的调频波与调相波的有效频谱宽度 B_{CR}。(2)若 $U_{\Omega m}$ 不变,F 增大一倍,两种已调波的有效频谱宽度如何变化?(3)若 F 不变,$U_{\Omega m}$ 增大一倍,两种已调波的有效频谱宽度又如何变化?(4)若 $U_{\Omega m}$ 和 F 都增大一倍,两种已调波的有效频谱宽度又如何变化?

注意　调频波和调相波都是调角波,两者的计算有相似也有不同。根据基本原理,要分清楚调频波和调相波的区别。

解　(1)$U_{\Omega m} = 5$ V,$F = 1$ kHz,$m_f = m_p = 6$

调频波　　　　$B_{CR} = 2(m_f + 1)F = 2 \times (6 + 1) \times 1\ kHz = 14\ kHz$

调相波　　　　$B_{CR} = 2(m_p + 1)F = 2 \times (6 + 1) \times 1\ kHz = 14\ kHz$

(2)$U_{\Omega m} = 5$ V,$F = 2$ kHz

调频波　　$m_f = \frac{K_f U_{\Omega m}}{F} = 3$,$K_f$ 不变

$$B_{CR} = 2(m_f + 1)F = 2 \times (3 + 1) \times 2\ kHz = 16\ kHz$$

调相波　　$m_p = K_P U_{\Omega m} = 6$,$K_P$ 不变

$$B_{CR} = 2(m_p + 1)F = 2 \times (6 + 1) \times 2\ kHz = 28\ kHz$$

(3)$U_{\Omega m} = 10$ V,$F = 1$ kHz

调频波　　$m_f = \frac{K_f U_{\Omega m}}{F} = 12$,$K_f$ 不变

$$B_{CR} = 2(m_f + 1)F = 2 \times (12 + 1) \times 1\ kHz = 26\ kHz$$

调相波　　$m_p P = K_P U_{\Omega m} = 12$,$K_P$ 不变

$$B_{CR} = 2(m_p + 1)F = 2 \times (12 + 1) \times 1\ kHz = 26\ kHz$$

(4)$U_{\Omega m} = 10$ V,$F = 2$ kHz

调频波　　$m_f = \frac{K_f U_{\Omega m}}{F} = 6$

$$B_{CR} = 2(m_f + 1)F = 2 \times (6 + 1) \times 2\ kHz = 28\ kHz$$

调相波　　$m_p = K_P U_{\Omega m} = 12$

$$B_{CR} = 2(m_p + 1)F = 2 \times (12 + 1) \times 2\ kHz = 52\ kHz$$

6.3.2　角度调制与解调电路的功能

1. 调相电路的功能

将输入调制信号 $u_\Omega(t)$ 和载波信号 $u_c(t)$ 通过电路变换成高频调相波。若输入调制信号 $u_\Omega(t) = U_{\Omega m}\cos\Omega t$,且载波信号为 $u_c(t) = U_{cm}\cos\omega_c t$ 时,其输出调相波为

$$u(t) = U_{cm}\cos(\omega_c t + m_p\cos\Omega t)$$

输入输出频谱表示法如图 6-5 所示。

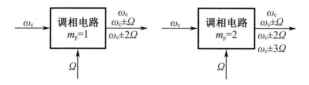

图 6-5　调相电路功能的频谱表示

2. 调频电路的功能

将输入调制信号 $u_\Omega(t)$ 和载波信号 $u_c(t)$ 通过电路变换成高频调频波。若输入调制信号 $u_\Omega(t) = U_{\Omega m}\cos\Omega t$,且载波信号为 $u_c(t) = U_{cm}\cos\omega_c t$ 时,其输出调频波为

$$u(t) = U_{cm}\cos(\omega_c t + m_f\sin\Omega t)$$

输入输出频谱表示法如图 6-6 所示。

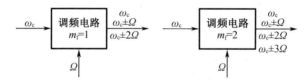

图 6-6　调频电路功能的频谱表示

3. 调相波解调电路的功能

调相波解调是从调相波中取出原调制信号,也称为鉴相器。当输入调相波 $u(t) = U_{cm}\cos(\omega_c t + m_p\cos\Omega t)$ 时,输出电压 $u_o(t) = U_m\cos\Omega t$。

当 $m_p = 2$ 时,其输入与输出的频谱变换关系是输入为 ω_c、$\omega_c\pm\Omega$、$\omega_c\pm2\Omega$、$\omega_c\pm3\Omega$,而输出为 Ω,如图 6-7(a)所示。

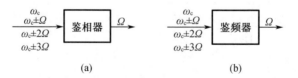

图 6-7　调角信号解调电路的功能

4. 调频波解调电路的功能

调频波解调是从调频波中取出原调制信号,也称为鉴频器。当输入调频波 $u(t) =$

$U_{cm}\cos(\omega_c t + m_f \sin \Omega t)$ 时, 输出电压 $u_o(t) = U_m \cos \Omega t$。

当 $m_f = 2$ 时, 其输入与输出的频谱变换关系是输入为 ω_c、$\omega_c \pm \Omega$、$\omega_c \pm 2\Omega$、$\omega_c \pm 3\Omega$, 而输出为 Ω, 如图 6-7(b) 所示。

6.3.3 调频电路的要求与分类

1. 对调频电路的要求

①具有线性的调制特性, 即调频波的瞬时频率与调制信号呈线性关系变化。

②具有较高的调制灵敏度, 即 K_f 要大, 单位调制电压所产生的振荡频率偏移要大。

③最大频率偏移 Δf_m 与调制信号频率无关。

④未调制的载波频率(即已调波的中心频率)应具有一定的频率稳定度。

⑤无寄生调幅或寄生调幅尽可能小。

2. 调频方法的分类

调频方法可分为直接调频和间接调频两大类。

6.3.4 直接调频电路

1. 直接调频原理

利用调制信号直接控制振荡器的振荡频率, 使其不失真地反映调制信号变化规律。

实际应用中, 是用调制信号去控制决定振荡器振荡频率的振荡回路的可变电抗值, 从而使振荡器的瞬时频率按调制信号变化规律线性地改变。

可变电抗元件可采用变容二极管或电抗管等。目前最常用的是变容二极管。

若采用输出波形为方波的多谐振荡器调频, 则可用调制信号去控制决定振荡频率的积分电容的充放电电流, 从而控制频率。

2. 变容二极管直接调频电路

(1) 变容二极管的特性

变容二极管是在 PN 结加反向电压时, PN 结电容随反向电压改变而变化。变容二极管结电容 C_j 与反向电压 u_r 的关系呈非线性, 可用下式表示:

$$C_j = \frac{C_{j0}}{\left(1 + \dfrac{u_r}{U_D}\right)^\gamma}$$

式中, U_D 为 PN 结的势垒电压; C_{j0} 为 $u_r = 0$ 时的结电容; γ 为电容变化系数。

(2) 变容二极管直接调频电路

①图 6-8 是一个变容二极管调频电路。图中虚线左边是一个 LC 正弦波振荡器, 右边是变容二极管和它的偏置电路。其中, C_C 是耦合电容, L_P 为高频扼流圈, 它对高频信号可认为开路。

②变容二极管是振荡回路的一个组成部分, 加在变容二极管上的反向电压为

$$u_r = V_{CC} - V_B + u_\Omega(t) = V_Q + u_\Omega(t)$$

式中, $V_Q = V_{CC} - V_B$ 是加在变容二极管上的直流偏置电压; $u_\Omega(t)$ 为调制信号电压。

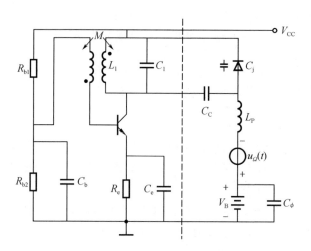

图6-8 变容二极管调频电路

③设调制信号电压为 $u_\Omega(t) = U_{\Omega m}\cos\Omega t$，则加在变容二极管上的控制电压为

$$u_r(t) = V_Q + U_{\Omega m}\cos\Omega t$$

当调制信号电压 $u_\Omega(t) = 0$ 时，即为载波状态。此时 $u_r = V_Q$，对应的变容二极管结电容 C_{jQ} 为

$$C_{jQ} = \frac{C_{j0}}{\left(1 + \dfrac{V_Q}{U_D}\right)^\gamma}$$

当调制信号电压 $u_\Omega(t) = U_{\Omega m}\cos\Omega t$ 时，对应的变容二极管的结电容与载波状态时变容二极管的结电容的关系是

$$C_j = \frac{C_{j0}}{\left(1 + \dfrac{V_Q + U_{\Omega m}\cos\Omega t}{U_D}\right)^\gamma} = \frac{C_{j0}}{\left[\dfrac{V_Q + U_D}{U_D}\left(1 + \dfrac{U_{\Omega m}\cos\Omega t}{V_Q + U_D}\right)\right]^\gamma} = \frac{C_{jQ}}{(1 + m\cos\Omega t)^\gamma}$$

式中，$m = \dfrac{U_{\Omega m}}{V_Q + U_D}$ 为电容调制度。

(3) 变容二极管作为振荡回路总电容的电路分析

从图6-8可得出振荡器的振荡回路的等效电路如图6-9(a)所示。设 C_1 未接入，C_C 较大，即回路的总电容就是变容二极管的结电容，其等效回路如图6-9(b)所示。

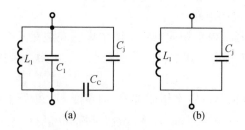

图6-9 振荡回路等效电路

若加在变容二极管上的高频电压很小,可忽略其对变容二极管电容量变化的影响,则瞬时振荡角频率为

$$\omega(t) = \frac{1}{\sqrt{L_1 C_j}}$$

因为未加调制信号时的载波频率 $\omega_c = \dfrac{1}{\sqrt{L_1 C_{jQ}}}$,所以

$$\omega(t) = \frac{1}{\sqrt{L_1 \dfrac{C_{jQ}}{(1 + m\cos\Omega t)^\gamma}}} = \omega_c (1 + m\cos\Omega t)^{\frac{\gamma}{2}}$$

$$= \omega_c \left(1 + \frac{U_{\Omega m}\cos\Omega t}{V_Q + U_D}\right)^{\frac{\gamma}{2}} = \omega_c \left[1 + \frac{u_\Omega(t)}{V_Q + U_D}\right]^{\frac{\gamma}{2}}$$

根据对调频的要求,当变容二极管作为回路总电容时,实现线性调频的条件是变容二极管的电容变化系数 $\gamma = 2$。

若 $\gamma \neq 2$,则输出调频波会产生中心频率偏移和非线性失真。调频波的最大频偏 $\Delta\omega_m = \dfrac{\gamma}{2} m\omega_c$,中心频率偏移值为 $\Delta\omega_m = \dfrac{\gamma}{8}\left(\dfrac{\gamma}{2} - 1\right)m^2\omega_c$;二次谐波失真的最大角频偏 $\Delta\omega_2 = \dfrac{\gamma}{8}\left(\dfrac{\gamma}{2} - 1\right)m^2\omega_c$。

例 6 – 9　变容二极管直接调频电路的交流等效电路如图 6 – 10 所示。变容二极管的结电容为

$$C_j = \frac{C_{jQ}}{\left[1 + \dfrac{u_\Omega(t)}{U_D + V_Q}\right]^\gamma}$$

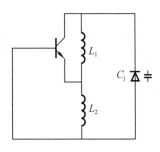

图 6 – 10　变容二极管直接
调频等效电路

其中,$C_{jQ} = 40 \text{ pF}$,$u_\Omega(t) = 2\cos 2\pi \times 10^3 t \text{ V}$,$\gamma = 2$,$U_D + V_Q = 10 \text{ V}$,$L_1 = 15 \text{ μH}$,$L_2 = 10.33 \text{ μH}$,试求:

(1)调频波的载波频率 f_c 以及最大瞬时频率 f_{max}、最小瞬时频率 f_{min};

(2)调频波的最大频偏 Δf_m,有效频带宽度 B_{CR}。

注意　此题是变容二极管作为回路总电容的直接调频电路的基本计算内容。

解　(1)调频波的瞬时频率 $f(t)$ 为

$$f(t) = \frac{1}{2\pi \sqrt{(L_1 + L_2) C_j}}$$

而

$$C_j = \frac{C_{jQ}}{\left[1 + \dfrac{u_\Omega(t)}{U_D + V_Q}\right]^\gamma} = \frac{40}{\left(1 + \dfrac{2\cos 2\pi \times 10^3 t}{10}\right)^2} \text{ pF} = \frac{40}{(1 + 0.2\cos 2\pi \times 10^3 t)^2} \text{ pF}$$

则

$$f(t) = \frac{1}{2\pi \sqrt{\dfrac{(L_1 + L_2) C_{jQ}}{(1 + 0.2\cos 2\pi \times 10^3 t)^2}}} = \frac{1 + 0.2\cos 2\pi \times 10^3 t}{2\pi \sqrt{(L_1 + L_2) C_{jQ}}} = f_c (1 + 0.2\cos 2\pi \times 10^3 t)$$

载波频率为

$$f_c = \frac{1}{2\pi \sqrt{(L_1 + L_2)C_{jQ}}} = \frac{1}{2\pi \sqrt{(15 + 10.33) \times 10^{-6} \times 40 \times 10^{-12}}} \text{ Hz} = 5 \text{ MHz}$$

最大瞬时频率为

$$f_{max} = f_c(1 + 0.2) = 6 \text{ MHz}$$

最小瞬时频率为

$$f_{min} = f_c(1 - 0.2) = 4 \text{ MHz}$$

(2)调频波最大频偏 Δf_m 为

$$\Delta f_m = (f_{max} - f_{min})/2 = 1 \text{ MHz}$$

因为

$$\Delta f_m = K_f U_{\Omega m} = 1 \text{ MHz}$$

$$K_f = \frac{1.0 \times 10^6}{2} \text{ Hz/V} = 500 \times 10^3 \text{ Hz/V}$$

$$m_f = \frac{K_f U_{\Omega m}}{F} = \frac{500 \times 10^3 \times 2}{1 \times 10^3} = 1\ 000$$

调频波的有效频带宽度 B_{CR} 为

$$B_{CR} = 2(m_f + 1)F = 2 \times (1\ 000 + 1) \times 1 \times 10^3 \text{ Hz} = 2\ 002 \text{ kHz}$$

3. MC1648 集成压控振荡器直接调频

图 6-11 是由 MC1648 集成压控振荡器外接变容二极管与电感组成的并联谐振回路构成的变容二极管直接调频电路。其中,两个变容二极管的接法也是采用背靠背串联连接的形式,特点是减小高频振荡电压对变容二极管总电容的影响。

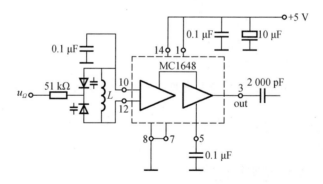

图 6-11 MC1648 集成振荡器直接调频电路

变容二极管调频电路的优点是电路简单,工作频率高,易于获得较大的频偏,而且在频偏较小的情况下,非线性失真可以很小。因为变容二极管是电压控制器件,所需调制信号的功率很小。这种电路的缺点是偏置电压漂移,温度变化等会改变变容二极管的结电容,即调频振荡器的中心频率稳定度不高,而在频偏较大时,非线性失真较大。

4. 晶体振荡器直接调频电路

晶体振荡器直接调频电路通常是将变容二极管接入并联型晶体振荡器的回路中实现调频。变容二极管接入振荡回路有两种形式。一种是与晶体相串联,另一种是与晶体相并联。

无论哪一种形式,变容二极管的结电容的变化均会引起晶体振荡器的振荡频率变化。变容二极管与晶体串联的连接方式应用得比较广泛。

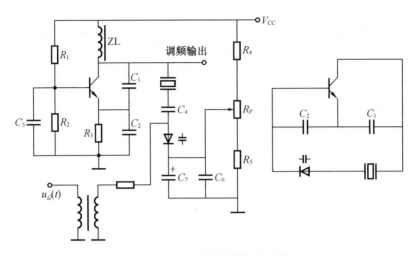

图 6 - 12　晶体振荡器直接调频电路

图 6 - 12 所示是一个晶体振荡器直接调频电路,其中变容二极管与晶体串联连接,C_4、C_5、C_6、C_7 对高频短路,ZL 为高频扼流圈。从高频等效电路来看,它是一个典型的电容三点式振荡电路。晶体振荡器的振荡频率只能在 f_q 与 f_p 之间变化。晶体的并联谐振频率与串联谐振频率之差为

$$f_p - f_q \approx \frac{1}{2}\frac{C_q}{C_0}f_q$$

实现调频的最大频偏为

$$\Delta f_m < \frac{1}{4}\frac{C_q}{C_0}f_q$$

最大相对频偏为

$$\frac{\Delta f_m}{f_q} < \frac{1}{4}\frac{C_q}{C_0}$$

C_q/C_0 的值一般为 $10^{-3} \sim 10^{-4}$ 数量级,因此最大相对频偏很难超过 10^{-3}。

晶体振荡器直接调频电路的中心频率稳定度较高,但最大频偏很小。

6.3.5　调相电路

实现调相的方法通常有三类:可变移相法调相、可变时延法调相和矢量合成法调相。

1. 可变移相法调相

将载波振荡信号电压通过一个受调制信号电压控制的相移网络,即可以实现调相的。可控相移网络有多种实现电路。其中,变容二极管调相是应用最广的一种电路。图 6 - 13 所示电路是单回路变容二极管调相电路。它是利用由电感 L 和变容二极管组成的谐振回路的谐振频率随变容二极管结电容变化而变化来实现调相的。而变容二极管的结电容是受调制信号电压 $u_\Omega(t)$ 控制的。图中 C_1、C_2 对载波频率 ω_c 相当于短路,是耦合电容。它的另一

作用是起隔直作用,保证直流电源能给变容二极管提供直流偏置电压。C_3 的作用是保证变容二极管上能加上反向直流偏压,而对于 ω_c 相当于短路。

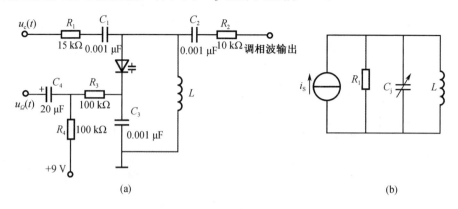

图 6-13 单回路变容二极管调相电路

设载波信号为 $u_c(t) = U_{cm}\cos\omega_c t$,调制信号为 $u_\Omega(t) = U_{\Omega m}\cos\Omega t$。当调制信号为零时,谐振回路的谐振角频率与输入载波信号的频率 ω_c 相等。当加上调制信号 $u_\Omega(t)$ 后,回路谐振频率将产生变化,与变容二极管作为回路总电容调频一样,在 m 较小的条件下,回路的谐振角频率为

$$\omega(t) = \omega_c\left(1 + \frac{\gamma}{2}m\cos\Omega t\right) = \omega_c + \Delta\omega(t)$$

式中,$\Delta\omega(t) = \frac{\gamma}{2}m\omega_c\cos\Omega t$。

图 6-14 表示对于载波频率 ω_c 来说,回路谐振频率变化引入的附加相移变化的关系。

将谐振回路及输入电压画出等效电路如图 6-13 (b)所示。其中电流源 $i_S = \dfrac{U_{cm}}{R_1}\cos\omega_c t = I_{cm}\cos\omega_c t$,可得出输出电压 $u(t)$ 为

$$u(t) = I_{cm}Z(\omega_c)\cos(\omega_c t + \varphi)$$

式中,$Z(\omega_c)$ 和 φ 分别是谐振回路在 $\omega = \omega_c$ 上呈现的阻抗幅值和相移。在失谐不很大的条件下,φ 可表示为

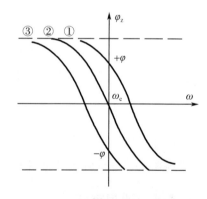

图 6-14 谐振频率变化产生附加相移

$$\varphi = -\arctan 2Q\frac{\omega_c - \omega(t)}{\omega(t)}$$

当 $\varphi < \dfrac{\pi}{6}$ 时,可认为 $\tan\varphi \approx \varphi$,故可得

$$\varphi \approx -2Q\frac{\omega_c - \omega(t)}{\omega(t)} = -2Q\frac{\omega_c - [\omega_c + \Delta\omega(t)]}{\omega_c + \Delta\omega(t)} \approx 2Q\frac{\Delta\omega(t)}{\omega_c} = Q\gamma m\cos\Omega t = m_p\cos\Omega t$$

式中,$m_p = Q\gamma m$,输出电压为

$$u(t) = I_{cm}Z(\omega_c)\cos(\omega_c t + m_p\cos\Omega t)$$

单回路变容二极管调相电路,实现线性调相的条件是 $\varphi < \dfrac{\pi}{6}$,即调相指数 m_p 不能超过 $\dfrac{\pi}{6}$,在实际应用中,需要较大的调相指数 m_p,可以采用多级单回路构成变容二极管调相电路。

例 6 - 10　单回路变容二极管调相电路如图 6 - 15 所示。图中,C 为高频旁路电容;变容二极管的 $U_D = 1$ V,变容系数 $\gamma = 2$;回路等效品质因数 $Q = 20$;调制信号 $u_\Omega(t) = U_{\Omega m}\cos \Omega t$ V。试求下列情况时的调相指数 m_p 和最大频偏 Δf_m。

(1) $U_{\Omega m} = 0.1$ V, $\Omega = 2\pi \times 10^3$ rad/s;

(2) $U_{\Omega m} = 0.1$ V, $\Omega = 4\pi \times 10^3$ rad/s;

(3) $U_{\Omega m} = 0.05$ V, $\Omega = 2\pi \times 10^3$ rad/s。

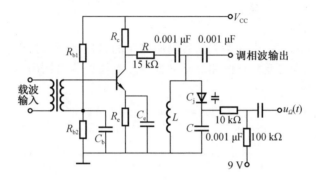

图 6 - 15　变容二极管调相电路

注意　此题是相移法实现调相的典型例题,通过解题理解相移法调相的特点。

解　(1) 当 $U_{\Omega m} = 0.1$ V, $\Omega = 2\pi \times 10^3$ rad/s 时,变容二极管作为回路总电容,其电容值

$$C_j = \frac{C_{jQ}}{(1 + m\cos \Omega t)^\gamma}$$

式中,$m = U_{\Omega m}/(U_D + V_Q)$ 为电容调制度。

$$m = \frac{U_{\Omega m}}{U_D + V_Q} = \frac{0.1}{1 + 9} = 0.01$$

因为 m 很小,回路的谐振角频率与 $u_\Omega(t)$ 的关系可表示为

$$\omega(t) = \omega_c\left(1 + \frac{\gamma}{2}m\cos \Omega t\right) = \omega_c + \Delta\omega(t)$$

式中,$\Delta\omega(t) = \dfrac{\gamma}{2}m\omega_c\cos \Omega t$。

并联谐振回路在失谐不很大的条件下,输出电压相移 φ 可表示为

$$\varphi = -\arctan 2Q\frac{\omega_c - \omega(t)}{\omega_c}$$

当 $\varphi < \pi/6$ 时,可认为 $\tan \varphi \approx \varphi$,可得

$$\varphi \approx -2Q\frac{\omega_c - \omega(t)}{\omega_c} = 2Q\frac{\Delta\omega(t)}{\omega_c} = Q\gamma m\cos \Omega t = m_p\cos \Omega t$$

即
$$m_p = Q\gamma m = 20 \times 2 \times 0.01 = 0.4$$
$$\Delta f_m = m_p F = 0.4 \times 10^3 \text{ Hz} = 400 \text{ Hz}$$

(2) 当 $U_{\Omega m} = 0.1$ V, $\Omega = 4\pi \times 10^3$ rad/s 时

$$m = \frac{U_{\Omega m}}{U_D + V_Q} = \frac{0.1}{1+9} = 0.01$$

$$m_p = Q\gamma m = 20 \times 2 \times 0.01 = 0.4$$

$$\Delta f_m = m_p F = 0.4 \times 2 \times 10^3 \text{ Hz} = 800 \text{ Hz}$$

(3) 当 $U_{\Omega m} = 0.05$ V, $\Omega = 2\pi \times 10^3$ rad/s 时

$$m = \frac{U_{\Omega m}}{U_D + V_Q} = \frac{0.05}{1+9} = 0.005$$

$$m_p = Q\gamma m = 20 \times 2 \times 0.005 = 0.2$$

$$\Delta f_m = m_p F = 0.2 \times 10^3 \text{ Hz} = 200 \text{ Hz}$$

2. 可变时延法调相

将载波振荡电压通过一个受调制信号电压控制的时延网络,时延网络的输出电压为调相波。图 6-16 所示为可变时延调相电路方框图。晶体振荡器输出为载波信号,经可控时延网络后输出电压为

$$u_o(t) = U_m \cos[\omega_c(t-\tau)]$$

式中,$\tau = ku_\Omega(t) = kU_{\Omega m} \cos \Omega t$,则

$$u_o(t) = U_m \cos[\omega_c t - \omega_c ku_\Omega(t)] = U_m \cos[\omega_c t - m_p \cos \Omega t]$$

式中,$m_p = \omega_c kU_{\Omega m}$。

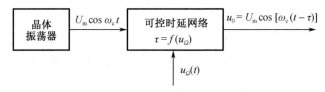

图 6-16 可变时延调相电路方框图

脉冲调相电路是一种对脉冲波进行可控时延的调相电路,其组成方框原理图如图 6-17 所示。

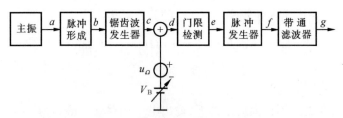

图 6-17 脉冲调相电路方框图

脉冲调相的最大相移 $m_p \leqslant 0.8\pi$,且调制线性较好,只是电路复杂些。在调频广播发射机和电视伴音发射机中得到广泛的应用。电路原理参阅《高频电子线路(第4版)》。

3. 矢量合成法调相

调制信号为 $u_\Omega(t)$ 的调相波的数学表示式为

$$u(t) = U_m\cos[\omega_c t + K_P u_\Omega(t)]$$

可展开为

$$u(t) = U_m\cos\omega_c t\cos[K_P u_\Omega(t)] - U_m\sin\omega_c t\sin[K_P u_\Omega(t)]$$

若最大相移很小，$|\Delta\theta(t)|_{max} = K_P|u_\Omega(t)|_{max} \leq \dfrac{\pi}{12}$ rad，则有

$$\cos[K_P u_\Omega(t)] \approx 1, \ \ \sin[K_P u_\Omega(t)] \approx K_P u_\Omega(t)$$

$$u(t) = U_m\cos\omega_c t - U_m K_P u_\Omega(t)\sin\omega_c t$$

可见，调相波可认为是由两个信号进行矢量合成而构成的。图 6-18 所示方框图就是根据上式实现的调相。

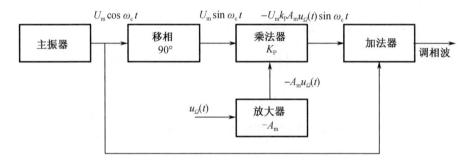

图 6-18 矢量合成实现调相

6.3.6 间接调频电路及扩展最大频偏的方法

1. 间接调频原理

由调频波的一般表示式 $u(t) = U_{cm}\cos\left[\omega_c t + K_f\displaystyle\int_0^t u_\Omega(t)\mathrm{d}t\right]$ 可知，对于 $u_\Omega(t)$ 作调制信号来说，$u(t)$ 是调频波。但是对 $\displaystyle\int_0^t u_\Omega(t)\mathrm{d}t$ 作调制信号来说，$u(t)$ 是调相波。

采用图 6-19 所示，将调制信号 $u_\Omega(t)$ 先经过积分器积分，然后再通过相位调制，对 $u_\Omega(t)$ 来说，$u(t)$ 是调频波，称其为间接调频。间接调频电路的载波振荡器可采用频率稳定度很高的晶体振荡器，其载波频率稳定度高。

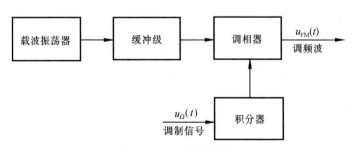

图 6-19 间接调频原理

2. 变容二极管间接调频电路

图 6 - 20 是一个三级单回路变容二极管间接调频电路。从电路形式上看,这个电路是调相电路。实际上整个电路是间接调频电路。关键是调制信号加到变容二极管上是经过了 R_1(470 kΩ) 和 C(3 个 0.02 μF 并联)的积分电路,然后再调相。因为电路在调制信号频率 50 Hz ~ 20 kHz 范围内 $\Omega RC \gg 1$,满足积分电路条件。

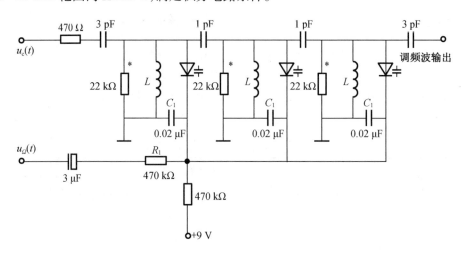

图 6 - 20 三级单回路变容二极管间接调频电路

3. 最大频偏的扩展

对于间接调频电路,无论采用哪种调相电路,主振器都是晶体振荡器,中心频率稳定度高。但它们能够实现的最大线性相移受调相特性非线性限制。例如,单级单回路变容二极管调相电路的最大线性相移 $m_p = \pi/6$ rad,在调制最低频率 $F_{min} = 100$ Hz 时,最大频偏为 $\Delta f_m = m_p \times F_{min} = 52$ Hz;脉冲调相电路的最大线性相移 $m_p = 0.8\pi$ rad,在调制最低频率 $F_{min} = 100$ Hz 时,最大频偏为 $\Delta f_m = 251$ Hz;矢量合成调相电路的最大线性相移 $m_p = \pi/12$ rad,在调制最低频率 $F_{min} = 100$ Hz 时,最大频偏为 $\Delta f_m = 26$ Hz。也就是调相电路的最大频偏是由最大线性相移决定的,它们都很小。扩展最大频偏的方法是采用倍频器和混频器,倍频器增大最大频偏,混频器调整载波频率。

调频信号 $u(t) = U_{cm}\cos(\omega_c t + m_f \sin \Omega t)$,瞬时频率为

$$\omega(t) = \frac{\mathrm{d}(\omega_c t + m_f \sin \Omega t)}{\mathrm{d}t} = \omega_c + K_f U_{\Omega m}\cos \Omega t = \omega_c + \Delta\omega_m \cos \Omega t$$

经 n 倍频后瞬时频率为

$$n\omega(t) = n\omega_c + n\Delta\omega_m \cos \Omega t$$

可见,调相波经 n 倍频后,载波频率增大 n 倍,最大频偏增大 n 倍。

图 6 - 21 是载波频率为 90 MHz,最大频偏为 75 kHz 的调频广播发射方框原理图。需传送的音频信号(调制信号)经积分电路积分后与晶体振荡器产生的高稳定度的 200 kHz 正弦振荡信号进行调相,产生载波频率为 200 kHz 和最大频偏为 24.41 Hz 的间接调频信号电压。经 64 倍频,得载波频率为 12.8 MHz 和最大频偏为 1 562.24 Hz 的调频信号电压。再经与频率为 10.925 MHz 本振信号的混频(下变频),得载波频率为 1 875 kHz 和最大频偏为

1 562.24 Hz 的调频信号电压。又经 48 倍频后得载波频率为 90 MHz 和最大频偏为 75 kHz 的调频信号电压。最后经高频功率放大由天线发射。

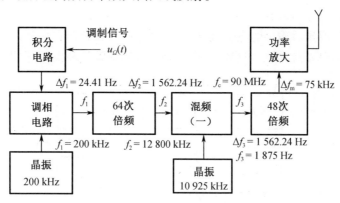

图 6 – 21　调频广播发射机组成原理图

例 6 – 11　某调频电路的调制灵敏度 $K_f = 2$ kHz/V,调制信号电压 $u_\Omega(t) = 5\cos 2\pi \times 10^3 t$ V,电路载波输出电压 $u_c(t) = 2\cos 10\pi \times 10^6 t$ V,试求:

(1)调频电路输出调频波的数学表示式、最大频偏、载波频率和调制信号频率;

(2)输出调频波经过 12 倍频后,其最大频偏、载波频率、调制信号频率和数学表示式怎样变化。(设 12 倍频器的电压传输系数为 A)

注意　此题是说明调频波经过倍频后其载波频率和最大频偏倍频,而调制信号频率不变,主要应用于间接调频偏小,而采用的扩大频偏的方法。

解　(1)最大频偏为　　　　$\Delta f_m = K_f U_{\Omega m} = 2 \times 5$ kHz $= 10$ kHz

调频指数为　　　　　　　　　$m_f = \dfrac{\Delta f_m}{F} = \dfrac{10}{1} = 10$

数学表达式为　　　　$u(t) = 2\cos(10\pi \times 10^6 t + 10\sin 2\pi \times 10^3 t)$ V

载波频率为　　　　　　　　　$f_c = 5 \times 10^6$ Hz

调制信号频率为　　　　　　　$F = 1$ kHz

(2)$u(t) = 2\cos(10\pi \times 10^6 t + 10\sin 2\pi \times 10^3 t)$ V,经 12 倍频,调频波的瞬时频率为

$$\omega'(t) = 12\omega(t) = 12(10\pi \times 10^6 + 2\pi \times 10^4 \cos 2\pi \times 10^3 t)$$
$$= 120\pi \times 10^6 + 24\pi \times 10^4 \cos 2\pi \times 10^3 t$$

倍频 12 倍,载波由 5 MHz 变为 60 MHz;倍频 12 倍,最大频偏由 10 kHz 变为 120 kHz;调制信号频率 F 不变。

调频指数为

$$m'_f = \frac{\Delta f'_m}{F} = \frac{120}{1} = 120$$

数学表示式为

$$u'(t) = A \cdot 2\cos(120\pi \times 10^6 t + 120\sin 2\pi \times 10^3 t)\ \text{V}$$

例 6 – 12　有一调频系统采用间接调频的窄带调频,经倍频和混频后产生宽带调频信号,传输的调制信号频率为 100 Hz ~ 15 kHz,窄带调频的载频为 $f_{c1} = 200$ kHz,由晶体振荡器

提供。窄带调频信号的最大频偏为 $\Delta f_{m1} = 25$ Hz,混频器的本振频率为 $f_L = 10.9$ MHz,两个倍频器的参数为 $n_1 = 64, n_2 = 48$(图 6 - 22)。试求:

(1)窄带调频信号的带宽;

(2)经倍频和混频后输出的宽带调频信号的载频、最大频偏和带宽;

(3)如果去掉混频器,最后输出的宽带调频信号的载频是多少,说明混频器的作用。

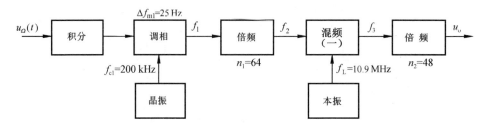

图 6 - 22 调频系统原理图

解   (1)窄带调频信号的带宽为 $B_{CR1} = 2F_{max} = 2 \times 15$ kHz $= 30$ kHz。

(2)经倍频和混频后输出的宽带调频信号的载频为

$$f_o = n_2 f_3 = n_2(f_2 - f_L) = n_2(n_1 f_1 - f_L) = n_2(n_1 f_{c1} - f_L)$$
$$= 48(64 \times 200 \times 10^3 - 10.9 \times 10^6) \text{ Hz} = 91.2 \text{ MHz}$$

最大频偏为

$$\Delta f_m = n_1 n_2 \Delta f_{m1} = 64 \times 48 \times 25 \text{ Hz} = 76.8 \text{ kHz}$$

宽带调频信号的带宽为

$$B_{CR} = 2(m_f + 1)F_{max} = 2(\Delta f_m + F_{max})$$
$$= 2(76.8 + 15) \text{ kHz} = 183.6 \text{ kHz}$$

去掉混频器后,宽带调频信号的载频为

$$f_o = n_1 n_2 f_{c1} = 64 \times 48 \times 200 \times 10^3 \text{ Hz} = 614.4 \text{ MHz}$$

要扩大最大频偏,倍频器的倍频次数要很高,这样载频也就很高,混频器的作用是将高的载频降下来,以达到系统要求。

6.3.7 调相解调电路(鉴相器)

1. 乘积型鉴相电路(图 6 - 23)

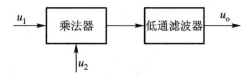

图 6 - 23 乘积型鉴相方框图

乘积型鉴相电路由乘法器和低通滤波器组成,u_1 是输入的需解调的调相波。u_2 是由 u_1 变化来的,或是系统本身产生的与 u_1 有确定关系的参考信号。一般来说,u_1 和 u_2 为正交关系,即

$$u_1 = U_{1m}\cos[\omega_c t + \varphi_1(t)]$$

$$u_2 = U_{2\mathrm{m}}\sin \omega_\mathrm{c}t$$

（1）u_1 和 u_2 均为小信号（均小于 26 mV）时

根据模拟乘法器的特性，其输出电流为

$$i = I_0 \frac{q}{2kT}u_1 \frac{q}{2kT}u_2 = K_\mathrm{M}u_1u_2 = K_\mathrm{M}U_{1\mathrm{m}}U_{2\mathrm{m}}\cos[\omega_\mathrm{c}t + \varphi_1(t)]\sin \omega_\mathrm{c}t$$

$$= \frac{1}{2}K_\mathrm{M}U_{1\mathrm{m}}U_{2\mathrm{m}}\sin[-\varphi_1(t)] + \frac{1}{2}K_\mathrm{M}U_{1\mathrm{m}}U_{2\mathrm{m}}\sin[2\omega_\mathrm{c}t + \varphi_1(t)]$$

经低通滤波器滤波，在负载 R_L 上可得输出电压。

$$u_\mathrm{o} = \frac{1}{2}K_\mathrm{M}U_{1\mathrm{m}}U_{2\mathrm{m}}R_\mathrm{L}\sin[-\varphi_1(t)] = -\frac{1}{2}K_\mathrm{M}U_{1\mathrm{m}}U_{2\mathrm{m}}R_\mathrm{L}\sin \varphi_1(t)$$

图 6 – 24 是小信号正交乘积鉴相特性曲线。其中 $\varphi_1(t)$ 表示 u_1 和 u_2 的瞬时相位差。通常可用 $\varphi_\mathrm{e}(t)$ 表示。u_o 随 $\varphi_\mathrm{e}(t)$ 变化为正弦波。

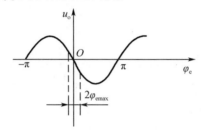

图 6 – 24　小信号正交乘积鉴相特性曲线

主要指标：线性鉴相范围 $\varphi_{\mathrm{emax}} = \pm\frac{\pi}{6}$ rad，鉴相跨导 $S_\varphi = -\frac{1}{2}K_\mathrm{M}U_{1\mathrm{m}}U_{2\mathrm{m}}R_\mathrm{L}$。

2. u_1 为小信号，u_2 为大信号时（$U_{1\mathrm{m}} < 26$ mV，$U_{2\mathrm{m}} > 100$ mV）

乘法器的输出电流为

$$i = I_0 \frac{q}{2kT}u_1 \mathrm{th} \frac{q}{2kT}u_2 = K_\mathrm{M}'u_1\mathrm{th} \frac{q}{2kT}u_2$$

当 u_2 的振幅大于 100 mV 时，双曲线函数具有开关函数的形式，即

$$\mathrm{th} \frac{q}{2kT}u_2 = \begin{cases} +1, 0 \le \omega_\mathrm{c}t \le \pi \\ -1, \pi \le \omega_\mathrm{c}t \le 2\pi \end{cases}$$

将上式按傅里叶级数展开为

$$\mathrm{th} \frac{q}{2kT}u_2 = \frac{4}{\pi}\sin \omega_\mathrm{c}t + \frac{4}{3\pi}\sin 3\omega_\mathrm{c}t + \cdots$$

乘法器输出电流为

$$i = K_\mathrm{M}'U_{1\mathrm{m}}\cos[\omega_\mathrm{c}t + \varphi_1(t)]\left(\frac{4}{\pi}\sin \omega_\mathrm{c}t + \frac{4}{3\pi}\sin 3\omega_\mathrm{c}t + \cdots\right)$$

$$= \frac{2}{\pi}K_\mathrm{M}'U_{1\mathrm{m}}\sin[-\varphi_1(t)] + \frac{2}{\pi}K_\mathrm{M}'U_{1\mathrm{m}}\sin[2\omega_\mathrm{c}t + \varphi_1(t)] +$$

$$\frac{2}{3\pi}K_\mathrm{M}'U_{1\mathrm{m}}\sin[2\omega_\mathrm{c}t - \varphi_1(t)] + \frac{2}{3\pi}K_\mathrm{M}'U_{1\mathrm{m}}\sin[4\omega_\mathrm{c}t + \varphi_1(t)] +$$

$$\cdots$$

经低通滤波器滤波,在负载 R_L 上得到输出电压为

$$u_o = \frac{2}{\pi}K'_M U_{1m} R_L \sin[-\varphi_1(t)] = -\frac{2}{\pi}K'_M U_{1m} R_L \sin\varphi_1(t)$$

可见,鉴相特性是正弦形。

主要指标:线性鉴相范围 $\varphi_{emax} = \pm\frac{\pi}{6}$ rad,鉴相跨导 $S_\varphi = -\frac{2}{\pi}K'_M U_{1m} R_L$。

3. u_1 和 u_2 均为大信号(U_{1m}、U_{2m} 均大于 100 mV)

乘法器的输出电流为

$$i = I_0 \text{th}\frac{q}{2kT}u_1 \text{th}\frac{q}{2kT}u_2$$

振幅均大于 100 mV 时,与 u_2 相似,u_1 也可表示为开关函数形式,即

$$\text{th}\frac{q}{2kT}u_1 = \begin{cases} +1 & (-\pi/2 \leqslant \omega_c t \leqslant \pi/2) \\ -1 & (\pi/2 \leqslant \omega_c t \leqslant 3\pi/2) \end{cases}$$

将上式按傅里叶级数展开为

$$\text{th}\frac{q}{2kT}u_1 = \frac{4}{\pi}\cos[\omega_c t + \varphi_1(t)] - \frac{4}{3\pi}\cos 3[\omega_c t + \varphi_1(t)] +$$

$$\frac{4}{5\pi}\cos 5[\omega_c t + \varphi_1(t)] - \cdots$$

乘法器的输出电流

$$i = I_0 \text{th}\frac{q}{2kT}u_1 \text{th}\frac{q}{2kT}u_2$$

$$= I_0\left\{\frac{4}{\pi}\cos[\omega_c t + \varphi_1(t)] - \frac{4}{3v}\cos 3[\omega_c t + \varphi_1(t)] + \cdots\right\}\left(\frac{4}{\pi}\sin\omega_c t + \frac{4}{3\pi}\sin 3\omega_c t + \cdots\right)$$

$$= I_0\frac{8}{\pi^2}\sin[-\varphi_1(t)] + I_0\frac{8}{\pi^2}\sin[2\omega_c t + \varphi_1(t)] +$$

$$I_0\frac{8}{3\pi^2}\sin[2\omega_c t + 3\varphi_1(t)] - I_0\frac{8}{3\pi^2}\sin[4\omega_c t + 3\varphi_1(t)] +$$

$$I_0\frac{8}{3\pi^2}\sin[2\omega_c t - \varphi_1(t)] + I_0\frac{8}{3\pi^2}\sin[4\omega_c t + \varphi_1(t)] -$$

$$I_0\frac{8}{(3\pi)^2}\sin[-3\varphi_1(t)] - I_0\frac{8}{(3\pi)^2}\sin[6\omega_c t + \varphi_1(t)] +$$

$$\cdots$$

经低通滤波器滤波,在负载 R_L 上得到输出电压为

$$u_o = -I_0 R_L\left[\frac{8}{\pi^2}\sin\varphi_1(t) - \frac{8}{(3\pi)^2}\sin 3\varphi_1(t) + \cdots\right]$$

$$= -I_0 R_L\left[\frac{8}{\pi^2}\sum_{n=1}^{\infty}\frac{(-1)^{n-1}}{(2n-1)^2}\sin(2n-1)\varphi_1(t)\right]$$

鉴相特性为三角波形,如图 6-25 所示。

在 $-\pi/2 \leqslant \varphi_1(t) \leqslant \pi/2$ 区间,$u_o = -I_0 R_L\frac{2}{\pi}\varphi_1(t)$。

主要指标:线性鉴相范围 $\varphi_{emax} = \pm\frac{\pi}{2}$ rad,鉴相跨导 $S_\varphi = -\frac{2}{\pi}I_0 R_L$。

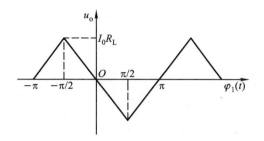

图 6 – 25　鉴相特性曲线

例 6 – 13　乘积型鉴相器的输入信号 u_1、u_2 为正交关系,即

$$u_1 = U_{1m}\sin[\omega_c t + \varphi_1(t)]$$
$$u_2 = U_{2m}\cos \omega_c t$$

试分析 u_1、u_2 均为小信号时的鉴相特性。

注意　此题是要说明当乘积型鉴相器两输入信号正交时,其鉴相特性曲线为正弦形,即在 $\varphi_e(t)=0$ 时,鉴相器输出电压为零。

解　因为 u_1 和 u_2 均为小信号,经相乘得输出电流为

$$i = K_M u_1 u_2 = K_M U_{1m} U_{2m}\sin[\omega_c t + \varphi_1(t)]\cos \omega_c t$$
$$= \frac{1}{2}K_M U_{1m} U_{2m}\sin \varphi_1(t) + \frac{1}{2}K_M U_{1m} U_{2m}\sin[2\omega_c t + \varphi_1(t)]$$

经低通滤波器滤除高频分量在负载电阻 R_L 上取出

$$u_o = \frac{1}{2}K_M U_{1m} U_{2m} R_L \sin \varphi_1(t)$$

其鉴相特性为周期性正弦波。特点是 $\varphi_1(t)=0$ 时,u_o 为零。图 6 – 26 所示为鉴相特性曲线。

其鉴相线性范围

$$\varphi_{emax} = \pm \frac{\pi}{6}\ \text{rad}$$

鉴相跨导为

$$S_\varphi = \frac{1}{2}K_M U_{1m} U_{2m} R_L$$

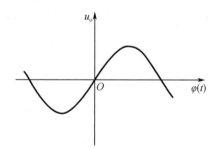

图 6 – 26　乘积型鉴相器鉴相特性

例 6 – 14　乘积型鉴相器两输入信号为

$$u_1 = U_{1m}\cos[\omega_c t + \varphi_1(t)]$$
$$u_2 = U_{2m}\cos \omega_c t$$

u_1、u_2 均为小信号,试分析其鉴相特性。

注意　此题是要说明当乘积型鉴相器两输入信号非正交时,其鉴相特性曲线不是正弦形,即 $\varphi_1(t)=0$ 时,$u_o \neq 0$。

解　因为 u_1、u_2 均为小信号,经相乘得输出电流为

$$i = K_M u_1 u_2 = K_M U_{1m} U_{2m} \cos[\omega_c t + \varphi_1(t)] \cos \omega_c t$$

$$= \frac{1}{2} K_M U_{1m} U_{2m} \cos \varphi_1(t) + \frac{1}{2} K_M U_{1m} U_{2m} \cos[2\omega_c t + \varphi_1(t)]$$

经低通滤波器滤除高频分量,在负载电阻 R_L 上取出

$$u_o = \frac{1}{2} K_M U_{1m} U_{2m} R_L \cos \varphi_1(t)$$

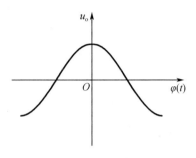

图 6 – 27 鉴相特性

其鉴相特性为周期性余弦波(图 6 – 27)。特点是 $\varphi_1(t) = 0$ 时,$u_o \neq 0$。

通常,需要鉴相器的鉴相特性为正弦形,即 $\varphi_e(t) = 0$ 时,$u_o = 0$。这样使用时比较方便,在 $\varphi_e(t) = 0$ 附近正变化与负变化,输出电压的极性相反,很容易区分 $\varphi_e(t) > 0$ 和 $\varphi_e(t) < 0$ 的输出。

2. 门电路鉴相器

门电路鉴相器的特点是电路简单、线性鉴相范围大,易于集成化。可分为或门鉴相器和异或门鉴相器。

图 6 – 28 是异或门鉴相器的原理图。它由异或门和低通滤波器组成。鉴相器输入信号 u_1 和 u_2 为两方波。两信号延时为 τ_e,则相位差 $\varphi_e = 2\pi\tau_e/T_i$。

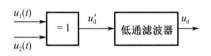

图 6 – 28 异或门鉴相器方框图

异或门的特点是两个输入电平不同时,输出为"1",其余为"0"。所以异或门输出电压为 $u'_d(t)$,如图 6 – 29 所示。

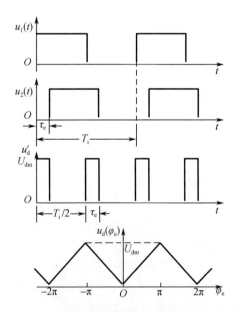

图 6 – 29 异或门鉴相波形

经低通滤波器滤波后,输出电压 $u_d(\varphi_e)$ 与 φ_e 的关系为三角形。

$$u_{\rm d}(\varphi_{\rm e}) = \begin{cases} U_{\rm dm}\dfrac{\varphi_{\rm e}}{\pi}, & 0 \leqslant \varphi_{\rm e} \leqslant \pi \\[2mm] -U_{\rm dm}\dfrac{\varphi_{\rm e}}{\pi}, & -\pi \leqslant \varphi_{\rm e} \leqslant 0 \end{cases}$$

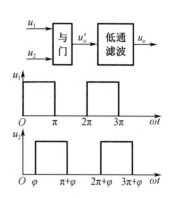

其鉴相跨导为

$$S_{\varphi} = \pm U_{\rm dm}/\pi$$

例 6 – 15　图 6 – 30 所示采用与门实现方波鉴相的原理图,设低通滤波器的传输系数为 A_1,试导出鉴相特性表示式。其中与门的输出与输入关系为

$$u'_{\rm o} = 1 \qquad (u_1 = u_2 = 1)$$
$$u'_{\rm o} = 0 \qquad (u_1 = 0 \ \text{或} \ u_2 = 0)$$

图 6 – 30　与门鉴相原理图

注意　此题是用与门电路构成鉴相器的基本分析法。

解

(1)当 $\varphi_{\rm e} > 0$ 时,u_1、u_2 和 $u'_{\rm o}$ 的关系如图 6 – 31(a)所示。经低通滤波器输出电压为

$$u_{\rm o} = \frac{A_1}{2\pi}(\pi - \varphi_{\rm e}) \qquad (0 \leqslant \varphi_{\rm e} \leqslant \pi)$$

(2)当 $\varphi_{\rm e} < 0$ 时,u_1、u_2 和 $u'_{\rm o}$ 的关系如图 6 – 31(b)所示。

$$u_{\rm o} = \frac{A_1}{2\pi}(\pi + \varphi_{\rm e}) \qquad (-\pi \leqslant \varphi_{\rm e} \leqslant 0)$$

(3)与门鉴相特性如图 6 – 31(c)所示。

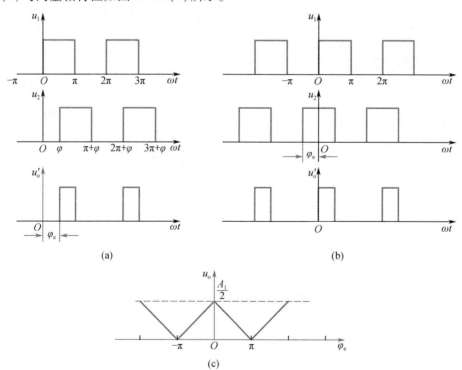

图 6 – 31　与门鉴相特性

6.3.8 调频解调电路(鉴频器)

1. 相位鉴频器

图 6-32 是相位鉴频器的原理电路,图 6-33 是耦合回路的等效电路。

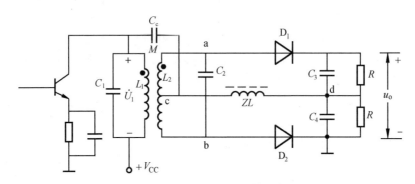

图 6-32 相位鉴频器的原理电路

(1)相位鉴频器的特点

①它由调频-调幅调频波形变换电路和振幅检波器两部分组成。

②它的两个调谐回路 L_1C_1 和 L_2C_2 均调谐于输入调频波的中心频率 ω_c。

③它有两个耦合支路,一个是 $\dot{U}_1$ 通过互感 M 耦合,在二次侧产生 $\dot{U}_{ab}$ 的电压;另一个是 $\dot{U}_1$ 通过电容 C_c 耦合,在高频扼流圈 ZL 上建立 $\dot{U}_1$ 电压(C_c、C_4 对高频相当于短路)。

④它有两个对称的振幅检波器,检波器输入电压为调幅调频波

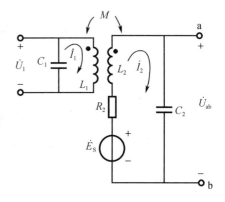

图 6-33 等效电路

$$\dot{U}_{D1} = \dot{U}_1 + \dot{U}_{ab}/2, \dot{U}_{D2} = \dot{U}_1 - \dot{U}_{ab}/2$$

鉴频器输出电压为两检波器输出电压之差,即 $u_o = K_d|\dot{U}_{D1}| - K_d|\dot{U}_{D2}|$。

⑤它本身不具有限幅作用,通常在鉴频器之前要加限幅器。

(2)相位鉴频器的矢量合成定性分析

理想化的假设:一次回路品质因数较高,可忽略 L_1 的损耗电阻。一、二次互感耦合较弱,可忽略次级损耗对初级的影响。

二次回路电压 $\dot{U}_{ab}$ 与一次回路电压 $\dot{U}_1$ 的关系:

由图 6-33 等效电路可知,流过电感 L_1 的电流 $\dot{I}_1 = \dot{U}_1/(j\omega L_1)$,在同名端如等效电路所示条件下,$\dot{I}_1$ 通过互感 M 在二次回路产生感生电势,即

$$\dot{E}_S = j\omega M\dot{I}_1 = \frac{M}{L_1}\dot{U}_1$$

则二次回路电压 $\dot{U}_{ab}$ 为

$$\dot{U}_{ab} = \dot{I}_2 \frac{1}{j\omega C_2} = \frac{\dot{E}_S}{R_2 + j\left(\omega L_2 - \frac{1}{\omega C_2}\right)} \cdot \frac{1}{j\omega C_2} = -j\frac{M}{L_1}\frac{\frac{1}{\omega C_2}}{(R_2 + jX_2)}\dot{U}_1$$

式中，$X_2 = \omega L_2 - 1/\omega C_2$，是二次级回路总电抗。

矢量合成分析鉴频特性：

①当输入信号频率 $f = f_c$ 时，可得 $X_2 = 0$

$$\dot{U}_{ab} = -j\frac{M}{L_1}\frac{\frac{1}{\omega C_2}}{R_2}\dot{U}_1 = \frac{M}{L_1}\frac{\frac{1}{\omega C_2}}{R_2}\dot{U}_1 e^{j\left(-\frac{\pi}{2}\right)}$$

表明二次回路电压 $\dot{U}_{ab}$ 滞后 $\dot{U}_1$ 为 $\frac{\pi}{2}$，则电压矢量图如图 6-34(a) 所示。

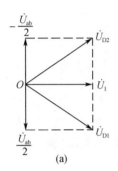 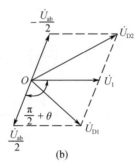 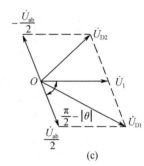

      (a)   (b)   (c)

图 6-34 矢量合成图

由于 $|U_{D1}| = |U_{D2}|$，鉴频器输出电压 $u_o = K_d|U_{D1}| - K_d|U_{D2}| = 0$。

②当输入信号频率 $f > f_c$ 时，$X_2 = \omega L_2 - \frac{1}{\omega C_2} > 0$，则二次回路总阻抗为

$$Z_2 = R_2 + jX_2 = |Z_2|e^{j\theta}$$

式中，$|Z_2| = \sqrt{R_2^2 + X_2^2}$；$\theta = \arctan X_2/R_2 > 0$。可得

$$\dot{U}_{ab} = \frac{M}{L_1}\frac{\frac{1}{\omega C_2}}{|Z_2|}\dot{U}_1 e^{-j\left(\frac{\pi}{2}+\theta\right)}$$

表明二次回路电压 $\dot{U}_{ab}$ 滞后 $\dot{U}_1$ 为 $\frac{\pi}{2}+\theta$，则电压矢量图如图 6-34(b) 所示。

由于 $|U_{D1}| < |U_{D2}|$，鉴频器输出电压 $u_o = K_d|U_{D1}| - K_d|U_{D2}| < 0$。当 f 与 f_c 相差越大，$|U_{D1}|$ 与 $|U_{D2}|$ 相差越大，u_o 负值越负。

③当输入信号频率 $f < f_c$ 时，$X_2 = \omega L_2 - 1/\omega C_2 < 0$，则次级回路总阻抗为

$$Z_2 = R_2 + jX_2 = |Z_2|e^{j\theta}$$

式中，$|Z_2| = \sqrt{R_2^2 + X_2^2}$；$\theta = \arctan X_2/R_2 < 0$。可得

$$\dot{U}_{ab} = \frac{M}{L_1}\frac{\frac{1}{\omega C_2}}{|Z_2|}\dot{U}_1 e^{-j\left(\frac{\pi}{2}-|\theta|\right)}$$

表明二次回路电压 $\dot{U}_{ab}$ 滞后 $\dot{U}_1$ 为 $\dfrac{\pi}{2} - |\theta|$，则电压矢量图如图 6-34(c)所示。

由于 $|U_{D1}| > |U_{D2}|$，鉴频器输出电压 $u_o = K_d|U_{D1}| - K_d|U_{D2}| > 0$。当 f 与 f_c 相差越大，$|U_{D1}|$ 与 $|U_{D2}|$ 相差越大，u_o 正值越大。

④综合上述三种情况，可得到图 6-35 所示鉴频特性。

(3)相位鉴频器的鉴频特性

对于实际电路，定性分析中的两点假设是不完全符合的。实用的互感耦合回路电路如图 6-36 所示。

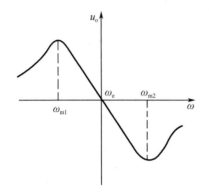

图 6-35 鉴频特性曲线

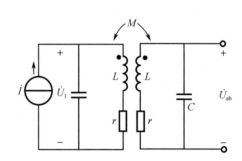

图 6-36 互感耦合回路电路

根据耦合回路的分析，可知

$$\dot{U}_1 = \frac{1 + j\xi}{(1 + j\xi)^2 + \eta^2} \dot{I} R_P, \quad \dot{U}_{ab} = -\frac{j\eta}{(1 + j\xi)^2 + \eta^2} \dot{I} R_P$$

式中，$\xi = 2Q_L \dfrac{\Delta f}{f_c}$ 称为广义失谐；$\Delta f = f - f_c$ 称为一般失谐；$\eta = KQ_L$ 称为耦合因数；$K = M/\sqrt{L_1 L_2} = M/L$ 称耦合系数。

$\dot{U}_{D1}$ 和 $\dot{U}_{D2}$ 的表示式为

$$\dot{U}_{D1} = \dot{U}_1 + \frac{\dot{U}_{ab}}{2} = \dot{I} R_P \frac{1 + j\xi - j\dfrac{\eta}{2}}{(1 + j\xi)^2 + \eta^2}$$

$$\dot{U}_{D2} = \dot{U}_1 - \frac{\dot{U}_{ab}}{2} = \dot{I} R_P \frac{1 + j\xi + j\dfrac{\eta}{2}}{(1 + j\xi)^2 + \eta^2}$$

鉴频的输出电压为

$$\begin{aligned}
u_o &= K_d(|U_{D1}| - |U_{D2}|) \\
&= K_d I R_P \frac{\sqrt{1 + (\xi - \eta/2)^2} - \sqrt{1 + (\xi + \eta/2)^2}}{\sqrt{(1 + \eta^2 - \xi^2)^2 + 4\xi^2}} \\
&= K_d I R_P \psi(\xi, \eta)
\end{aligned}$$

鉴频特性与 $\psi(\xi, \eta)$ 有关，图 6-37 是一组 $\psi(\xi, \eta)$ 曲线。它只表示了 $\xi > 0$ 的一半，另一半是 $\xi < 0$ 的与其相似，只是 ψ 为正值。

由特性曲线可知,$\eta < 1$ 的鉴频特性的非线性较严重,且线性范围小;$\eta = 1.5 \sim 3$ 线性范围较大。但鉴频跨导比 $\eta = 1$ 要小;当 $\eta > 3$ 时,非线性严重;当 $\eta \geqslant 1$ 时,对应曲线的 η 近似等于 ξ_m。而鉴频特性的两最大值的宽度可认为是鉴频宽度 B_m。由于 $\xi_m = Q_L \dfrac{2\Delta f_{max}}{f_c}$,$\eta = KQ_L$,则 $B_m = 2\Delta f_{max} = Kf_c$,即鉴频宽度与耦合系数 K 有关。

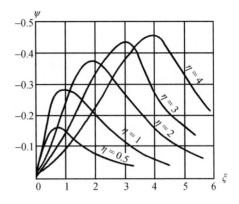

图 6 – 37 $\psi(\xi, \eta)$ 曲线

2. 比例鉴频器

比例鉴频器的主要特点是本身兼有抑制寄生调幅的能力。比例鉴频器的原理电路如图 6 – 38 所示。

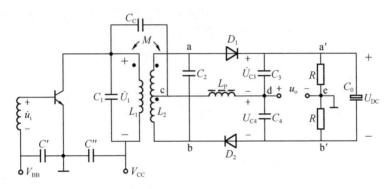

图 6 – 38 比例鉴频的原理电路

（1）比例鉴频的特点

调频 – 调幅调频波形变换电路与相位鉴频器相同。不同的是在 a′、b′ 两端并接一个大电容 C_0,其电容量约为 10 μF。由于 C_0 和 $(R + R)$ 组成电路时间常数很大,通常为 $0.1 \sim 0.2$ s。对于 15 Hz 以上寄生调幅变化,电容 C_0 上的电压 U_{DC} 不变。两个二极管中一个与相位鉴频器接法相反。使 $U_{a'b'}$ 为两检波电压之和,即 $U_{a'b'} = U_{C3} + U_{C4}$。鉴频器输出电压取自电容 C_3、C_4 的接点 d 和电阻接点 e 之间。

（2）比例鉴频器的输出电压

$\dot{U}_{ab}$ 与 $\dot{U}_1$ 的关系与相位鉴频器相同,即

$$\dot{U}_{ab} = -j\frac{M}{L_1}\frac{\dfrac{1}{\omega C_2}}{R_2 + jX_2}\dot{U}_1$$

检波器输入电压 $\dot{U}_{D1}$、$\dot{U}_{D2}$ 和输出电压 U_{C3}、U_{C4} 分别为

$$\dot{U}_{D1} = \dot{U}_1 + \dot{U}_{ab}/2$$
$$\dot{U}_{D2} = -\dot{U}_1 + \dot{U}_{ab}/2 = -(\dot{U}_1 - \dot{U}_{ab}/2)$$
$$U_{C3} = K_d|\dot{U}_{D1}|, U_{C4} = K_d|\dot{U}_{D2}|$$

$$U_{C3} + U_{C4} = U_{DC} \text{ 不变}$$

鉴频器输出电压为

$$u_o = U_{C4} - U_{DC}/2 = (U_{C4} - U_{C3})/2$$
$$= K_d(|\dot{U}_{D2}| - |\dot{U}_{D1}|)/2$$

可见,比例鉴频器的输出电压为相位鉴频器输出电压的一半。鉴频特性斜率的正负要由耦合回路的同名端、二极管的连接极性和输出电压的接地点来确定。

(3)抑制寄生调幅的原理

比例鉴频器的输出电压的另一种表示形式如下:

$$u_o = U_{C4} - U_{DC}/2 = \frac{U_{DC}}{2}\left(\frac{2}{1 + \dfrac{U_{C3}}{U_{C4}}} - 1\right) = \frac{U_{DC}}{2}\left(\frac{2}{1 + \dfrac{|U_{D1}|}{|U_{D2}|}} - 1\right)$$

当输入信号的瞬时频率变化时,$|U_{D1}|$ 与 $|U_{D2}|$ 的变化是一个增大,另一个减小,$|U_{D1}|/|U_{D2}|$ 变化,则 u_o 随频率变化而变,能实现鉴频。

当输入信号振幅变化时,$|U_{D1}|$ 与 $|U_{D2}|$ 随振幅增大同时增大,随振幅减小同时减小,其比值不变。也就是振幅变化对鉴频输出没有影响。

例 6-16 图 6-39 所示相位鉴频器,一、二次回路均调谐于 f_c。

(1)用矢量图定性分析鉴频特性;

(2)画出在输入为单音调频波的作用下,二极管检波器 D_1、D_2 的电压 u_{D1}、u_{D2} 的波形;

(3)二次回路未调谐在中心频率 f_c 时(设高于 f_c),鉴频特性如何变化?

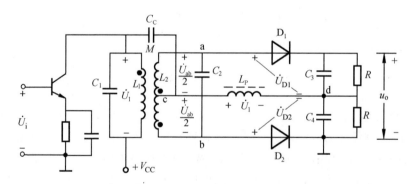

图 6-39 相位鉴频器电路图

注意 此题是用矢量图定性分析鉴频特性,需掌握 $\dot{U}_{ab}$ 与 $\dot{U}_1$ 的关系,检波器输入电压 $\dot{U}_{D1}$ 和 $\dot{U}_{D2}$ 与 $\dot{U}_1$、$\dot{U}_{ab}$ 的关系,鉴频输出电压 u_o 与 U_{D1}、U_{D2} 的关系。

解 (1)根据一、二次回路的同名端可得出

$$\dot{U}_{ab} = j\frac{M}{L_1}\frac{\dfrac{1}{\omega C_2}}{R_2 + j\left(\omega L_2 - \dfrac{1}{\omega C_2}\right)}\dot{U}_1$$

①当输入信号频率 $f = f_c$ 时,因为一、二次回路均调谐于 f_c,所以

$$X_2 = \omega_c L_2 - \frac{1}{\omega_c C_2} = 0$$

$$\dot{U}_{\mathrm{ab}} = \frac{M}{L_1} \frac{\dfrac{1}{\omega_{\mathrm{c}} C_2}}{R_2} \dot{U}_1 \mathrm{e}^{\mathrm{j}\frac{\pi}{2}}$$

表明 $\dot{U}_{\mathrm{ab}}$ 超前 $\dot{U}_1$ 为 $\dfrac{\pi}{2}$。

因为

$$\dot{U}_{\mathrm{D1}} = \dot{U}_1 + \frac{\dot{U}_{\mathrm{ab}}}{2}, \dot{U}_{\mathrm{D2}} = \dot{U}_1 - \frac{\dot{U}_{\mathrm{ab}}}{2}$$

鉴频器输出电压为

$$u_{\mathrm{o}} = K_{\mathrm{d}}(\,|\dot{U}_{\mathrm{D1}}| - |\dot{U}_{\mathrm{D2}}|\,)$$

画出 $f = f_{\mathrm{c}}$ 时的矢量图如图 $6-40(\mathrm{a})$ 所示。可知 $|\dot{U}_{\mathrm{D1}}| = \dot{U}_{\mathrm{D2}}|$，输出电压 $u_{\mathrm{o}} = 0$。

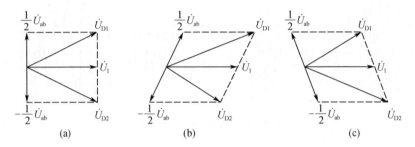

图 6 – 40　鉴频器矢量图

②当输入信号频率 $f > f_{\mathrm{c}}$ 时

$$X_2 = \omega L_2 - \frac{1}{\omega C_2} > 0, \ |Z_2| = \sqrt{R_2^2 + X_2^2}, \ \theta = \arctan \frac{X_2}{R_2} > 0$$

$$\dot{U}_{\mathrm{ab}} = \mathrm{j} \frac{M}{L_1} \frac{\dfrac{1}{\omega C_2}}{|Z_2| \mathrm{e}^{\mathrm{j}\theta}} \dot{U}_1 = \frac{M}{L_1} \frac{\dfrac{1}{\omega C_2}}{|Z_2|} \dot{U}_1 \mathrm{e}^{\mathrm{j}(\frac{\pi}{2} - \theta)}$$

表明 $\dot{U}_{\mathrm{ab}}$ 超前 $\dot{U}_1$ 为 $\dfrac{\pi}{2} - \theta$，可画出 $f > f_{\mathrm{c}}$ 的矢量图如图 $6-40(\mathrm{b})$ 所示。可见 $|\dot{U}_{\mathrm{D1}}| > |\dot{U}_{\mathrm{D2}}|$，$f$ 偏离越大，θ 越大，$[\dot{U}_{\mathrm{D1}}]$ 越大，$[\dot{U}_{\mathrm{D2}}]$ 越小，差值越大。鉴频器输出电压 $u_{\mathrm{o}} = K_{\mathrm{d}}(\,|\dot{U}_{\mathrm{D1}}| - |\dot{U}_{\mathrm{D2}}|\,) > 0$。

③当输入信号频率 $f < f_{\mathrm{c}}$ 时

$$X_2 = \omega L_2 - \frac{1}{\omega C_2} < 0, |Z_2| = \sqrt{R_2^2 + X_2^2}, \ \theta = \arctan \frac{X_2}{R_2} < 0$$

$$\dot{U}_{\mathrm{ab}} = \mathrm{j} \frac{M}{L_1} \frac{\dfrac{1}{\omega C_2}}{|Z_2| \mathrm{e}^{\mathrm{j} - |\theta|}} \dot{U}_1 = \frac{M}{L_1} \frac{\dfrac{1}{\omega C_2}}{|Z_2|} \dot{U}_1 \mathrm{e}^{\mathrm{j}(\frac{\pi}{2} + |\theta|)}$$

表明 $\dot{U}_{\mathrm{ab}}$ 超前 $\dot{U}_1$ 为 $\dfrac{\pi}{2} + |\theta|$，可画出 $f < f_{\mathrm{c}}$ 的矢量图如图 $6-40(\mathrm{c})$ 所示。可见 $|\dot{U}_{\mathrm{D1}}| < |\dot{U}_{\mathrm{D2}}|$，$f$ 偏离越大，$|\theta|$ 越大，$[\dot{U}_{\mathrm{D1}}]$ 越小，$[\dot{U}_{\mathrm{D2}}]$ 越大，差值越大。鉴频器输出电压 $u_{\mathrm{o}} = K_{\mathrm{d}}(\,|\dot{U}_{\mathrm{D1}}| - |\dot{U}_{\mathrm{D2}}|\,) < 0$。

综合上述三点,鉴频特性如图6-41所示。

(2)u_{D1}和u_{D2}的波形

因为

$$\dot{U}_{D1} = \dot{U}_1 + \frac{\dot{U}_{ab}}{2}, \dot{U}_{D2} = \dot{U}_1 - \frac{\dot{U}_{ab}}{2}$$

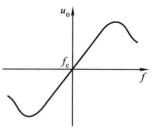

根据矢量图(图6-40)可以画出u_{D1}和u_{D2}的波形图。其特点是在$f>f_c$时,u_{D1}比$f=f_c$时要大。在$f<f_c$时,u_{D1}比$f=f_c$时要小,是调幅调频波。而在$f>f_c$时,u_{D2}比$f=f_c$时要小。在$f<f_c$时,u_{D2}比$f=f_c$时要大,是调幅调频波。其波形图如图6-42所示。

图6-41 鉴频特性曲线

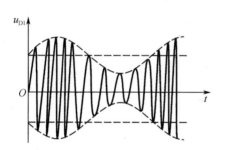
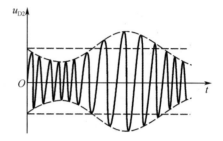

图6-42 u_{D1}和u_{D2}的波形图

(3)二次回路未调谐到f_c

例如$f_0>f_c$,$\dot{U}_{ab}$与$\dot{U}_1$的关系只有在二次回路的谐振频率点f_0才相差$\pi/2$,这时$|\dot{U}_{D1}| = |\dot{U}_{D2}|$,鉴频输出电压$u_o=0$,因此其鉴频特性如图6-43所示。

例6-17 鉴频器输入信号$u_{FM}=3\cos(\omega_c t+10\sin 2\pi\times10^3 t)$V,鉴频特性的鉴频跨导$S_D = -5$ mV/kHz,线性鉴频范围大于$2\Delta f_m$。求鉴频输出电压。

注意 此题是已知鉴频器的鉴频跨导S_D后,如何根据输入调频信号确定鉴频输出电压u_o。

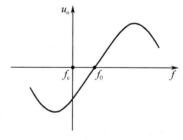

图6-43 二次回路调谐于$f_0>f_c$的鉴频特性

解 已知输入信号为调频波

$$u_{FM}=3\cos(\omega_c t+10\sin 2\pi\times10^3 t)\text{ V}$$

式中,$m_f = 10$,$F=1$ kHz,则最大频偏为

$$\Delta f_m = m_f F = 10 \text{ kHz}$$

调频波的瞬时频率$\omega(t) = \omega_c + \Delta\omega_m\cos 2\pi\times10^3 t$,则

$$f(t) = f_c + \Delta f_m\cos 2\pi\times10^3 t$$

鉴频器输出电压u_o为

$$u_o = S_D\Delta f_m\cos 2\pi\times10^3 t$$
$$= -5\times10\cos 2\pi\times10^3 t \text{ mV}$$
$$= -50\cos 2\pi\times10^3 t \text{ mV}$$

例6-18 某鉴频器的鉴频特性如图6-44所示,鉴频器的输出电压$u_o = 1\cos 4\pi\times$

$10^3 t$ V。

（1）试求鉴频跨导 S_D；

（2）写出输入信号 $u_{FM}(t)$ 和原调制信号 $u_\Omega(t)$ 的表示式；

（3）若此鉴频器为互感耦合相位鉴频器，要使鉴频特性反相为正极性鉴频特性（鉴频跨导为正），如何改变电路？

注意　此题是由鉴频特性及鉴频输出电压 $u_o(t)$ 来求解输入调频信号和原调制信号，这是鉴频器计算的基本问题。鉴频特性的鉴频跨导的正负之间的变化是与电路参数改变有关的问题，可以通过改变电路参数来实现。

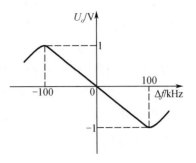

图 6-44　某鉴频器的鉴频特性

解　因为鉴频输出电压为 $1\cos 4\pi \times 10^3 t$ V，正好在鉴频特性的线性范围内。

（1）根据已知的鉴频特性可得鉴频跨导 S_D 为

$$S_D = \frac{U_{om}}{\Delta f_m} = -\frac{1}{100} = -0.01 \text{ V/kHz}$$

（2）求 $u_{FM}(t)$ 和 $u_\Omega(t)$

瞬时频率偏移

$$\Delta f(t) = \frac{u_o(t)}{S_D} = -100\cos 4\pi \times 10^3 t \text{ kHz}$$

瞬时频率

$$f(t) = f_c + \Delta f(t)$$

瞬时相位

$$\theta(t) = 2\pi f_c t + 2\pi \int_0^t \Delta f(t)\,\mathrm{d}t$$

$$= 2\pi f_c t - 2\pi \frac{100 \times 10^3}{2\pi \times 2 \times 10^3}\sin 4\pi \times 10^3 t$$

$$= 2\pi f_c t - 50\sin 4\pi \times 10^3 t$$

$$u_{FM}(t) = U_{cm}\cos (2\pi f_c t - 50\sin 4\pi \times 10^3 t) \text{ V}$$

$$u_\Omega(t) = -U_{\Omega m}\cos 4\pi \times 10^3 t = -\frac{\Delta f_m}{K_f'}\cos 4\pi \times 10^3 t \text{ V}$$

由于调频电路的调制灵敏 K_f' 为未知量，此结果不能直接求出。若设调频电路的 $K_f' = 50$ kHz/V，则

$$u_\Omega(t) = -\frac{100}{50}\cos 4\pi \times 10^3 t = -2\cos 4\pi \times 10^3 t \text{ V}$$

（3）根据已知鉴频特性为负，称为负极性鉴频特性。若要改变为正极性鉴频特性，对于互感耦合相位鉴频器来说，可以有下列几种办法：

①改变一、二次回路电感 L_1 与 L_2 的同名端；

②二极管 D_1 和 D_2 同时变正负极性；

③接地点从鉴频输出电压的一端改到另一端，实际上是参考端点变化。

例 6 – 19 某互感耦合相位鉴频器,其输入调频信号的中心频率 $f_c = 6.5$ MHz,最大频偏 $\Delta f_m = 75$ kHz,调制信号频率 $F = 15$ kHz,耦合因数 $\eta = 2$,试求:

(1)该调频信号的频谱宽度 B_{CR};

(2)当鉴频宽度 $B_m = B_{CR}$ 时,该电路的耦合系数 k 及回路品质因数 Q_L。

注意 此题是根据鉴频器的耦合因数及鉴频宽度来确定耦合系数和品质因数的,在实用中较为有用。

解 (1)调频波的 $m_f = \dfrac{\Delta f_m}{F} = \dfrac{75}{15} = 5$,则

$$B_{CR} = 2(m_f + 1)F = 2(5 + 1) \times 15 \text{ kHz} = 180 \text{ kHz}$$

(2)对于互感耦合相位鉴频器,当 $\eta > 1$ 后,具有 $\eta = \xi_m$ 的特性,即

$$\eta = \xi_m = Q_L \frac{2\Delta f_{max}}{f_c}$$

由于 $\eta = kQ_L$,所以

$$B_m = 2\Delta f_{max} = kf_c$$

$$k = \frac{2\Delta f_{max}}{f_c} = \frac{B_m}{f_c}$$

当 $B_m = B_{CR}$ 时

$$k = \frac{180 \times 10^3}{6.5 \times 10^6} = 0.027\ 7$$

$$Q_L = \frac{\eta}{k} = \frac{2}{0.027\ 7} = 72$$

3. 相移乘法鉴频器

相移乘法鉴频器由移相器将调频波变成调相调频波,然后经乘法器与原调频波进行相位比较,从低通滤波器取出原调制信号。图 6 – 45 所示为相移乘法鉴频器方框图。

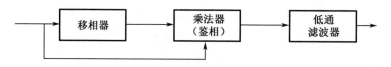

图 6 – 45 相移乘法鉴频器方框图

图 6 – 46 是移相网络及其特性图。移相网络的输出电压与输入电压的关系为

$$\dot{U}_2 = \dot{U}_1 \frac{j\omega C_1 R}{1 + jQ_L \dfrac{2(\omega - \omega_0)}{\omega_0}} = \dot{U}_1 \frac{j\omega C_1 R}{1 + j\xi}$$

式中,$\omega_0 = 1/\sqrt{L(C_1 + C_2)}$;$Q_L = R\omega_0(C_1 + C_2)$;$\xi = 2(\omega - \omega_0)Q_L/\omega_0$。

移相网络的幅频特性和相频特性分别为

$$K(\omega) = \frac{\omega C_1 R}{\sqrt{1 + \xi^2}}\ ,\ \varphi(\omega) \approx \frac{\pi}{2} - \arctan \xi$$

当 ω 变化较小,即 $\arctan \xi < \pi/6$ rad 时,$\tan \xi = \xi$,则

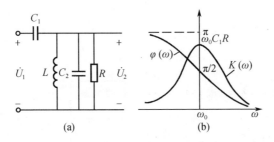

图 6－46　移相网络及其特性

$$\varphi(\omega) \approx \frac{\pi}{2} - \xi = \frac{\pi}{2} - 2Q_L \frac{\omega - \omega_0}{\omega_0}$$

对于输入调频信号来说，其瞬时频率 $\omega(t) = \omega_c + K_f u_\Omega(t)$，中心频率 $\omega_0 = \omega_c$，则

$$\varphi(\omega) = \frac{\pi}{2} - 2Q_L \frac{\omega(t) - \omega_c}{\omega_c} = \frac{\pi}{2} - 2Q_L \frac{K_f u_\Omega(t)}{\omega_c}$$

鉴频原理：

由于输入信号 $u_1 = U_{1m}\cos(\omega_c t + m_f \sin \Omega t)$ 是调制信号 $u_\Omega(t) = U_{\Omega m}\cos \Omega t$ 的调频波。经移相网络得

$$u_2 = K(\omega)U_{1m}\cos[\omega_c t + m_f\sin \Omega t + \varphi(\omega)]$$

经乘法器相乘，输出电流为（设 u_1、u_2 均为小信号）

$$i = K_M u_1 u_2 = K_M K(\omega) U_{1m}^2 \cos(\omega_c t + m_f\sin \Omega t)\cos[\omega_c t + m_f\sin \Omega t + \varphi(\omega)]$$

$$= \frac{1}{2}K_M K(\omega)U_{1m}^2 \cos \varphi(\omega) + \frac{1}{2}K_M K(\omega)U_{1m}^2\cos[2\omega_c t + 2m_f\sin \Omega t + \varphi(\omega)]$$

经低通滤波器（设通带内传输系数 $K_L = 1$），在负载 R_L 上得输出电压为

$$u_o = \frac{1}{2}K_M K(\omega)R_L U_{1m}^2 \cos \varphi(\omega)$$

$$= \frac{1}{2}K_M K(\omega)R_L U_{1m}^2 \cos\left[\frac{\pi}{2} - 2Q_L \frac{K_f u_\Omega(t)}{\omega_c}\right]$$

$$= \frac{1}{2}K_M K(\omega)R_L U_{1m}^2 \sin 2Q_L \frac{K_f u_\Omega(t)}{\omega_c}$$

当 $\dfrac{2Q_L K_f u_\Omega(t)}{\omega_c} < \dfrac{\pi}{6}$ rad 时，则

$$u_o = \frac{1}{2}K_M K(\omega)R_L U_{1m}^2 (2Q_L K_f/\omega_c)U_{\Omega m}\cos \Omega t$$

6.3.9　数字频率调制与解调

1. 数字频率调制

数字频率调制是用数字基带信号控制载波信号的频率，不同的载波频率代表数字信号的不同电平。数字频率调制又称频移键控（FSK），二进制数字频移键控（2FSK）信号是用两个不同频率的载波来代表数字信号的两种电平。

2FSK 信号的产生方法分为直接调频法和频率键控法。

直接调频法：

直接调频是用数字基带信号直接控制载波振荡器的振荡频率。模拟信号的直接调频电路都可以产生 2FSK 信号。其优点是电路简单,信号相位连续;缺点是频率稳定度较低。

频率键控法：

两个独立信号源组成的频率键控如图 6 - 47 所示,由数字基带信号控制转换开关接通不同频率的信号源来实现。其特点是载波频率稳定度高,转换速度快。但其转换相位不连续。

独立信号源与可变分频器组成的频率键控如图 6 - 48 所示,用数字基带信号控制

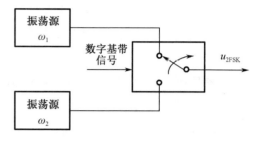

图 6 - 47 频率键控法原理框图

可变分频器产生不同的载频。其特点是载波频率稳定度高,转换速度快,且转换相位是连续的。

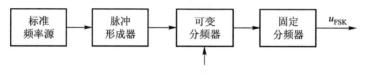

图 6 - 48 数字式调频器

2. 数字频率调制的解调

包络解调法如图 6 - 49 所示,2FSK 信号经上、下两路窄带带通滤波器,上路中心频率 ω_1,下路中心频率 ω_2。将等幅的调频波变换成两路 ASK 信号,经上、下两路包络检波,取出 ASK 信号的包络 u_1 和 u_2,若载波 ω_1 代表"1",载波 ω_2 代表"0",则 u_1 和 u_2 经抽样判决器输出数字基带信号。$u_1 - u_2 > 0$,判决为"1";$u_1 - u_2 < 0$,判决为"0"。

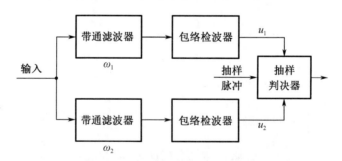

图 6 - 49 2FSK 包络检波原理图

同步解调法如图 6 - 50 所示,2FSK 信号经上、下两路窄带滤波后,变成 ASK 信号,各自经乘法器进行同步检波,经低通滤波器输出 u_1 和 u_2,由抽样判决器进行比较判决,输出原数字基带信号。

过零检测法如图 6 - 51 所示,FSK 信号先经过限幅放大,输出为矩形脉冲波。再经微分电路得到具有正负的双向脉冲。然后经全波整流将双向尖脉冲变成单向尖脉冲。每个尖脉冲对应一个过零点。尖脉冲触发单稳态电路,产生一定宽度的矩形脉冲序列,经低通滤波,

输出的平均分量的变化反映了输入信号频率的变化。码元"1"和"0"在幅度上可以区分。从而恢复数字基带信号。

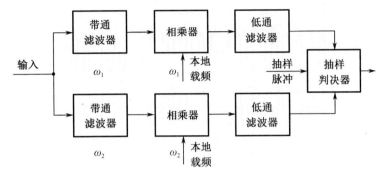

图 6－50　2FSK 同步解调法原理框图

图 6－51　FSK 过零检测法原理框图

6.3.10　数字相位调制与解调

1. 数字相位调制

数字相位调制是用数字基带信号控制载波的相位,使载波的相位发生跳变的调制方式。数字相位调制又称为相位键控(PSK)。二进制相位键控(2PSK)用同一载波的两种相位来代表数字信号。

数字调相分为绝对调相(CPSK)和相对调相(DPSK)。

(1)绝对调相(CPSK)

绝对调相是以未调制载波相位做为基准。在二进制相位键控中,设码元取"1"时,已调载波的相位与未调制载波相位相同,取"0"时,则反相位。

2CPSK 信号的波形如图 6－52 所示,图 6－52(a)为数字基带信号 $s(t)$,图 6－52(b)为载波,图 6－52(c)为 2CPSK 绝对调相波形,图 6－52(d)为双极性数字基带信号 $s'(t)$。

2CPSK 信号的产生方法:

①由图 6－52 可知 2CPSK 信号可以看成双极性基带信号与载波信号相乘。

$$u_{2\mathrm{CPSK}} = s'(t)A\sin(\omega_c t + \theta_0)$$

②采用环形调制器实现 2CPSK 直接调相(图 6－53)

载波信号 $A\sin(\omega_c t + \theta_0)$ 从 1、2 端输入;双极性基带信号 $s'(t)$ 从 5、6 端输入,CPSK 信号从 3、4 端输出。当 $s'(t)$ 为正时,D_1、D_2 导通,D_3、D_4 截止,输出载波与输入载波同相。当 $s'(t)$ 为负时,D_3、D_4 导通,D_1、D_2 截止,输出载波与输入载波反相。

③相位选择法实现 2CPSK 调相(图 6－54)

当基带信号码元为"1"时,与门 1 选通,输出为 $A\sin\omega_c t$;基带信号码元为"0"时,与门 2 选通,输出为 $A\sin(\omega_c t + \pi)$。

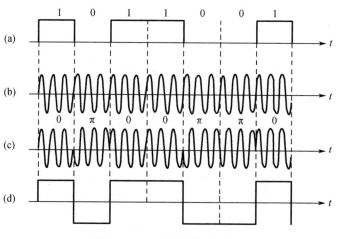

图 6-52 两相绝对调相波形

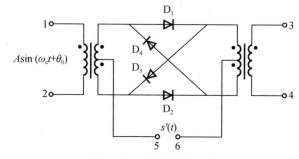

图 6-53 直接调相电路

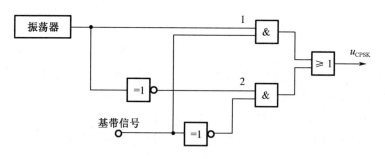

图 6-54 相位选择法的电路

（2）相对调相（DPSK）

相对调相是各码元的载波相位，不是以未调制载波相位为基准，而是以相邻的前一个码元的载波相位为基准来确定。例如，当码元为"1"时，它的载波相位取与前一个码元的载波相位差 π，而当码元为"0"时，它的载波相位取与前一个码元的载波相位相同。

2DPSK 信号的波形如图 6-55 所示。图 6-55(a) 是数字基带信号 $s(t)$ 的波形，又称为绝对码；图 6-55(b) 为载波；图 6-55(c) 为 DPSK 信号；图 6-55(d) 是数字基带信号的相对码。

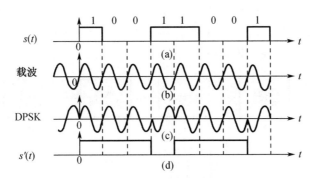

图 6 - 55　2DPSK 信号波形

2DPSK 信号的产生方法:

由图 6 - 55 可知,用绝对码对载波进行相对调相和用相对码对载波进行绝对调相,其输出结果相同。因而,可以采用将绝对码变换成相对码后,再进行绝对调相来实现相对调相。其原理框图如图 6 - 56 所示。

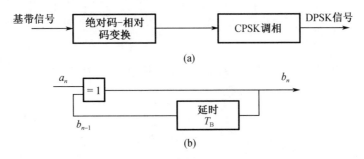

图 6 - 56　DPSK 信号的产生

2. 数字调相解调

数字调相解调方法分极性比较法和相位比较法。

(1)极性比较法(同步解调)

CPSK 信号是以载波相位为基准的。CPSK 信号经带通滤波器后加到乘法器,与载波进行极性比较。然后经低通滤波和抽样判决电路得到原数字基带信号。

DPSK 信号经图 6 - 57 解调电路解调,从抽样判决输出为相对码,因而在其后还应增加相对码 - 绝对码变换电路才能得到原数字基带信号。

图 6 - 57　数字调相极性比较法解调电路

（2）相位比较法（图 6－58）

DPSK 信号的相位是以前一码元相位做参考相位。例如，码元为"1"取与前一码元载波相位差 π，码元为"0"取与前一码元载波相位相同。

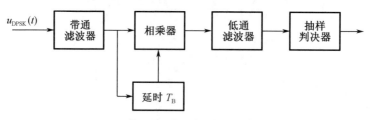

图 6－58　DPSK 相位比较法解调器

DPSK 信号经带通滤波器后一路加到乘法器，另一路经延时器延时一个码元时间，加到乘法器作为相干载波。乘法器相乘后，经低通滤波器滤波，取出前后码元载波相位差为 0，对应"0"，相位差为 π，对应"1"。最后经抽样判决器直接得到原绝对码基带信号。

6.4　思考题与习题参考解答

6－1　有一余弦信号 $u(t) = U_{\mathrm{m}}\cos(\omega_0 t + \theta_0)$，其中 ω_0 和 θ_0 均为常数，求其瞬时频率和瞬时相位。

解　瞬时相位为

$$\theta(t) = \omega_0 t + \theta_0$$

瞬时角频率为

$$\omega(t) = \mathrm{d}\theta(t)/\mathrm{d}t = \omega_0$$

6－2　调制信号 $u_{\Omega}(t)$ 为周期重复的三角波，试分别画出调频和调相时的瞬时频率偏移 $\Delta\omega(t)$ 随时间变化的关系曲线和对应的调频波和调相波的波形。

解　如图 6－59 所示。

图 6－59(a)是调制信号 $u_{\Omega}(t)$ 为三角波的波形；图 6－59(b)是调频波的瞬时频率偏移 $\Delta\omega(t) = K_{\mathrm{f}} u_{\Omega}(t)$；图 6－59(c)是调相波的瞬时频率偏移 $\Delta\omega(t) = K_{\mathrm{P}}\dfrac{\mathrm{d}u_{\Omega}(t)}{\mathrm{d}t}$；图 6－59(d)是调频波的波形，瞬时频率 $\omega(t) = \omega_{\mathrm{c}} + K_{\mathrm{f}} u_{\Omega}(t)$；图 6－59(e)是调相波的波形，瞬时频率 $\omega(t) = \omega_{\mathrm{c}} + K_{\mathrm{P}}\dfrac{\mathrm{d}u_{\Omega}(t)}{\mathrm{d}t}$。

6－3　调制信号 $u_{\Omega}(t)$ 如图 6－60 所示的矩形波，试分别画出调频和调相时频率偏移 $\Delta\omega(t)$ 和瞬时相位偏移 $\Delta\theta(t)$ 随时间变化的关系曲线。

解　调频和调相的 $\Delta\omega(t)$ 和 $\Delta\theta(t)$ 的关系曲线如图 6－61 所示。

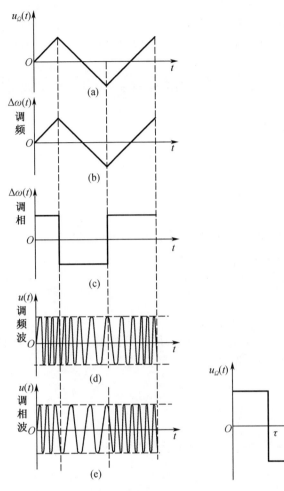

图 6 - 59　调频波和调相波波形

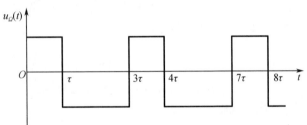

图 6 - 60　题 6 - 3 图

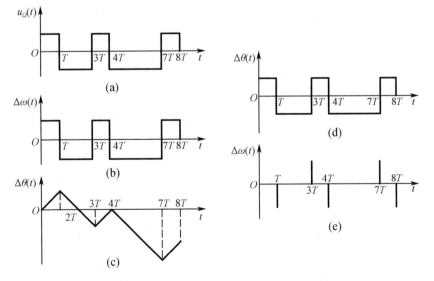

图 6 - 61　瞬时频率与瞬时相位关系曲线

其中图 6-61(a)为调制信号 $u_\Omega(t)$,图 6-61(b)为调频时的瞬时频率随时间变化的关系 $\Delta\omega(t)$,图 6-61(c)为调频时的瞬时相位随时间变化的关系 $\Delta\theta(t)$,6-61(d)为调相时的瞬时相位随时间变化的关系 $\Delta\theta(t)$,图 6-61(e)为调相时的瞬时频率随时间变化的关系 $\Delta\omega(t)$。

6-4 某调频波的数学表示式为 $u(t)=6\cos[2\pi\times10^8 t+5\sin(\pi\times10^4 t)]$ V,其调制信号 $u_\Omega(t)=2\cos\pi\times10^4 t$ V,试求:

(1)此调频波的载频、调制频率和调频指数;

(2)瞬时相位 $\theta(t)$ 和瞬时频率 $f(t)$ 的表示式;

(3)最大相移 $\Delta\theta_m$ 和最大频偏 Δf_m;

(4)有效频带宽度 B_{CR}。

解 (1)载波频率 $f_c=100$ MHz,调制信号频率 $F=5$ kHz,调频指数 $m_f=5$。

(2)瞬时相位 $\theta(t)=2\pi\times10^8 t+5\sin\pi\times10^4 t$,瞬时角频率,$\omega(t)=\mathrm{d}\theta(t)/\mathrm{d}t=2\pi\times10^8+5\times2\pi\times10^3\cos2\pi\times5\times10^3 t$,$f(t)=10^8+25\times10^3\cos2\pi\times5\times10^3 t$ Hz。

(3)最大相移 $\Delta\theta_m=5$ rad,最大频移 $\Delta f_m=25$ kHz。

(4)有效频带宽度
$$B_{CR}=2(m_f+1)F=2\times(5+1)\times5 \text{ kHz}=60 \text{ kHz}$$

6-5 已知某调频电路调频信号中心频率为 $f_c=50$ MHz,最大频偏 $\Delta f_m=75$ kHz。求调制信号频率 F 为 300 Hz,15 kHz 时,对应的调频指数 m_f、有效频谱宽度 B_{CR}。

解 (1)$F=300$ Hz
$$m_f=\frac{\Delta f_m}{F}=\frac{75}{0.3}=250$$
$$B_{CR}=2(m_f+1)F=2\times(250+1)\times0.3 \text{ kHz}=150.6 \text{ kHz}$$

(2)$F=3$ kHz
$$m_f=\frac{\Delta f_m}{F}=\frac{75}{3}=25$$
$$B_{CR}=2(m_f+1)F=2\times(25+1)\times3 \text{ kHz}=156 \text{ kHz}$$

(3)$F=15$ kHz
$$m_f=\frac{\Delta f_m}{F}=\frac{75}{15}=5$$
$$B_{CR}=2(m_f+1)F=2\times(5+1)\times15 \text{ kHz}=180 \text{ kHz}$$

6-6 设角度调制信号为 $u(t)=8\cos[4\pi\times10^8 t+10\sin(2\pi\times10^3 t)]$ V。

(1)试问在什么调制信号下,该调角波为调频波或调相波。

(2)试计算调频波和调相波的 Δf_m 和 m。

(3)若调频电路和调相电路保持不变,仅是将调制信号的频率增大到 2 kHz,振幅不变,试求输出调频波和调相波的 Δf_m 和 B_{CR}。

(4)若调频电路和调相电路不变,仅是调制信号振幅减为原值的一半,频率不变,试求输出调频波和调相波的 Δf_m 和 B_{CR}。

解 (1)角度调制信号为 $u(t)=8\cos[4\pi\times10^8 t+10\sin(2\pi\times10^3 t)]$ V,当调制信号为余弦波时,$u(t)$ 是调频波。当调制信号为正弦波时,$u(t)$ 为调相波。

（2）当 $u(t)$ 为调频波时
$$m_f = 10, \quad \Delta f_m = m_f F = 10 \times 1 \times 10^3 \text{ Hz} = 10 \text{ kHz}$$
当 $u(t)$ 为调相波时
$$m_p = 10, \quad \Delta f_m = m_p F = 10 \times 1 \times 10^3 \text{ Hz} = 10 \text{ kHz}$$

（3）电路不变时，说明调频电路的 K_f，调相电路的 K_P 不变。

当调制信号的 $F' = 2$ kHz，$U_{\Omega m}$ 不变时

①对于调频电路

原电路 $m_f = 10$，$F = 1$ kHz，$\Delta f_m = m_f F = 10 \times 1 \times 10^3$ Hz $= 10$ kHz，由于 $\Delta f_m = K_f U_{\Omega m}$，且 K_f、$U_{\Omega m}$ 不变，则 $\Delta f'_m = \Delta f_m = 10$ kHz 不变。而 m_f 变化为
$$m'_f = \frac{\Delta f_m}{F'} = \frac{10}{2} = 5$$
$$B_{CR} = 2(m'_f + 1)F' = 2 \times (5+1) \times 2 \text{ kHz} = 24 \text{ kHz}$$

②对于调相电路

原电路 $m_p = 10 = K_P U_{\Omega m}$，在 K_P、$U_{\Omega m}$ 不变的条件下，m_p 不变，则
$$\Delta f'_m = m_p F' = 10 \times 2 \text{ kHz} = 20 \text{ kHz}$$
$$B_{CR} = 2(m_p + 1)F' = 2 \times (10+1) \times 2 \text{ kHz} = 44 \text{ kHz}$$

（4）电路不变时，说明调频电路的 K_f，调相电路的 K_P 不变。

当调制信号的 $F = 1$ kHz 不变，$U_{\Omega m}$ 减小一半时。

①对于调频电路

原 $\Delta f_m = K_f U_{\Omega m} = 10$ kHz，而 K_f 不变，$U_{\Omega m}$ 减小一半，则 $\Delta f'_m = 5$ kHz，可得
$$m'_f = \frac{\Delta f'_m}{F} = \frac{5}{1} = 5$$
$$B_{CR} = 2(m'_f + 1) = 2 \times (5+1) \times 1 \text{ kHz} = 12 \text{ kHz}$$

②对于调相电路

原电路 $m_p = 10 = K_P U_{\Omega m}$，而 K_P 不变，$U_{\Omega m}$ 减小一半，则 $m'_P = 5$，可得
$$\Delta f'_m = m'_P F = 5 \times 1 \text{ kHz} = 5 \text{ kHz}$$
$$B_{CR} = 2(m'_P + 1)F = 2 \times (5+1) \times 1 \text{ kHz} = 12 \text{ kHz}$$

6-7　有一个调幅波和一个调频波，它们的载频均为 1 MHz，调制信号电压均为 $u_\Omega(t) = 0.1\cos(2\pi \times 10^3 t)$ V。若调频时单位调制电压产生的频偏为 1 kHz。

（1）试求调幅波的频谱宽度 B_{AM} 和调频波的有效频谱宽度 B_{CR}；

（2）若调制信号电压改为 $u_\Omega(t) = 20\cos(2\pi \times 10^3 t)$ V，试求对应的 B_{AM} 和 B_{CR}，并对此结果进行比较。

解　（1）调制信号 $u_\Omega(t) = 0.1\cos(2\pi \times 10^3 t)$ V 时，调幅波的 $B_{AM} = 2F = 2$ kHz。

调频波的 $K_f = 1$ kHz/V，$U_{\Omega m} = 0.1$ V，$F = 1$ kHz，则
$$m_f = \frac{K_f U_{\Omega m}}{F} = \frac{1 \times 0.1}{1} = 0.1$$
$$B_{CR} = 2(m_f + 1)F = 2F = 2 \text{ kHz}$$

（2）电路不变，调制信号 $u_\Omega(t) = 20\cos(2\pi \times 10^3 t)$ V 时，调幅波的 $B_{AM} = 2F = 2$ kHz，不变。

调频波的 $K_f = 1 \text{ kHz/V}, U_{\Omega m} = 20 \text{ V}, F = 1 \text{ kHz}$,则

$$m_f = \frac{K_f U_{\Omega m}}{F} = \frac{1 \times 20}{1} = 20$$

$$B_{CR} = 2(m_f + 1)F = 2 \times (20 + 1) \times 1 = 42 \text{ kHz}$$

从以上结果知,调幅波的 B_{AM} 只与 F 有关,而调频波的 B_{CR} 与和 F 有关,也就是与 K_f、$U_{\Omega m}$、F 有关。

6-8 已知载波信号 $u_c(t) = 2\cos(2\pi \times 10^7 t) \text{V}$,调制信号 $u_\Omega(t) = 3\cos(800\pi t) \text{V}$,最大频偏 $\Delta f_m = 10 \text{ kHz}$。

(1)试分别写出调频波与调相波的数学表示式;

(2)若调制电路不变,只是将调制信号频率变为 2 kHz,振幅不变,此时调频波和调相波将产生什么样的变化?

解 (1)当 $\Delta f_m = 10 \text{ kHz}, U_{\Omega m} = 3 \text{ V}, F = 400 \text{ Hz}$ 时,则调频波的数学表示式为

$$m_f = \frac{\Delta f_m}{F} = \frac{10}{0.4} = 25$$

$$u(t) = U_{cm}\cos(\omega_c t + m_f \sin \Omega t) = 2\cos(2\pi \times 10^7 t + 25\sin 800\pi t) \text{ V}$$

调相波的数学表示式为

$$m_p = \frac{\Delta f_m}{F} = \frac{10}{0.4} = 25$$

$$u(t) = U_{cm}\cos(\omega_c t + m_p \cos \Omega t) = 2\cos(2\pi \times 10^7 t + 25\cos 800\pi t) \text{ V}$$

(2)若调制电路不变,即 K_f、K_P 不变。在 $U_{\Omega m}$ 不变,F 变为 2 kHz 时,则

调频波的 $\Delta f_m = K_f U_{\Omega m} = 10 \text{ kHz}$ 不变,$F = 2 \text{ kHz}$,可得

$$m_f = \frac{\Delta f_m}{F} = \frac{10}{2} = 5$$

$$B_{CR} = 2(m_f + 1)F = 2 \times (5 + 1) \times 2 \text{ kHz} = 24 \text{ kHz}$$

$$u(t) = U_{cm}\cos(\omega_c t + m_f \sin \Omega t) = 2\cos[2\pi \times 10^7 t + 5\sin(4\pi \times 10^3 t)] \text{ V}$$

调相波的 $m_p = K_P U_{\Omega m} = 25$ 不变,$F = 2 \text{ kHz}$,可得

$$\Delta f_m = m_p F = 25 \times 2 \text{ kHz} = 50 \text{ kHz}$$

$$B_{CR} = 2(m_p + 1)F = 2 \times (25 + 1) \times 2 = 104 \text{ kHz}$$

$$u(t) = U_{cm}\cos(\omega_c t + m_p \cos \Omega t) = 2\cos(2\pi \times 10^7 t + 25\cos 4\pi \times 10^3 t) \text{ V}$$

调频波的 m_f 减小,B_{CR} 变化不大,而调相波的 m_p 不变,Δf_m 增大,B_{CR} 变大。

6-9 已知载波频率 $f_c = 100 \text{ MHz}$,载波电压振幅 $U_{cm} = 5 \text{ V}$,调制信号 $u_\Omega(t) = 1\cos(2\pi \times 10^3 t) + 2\cos(2\pi \times 500 t) \text{V}$。试写出调频波的数学表达式(设最大频偏 $\Delta f_{max} = 20 \text{ kHz}$)。

解 最大频偏 $\Delta f_{max} = 20 \text{ kHz}$,它是由调制信号 $u_\Omega(t)$ 的最大振幅决定的。调制信号振幅的最大值为 3 V,则调频电路的 K_f 为

$$K_f = \frac{\Delta f_m}{U_{\Omega m}} = \frac{20}{3} \text{ kHz/V}$$

对于不同频率的每一个调制信号,都有一个对应的 m_f 值,即

对于 $F = 1 \text{ kHz}$ 的调制信号

$$m_{f1} = \frac{K_f U_{\Omega 1 m}}{F_1} = \frac{20}{3} \times \frac{1}{1} = \frac{20}{3}$$

对于 $F = 500\ \text{Hz}$ 的调制信号

$$m_{f2} = \frac{K_f U_{\Omega m}}{F_2} = \frac{20}{3} \times \frac{2}{0.5} = \frac{80}{3}$$

调频波的数学表示式为

$$u(t) = 5\cos\left[2\pi \times 10^8 t + \frac{20}{3}\sin(2\pi \times 10^3 t) + \frac{80}{3}\sin(1\,000\pi t)\right]\ \text{V}$$

6 – 10　已知某调频电路调制信号频率为 400 Hz, 振幅为 2.4 V, 调制指数为 60, 求频偏。当调制信号频率减为 250 Hz, 同时振幅上升为 3.2 V 时, 调制指数将变为多少?

解　　　　　$\Delta f_m = m_f F = 60 \times 0.4\ \text{kHz} = 24\ \text{kHz}$

因为 $\Delta f_m = K_f U_{\Omega m}$, 可得

$$K_f = \Delta f_m / U_{\Omega m} = 24/2.4\ \text{kHz/V} = 10\ \text{kHz/V}$$

当调制信号的 F 减小为 250 Hz, $U_{\Omega m}$ 上升为 3.2 V 时, 调制指数为

$$m_f = \frac{K_f U_{\Omega m}}{F} = \frac{10 \times 3.2}{0.25} = 128$$

6 – 11　某调频波的调制信号频率 $F = 1\ \text{kHz}$, 载频 $f_c = 5\ \text{MHz}$, 最大频率 $\Delta f_m = 10\ \text{kHz}$, 此信号经过 12 倍频, 试求此时调频信号的载频、调制信号频率和最大频偏为多大?

解　根据已知条件, 没有经倍频的调频波的数学表示式为

$$u(t) = U_{cm}\cos\left(\omega_c t + \frac{\Delta f_m}{F}\sin\Omega t\right)$$
$$= U_{cm}\cos\left[(2\pi \times 5 \times 10^6 t + 10\sin(2\pi \times 10^3 t)\right]$$

其瞬时角频率为

$$\omega(t) = \frac{\mathrm{d}\theta(t)}{\mathrm{d}t} = 2\pi \times 5 \times 10^6 + 10 \times 2\pi \times 10^3 \cos 2\pi \times 10^3 t$$

经过 12 倍频后的瞬时角频率为

$$\omega'(t) = 12\omega(t) = 2\pi \times 60 \times 10^6 + 2\pi \times 120 \times 10^3 \cos(2\pi \times 10^3 t)$$
$$f(t) = 60 \times 10^6 + 120 \times 10^3 \cos 2\pi \times 10^3 t$$

12 倍频后的载频为 60 MHz, 调制信号频率为 1 kHz, 最大频偏为 120 kHz。

6 – 12　如图 6 – 62 所示电路是两个变容二极管调频电路, 试画出其简化的高频等效电路, 并说明各元件的作用。

解　简化高频等效电路分别如图 6 – 63(a)、图 6 – 63(b) 所示。

图 6 – 63(a) 中晶体管 c、e 之间 5 pF 电容和 e、b 间的 10 pF 电容是反馈电容, 组成电容三点式振荡电路。电路中的 5 pF 电容与变容二极管电容串联后, 再与 20 pF、5/10 pF 并联组成回路电容, 它与回路电感并联构成振荡回路。由于晶体管 c、e 之间 5 pF 电容和 e、b 间的 10 pF 电容也与回路相连, 也应该等效到电感两端作为谐振回路总电容的一部分。基极 b 到地的电容 1 000 pF 是旁路电容, 对高频构成共基放大。变容二极管负极到地的 0.01 μF 电容也是高频旁路电容, 使变容二极管负极高频接地。47 μH 电感对 $u_\Omega(t)$ 相当于短路, 对高频信号相当于开路。0.01 μF 电容对 $u_\Omega(t)$ 相当于开路, 对高频信号相当于短路。这样 $u_\Omega(t)$ 能直接加到变容二极管上, 实现调制, 而高频振荡信号不会对 $u_\Omega(t)$ 信号源产生影响。

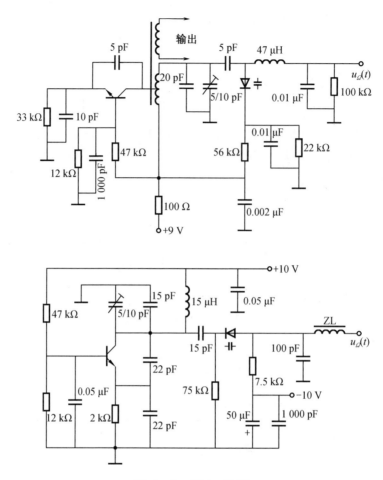

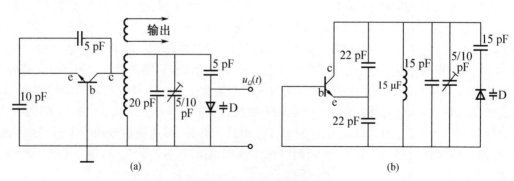

图 6 – 62　题 6 – 12 图

图 6 – 63(b) 中两个 22 pF 的电容是反馈电容构成电容三点式振荡电路,它们也是振荡回路电容的一部分。15 pF 电容与变容二极管电容串联后,再与 15 pF、5/10 pF 电容并联,构成回路电容与 1.5 μH 电感并联构成振荡回路。基极对地 0.05 μF 电容是高频旁路电容,构成共基放大,变容二极管正极到地之间的 1 000 pF 电容是高频旁路电容,使变容二极管正极高频是接地的。高频扼流圈 ZL 对 $u_\Omega(t)$ 相当于短路,对高频信号相当于开路。

(a)　　　　　　　　　　　　　　(b)

图 6 – 63　简化高频等效电路

6 – 13　变容二极管作为回路总电容直接调频,实现大频偏线性调频的条件是什么? 如果条件不能满足,会产生什么不良后果? 当频偏很小时,要求有什么不同?

解　变容二极管作为回路总电容直接调频,实现大频偏线性调频的条件是变容二极管的变容系数 $\gamma = 2$。如果条件不满足,输出调频波会产生非线性失真和中心频率偏移。由于非线性失真和中心频率偏移的大小与变容二极管的变容系数 γ 和电路的电容调制度 $m = U_{\Omega m}/(U_D + V_Q)$ 有关,在 m 非常小时,非线性失真和中心频率偏移很小。而当频偏很小时,m 会非常小,γ 的数值影响就不显著。因而对 γ 的要求就不严格了。

6 – 14　变容二极管调频电路如图 6 – 64 所示,变容二极管的非线性特征如图 6 – 64 (b)所示。当调制信号电压 $u_{\Omega}(t) = \cos(2\pi \times 10^3 t)$ V 时,试求:

(1)调频波的中心频率 f_c;

(2)最大频偏 Δf_m。

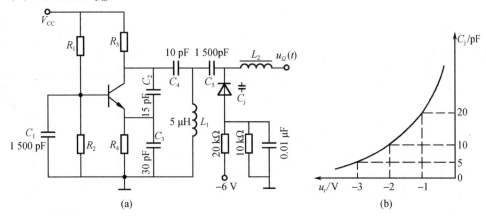

图 6 – 64　题 6 – 14 图

解　由电路图可知,静态时变容二极管正极电位为

$$U_+ = \frac{10}{10 + 20}(-6) \text{ V} = -2 \text{ V}$$

而变容二极管负极通过 L_2 接调制信号源内阻,在没有调制信号输入时,负极电位为 0 V,即变容二极管所加电压为 -2 V。

由于调制信号电压 $u_{\Omega}(t) = \cos(2\pi \times 10^3 t)$ V,其振幅为 1 V,说明加在变容二极管两端的电压变化是在 $-1 \sim -3$ V。

对于 -2 V 的偏置,变容二极管的电容值为 $C_{jQ} = 10$ pF,对应的振荡回路总电容 $C_{\Sigma Q}$ 为

$$C_{\Sigma Q} = \frac{C_3 C_2 C_4}{C_3 C_2 + C_2 C_4 + C_4 C_3} + C_{jQ} = \left(\frac{30 \times 15 \times 10}{30 \times 15 + 15 \times 10 + 10 \times 30} + 10\right) \text{pF} = 15 \text{ pF}$$

(1)调频波的中心频率为

$$f_c = \frac{1}{2\pi \sqrt{L C_{\Sigma Q}}} = \frac{1}{2\pi \sqrt{5 \times 10^{-6} \times 15 \times 10^{-12}}} = 18.378 \text{ MHz}$$

(2)当 $\Omega t = 0$ 时,$u_{\Omega}(t) = 1$ V,变容二极管反向电压 $u_r = (-2 + 1)$ V $= -1$ V,对应变容二极管电容 $C_j = 20$ pF,则

$$C_{\Sigma} = \left(\frac{30 \times 15 \times 10}{30 \times 15 + 15 \times 10 + 10 \times 30} + 20\right) \text{pF} = 25 \text{ pF}$$

$$f_{\text{cmin}} = \frac{1}{2\pi\sqrt{LC_{\Sigma}}} = \frac{1}{2\pi\sqrt{5\times10^{-6}\times25\times10^{-12}}}\ \text{Hz} = 14.235\ \text{MHz}$$

当 $\Omega t = \pi$ 时,$u_{\Omega}(t) = -1\ \text{V}$,变容二极管反向电压 $u_{\text{r}} = (-2-1)\text{V} = -3\ \text{V}$,对应变容二极管电容 $C_{\text{j}} = 5\ \text{pF}$,则

$$C_{\Sigma} = \left(\frac{30\times15\times10}{30\times15+15\times10+10\times30}+5\right)\text{pF} = 10\ \text{pF}$$

$$f_{\text{cmax}} = \frac{1}{2\pi\sqrt{LC_{\Sigma}}} = \frac{1}{2\pi\sqrt{5\times10^{-6}\times10\times10^{-12}}}\ \text{Hz} = 22.508\ \text{MHz}$$

综合上述三个频率可得

$$上频偏\ \Delta f_{\text{m}} = (22.508-18.378)\text{MHz} = 4.130\ \text{MHz}$$
$$下频偏\ \Delta f_{\text{m}} = (18.378-14.235)\text{MHz} = 4.143\ \text{MHz}$$
$$最大频偏\ \Delta f_{\text{max}} = 4.143\ \text{MHz}$$

6−15　某一由间接调频和倍频、混频组成的调频发射机方框原理图如图 6−65 所示。要求输出调频波的载波频率 $f_{\text{c}} = 100\ \text{MHz}$,最大频偏 $\Delta f_{\text{m}} = 75\ \text{kHz}$,已知调制信号频率 $F = 100\ \text{Hz}\sim15\ \text{kHz}$,混频器输出频率 $f_3 = f_{\text{L}} - f_2$,矢量合成法调相器提供的调相指数为 0.2 rad。试求:

(1)倍频次数 n_1 和 n_2;

(2)$f_1(t)$、$f_2(t)$ 和 $f_3(t)$ 的表示式。

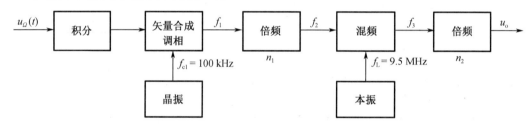

图 6−65　题 6−15 图

解　由于电路采用间接调频,是用调相电路实现的。对于矢量合成调相,其最大线性相位偏移为 π/12 rad。用它作为间接调频电路时,输出调频波的最大相移 m_{f} 同样也会受调相特性非线性的限制。m_{f} 的最大值也只能达到调相时的最大相移 m_{p}。由于 $m_{\text{f}} = \Delta\omega_{\text{m}}/\Omega$,在 $\Delta\omega_{\text{m}}$ 一定时,Ω 越小,m_{f} 越大。对应最大的 m_{f} 应选 $\Omega = \Omega_{\text{min}}$。所以矢量合成调相实现间接调频的最大频偏 $\Delta f_{\text{m1}} = m_{\text{f}}F_{\text{min}} = 0.2\times100\ \text{Hz} = 20\ \text{Hz}$。

根据题意要求输出调频波载频为 $f_{\text{c}} = 100\ \text{MHz}$,可得

$$(f_{\text{L}} - n_1 f_{\text{c1}})n_2 = f_{\text{c}}$$
$$(9.5 - 0.1 n_1)n_2 = 100\ \text{MHz} \tag{①}$$

最大频偏要求为 75 kHz,可得最大频偏计算式

$$\Delta f_{\text{m1}} n_1 n_2 = \Delta f_{\text{m}} = 75\ \text{kHz}$$

其中,Δf_{m1} 为矢量合成调相实现间接调频的最大频偏,即 20 Hz,可得

$$20\times n_1\times n_2\ \text{Hz} = 75\times10^3\ \text{Hz}$$
$$n_1 n_2 = 3.75\times10^3 \tag{②}$$

将式(2)代入式(1)得

$$9.5n_2 - 3\,750 \times 0.1 = 100$$

$$n_2 = 50,\ n_1 = 75$$

$$f_1(t) = f_{c1} + \Delta f_{m1}(t) = (100 \times 10^3 + 20\cos \Omega t)\ \text{Hz}$$

$$f_2(t) = n_1 f_1(t) = 75(100 \times 10^3 + 20\cos \Omega t)\ \text{Hz}$$

$$f_3(t) = [9.5 \times 10^6 - 75(100 \times 10^3 + 20\cos \Omega t)]\ \text{Hz}$$

$$= (2.0 \times 10^6 - 1.5 \times 10^3 \cos \Omega t)\ \text{Hz}$$

$$f_o(t) = n_2 f_3(t) = 50(2.0 \times 10^6 - 1.5 \times 10^3 \cos \Omega t)$$

$$= (100 \times 10^6 - 75 \times 10^3 \cos \Omega t)\ \text{Hz}$$

注意　上面式中的 $\Omega = \Omega_{\min}$，对于其他的 Ω 的最大频偏要小于 75 kHz。

6 – 16　现有几种矢量合成法调相器方框图如图 6 – 66 所示。主振器输出振荡电压信号为 $U_m \cos \omega_c t$，试写出输出信号电压的数学表示式，说明调相原理。

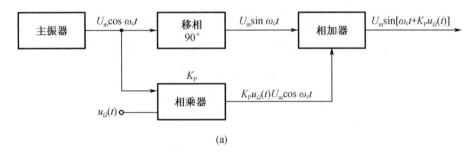

(a)

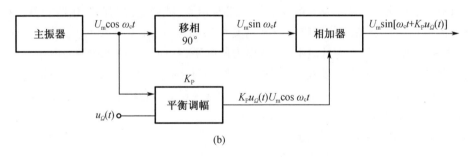

(b)

图 6 – 66　题 6 – 16 图

解　图 6 – 66(a)中的输出电压为

$$u(t) = U_m \sin[\omega_c t + K_P u_\Omega(t)]$$

$$= U_m \sin \omega_c t \cdot \cos[K_P u_\Omega(t)] + U_m \cos \omega_c t \cdot \sin[K_P u_\Omega(t)]$$

当最大相移很小，且满足 $K_P |u_\Omega(t)|_{\max} \leqslant \dfrac{\pi}{12}$ rad 时，则有

$$\cos[K_P u_\Omega(t)] \approx 1\ ,\ \ \sin[K_P u_\Omega(t)] \approx K_P u_\Omega(t)$$

$$u(t) = U_m \sin \omega_c t + K_P u_\Omega(t) U_m \cos \omega_c t = U_m \sin[\omega_c t + K_P u_\Omega(t)]$$

图 6 – 66(b)只是用平衡调幅代替了相乘器，其相乘作用相同。同样在最大相移很小，且满足 $K_P |u_\Omega(t)|_{\max} \leqslant \dfrac{\pi}{12}$ rad 时，则有

$$\cos\left[K_{\mathrm{P}}u_{\Omega}(t)\right] \approx 1, \ \sin\left[K_{\mathrm{P}}u_{\Omega}(t)\right] \approx K_{\mathrm{P}}u_{\Omega}(t)$$

$$u(t) = U_{\mathrm{m}}\sin \omega_{\mathrm{c}}t + K_{\mathrm{P}}u_{\Omega}(t)U_{\mathrm{m}}\cos \omega_{\mathrm{c}}t = U_{\mathrm{m}}\sin\left[\omega_{\mathrm{c}}t + K_{\mathrm{P}}u_{\Omega}(t)\right]$$

6-17 乘积型鉴相器由乘法器和低通滤波器组成。假若乘法器的两个输入信号均为小信号,即 $u_1 = U_{1\mathrm{m}}\cos\left[\omega_{\mathrm{c}}t + \varphi(t)\right]$,$u_2 = U_{2\mathrm{m}}\cos \omega_{\mathrm{c}}t$,乘法器的输出电流 $i = K_{\mathrm{M}}u_1u_2$。试分析说明此鉴相器的鉴相特性,并与 $u_2 = U_{2\mathrm{m}}\sin \omega_{\mathrm{c}}t$ 输入时的鉴相特性相比较,它们的特点如何?

解 乘法器输入均为小信号时,输出电流为

$$i = K_{\mathrm{M}}u_1u_2 = K_{\mathrm{M}}U_{1\mathrm{m}}\cos\left[\omega_{\mathrm{c}}t + \varphi(t)\right] \cdot U_{2\mathrm{m}}\cos \omega_{\mathrm{c}}t$$

$$= \frac{1}{2}K_{\mathrm{M}}U_{1\mathrm{m}}U_{2\mathrm{m}}\cos\left[2\omega_{\mathrm{c}}t + \varphi(t)\right] + \frac{1}{2}K_{\mathrm{M}}U_{1\mathrm{m}}U_{2\mathrm{m}}\cos \varphi(t)$$

经低通滤波器后,在负载 R_{L} 上得到输出电压为

$$u = \frac{1}{2}K_{\mathrm{M}}U_{1\mathrm{m}}U_{2\mathrm{m}}R_{\mathrm{L}}\cos \varphi(t)$$

若 $u_2 = U_{2\mathrm{m}}\sin \omega_{\mathrm{c}}t$ 时

$$i = K_{\mathrm{M}}u_1u_2 = K_{\mathrm{M}}U_{1\mathrm{m}}\cos\left[\omega_{\mathrm{c}}t + \varphi(t)\right] \cdot U_{2\mathrm{m}}\sin \omega_{\mathrm{c}}t$$

$$= \frac{1}{2}K_{\mathrm{M}}U_{1\mathrm{m}}U_{2\mathrm{m}}\sin\left[2\omega_{\mathrm{c}}t + \varphi(t)\right] + \frac{1}{2}K_{\mathrm{M}}U_{1\mathrm{m}}U_{2\mathrm{m}}\sin\left[-\varphi(t)\right]$$

经低通滤波器后,在负载 R_{L} 上得到输出电压为

$$u = -\frac{1}{2}K_{\mathrm{M}}U_{1\mathrm{m}}U_{2\mathrm{m}}R_{\mathrm{L}}\sin \varphi(t)$$

前者鉴相特性为余弦,输出电压零点不在 $\varphi(t) = 0$ 处。而后者鉴相特性为正弦,输出电压零点在 $\varphi(t) = 0$ 处,在 $|\varphi(t)| \leqslant \pi/6$ rad 范围内,鉴相特性为线性。

6-18 由或门与低通滤波器组成的门电路鉴相器,试分析说明此鉴相器的鉴相特性。

解 由或门与低通滤波器组成的门电路鉴相器如图 6-67(a)所示。或门电路的功能是,只有当两个输入信号均为低电平时,输出为低电平,其他状态输出均为高电平。

对于集成门电路,通常需要将两个输入信号经过限幅放大,变成正负对称的方波 u_1'、u_2'。图 6-67(b)表示 φ_{e} 在 $0 \sim \pi$ 之间的关系。图 6-61(c)表示 φ_{e} 在 $\pi \sim 2\pi$ 之间的关系。根据或门的逻辑功能可得出电压 u_{d} 的波形。

当 $0 \leqslant \varphi_{\mathrm{e}} \leqslant \pi$ 时,鉴相器输出为

$$u_{\mathrm{dav}} = \frac{1}{2\pi}\int_0^{\pi + \varphi_{\mathrm{e}}}U_{\mathrm{dm}}\mathrm{d}\omega_{\mathrm{c}}t = \frac{1}{2}U_{\mathrm{dm}} + \frac{\varphi_{\mathrm{e}}}{2\pi}U_{\mathrm{dm}}$$

当 $\pi \leqslant \varphi_{\mathrm{e}} \leqslant 2\pi$ 时,鉴相器输出 u_{dav} 为

$$u_{\mathrm{dav}} = \frac{1}{2\pi}\int_0^{\pi}U_{\mathrm{dm}}\mathrm{d}\omega_{\mathrm{c}}t + \frac{1}{2\pi}\int_{\varphi_{\mathrm{e}}}^{2\pi}U_{\mathrm{dm}}\mathrm{d}\omega_{\mathrm{c}}t = \frac{3}{2}U_{\mathrm{dm}} - \frac{\varphi_{\mathrm{e}}}{2\pi}U_{\mathrm{dm}}$$

φ_{e} 为负值时与以上分析相似,为对称特性。图 6-67(d)所示为鉴相特性。

6-19 将双失谐回路鉴频器的两个检波二极管 D_1、D_2 都调换极性反接,电路还能否工作? 只接反其中一个,电路还能否工作? 有一个损坏(开路),电路还能否工作?

解 双失谐回路鉴频器的两个二极管 D_1、D_2 都调换极性反接,电路仍能够实现鉴频作用,只是鉴频特性与原鉴频特性反向。

若只反接一个二极管是不能实现鉴频的,因无鉴频零点。

一个二极管损坏,只有一个二极管工作,也无鉴频零点,不能实现鉴频作用。

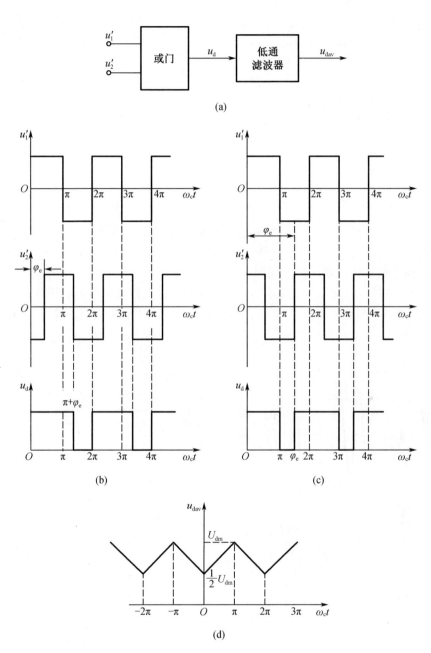

图 6-67　或门鉴相器原理及波形

6 - 20　耦合回路相位鉴频器电路如图 6 - 68 所示。若输入信号为 $u_S = U_{Sm}\cos(\omega_0 t + m_f \sin \Omega t)$ V, 试定性绘出加在两个二极管上的高频电压 u_{D1} 和 u_{D2} 以及输出电压 u_{o1}、u_{o2} 和 u_o 的波形。

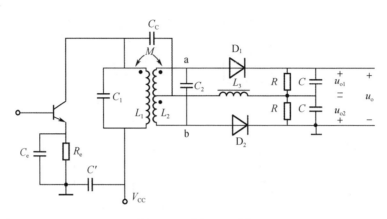

图 6 - 68　题 6 - 20 图

解　相位鉴频器对应点的波形如图 6 - 69 所示。

图 6 - 69(a)是二极管 D_1 上的输入高频电压 u_{D1}, 它是调幅调频波。图 6 - 69(b)是二极管 D_2 上的输入高频电压 u_{D2}, 它是调幅调频波。图 6 - 69(c)是 u_{D1} 检波后的电压 u_{o1} 波形。图 6 - 69(d)是 u_{D2} 检波后的电压 u_{o2} 波形。图 6 - 69(e)为 $u_o = u_{o1} - u_{o2}$ 的波形。

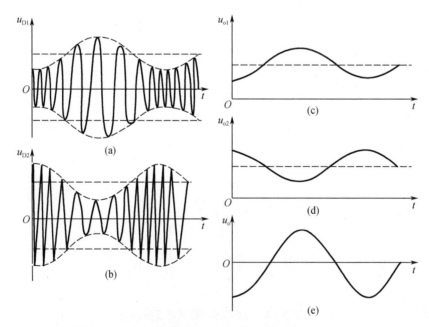

图 6 - 69　相位鉴频器电压波形图

6 - 21　在题 6 - 20 所示的耦合回路相位鉴频器中, 当耦合回路的同名端变化时, 其鉴频特性曲线怎样变化? 当两个二极管同时反接时, 其鉴频特性曲线怎样变化? 若只有一个二极管反接能否正常鉴频?

解 同名端变化时,相位鉴频器的鉴频特性曲线反向。两个二极管同时反接,鉴频特性曲线也反向。一个二极管反接,无鉴频零点,不能正常鉴频。

6-22　在耦合回路相位鉴频电路中,如果发现有下列情况时,鉴频特性曲线将如何变化?

(1)二次回路未调谐在中心频率 f_c 上(高于或低于 f_c);

(2)一次回路未调谐在中心频率 f_c 上(高于或低于 f_c);

(3)一、二次回路均调谐在中心频率 f_c,而 k 由小变大;

(4)一、二次回路均调谐在中心频率 f_c,而 Q_L 由小变大。

解　(1)二次回路未调谐在中心频率 f_c 上,鉴频特性的零点不在 f_c 而产生偏移。若二次回路调谐高于 f_c,则零点高于 f_c。若二次回路调谐低于 f_c,则零点低于 f_c。鉴频零点决定于二次回路的谐振频率。

(2)一次回路未调谐在中心频率 f_c 上,鉴频特性曲线电压幅值正、负端(或称上、下)不对称。若一次回路调谐高于 f_c,高于 f_c 的鉴频特性正常,低于 f_c 的鉴频特性幅度变小。若一次回路调谐低于 f_c,高于 f_c 的鉴频特性幅度变小,低于 f_c 的鉴频特性正常,即鉴频特性幅度上下不对称。

(3)一、二次回路均调谐在中心频率 f_c,而 k 由小变大时,鉴频特性的峰宽加大。

(4)一、二次回路均调谐在中心频率 f_c,而 Q_L 由小变大时,则 $\eta = kQ_L$ 由小变大,则鉴频特性的峰宽也由小变大。

6-23　相位鉴频电路中,为了调节鉴频特性曲线的中心频率、峰宽和线性,应分别调节哪些元件,为什么?

解　鉴频特性曲线的中心频率(即零点)应调节二次回路的谐振频率,即调 L_2、C_2。

峰宽应调节,$k = \dfrac{M}{\sqrt{L_1 L_2}}$,故调节 M 或 Q_L 即可调峰宽。

鉴频特性曲线的线性与耦合因数 $\eta = kQ_L$ 有关,$\eta = 1.5 \sim 3$ 线性较好,故应调 M、Q_L 实现调节 $\eta = 1.5 \sim 3$,达到线性较好。

6-24　为什么通常应在相位鉴频器之前要加限幅器,而比例鉴频器却不用加限幅器?

解　因为相位鉴频器不具有限幅作用,不能抑制寄生调幅带来的干扰,因此在相位鉴频器前要加限幅器,使得进入鉴频器的信号为等幅的调频波。

由于比例鉴频器本身具有限幅作用,能起到抑制寄生调幅的作用,所以不用外加限幅器。

6-25　试画出调频发射机、调频接收机的原理方框图。

解　方案较多,下面仅列一例(图6-70和图6-71)。

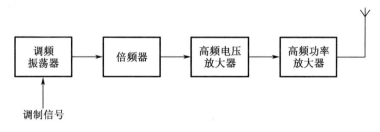

图 6-70　调频发射机原理方框图

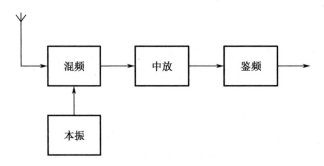

图 6 - 71 调频接收机原理方框图

6 - 26 用矢量合成原理定性描述出如图 6 - 72 所示耦合回路相位鉴频器的鉴频特性。

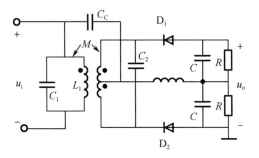

图 6 - 72 题 6 - 26 图

解 根据电路图的同名端可知

$$\dot{U}_{ab} = -j \frac{M}{L_1} \frac{\dfrac{1}{\omega C_2}}{R_2 + j\left(\omega L_2 - \dfrac{1}{\omega C_2}\right)} \dot{U}_1$$

加在二极管 D_1 的检波输入电压 $\dot{U}_{D1} = \dot{U}_1 + \dfrac{1}{2}\dot{U}_{ab}$,加在二极管 D_2 的检波输入电压 $\dot{U}_{D2} = \dot{U}_1 - \dfrac{1}{2}\dot{U}_{ab}$,经检波后 $u_{o1} = K_d |\dot{U}_{D1}|$,$u_{o2} = K_d |\dot{U}_{D2}|$。由于二极管 D_1 反接,u_{o1} 为上负下正。而二极管 D_2 也反接,u_{o2} 为上正下负。输出电压 $u_o = u_{o2} - u_{o1}$,则

$$u_o = K_d(|\dot{U}_{D2}| - |\dot{U}_{D1}|)$$

当 $\omega = \omega_c$ 时,因为一、二次回路均调谐于 ω_c,所以 $X_2 = \omega_c L_2 - \dfrac{1}{\omega_c C_2} = 0$,则

$$\dot{U}_{ab} = \frac{M}{L_1} \frac{\dfrac{1}{\omega_c C_2}}{R_2} \dot{U}_1 e^{j\left(-\frac{\pi}{2}\right)}$$

表明 $\dot{U}_{ab}$ 滞后 $\dot{U}_1$ 为 $\pi/2$。可画出矢量图如图 6 - 73(a)所示。由矢量图知 $|\dot{U}_{D1}| = |\dot{U}_{D2}|$,鉴频器输出电压 $u_o = 0$。

当 $\omega > \omega_c$ 时,$X_2 = \omega L_2 - \dfrac{1}{\omega C_2} > 0$,则

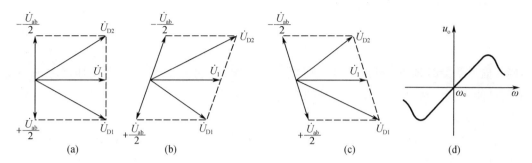

图6-73 相位鉴频器矢量合成及鉴频特性

$$|Z_2| = \sqrt{R_2^2 + X_2^2} \ , \ \theta = \arctan\frac{X_2}{R_2} > 0$$

$$\dot{U}_{ab} = \frac{M}{L_1}\frac{\dfrac{1}{\omega C_2}}{|Z_2|e^{j\theta}}\dot{U}_1 e^{j(-\frac{\pi}{2})} = \frac{M}{L_1}\frac{\dfrac{1}{\omega C_2}}{|Z_2|}\dot{U}_1 e^{j[-(\frac{\pi}{2}+\theta)]}$$

表明 $\dot{U}_{ab}$ 滞后 $\dot{U}_1$ 为 $(\pi/2) + \theta$。可画矢量图如图6-73(b)所示。由矢量图知 $|\dot{U}_{D1}| < |\dot{U}_{D2}|$，鉴频器输出电压 u_o 为

$$u_o = K_d(|\dot{U}_{D2}| - |\dot{U}_{D1}| > 0$$

ω 偏离 ω_c 越大，θ 越大，$|\dot{U}_{D2}|$ 与 $|\dot{U}_{D1}|$ 差值越大，输出电压幅值越大。

当 $\omega < \omega_c$ 时，$X_2 = \omega L_2 - \dfrac{1}{\omega C_2} < 0$，则

$$|Z_2| = \sqrt{R_2^2 + X_2^2} \ , \ \theta = \arctan\frac{X_2}{R_2} < 0$$

$$\dot{U}_{ab} = \frac{M}{L_1}\frac{\dfrac{1}{\omega C_2}}{|Z_2|e^{j(-|\theta|)}}\dot{U}_1 e^{j(-\frac{\pi}{2})} = \frac{M}{L_1}\frac{\dfrac{1}{\omega C_2}}{|Z_2|}\dot{U}_1 e^{j[-(\frac{\pi}{2}-|\theta|)]}$$

表明 $\dot{U}_{ab}$ 滞后 $\dot{U}_1$ 为 $(\pi/2) - |\theta|$。可画矢量图如图6-73(c)所示。由矢量图知 $|\dot{U}_{D1}| > |\dot{U}_{D2}|$，鉴频器输出电压 u_o 为

$$u_o = K_d(|\dot{U}_{D2}| - |\dot{U}_{D1}| < 0$$

ω 偏离 ω_c 越大，$|\theta|$ 越大，$|\dot{U}_{D2}|$ 与 $|\dot{U}_{D1}|$ 差值越大，输出电压幅值的绝对值越大。

综合上述三个结论，可得鉴频特性曲线如图6-73(d)所示。

6-27 为什么比例鉴频器有抑制寄生调幅作用，其根本原因何在？

解 由于比例鉴频器在检波器后的 a'b' 两端接入了一个大电容 C_0，其电容值约为 10 μF，它与检波电阻组成电路 $C_0(R+R)$ 的时间常数很大，通常为 $0.1 \sim 0.2$ s。大电容上电压 U_{DC}，对 15 Hz 以上的寄生调幅变化时，能保持 U_{DC} 不变。能够抑制寄生调幅的根本原因在于 U_{DC} 不变，即 $C_0(R+R)$ 很大。

比例鉴频器有抑制寄生调幅作用可用其输出电压的表示式来说明。输出电压为

$$u_o = U_{C3} - \frac{1}{2}U_{DC} = \frac{1}{2}U_{DC}\left(\frac{2U_{C4}}{U_{DC}} - 1\right) = \frac{1}{2}U_{DC}\left(\frac{2U_{C4}}{U_{C3}+U_{C4}} - 1\right)$$

$$= \frac{1}{2}U_{DC}\left(\frac{2}{1+\dfrac{U_{C3}}{U_{C4}}}-1\right) = \frac{1}{2}U_{DC}\left(\frac{2}{1+\left|\dfrac{\dot{U}_{D1}}{\dot{U}_{D2}}\right|}-1\right)$$

当输入信号的瞬时频率变化时,$|\dot{U}_{D1}|$ 和 $\dot{U}_{D2}|$ 一个变大,另一个变小,输出电压随频率变化而变化,能实现鉴频。当输入信号的振幅变化时,$|\dot{U}_{D1}|$ 和 $\dot{U}_{D2}|$ 同时变化,其比值不变,故输出电压与振幅变化无关。

6-28 试采用乘法器 MC1596 设计一个相移乘积型鉴频器电路,并画出具体电路图。乘法器可采用单端输出。

解 图 6-74 所示为相移乘积型鉴频电路。

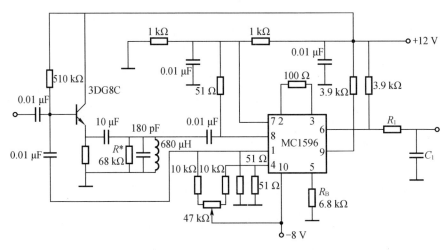

图 6-74 相移乘积型鉴频器

6-29 某雷达接收机的鉴频器如图 6-75 所示,其中谐振回路的传输系数 $A(f) = \left[1+\left(2Q_L\dfrac{f-f_0}{f_0}\right)^2\right]^{-\frac{1}{2}}$,检波器传输系数 $K_d \approx 1$。差动放大器电压增益为 A,试分析其工作原理,定性画出鉴频特性曲线。

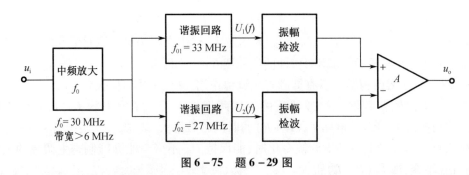

图 6-75 题 6-29 图

解 由于中频放大器输出信号为等幅的调频波,它由中频放大器输入为等幅的调频电压信号 u_i 乘以中频放大器电压增益 A_u 而得,即 $u = A_u u_i$,设其振幅为 U_m,并分两路送给上下两个谐振回路。上谐振回路的谐振频率为 $f_{01} = 33$ MHz，$Q = Q_1$，下谐振回路的谐振频率为 $f_{02} = 27$ MHz，$Q = Q_2$。通过谐振回路后，上谐振回路输出电压振幅随频率的变化为

$$U_1(f) = \frac{U_m}{\sqrt{1 + \left(2Q_1 \dfrac{f - f_{01}}{f_{01}}\right)^2}}$$

下谐振回路输出电压振幅随频率的变化为

$$U_2(f) = \frac{U_m}{\sqrt{1 + \left(2Q_2 \dfrac{f - f_{02}}{f_{02}}\right)^2}}$$

由于检波器的电压传输系数 $K_d \approx 1$，检波器的输出电压可近似认为与输入电压的振幅相同。通过运算放大器求和，输出电压为

$$u_o = A\left[U_1(f) - U_2(f)\right]$$

为了使鉴频特性曲线的线性好，两个谐振回路的品质因数都选得较低。通常都是在谐振回路两端并联电阻以降低和调节品质因数值。当 $Q_1 = 8$，$Q_2 = 6.5$ 时，计算值见表 6-1。

表 6-1　计算值

频率	$U_1(f)$	$U_2(f)$	$U_1(f) - U_2(f)$
27 MHz	$0.265\,2U_m$	$1.000\,0U_m$	$-0.734\,8U_m$
28 MHz	$0.313\,4U_m$	$0.855\,2U_m$	$-0.541\,8U_m$
29 MHz	$0.381\,3U_m$	$0.636\,4U_m$	$-0.255\,2U_m$
30 MHz	$0.481\,9U_m$	$0.482\,0U_m$	$-0.000\,1U_m$
31 MHz	$0.636\,4U_m$	$0.381\,4U_m$	$0.255\,0U_m$
32 MHz	$0.855\,2U_m$	$0.313\,4U_m$	$0.541\,8U_m$
33 MHz	$1.000\,0U_m$	$0.265\,2U_m$	$0.734\,8U_m$

从表 6-1 中可以看出，鉴频器输出电压在 $f = 30$ MHz 时为零，当产生正负频率偏移时，鉴频特性基本对称。鉴频特性曲线如图 6-76 所示。

6-30　图 6-77 为鉴相器原理方框图，u_1、u_2 为输入信号波形，试画出方框图中 a、b、c、d、e 各点的波形示意图，并写出鉴相器的鉴相特性方程。假设双稳态触发器输出脉冲幅度为 $\pm U_m$，低通滤波器传输系数 $K_L = 1$。

解　根据题意，分别画出 a、b、c、d、e 各点的波形如图 6-78 所示。设 u_1 信号经微分、下限幅后触发双稳态电路，由高电位变为低电位。u_2 信号经微分、下限幅后触发双稳态电路，由低电位变为高电位。图 6-78(e) 为双稳态输出波形，经低通滤波输出为

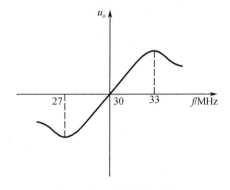

图 6-76　鉴频特性曲线

$$u_o = \frac{1}{2\pi}\Big(\int_0^\varphi U_m \mathrm{d}\omega t + \int_\varphi^{2\pi} - U_m \mathrm{d}\omega t\Big)$$

$$= \frac{\varphi}{2\pi}U_m - \frac{1}{2\pi}(2\pi - \varphi)U_m = \frac{\varphi - v}{\pi}U_m$$

u_o 与 φ 的关系如图 6-79 所示。

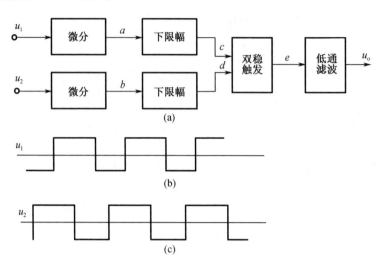

(a)

(b)

(c)

图 6-77　题 6-30 图

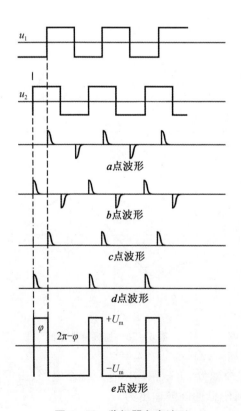

图 6-78　鉴相器各点波形

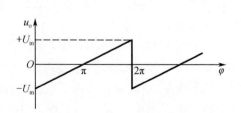

图 6-79　鉴相器的鉴相特性

6-31　模拟信号调频与数字信号调频有什么异同点?

解　模拟信号是信号的参数取值是随时间连续变化的波形信号,例如语音信号和图像信号等。数字信号是离散取值的脉冲信号,实际系统中常用的是矩形脉冲,这是由于矩形脉冲易于产生和处理,例如电报信号和计算机输出数据等。模拟信号调频与数字信号调频的相同点是调频后输出的调频波其振幅不变,而其瞬时频率随调制信号线性关系变化。不同点是模拟信号调频的调频波的瞬时频率是随调制信号连续变化的,而数字信号调频的调频波的瞬时频率是随脉冲调制信号的不同电平离散变化的。

6-32　试说明 2FSK 信号的特点,2FSK 信号产生与解调有哪些基本方法?

解　2FSK 信号是二进制数字频移键控信号,由于它是用二进制的数字基带信号控制调频电路而产生的调频信号,是用两个不同频率的载波来代表数字信号的两种电平。也就是说,它是等幅波,不同频率的两个载频代表了传送数字基带信号的两种电平。2FSK 信号的产生方法分为直接调频法和频率键控法。直接调频法是用数字基带信号直接控制载波振荡器的振荡频率,模拟信号调频电路都可以用来产生 2FSK 信号,其优点是电路简单,信号相位连续,缺点是频率稳定度低。频率键控法是用数字基带信号去控制两个不同频率的载波信号源的通断,产生的信号相位不连续,但频率稳定度高,且可用数字电路实现,转换速度快。2FSK 信号的解调方法分为包络解调法(非相干解调)、同步解调法(相干解调)和过零检测法。

6-33　什么是数字调相? 二进制调相有哪几种分类,其特点是什么?

解　数字调相是用数字基带信号控制载波振荡的相位,使载波的相位发生跳变的调制方式。数字相位调制又称为相位键控(PSK)。二进制相位键控(2PSK)用同一载波的两种相位代表数字信号的两种电平。

数字调相分为绝对调相(CPSK)和相对调相(DPSK)。

绝对调相是以未调制载波的相位作为基准。二进制相位键控(2PSK)中,设码元取"1"时,已调载波的相位与未调制载波的相位相同,而码元取"0"时,则相位相反。

相对调相的各码元的载波相位不是以未调制载波相位为基准,而是以相邻的前一个码元的载波相位为基准来确定。例如,当码元为"1"时,它的载波相位取与前一个码元的载波相位差 π,而当码元为"0"时,它的载波相位取与前一码元的载波相位相同。

第 7 章

变 频 电 路

7.1　教学基本要求

1. 掌握变频电路的功能及组成。
2. 掌握典型混频电路的电路组成、工作原理和性能特点。
3. 了解变频干扰的来源和抑制方法。

7.2　教与学的思考

7.2.1　教学基本要求的分析与思考

本章的教学基本要求有三项。要求的第 1 项是掌握变频电路的功能及组成。变频电路是通信系统的重要功能电路，其功能是将已调波的载波频率变换成固定的中频频率，而保持其调制规律不变。变频器是由混频器和本机振荡器组成的。要求的第 2 项是掌握典型混频电路的电路组成、工作原理和性能特点。典型的混频电路包含乘法器混频电路、二极管平衡混频电路、二极管环形混频电路等。要求的第 3 项是了解变频干扰的来源和抑制方法。

7.2.2　本章教学分析讨论的思路

问题 1：变频电路的功能是什么？ 特点是什么？

其功能是将已调波的载波频率变换成固定的中频频率，而保持其调制规律不变。从功能就能分析出变频电路的特点是线性频谱搬移电路，调幅波、调频波或调相波通过变频电路后仍然是调幅波、调频波或调相波。只是载波频率变换成固定的中频频率。变频电路有下变频和上变频，对应的有低中频和高中频。

问题 2：变频电路的组成？ 主要技术指标是什么？

变频器是由混频器和本机振荡器组成的。而混频器是由输入回路、非线性器件和带通滤波器组成的。要理解混频器和本机振荡器在变频电路中的作用,实现线性频谱搬移的频率变换是混频器中的非线性器件完成的,混频器的输入信号 u_S 和本机振荡器输出信号 u_L 同时通过输入回路加到非线性器件,利用非线性特性中含有两输入信号相乘的特性实现频率变换。通过带通滤波器取出差频(低中频)或和频(高中频)。本机振荡器的作用是提供一个振荡频率与混频器输入已调波的载波频率之差为中频频率(低中频),或之和为中频频率(高中频)的等幅正弦振荡电压,本振频率跟踪已调波的载波频率,满足中频频率为要求固定值。

了解技术指标的定义,为分析电路打基础。

问题 3:晶体三极管混频器的电路原理(时变参量分析法)是什么? 变频跨导怎样计算? 求出变频跨导就能根据输入信号电压得出输出中频电流和中频电压。

问题 4:二极管开关平衡混频器的分析方法及特点是什么?

正确判别开关函数,识别同名端,确定电流关系,由叠加原理求出无滤波时的输出电流,选取带通滤波得到输出中频电压。

二极管平衡混频器是一个双向电路,要考虑输出电压的反馈作用,输出电流是由输入信号电压和输出中频信号电压共同决定的,而输入电流也是由输入信号电压和输出中频信号电压共同决定的。

问题 5:二极管开关环形混频器的分析方法及特点是什么?

这是一种应用广泛的电路,掌握 ADE – 1 环形混频器的分析及特点。

问题 6:模拟乘法器混频器的分析方法及特点是什么?

这是一种在集成电路系统中应用较多的类型,掌握其分析方法及特点。

问题 7:什么是干扰哨声? 其产生的原因是什么?

见教学主要内容与典型例题分析中的混频器的干扰(信号与本振的组合频率干扰)。

问题 8:什么是中频干扰? 什么是镜像频率干扰? 什么是副波道干扰? 它们产生的原因是什么?

见教学主要内容与典型例题分析中的混频器的干扰(外来干扰与本振的组合频率干扰)。

问题 9:什么是交叉调制干扰? 什么是互调干扰? 产生的原因是什么?

学会判别不同的干扰,了解它们产生的原因。

7.3 教学主要内容与典型例题分析

7.3.1 变频电路的功能及特点

功能:变频电路的功能是将已调波的载波频率变换成固定的中频频率,而保持其调制规律不变。

特点:变频电路是线性频谱搬移电路,调幅波、调频波或调相波通过变频电路后仍然是调幅波、调频波或调相波,只是载波频率变换成固定的中频频率。

变频电路的中频频率有上变频和下变频两种。上变频是变频电路输出中频信号的载频比输入信号的载频要高,也称为高中频。下变频是变频电路输出中频信号的载频比输入信号的载频要低,也称为低中频。

应用:变频电路的主要应用之一是在超外差接收机中,将高频载波变换成固定中频载波信号,而保持其调制规律不变。然后通过高性能的中频放大器进行放大,使整个接收机灵敏度和选择性大大提高。

图7-1是变频电路功能表示形式,输入为普通调幅波 $u_S = U_{Sm}(1 + m_a \sin \Omega t) \sin \omega_S t$,输出为 $u_I = U_{Sm}(1 + m_a \sin \Omega t) \sin \omega_I t$ 的波形(时域)以及输入输出频谱(频域)。

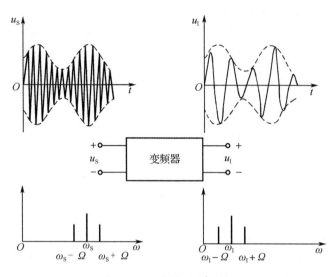

图7-1　变频电路的功能

7.3.2　变频电路的组成及技术指标

1. 变频电路的组成

组成:变频器是由混频器和本机振荡器两部分组成的。而混频器是由输入回路、非线性器件和带通滤波器组成的。变频电路的组成如图7-2所示。

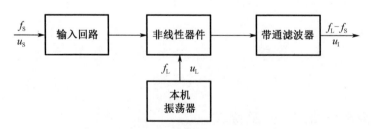

图7-2　变频电路的组成

特点:混频器是利用非线性器件在特定的条件下具有输入信号 u_S 与本振信号 u_L 相乘项的特性实现频率变换,产生新的频率分量$(\omega_L \pm \omega_S)$或$(\omega_S \pm \omega_L)$。通过带通滤波器可选出其中之一,若选和频项$(\omega_L + \omega_S)$,则为上变频,其中频也称高中频。若选差频项$(\omega_L -$

ω_{S})或($\omega_{\mathrm{S}} - \omega_{\mathrm{L}}$),则为下变频,其中频也称低中频。

非线性器件用于实现频率变换。常用的非线性器件有晶体三极管、二极管、场效应管、差分对管和模拟乘法器等。

为什么可以用带通滤波器取出低中频或高中频?

因为 ω_{L} 和 ω_{S} 都是高频,用带通滤波器不可能同时取出 $\omega_{\mathrm{L}} \pm \omega_{\mathrm{S}}$,只能根据实际需要选低中频 $\omega_{\mathrm{I}} = \omega_{\mathrm{L}} - \omega_{\mathrm{S}}$ 或高中频 $\omega_{\mathrm{I}} = \omega_{\mathrm{L}} + \omega_{\mathrm{S}}$。

2. 主要技术指标

(1)变频电压增益 A_{uc}

$$A_{uc} = \frac{U_{\mathrm{Im}}}{U_{\mathrm{Sm}}}$$

式中,U_{Im} 为输出中频电压振幅;U_{Sm} 为输入高频电压振幅。

(2)变频功率增益 A_{pc}

$$A_{pc} = \frac{P_{\mathrm{I}}}{P_{\mathrm{S}}}$$

式中,P_{I} 为输出中频信号功率;P_{S} 为输入高频信号功率。

(3)选择性(通常用矩形系数表示)。

(4)噪声系数 N_{F}。

(5)失真与干扰。

7.3.3 晶体三极管混频器

1. 晶体三极管混频原理电路

图 7-3 是晶体三极管混频原理电路。其中,V_{BB} 为直流偏置电压;u_{S} 为输入信号;u_{L} 为本振信号。集电极回路调谐于中频 ω_{I}。

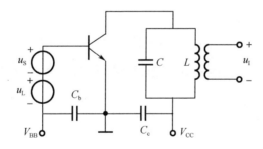

图 7-3   晶体三极管混频原理电路

电路的输入条件是 $u_{\mathrm{S}} = U_{\mathrm{Sm}} \cos \omega_{\mathrm{S}} t$ 为小信号,$u_{\mathrm{L}} = U_{\mathrm{Lm}} \cos \omega_{\mathrm{L}} t$ 是大信号,即 $U_{\mathrm{Lm}} \gg U_{\mathrm{Sm}}$。晶体三极管集电极电流 i_c 是在 V_{BB}、u_{L} 和 u_{S} 的共同作用下产生的。由于 u_{S} 为小信号,对于 u_{S} 来说可以认为是在 $V_{\mathrm{BB}} + u_{\mathrm{L}}$ 的作用下晶体管的工作点在变化,且工作于非线性状态。而在每一个工作点,u_{S} 都是工作于线性状态,只不过不同的工作点其线性参数不同。这种随时间变化的参量称为时变参量。

2. 晶体三极管混频器的时变参量分析

①混频器的集电极电流 i_c

在时变偏压 $V_{BB} + u_L(t)$ 上对 $u_S(t)$ 展开为泰勒级数, 则

$$i_c = f[V_{BB} + u_L(t)] + f'[V_{BB} + u_L(t)]u_S(t) + \frac{1}{2}f''[V_{BB} + u_L(t)]u_S^2(t) + \cdots$$

$u_S(t)$ 很小, 忽略高阶导数的影响可取

$$i_c = f[V_{BB} + u_L(t)] + f'[V_{BB} + u_L(t)]u_S(t)$$

由于本振电压为 $u_L = U_{Lm}\cos \omega_L t$, 则

$$f[V_{BB} + u_L(t)] = I_{C0} + I_{c1m}\cos \omega_L t + I_{c2m}\cos 2\omega_L t + \cdots$$

$$f'[V_{BB} + u_L(t)] = g(t) = g_0 + g_1\cos \omega_L t + g_2\cos 2\omega_L t + \cdots$$

式中, I_{C0}、I_{c1m}、I_{c2m}、g_0、g_1、g_2 分别为只加本振电压时, 集电极电流中的直流、基波和二次谐波分量的幅值以及跨导的平均分量、基波和二次谐波分量的幅值。

②若输入信号电压 $u_S = U_{Sm}\cos \omega_S t$, 可得无滤波器时的电流

$$\begin{aligned} i_c &= f[V_{BB} + u_L(t)] + f'[V_{BB} + u_L(t)]u_S(t) \\ &= (I_{C0} + I_{c1m}\cos \omega_L t + I_{c2m}\cos 2\omega_L t + \cdots) + \\ &\quad (g_0 + g_1\cos \omega_L t + g_2\cos 2\omega_L t + \cdots)U_{Sm}\cos \omega_S t \\ &= I_{C0} + I_{c1m}\cos \omega_L t + I_{c2m}\cos 2\omega_L t + \cdots + \\ &\quad g_0 U_{Sm}\cos \omega_S t + \frac{1}{2}g_1 U_{Sm}\cos(\omega_L - \omega_S)t + \frac{1}{2}g_1 U_{Sm}\cos(\omega_L + \omega_S)t + \\ &\quad \frac{1}{2}g_2 U_{Sm}\cos(2\omega_L - \omega_S)t + \frac{1}{2}g_2 U_{Sm}\cos(2\omega_L + \omega_S)t + \cdots \end{aligned}$$

若中心频率取差频 $\omega_I = \omega_L - \omega_S$, 则混频后通过带通滤波器输出的中频电流为

$$i_I = U_{Sm}\frac{1}{2}g_1\cos(\omega_L - \omega_S)t$$

其振幅为

$$I_{Im} = \frac{1}{2}g_1 U_{Sm} = g_c U_{Sm}$$

式中, g_c 称为变频跨导, 其定义是输出中频电流振幅 I_{Im} 与输入高频信号电压振幅 U_{Sm} 之比, 即

$$g_c = \frac{I_{Im}}{U_{Sm}} = \frac{1}{2}g_1$$

这说明混频器的变频跨导 g_c 等于时变跨导 $g(t)$ 的傅里叶展开式中基波振幅 g_1 的一半。只要求出变频跨导 g_c, 就可求得输出信号。

③若输入信号为普通调幅波 $u_S(t) = U_{Sm}(1 + m_a\cos \Omega t)\cos \omega_S t$

经带通滤波器输出的中频电流也是调幅波

$$\begin{aligned} i_I &= \frac{1}{2}g_1 U_{Sm}(1 + m_a\cos \Omega t)\cos(\omega_L - \omega_S)t \\ &= g_c U_{Sm}(1 + m_a\cos \Omega t)\cos \omega_I t \end{aligned}$$

中频电流 i_I 经带通滤波器取出

$$u_I(t) = g_c R_P U_{Sm}(1 + m_a\cos \Omega t)\cos \omega_I t$$

式中，R_P 为 LC 并联谐振回路组成的带通滤波器的谐振电阻。

3. 电路组态与工作状态的选取

①混频器有输入信号电压和本振电压两个输入信号，对输入信号 u_S 来说，晶体管可构成共射和共基两种组态。而对本振电压 u_L 来说，有由基极注入和发射极注入两种组态。图 7-4 所示是混频器的四种组态。

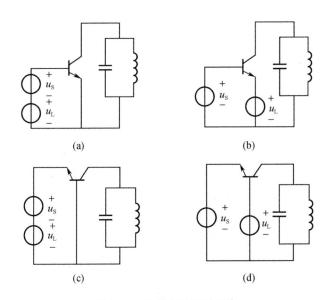

图 7-4 混频器的四种组态

图 7-4(a) 对输入信号 u_S 而言是共射组态，它具有输入阻抗高，变频增益大的优点，对本振电压 u_L 而言是基极注入，因为输入电阻较大，所以使本振的负载较轻，容易起振。但是，由于 u_S、u_L 均由基极注入，因此相互影响较大，可能产生频率牵引现象。

图 7-4(b) 对输入信号 u_S 而言是共射组态，只是将本振电压由发射极注入，对本振电压 u_L 而言，晶体管是共基组态，它的输入电阻小，使本振电压的负载较重，起振难度大些。但是输入信号电压 u_S 和本振电压 u_L 加在两个不同电极上，相互影响较小，实际电路应用较多。

图 7-4(c)、图 7-4(d) 对输入信号 u_S 均是共基组态，在工作频率较低时，一般不用这两种组态。但频率较高时，因为 $f_\alpha \gg f_\beta$，所以这时它们的变频电压增益可能比共射组态大，可以采用这两种组态。

②混频器的工作状态的选取原则是变频功率增益大、噪声系数小。对于晶体三极管混频器通过大量的实验找出了变频功率增益 A_{pc}、噪声系数 N_F 与混频器的工作点电流 I_{eQ}、输入本振电压幅度的关系。根据选取原则，I_{eQ} 在 $0.3 \sim 0.7$ mA，变频功率增益大、噪声系数小，而本振电压振幅在 100 mV 左右，变频功率增益大，噪声系数也达最小值。

例 7-1 已知混频晶体三极管的正向传输特性为

$$i_c = a_0 + a_2 u^2 + a_3 u^3$$

式中，$u = U_{Sm} \cos \omega_S t + U_{Lm} \cos \omega_L t$，$U_{Lm} \gg U_{Sm}$，混频器的中频 $\omega_I = \omega_L - \omega_S$，试求混频器的变频跨导 g_c。

注意 本题 $U_{Lm} \gg U_{Sm}$，可以看成工作点随大信号 $U_{Lm}\cos \omega_L t$ 变化，对 $U_{Sm}\cos \omega_S t$ 来说是线性时变关系，可先求出时变跨导 $g(t)$，从而有 $i_c = g(t)u_S$，而变频跨导 $g_c = \dfrac{1}{2}g_1$。

解 时变跨导 $g(t) = \dfrac{di_c}{du}\bigg|_{u=u_L}$

$$g(t) = 2a_2 u_L + 3a_3 u_L^2$$
$$= 2a_2 U_{Lm}\cos \omega_L t + 3a_3 U_{Lm}^2 \cos^2 \omega_L t$$
$$= \frac{3}{2}a_3 U_{Lm}^2 + 2a_2 U_{Lm}\cos \omega_L t + \frac{3}{2}a_3 U_{Lm}^2 \cos 2\omega_L t$$

式中

$$g_1 = 2a_2 U_{Lm}$$

则

$$g_c = \frac{1}{2}g_1 = a_2 U_{Lm}$$

例 7 - 2 已知混频晶体三向极管的正传输特性为
$$i_c = a + bu_{BE}^2 + cu_{BE}^3$$
而 $u_{BE} = U_Q + u_L(t) + u_S(t)$，其中 U_Q 为静态偏压，$u_L = U_{Lm}\cos \omega_L t$ 为本振电压，$u_S = U_{Sm}\cos \omega_S t$ 为输入电压，$U_{Lm} \gg U_{Sm}$，中频频率 $\omega_I = \omega_L - \omega_S$，试求变频跨导 g_c。

注意 此题与例 7 - 1 的分析方法相似，但其根本区别是，此题是在 $U_Q + u_L(t)$ 作用下产生时变跨导，例 7 - 1 的 $U_Q = 0$。

解 时变跨导 $g(t) = \dfrac{di_c}{du}\bigg|_{u=U_Q+u_L(t)}$

$$g(t) = 2b(U_Q + U_{Lm}\cos \omega_L t) + 3c(U_Q + U_{Lm}\cos \omega_L t)^2$$
$$= 2bU_Q + 2bU_{Lm}\cos \omega_L t + 3cU_Q^2 + 6cU_Q U_{Lm}\cos \omega_L t +$$
$$\frac{3}{2}cU_{Lm}^2 + \frac{3}{2}cU_{Lm}^2 \cos 2\omega_L t$$

变频跨导

$$g_c = \frac{1}{2}g_1 = bU_{Lm} + 3cU_Q U_{Lm}$$

例 7 - 3 某非线性器件的伏安特性如图 7 - 5 所示，其斜率为 b，使用此器件组成混频器。设 $u_L(t) = U_{Lm}\cos \omega_L t = 0.4\cos \omega_L t$ V，且 $U_{Lm} \gg U_{Sm}$，满足线性时变条件。试分别计算下列条件下的变频跨导 g_c：

(1) $U_Q = 0.4$ V；

(2) $U_Q = 0.2$ V；

(3) $U_Q = 0$ V。

注意 此题是要说明变频跨导与本振电压 $u_L(t)$ 的振幅 U_{Lm} 和偏置电压 U_Q 是有关的，而变频跨导是表征混频器的频率变换能力。本题是在 U_{Lm} 不变的情况下，求不

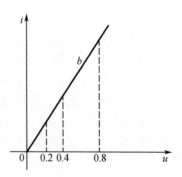

图 7 - 5 非线性器件的伏安特性

同偏压所对应的变频跨导 g_c。变频跨导是时变跨导 $g(t)$ 中基波分量的一半，即 $g_c = g_1/2$，因此要先求 $g(t)$，再求 g_c。

解 由图 7-5 所示伏安特性，可以求出时变跨导 $g(t)$ 与时变偏置 $u(t) = U_Q + U_{Lm}\cos\omega_L t$ 的关系。

$$g(t) = \frac{\mathrm{d}i_c}{\mathrm{d}u}\bigg|_{u = U_Q + u_L(t)} = \begin{cases} b, & u \geq 0 \\ 0, & u < 0 \end{cases}$$

（1）当 $U_Q = 0.4$ V 时，$u = (0.4 + 0.4\cos\omega_L t)$ V，在 $\omega_L t$ 的变化范围内，$g(t) = b$（常数）如图 7-6 所示。因为 $g_1 = 0$，所以

$$g_c = 0 \text{（不能实现混频）}$$

（2）当 $U_Q = 0.2$ V 时，$u = (0.2 + 0.4\cos\omega_L t)$ V，在 $\omega_L t$ 的变化范围内，$g(t)$ 如图 7-7 所示。

$$g(t) = \begin{cases} b, & 0 \leq \omega_L \leq \frac{2}{3}\pi \\ 0, & \frac{2}{3}\pi \leq \omega_L t \leq \frac{4}{3}\pi \\ b, & \frac{4}{3}\pi \leq \omega_L \leq 2\pi \end{cases}$$

则时变跨导的基波分量为

$$g_1 = \frac{1}{\pi}\int_0^{\frac{2}{3}\pi} b\cos\omega_L t\,\mathrm{d}\omega_L t + \frac{1}{\pi}\int_{\frac{4}{3}\pi}^{2v} b\cos\omega_L t\,\mathrm{d}\omega_L t = \frac{b}{\pi}\sqrt{3}$$

变频跨导

$$g_c = \frac{1}{2}g_1 = \frac{b}{\pi}\frac{\sqrt{3}}{2}$$

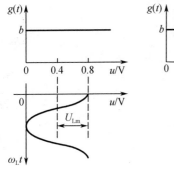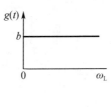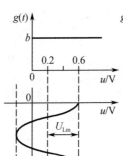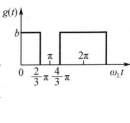

图 7-6 $U_Q = 0.4$ V 的时变跨导　　　　图 7-7 $U_Q = 0.2$ V 的时变跨导

（3）当 $U_Q = 0$ V 时，$u = 0.4\cos\omega_L t$ V，在 $\omega_L t$ 的变化范围内，$g(t)$ 如图 7-8 所示。

$$g(t) = \begin{cases} b, & 0 \leq \omega_L t \leq \frac{\pi}{2} \\ 0, & \frac{\pi}{2} \leq \omega_L t \leq \frac{3}{2}\pi \\ b, & \frac{3}{2}\pi \leq \omega_L t \leq 2\pi \end{cases}$$

则时变跨导的基波分量为

$$g_1 = \frac{1}{\pi}\int_0^{\frac{\pi}{2}} \cos \omega_L t \mathrm{d}\omega_L t + \frac{1}{\pi}\int_{\frac{3}{2}\pi}^{2\pi} b\cos \omega_L t \mathrm{d}\omega_L t = \frac{2b}{\pi}$$

变频跨导

$$g_c = \frac{1}{2}g_1 = \frac{b}{\pi}$$

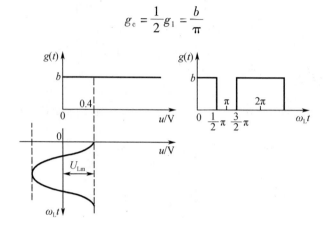

图 7-8 $U_Q = 0$ V 的时变跨导

7.3.4 双栅绝缘栅场效应管混频器

双栅绝缘栅场效应管具有栅漏极间电容小,正向传输导纳较大,且 i_D 受到双重控制的特点,很适合作为超高频段混频器。图 7-9 所示是双栅绝缘栅场效应管混频电路。

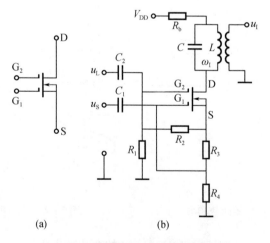

图 7-9 双栅绝缘栅场效应管混频器

双栅绝缘栅场效应管用于混频时,高频输入信号由 G_1 输入,本振信号由 G_2 输入,互不影响。直流偏置应使管子工作于放大区,在放大区,漏极电流可表示为

$$i_D = g_{m1}u_S + g_{m2}u_L$$

式中

$$g_{m1} = a_0 + a_1 u_S + a_2 u_L$$

$$g_{m2} = b_0 + b_1 u_S + b_2 u_L$$

其中 a_0、a_1、a_2、b_0、b_1、b_2 是由直流偏置及管子本身所决定的常数,则

$$i_D = a_0 u_S + b_0 u_L + (a_2 + b_1) u_S u_L + a_1 u_S^2 + b_2 u_L^2$$

当输入信号 $u_S = U_{Sm} \cos \omega_S t$,本振电压 $u_L = U_{Lm} \cos \omega_L t$ 时,漏极电流中含有直流 ω_S、ω_L、$\omega_L \pm \omega_S$、$2\omega_S$、$2\omega_L$ 等频率分量。经调谐于 ω_I 的带通滤波器可取出中频电压实现混频。需要说明的是,若取高中频,带通滤波器的中心频率 $\omega_I = \omega_L + \omega_S$,若取低中频,带通滤波器的中心频率 $\omega_I = \omega_L - \omega_S$。

7.3.5 二极管平衡混频器

图 7-10 是平衡混频器的原理电路。为了减小组合频率分量,选取本振电压 u_L 足够大,使晶体二极管工作在受 u_L 控制的开关状态。流过 D_1、D_2 两个晶体二极管的电流分别为

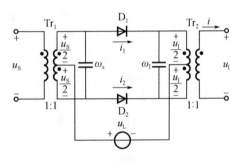

$$i_1 = g_d K(\omega_L t) \left(u_L + \frac{u_S - u_I}{2} \right)$$

$$i_2 = g_d K(\omega_L t) \left(u_L - \frac{u_S - u_I}{2} \right)$$

图 7-10 平衡混频器的原理电路

在无滤波的条件下,流过输出回路的电流为

$$i = i_1 - i_2 = g_d K(\omega_L t)(u_S - u_I)$$

设

$$u_S = U_{Sm} \cos \omega_S t$$

$$u_L = U_{Lm} \cos \omega_L t$$

$$u_I = U_{Im} \cos \omega_I t$$

则

$$i = i_1 - i_2 = g_d K(\omega_L t)(u_S - u_I)$$

$$= g_d \left(\frac{1}{2} + \frac{2}{\pi} \cos \omega_L t - \frac{2}{3\pi} \cos 3\omega_L t + \cdots \right)(U_{Sm} \cos \omega_S t - U_{Im} \cos \omega_I t)$$

$$= \frac{1}{2} g_d U_{Sm} \cos \omega_S t - \frac{1}{2} g_d U_{Im} \cos \omega_I t + \frac{1}{\pi} g_d U_{Sm} \cos (\omega_L + \omega_S) t +$$

$$\frac{1}{3\pi} g_d U_{Sm} \cos (3\omega_L + \omega_S) t - \frac{1}{3\pi} g_d U_{Sm} \cos (3\omega_L - \omega_S) t +$$

$$\frac{1}{3\pi} g_d U_{Im} \cos (3\omega_L + \omega_I) t + \frac{1}{3\pi} g_d U_{Im} \cos (3\omega_L - \omega_I) t + \cdots$$

在输出回路调谐于中频频率 $\omega_I = \omega_L - \omega_S$,则选出中频电流 i_I 为

$$i_I = \frac{1}{\pi} g_d U_{Sm} \cos \omega_I t - \frac{1}{2} g_d U_{Im} \cos \omega_I t$$

由上式可知,输出中频电流是由高频输入信号电压与本振电压的正向混频产生的中频电流和中频输出电压反作用产生的中频电流之差。

对于输入回路来说,无滤波条件下通过输入回路的电流仍是 $i_1 - i_2$。由于输入回路调谐于 ω_S,则输入回路通过选频作用产生的输入电流 i_S 为

$$i_\text{S} = \frac{1}{2} g_\text{d} U_\text{Sm} \cos \omega_\text{S} t - \frac{1}{\pi} g_\text{d} U_\text{Im} \cos (\omega_\text{L} - \omega_\text{I}) t$$

$$= \frac{1}{2} g_\text{d} U_\text{Sm} \cos \omega_\text{S} t - \frac{1}{\pi} g_\text{d} U_\text{Im} \cos \omega_\text{S} t$$

由上式可知,输入电流是由高频输入信号电压在输入回路中产生的输入电流和输出中频电压与本振电压经反向混频产生的输入电流之差。可见,二极管混频器是一个能实现双向混频的电路。

二极管开关状态平衡混频器与晶体三极管混频器相比较,它的优点是组合频率分量少、动态范围大、噪声系数小,在通信设备中得到广泛应用。

例 7 – 4 二极管平衡电路如图 7 – 11 所示。请根据平衡电路的基本原理说明下列几种情况输入信号,能产生什么输出电压信号,应采用什么样的滤波器?

(1) $u_1 = U_\text{1m} \cos \Omega t, u_2 = U_\text{2m} \cos \omega_\text{c} t, \omega_\text{c} \gg \Omega$;

(2) $u_1 = U_\text{1m} \cos \omega_\text{c} t, u_2 = U_\text{2m} \cos \Omega t, \omega_\text{c} \gg \Omega$;

(3) $u_1 = U_\text{1m} (1 + m_\text{a} \cos \Omega t) \cos \omega_\text{S} t, u_2 = U_\text{2m} \cos \omega_\text{L} t, \omega_\text{L} - \omega_\text{S} = \omega_\text{I}$;

(4) $u_1 = U_\text{1m} \cos(\omega_\text{S} t + m_\text{f} \sin \Omega t), u_2 = U_\text{2m} \cos \omega_\text{L} t, \omega_\text{L} - \omega_\text{S} = \omega_\text{I}$;

(5) $u_1 = U_\text{1m} \cos \Omega t \cos \omega_\text{S} t, u_2 = U_\text{2m} \cos \omega_\text{L} t, \omega_\text{L} - \omega_\text{S} = \omega_\text{I}$;

(6) $u_1 = U_\text{1m} \cos \Omega t \cos \omega_\text{c} t, u_2 = U_\text{2m} \cos \omega_\text{c} t, \omega_\text{c} \gg \Omega$。

注意 二极管平衡电路是实现线性频谱搬移的一种较好的电路。根据题目给出的输入信号情况,定性分析给出电压及滤波器的类型,对理解平衡电路的功能有较大帮助。

解 (1) $u_1 = U_\text{1m} \cos \Omega t, u_2 = U_\text{2m} \cos \omega_\text{c} t, \omega_\text{c} \gg \Omega$ 的条件说明是调幅电路。

根据 u_1 为调制信号,u_2 为载波信号,输出 $u_\text{o} = U_\text{cm} \cos \Omega t \cdot \cos \omega_\text{c} t$ 为

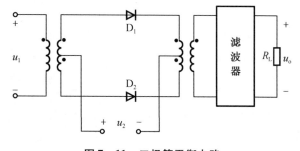

图 7 – 11 二极管平衡电路

双边带调幅波。滤波器应选带通滤波器,中心频率为 ω_c,带宽为 2Ω。

(2) $u_1 = U_\text{1m} \cos \omega_\text{c} t, u_2 = U_\text{2m} \cos \Omega t, \omega_\text{c} \gg \Omega$ 的条件说明是调幅电路。

根据 u_1 为载波信号,u_2 为调制信号,输出 $u_\text{o} = U_\text{om} (1 + m_\text{a} \cos \Omega t) \cos \omega_\text{c} t$ 为普通调幅波。滤波器应选带通滤波器,中心频率为 ω_c,带宽为 2Ω。

(3) $u_1 = U_\text{1m} (1 + m_\text{a} \cos \Omega t) \cos \omega_\text{S} t, u_2 = U_\text{2m} \cos \omega_\text{L} t, \omega_\text{L} - \omega_\text{S} = \omega_\text{I}$,可见 u_1 为普通调幅波,u_2 为本振电压,说明是平衡混频电路。

根据 u_1 是普通调幅波,u_2 是本振电压,输出 $u_\text{o} = U_\text{Im} \cos \Omega t \cdot \cos \omega_\text{I} t$,也是普通调幅波,只是载波频率为 ω_I。滤波器应选带通滤波器,中心频率为 ω_I,带宽为 2Ω。

(4) $u_1 = U_\text{1m} \cos(\omega_\text{S} t + m_\text{f} \sin \Omega t), u_2 = U_\text{2m} \cos \omega_\text{L} t, \omega_\text{L} - \omega_\text{S} = \omega_\text{I}$,可见 u_1 为调频波,u_2 为本振电压,说明是平衡混频电路。

根据 u_1 是调频波，u_2 是本振电压，输出 $u_o = U_{Im}\cos(\omega_1 t + m_f \sin \Omega t)$ 也是调频波，只是载波频率变为 ω_1。滤波器应选带通滤波器，中心频率为 ω_1，带宽为 $2(m_f+1)\Omega$。

（5）$u_1 = U_{1m}\cos \Omega t \cos \omega_S t$，$u_2 = U_{2m}\cos \omega_L t$，$\omega_L - \omega_S = \omega_1$，可见 u_1 为双边带调幅波，u_2 为本振电压，说明是平衡混频电路。

根据 u_1 是双边带调幅波，u_2 为本振电压，输出 $u_o = U_{Im}\cos \Omega t \cos \omega_1 t$，也是双边带调幅波，只是载波频率变为 ω_1。滤波器应选带通滤波器，中心频率为 ω_1，带宽为 2Ω。

（6）$u_1 = U_{1m}\cos \Omega t \cos \omega_c t$，$u_2 = U_{2m}\cos \omega_c t$，$\omega_c \gg \Omega$，可见 u_1 为双边带调幅波，u_2 是本地载波信号，与双边带调幅波的载波频率相同，是一个同步检波器。

根据 u_1 是双边带调幅波，u_2 为本地载波信号，输出 $u_o = U_{om}\cos \Omega t$ 为原调制信号。滤波器应选用低通滤波器，通频带略大于 Ω。

例 7－5 二极管平衡混频器如图 7－12 所示。设二极管的伏安特性均为从原点出发，斜率为 g_d 的直线，且二极管工作在受 u_L 控制的开关状态。试求各电路的输出电压的表示式？若要取出 u_o 中的中频电压，应采用什么样的滤波器？

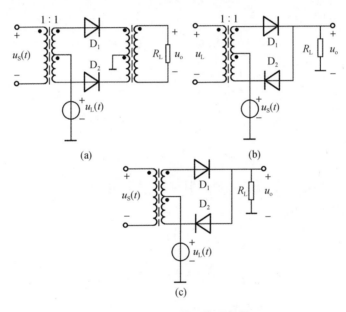

图 7－12 二极管平衡混频器

注意 此题是二极管平衡混频器的输出电流分析，应掌握开关函数分析方法。

解 图 7－12(a)所示电路

$$i_1 = \frac{1}{r_d + R_L'}K(\omega_L t)\left[u_L(t) + \frac{1}{2}u_S(t)\right]$$

$$i_2 = \frac{1}{r_d + R_L'}K(\omega_L t)\left[u_L(t) - \frac{1}{2}u_S(t)\right]$$

$$i = i_1 - i_2 = \frac{1}{r_d + R'_L} K(\omega_L t) u_S(t)$$

$$= \frac{1}{r_d + R'_L} \left(\frac{1}{2} + \frac{2}{\pi} \cos \omega_L t - \frac{2}{3\pi} \cos 3\omega_L t + \cdots \right) U_{Sm} \cos \omega_S t$$

$$= \frac{1}{2(r_d + R'_L)} U_{Sm} \cos \omega_S t + \frac{1}{\pi(r_d + R'_L)} U_{Sm} \cos (\omega_L + \omega_S) t +$$

$$\frac{1}{\pi(r_d + R'_L)} U_{Sm} \cos (\omega_L - \omega_S) t + \cdots$$

经中心频率为 ω_I 的带通滤波器取出中频电流

$$i_I = \frac{1}{\pi(r_d + R'_L)} U_{Sm} \cos (\omega_L - \omega_S) t$$

输出电压

$$u_o = i_I R_L = \frac{R_L}{\pi(r_d + R'_L)} U_{Sm} \cos (\omega_L - \omega_S) t$$

图 7 – 12(b)所示电路

$$i_1 = \frac{1}{r_d + R_L} K(\omega_L t) \left[\frac{1}{2} u_L(t) + u_S(t) \right]$$

$$i_2 = \frac{1}{r_d + R_L} K(\omega_L t) \left[\frac{1}{2} u_L(t) - u_S(t) \right]$$

$$i = i_1 - i_2 = \frac{2}{r_d + R_L} K(\omega_L t) u_S(t)$$

$$u_o = i R_L = \frac{2R_L}{r_d + R_L} K(\omega_L t) u_S(t)$$

采用中心频率为 $\omega_I = \omega_L - \omega_S$ 的带通滤波器可取出中频电压。

图 7 – 12(c)所示电路

$$i_1 = \frac{1}{r_d + R_L} K(\omega_L t) \left[u_L(t) + \frac{1}{2} u_S(t) \right]$$

$$i_2 = \frac{1}{r_d + R_L} K(\omega_L t - \pi) \left[\frac{1}{2} u_S(t) - u_L(t) \right]$$

$$i = i_1 - i_2 = \frac{1}{r_d + R_L} [K(\omega_L t) + K(\omega_L t - \pi)] u_L(t) + \frac{1}{r_d + R_L} [K(\omega_L t) - K(\omega_L t - \pi)] \frac{1}{2} u_S(t)$$

$$u_o = i R_L = \frac{R_L}{r_d + R_L} u_L(t) + \frac{R_L}{r_d + R_L} \left(\frac{4}{\pi} \cos \omega_L t - \frac{4}{3\pi} \cos 3\omega_L t + \cdots \right) \frac{1}{2} u_S(t)$$

采用中心频率为 $\omega_I = \omega_L - \omega_S$ 的带通滤波器可取出 u_o 中的中频电压。

7.3.6　二极管环形混频器

1. ADE – 1 二极管环形混频器

图 7 – 13 是 ADE – 1 二极管环形混频器模块图。环形混频器模块有本振(LO)、射频(RF)和中频(IF)三个端口。本振和射频均为单端(不平衡)输入,而中频输出是单端(不平衡)输出。本振和射频信号通过高频宽带变压器 Tr_1 和 Tr_2 将不平衡输入信号变换成平衡输入信号加给环形二极管的对应端实现混频,中频信号从 IF 端输出。其特点是具有极宽的频

带、动态范围大、损耗小、频谱纯和隔离度高,体积小,外围电路少,性能优良,使用方便,可用于无线通信接收机中做混频器。ADE-1 的工作频率范围是 $0.5\sim500\ \text{MHz}$,变频损耗 $5.0\ \text{dB}$,隔离度 $L-R$ 为 $55\ \text{dB}$,$L-I$ 为 $40\ \text{dB}$。同类型的 ADE-6 工作频率范围是 $0.05\sim250\ \text{MHz}$,ADE-11 工作频率范围是 $10\sim2\ 000\ \text{MHz}$。

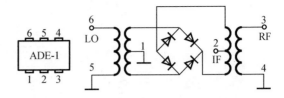

图 7-13　ADE-1 环形混频器模块图

2. ADE-1 二极管环形混频器的分析

图 7-14 是有 LC 中频滤波器的 ADE-1 二极管环形混频器电路。本振电压 $u_L(t)$ 从 L 端(6 脚)单端输入,设 $u_L(t)=U_{Lm}\cos\omega_L t$,其幅值足够大,使 4 个二极管工作于开关状态。$u_L(t)$ 正半周,D_1、D_2 导通,D_3、D_4 截止,开关函数为 $K(\omega_L t)$。$u_L(t)$ 负半周,D_3、D_4 导通,D_1、D_2 截止,开关函数为 $K(\omega_L t-\pi)$。信号电压 $u_S(t)$ 从 R 端(3 脚)单端输入,设 $u_S(t)=U_{Sm}\cos\omega_S t$。输出中

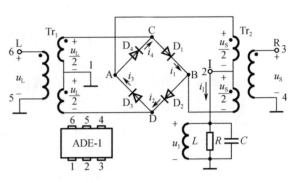

图 7-14　ADE-1 环形混频器

频电压从 I 端(2 脚)单端输出,设 $u_I(t)=U_{Im}\cos\omega_I t$,且 $\omega_I=\omega_L-\omega_S$,$LC$ 回路调谐于 ω_I。

$u_L(t)$ 正半周,D_1、D_2 导通,D_3、D_4 截止,开关函数为 $K(\omega_L t)$,其等效电路如图 7-15 所示。

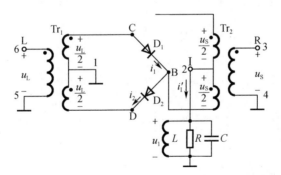

图 7-15　本振信号正半周等效电路

在无滤波条件下,输出中频电流 $i_I'=i_1-i_2$。由等效电路可得

$$i_1=g_d K(\omega_L t)\left[\frac{u_L(t)}{2}+\frac{u_S(t)}{2}-u_I(t)\right]$$

$$i_2=g_d K(\omega_L t)\left[\frac{u_L(t)}{2}-\frac{u_S(t)}{2}+u_I(t)\right]$$

$$i_I'=g_d K(\omega_L t)\left[u_S(t)-2u_I(t)\right]$$

$u_L(t)$负半周,D_3、D_4导通,D_1、D_2截止,开关函数为$K(\omega_L t - \pi)$,其等效电路如图 7 – 16 所示。

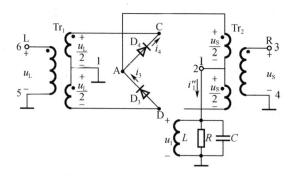

图 7 – 16   本振信号负半周等效电路

在无滤波条件下,输出中频电流$i_I'' = i_3 - i_4$。由等效电路可得

$$i_3 = g_d K(\omega_L t - \pi) \left[-\frac{u_L(t)}{2} - \frac{u_S(t)}{2} - u_1(t) \right]$$

$$i_4 = g_d K(\omega_L t - \pi) \left[-\frac{u_L(t)}{2} + \frac{u_S(t)}{2} + u_1(t) \right]$$

$$i_I'' = g_d K(\omega_L t - \pi) \left[-u_S(t) - 2u_1(t) \right]$$

由电路可知,在无滤波条件下,输出中频电流$i_{Io} = i_I' + i_I''$

$$i_{Io} = g_d u_S(t) \left[K(\omega_L t) - K(\omega_L t - \pi) \right] - 2g_d u_1(t) \left[K(\omega_L t) + K(\omega_L t - \pi) \right]$$

因为

$$K(\omega_L t) - K(\omega_L t - \pi) = \frac{4}{\pi} \cos \omega_L t - \frac{4}{3\pi} \cos 3\omega_L t + \cdots$$

$$K(\omega_L t) + K(\omega_L t - \pi) = 1$$

所以

$$i_{Io} = \frac{4}{\pi} g_d U_{Sm} \left[\frac{1}{2} \cos(\omega_L + \omega_S)t + \frac{1}{2} \cos(\omega_L - \omega_S)t \right] -$$

$$\frac{4}{3\pi} g_d U_{Sm} \left[\frac{1}{2} \cos(3\omega_L + \omega_S)t + \frac{1}{2} \cos(3\omega_L - \omega_S)t \right] + \cdots -$$

$$2g_d U_{Im} \cos \omega_1 t$$

可见中频回路电流不含有本振信号频率ω_L和输入信号频率ω_S。

经过中频输出回路的滤波作用,选出中频电流

$$i_I = (2/\pi) g_d U_{Sm} \cos(\omega_L - \omega_S)t - 2g_d U_{Im} \cos \omega_1 t$$

输出中频电流是由高频输入信号与本振电压混频产生的中频电流和中频输出电压反作用产生中频电流之差。

7.3.7   模拟乘法器混频器

模拟乘法器在混频电路中的应用是较为广泛的。特别是在大规模通信集成电路中,通常都是集成模拟乘法器作为混频器。模拟乘法器作为混频器的分析方法与第 5 章模拟乘法

器调幅电路的分析相似。图 7 - 17 所示是模拟乘法器 MC1596G 构成的混频器。本振信号 $u_L = U_{Lm} \cos \omega_L t$ 加在 8 端,7 端为交流接地端。外来输入信号 $u_S = U_{Sm}(1 + m_a \cos \Omega t) \cos \omega_S t$ 加在 1 端。本振电压 U_{Lm} 约为 100 mV,信号电压 U_{Sm} 约为 15 mV。混频器后选用的中频滤波器的中心频率为 9 MHz,$f_I = f_L - f_S$。6、9 两端分别接 100 μH 电感到电源 V_{CC},对 $f_I = 9$ MHz 的频率等效为 5.6 kΩ 的电阻。

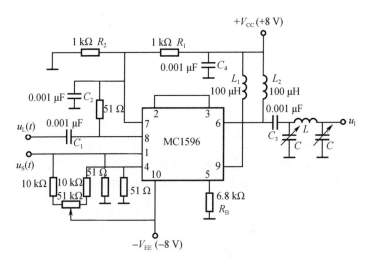

图 7 - 17 MC1596G 混频电路

模拟乘法器构成的混频器可工作在高频或甚高频段。与晶体三极管混频器相比较,其优点是输出电流中组合频率分量少,本振信号与输入高频信号的隔离性能好,干扰小。

例 7 - 6 乘积型混频器的方框图如图 7 - 18 所示。相乘器的特性为 $i = K u_S(t) u_L(t)$,若 $u_L(t) = \cos(9.2049 \times 10^6 t)$ V, $u_S(t) = 0.01(1 + 0.5\cos 6\pi \times 10^3 t) \cos(2\pi \times 10^6 t)$ V, $K = 0.1$ mA/V^2。(1)试求乘积型混频器的变频跨导;(2)为了保证信号传输,带通滤波器的中心频率(中频取差频)和带宽应分别为何值?

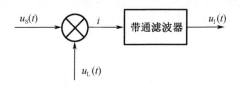

图 7 - 18 乘积型混频器

注意 此题分析乘法型混频器的变频跨导及带通滤波器带宽。

解 (1)$i = K u_S(t) u_L(t) = \dfrac{1}{2} K U'_{Sm} U_{Lm} [\cos(\omega_L + \omega_S)t + \cos(\omega_L - \omega_S)t]$

取差频 i_I,则

$$i_I = \frac{1}{2} K U'_{Sm} U_{Lm} \cos(\omega_L - \omega_S)t$$

变频跨导

$$g_c = \frac{I_{Im}}{U'_{Sm}} = \frac{1}{2} K U_{Lm} = \frac{1}{2} \times 0.1 \times 1 \text{ mS} = 0.05 \text{ mS}$$

（2）中心频率

$$f_I = \frac{\omega_L - \omega_S}{2\pi} = \frac{1}{2\pi}(9.2049 \times 10^6 - 2\pi \times 10^6)\,\text{Hz} = 465 \times 10^3\,\text{Hz}$$

频带宽度为

$$B_{AM} = 2F = 2 \times 3\,\text{kHz} = 6\,\text{kHz}$$

7.3.8 混频器的干扰

混频器在进行频率变换的过程中除产生所需的中频信号频率之外,还会有很多不需要的组合频率分量。如果这些组合频率分量中有的接近中频频率,就可能通过中频选频滤波器输出而产生干扰。

1. 信号与本振的组合频率干扰(干扰哨声)

产生的原因:混频器的非线性器件具有三次方及其以上项的非线性特性。

干扰的形式:当输入信号与本振信号同时输入给混频器时,由于混频器的非线性特性具有三次方及其以上项,则在其输出电流中,除了有需要的中频 $f_I = f_L - f_S$ 外,还有一些谐波频率和组合频率。例如,$3f_L$、$3f_S$、$2f_S \pm f_L$、$2f_L \pm f_S$、$3f_S \pm f_L$、$3f_L \pm f_S$、$\cdots$。如果这些组合频率中有接近中频 $f_I = f_L - f_S$ 的组合频率,它就会通过中频放大器与正常的中频 f_I 一道进行放大,加到检波器上,通过检波器的非线性作用,这个近于中频的组合频率与中频频率 f_I 产生差拍检波,输出差频信号,这个差频信号是音频,通过终端以哨叫声的形式出现并形成干扰。

当信号与本振的组合频率 f_Σ 满足以下关系,即

$$f_\Sigma = \pm pf_L \pm qf_S = f_I \pm F, \quad p, q = 1, 2, \cdots$$

式中,F 为音频。组合频率 f_Σ 就以干扰信号的形式进入中频放大器放大,并与正常的中频产生差拍检波,输出 F 的音频信号在终端产生哨叫声。

当混频器输出中频为低中频 $f_I = f_L - f_S$ 时,可能产生干扰哨声的输入信号频率表示式为

$$f_S = \frac{p \pm 1}{q - p}f_I \pm \frac{F}{q - p}$$

一般情况下,$f_S \gg F$,可认为产生干扰哨声的频率为

$$f_S \approx \frac{p \pm 1}{q - p}f_I$$

减小这种干扰的方法较多,可采用理想二次方特性的场效应管作混频器;采用开关工作状态的平衡混频方式;晶体三极管混频器的本振信号选为大信号等。

2. 外来干扰与本振的组合频率干扰(副波道干扰)

产生的原因:输入回路选择性不好;外来干扰信号为强信号。能通过输入回路进入混频器。也就是说,在输入正常输入信号 u_S 的同时,还进来了一个外来干扰信号 u_n,它们与本振频号 u_L,通过混频器的非线性作用,能产生许多组合频率。

产生的条件:在 $f_I = f_L - f_S$ 的条件下,若干扰信号频率为 f_n,则满足

$$pf_L - qf_n = f_I \quad \text{或} \quad qf_n - pf_L = f_I$$

就能产生副波道干扰。

（1）中频干扰

当 $q = 1, p = 0$ 时,即强干扰信号的频率 $f_n = f_I$ 时,因为输入回路的选择性不好,强干扰

信号通过输入回路进入混频器。对于 $f_n = f_I$ 的干扰信号来说，因为中频带通滤波器的中心频率为 f_I，所以混频器相当于放大器进行放大，输出干扰电压，称其为中频干扰。其产生的原因是，输入回路选择性不好，干扰为强信号且 $f_n = f_I$，晶体管的非线性特性中的一次方项产生。减小中频干扰的措施是提高输入回路的选择性，也可以在混频器输入端加一个串联谐振频率为 f_I 的 LC 串联谐振回路，减小 $f_n = f_I$ 的干扰信号输入。

（2）镜像频率干扰

当 $q = 1, p = 1$ 时，输入信号 u_S 的频率为 f_S，正常接收的中频是 $f_L - f_S = f_I$。在这样的条件下，若输入回路选择性不好且有一强干扰信号 u_n 的频率满足 $f_n - f_L = f_I$ 时，则强干扰信号 u_n 会通过输入回路进入混频器与本振信号 u_L 进行混频，其产生的干扰差频满足 $f_n - f_L = f_I$，能通过中频选频回路进入后级产生干扰，称其为镜像频率干扰。镜像频率干扰信号 u_n 的频率应为 $f_n = f_S + 2f_I$。产生镜像频率干扰的原因是输入回路选择性不好，非线性特性有二次方项。减小镜像频率干扰的措施是提高输入回路的选择性和选用高中频。

（3）副波道干扰

中频干扰和镜像频率干扰是副波道干扰的特殊干扰，它们是由非线性器件的非线性特性中的一次方项和二次方项分别产生的。而非线性特性的三次方项以及大于三次方的各项也能产生副波道干扰，通常将三次方及以上项产生的干扰信号与本振信号的组合频率干扰称为副波道干扰。

若干扰信号频率为 f_n，在接收输入信号频率为 f_S 时，对应本振频率为 f_L。在 $f_I = f_L - f_S$ 的条件下，满足

$$pf_L - qf_n = f_I \text{ 或 } qf_n - pf_L = f_I$$

其中 $p + q \geqslant 3$，则称为副波道干扰。减小副波道干扰的措施是提高输入回路的选择性，采用平衡混频、模拟乘法器混频或场效应管混频。

3. 交叉调制干扰（交调干扰）

当输入回路的选择性不够好时，一个调幅波的强干扰信号与有用输入信号（已调波或载波）、本振信号同时作用于混频器。若非线性器件的非线性特性有四次方项或四次方以上项，则会有 $u_n^2 u_S u_L$ 项。此项的相乘作用可以将干扰已调波 u_n 的调制信号电压转移到有用输入信号的载波上，然后再与本振信号混频得到中频电压，从而形成干扰。因为交叉调制干扰是强干扰已调波的调制信号转移到输入信号的载波上，它与正常输入信号并存并通过有用信号起作用，当输入信号的载波为零时，交调干扰也就不存在。交调干扰与干扰信号的载频 f_n 无关，任何频率的强干扰都可能形成交调干扰。

减小交调干扰的措施是提高输入回路的选择性；采用平衡开关工作状态混频，减小组合频率分量。

4. 互调干扰

互调干扰是由于输入回路的选择性不够好，有两个或多个强干扰信号同时与正常输入信号 u_S、本振信号 u_L 加到混频器上，若两个干扰信号或多个干扰信号的组合频率等于 f_S，则它们再与本振信号的频率 f_L 进行混频就可以通过中频带通滤波器产生互调干扰。

对于两个干扰信号 u_{n1}、u_{n2} 应满足

$$\pm mf_{n1} \pm nf_{n2} = f_S$$

而对于多个干扰信号 u_{n1}、u_{n2}、u_{n3}、$\cdots$ 应满足

$$\pm mf_{n1} \pm nf_{n2} \pm pf_{n3} \pm \cdots = f_S$$

若只有两个干扰信号进行组合频率,则非线性器件必须有三次方项及三次方以上项才能产生互调干扰。三个干扰信号进行组合频率,则非线性器件必须有四次方项及四次方以上项才能产生互调干扰。

减小互调干扰的措施是提高输入回路的选择性;减小三次方项及三次方以上项的组合频率,采用平衡混频等。

5. 包络失真与强信号阻塞

包络失真指的是由于混频器的非线性,输出包络与输入包络不成正比,当输入为振幅调制信号时,混频器输出包络中出现了新的调制分量,它是由非线性四次方项产生的。例如, $(u_S + u_L)^4$ 项中含有 $u_S^3 u_L$,若 $u_S = U_{Sm}(1 + m_a \cos \Omega t) \cos \omega_S t$,$u_L = U_{Lm} \cos \omega_L t$,则在 u_S^3 的振幅中除有 Ω 分量外,还有 2Ω、3Ω 的谐波分量,即输出振幅的变化不仅与 Ω 有关,而且与 2Ω、3Ω 有关。经与本振信号 u_L 相乘后,振幅包络仍会产生包络失真。

强信号阻塞干扰是指当强干扰信号与有用信号同时加入混频器时,强干扰信号会使混频器的工作点进入饱和区,而输出的有用信号的振幅要减小,严重时,甚至小到无法接收,这种现象称为阻塞干扰。当然,有用信号为强信号时,同样也会产生阻塞干扰,会导致输出电流振幅不随 U_{Sm}' 变化而变化。

例 7-7 某超外差接收机的中波段为 531～1 602 kHz,中频 $f_I = f_L - f_S = 465$ kHz,试问在该波段内哪些频率能产生较大的干扰哨声(设非线性特性为 6 次方项及其以下项)?

注意 此题主要是分析干扰哨声在已知波段内可能产生的频率点。理解干扰哨声产生的原因。

解 根据干扰哨声是输入信号的谐波与本振的组合频率干扰,在 $f_I = f_L - f_S$ 的条件下,可得出

$$pf_L - qf_S = f_I$$
$$qf_S - pf_L = f_I, \quad p、q = 1,2,\cdots$$

因为 $f_L = f_I + f_S$,则

$$\frac{f_S}{f_I} \approx \frac{p \pm 1}{q - 1}$$

根据已知条件 $f_S = 531 \sim 1\,602$ kHz,可得

$$\frac{f_S}{f_I} = 1.14 \sim 3.45$$

而 $p + q \leqslant 6$。

(1)当 $p = 1$,$q = 2$ 时

$\dfrac{p+1}{q-p} = 2$,在 $\dfrac{f_S}{f_I}$ 范围内,则 $f_S \approx 2f_I = 930$ kHz,即 $2f_S - f_L \approx f_I$。由于 $f_S \approx 930$ kHz,则在(930 ± 3.5)kHz 范围内(不含 930 kHz)均可产生干扰哨声。± 3.5 kHz 是中频放大器的通带宽为 7 kHz。超过此范围则在带宽外,不能形成干扰。

(2)当 $p = 1$,$q = 3$ 时

$\dfrac{p+1}{q-p} = 1$,$\dfrac{p-1}{q-p} = \dfrac{1}{2}$ 均在 $\dfrac{f_S}{f_I}$ 范围之外,不会产生干扰哨声。

（3）当 $p=2,q=3$ 时

$\dfrac{p+1}{q-p}=3,\dfrac{p-1}{q-p}=1$，只有 $\dfrac{p+1}{q-p}=3$ 在 $\dfrac{f_S}{f_I}$ 范围内，则 $f_S\approx3f_I=1\ 395$ kHz，即 $3f_S-2f_L\approx f_I$，则在 1 395 kHz 附近可产生干扰哨声。

（4）当 $p=2,q=4$ 时

$\dfrac{p+1}{q-p}=\dfrac{3}{2},\dfrac{p-1}{q-p}=\dfrac{1}{2}$，只有 $\dfrac{p+1}{q-p}=1.5$ 在 $\dfrac{f_S}{f_I}$ 范围内，则 $f_S\approx1.5f_I=697.5$ kHz，即 $4f_S-2f_L\approx f_I$，则在 697.5 kHz 附近可产生干扰哨声。

例 7 – 8 混频器电路如图 7 – 19 所示，三极管的正向传输特性为 $i_c=a+bu_{BE}+cu_{BE}^2$，LC 中频回路的谐振频率 $f_0=f_I=f_L-f_S=465$ kHz，输入信号为 $u_S(t)=U_{Sm}\cos\omega_S t$，本振信号为 $u_L(t)=U_{Lm}\cos\omega_L t=0.8\cos(2\pi\times1\ 465\times10^3 t)$ V，干扰信号为 $u_n(t)$。

（1）试求线性时变条件下的变频跨导 g_c；

（2）若 $u_n(t)=0.1\cos(2\pi\times1\ 930\times10^3 t)$ V 的信号通过混频器，它是什么干扰？

（3）若 $u_n(t)=0.3\cos(2\pi\times465\times10^3 t)$ V 的信号通过混频器，它是什么干扰？

注意 此题主要是对产生镜像频率干扰和中频干扰的进行分析说明。

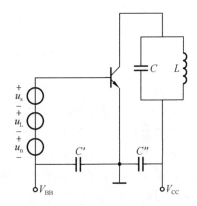

图 7 – 19 混频器电路图

解 混频器的时变跨导由 $V_{BB}+U_{Lm}\cos\omega_L t$ 决定，即

$$g(t)=\left.\frac{di_c}{du}\right|_{u=U_Q+u_L(t)}=b+2cu=b+2c(V_{BB}+U_{Lm}\cos\omega_L t)$$
$$=b+2cV_{BB}+2cU_{Lm}\cos\omega_L t$$

（1）变频跨导 g_c

$$g_c=\frac{1}{2}g_1=cU_{Lm}$$

（2）当 $u_n(t)=0.1\cos(2\pi\times1\ 930\times10^3 t)$ V 时，因为 $f_n=1\ 930$ kHz，$f_L=1\ 465$ kHz，$f_S=1\ 000$ kHz，f_n 满足

$$f_n=f_S+2f_I=(1\ 000+2\times465)\text{kHz}=1\ 930\ \text{kHz}$$
$$f_n-f_L=(1\ 930-1\ 465)\text{kHz}=465\ \text{kHz}$$

为镜像频率干扰。

另外，由 $i_c=g(t)u_n(t)$ 也可以看出是什么干扰，即

$$i_c=g(t)u_n(t)=(b+2cV_{BB}+2cU_{Lm}\cos\omega_L t)U_{nm}\cos\omega_n t$$
$$=(b+2cV_{BB})U_{nm}\cos\omega_n t+cU_{Lm}U_{nm}\cos(\omega_n+\omega_L)t+cU_{Lm}U_{nm}\cos(\omega_n-\omega_L)t$$

式中 $\omega_n-\omega_L=\omega_I$，对应的 $f_n-f_L=f_I=465$ kHz，可以通过中频滤波器输出产生镜像频率干扰，是非线性特性二次方项产生的。

（3）当 $u_n(t) = 0.3\cos(2\pi \times 465 \times 10^3 t)$ V 时,同样可得

$$i_c = g(t)u_n(t)$$
$$= (b + 2cV_{BB} + 2cU_{Lm}\cos\omega_L t) \times U_{nm}\cos\omega_n t$$
$$= (b + 2cV_{BB}) \times 0.3\cos(2\pi \times 465 \times 10^3 t) +$$
$$2cU_{Lm}\cos(2\pi \times 1\,465 \times 10^3 t) \times 0.3\cos(2\pi \times 465 \times 10^3 t)$$

经中心频率为 $f_1 = 465$ kHz 的带通滤波器,取出中频电流

$$i_I = 0.3(b + 2cV_{BB})\cos(2\pi \times 465 \times 10^3 t)$$

可见可通过带通滤波器输出产生中频干扰,它满足 $f_n = f_1$。混频器对这个 $u_n(t)$ 相当于放大器。其由非线性特性的一次方项或者是 $g(t)$ 的 g_0 分量产生。

例 7-9 某一广播电台的载波频率 $f_S = 7.000$ MHz,采用超外差接收机接收,$f_1 = f_L - f_S = 465$ kHz,除接收机调到 7.000 MHz 能正常收到这一广播电台的播音外,在调到 6.070 MHz 时也能收到这个载频为 7.000 MHz 电台的播音,这是什么干扰?而在调到 6.767 5 MHz 时也能收到这个载频为 7.000 MHz 电台的播音,这是什么干扰?

注意 此题是分析干扰的判断方式,分清什么是干扰信号。

解 （1）当接收机调到 $f_S = 7.000$ MHz 时,此电台就是正常接收的信号,不是干扰信号。

（2）当接收机调到 $f_S = 6.070$ MHz 时,其本振频率为 $f_L = 6.535$ MHz,而此电台的载波频率为 7.000 MHz,它就是干扰信号。当混频器的非线性特性具有二次方特性,且输入回路选择性不好时,7.000 MHz 的干扰信号与本振频率 6.535 MHz 的组合为

$$f_n - f_L = (7.000 - 6.535)\text{MHz} = 0.465\text{ MHz}$$

正好是产生的镜像频率干扰。

（3）当接收机调到 6.767 5 MHz 时,其本振频率 $f_L = 7.232\,5$ MHz,而此电台的载波频率为 7.000 MHz,它就是干扰信号,它满足

$$2f_L - 2f_n = f_1 = 465\text{ kHz}$$

故是副波道干扰,$p = 2, q = 2$。其产生的原因是混频器的输入回路选择性不好,非线性特性具有四次方项。

7.4 思考题与习题参考解答

7-1 变频作用是怎样产生的?为什么一定要有非线性元件才能产生变频作用?变频与检波有何相同点与不同点?

解 变频作用是利用输入信号与本振信号相乘而产生两个信号的频率的和频与差频,通过带通滤波器取出和频或者差频。由于器件必须使两个输入信号完成相乘作用,因而器件一定要是非线性器件。例如,模拟乘法器的两输入信号相乘以及具有二次方特性的器件的两输入信号相加后的平方项中含有两个输入信号的相乘项,都能实现混频作用。

变频是线性频谱搬移,其作用是将已调波的载波频率变换为中频(和频或差频)载波频率,而保持其调制规律不变,仍为已调波。使用的是带通滤波器。检波也是线性频谱搬移,其作用是从调幅波中取出原调制信号,使用的是低通滤波器。

7－2　晶体三极管混频器,其转移特性或跨导特性以及静态偏压 V_Q、本振电压 $u_L(t)$ 如图 7－20 所示,试问哪些情况能实现混频,哪些不能?

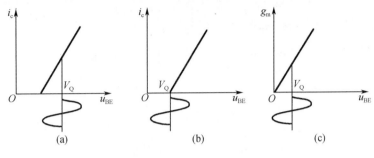

图 7－20　题 7－2 图

解　图 7－20(a)工作于线性状态不能混频。

图 7－20(b)只有一半信号导通,属于非线性工作状态,能实现混频。

图 7－20(c)是跨导 g_m 随 u_{BE} 线性变化,则 i_c 随 u_{BE} 的变化关系是非线性的,也能够实现混频。

7－3　混频器的本振电压 $u_L = U_{Lm}\cos \omega_L t$,试分别写出下列情况的混频器输入及输出中频信号表示式:

(1)AM;(2)DSB;(3)SSB;(4)FM;(5)PM。

解　(1)AM(普通调幅波)

$$u_S(t) = U_{Sm}(1 + m_a\cos \Omega t)\cos \omega_S t$$

$$u_I(t) = U_{Im}(1 + m_a\cos \Omega t)\cos \omega_I t$$

(2)DSB(双边带调幅波)

$$u_S(t) = U_{Sm}\cos \Omega t\cos \omega_S t$$

$$u_I(t) = U_{Im}\cos \Omega t\cos \omega_I t$$

(3)SSB(单边带调幅波)

$$u_S(t) = U_{Sm}\cos (\omega_S + \Omega)t$$

$$u_I(t) = U_{Im}\cos (\omega_I + \Omega)t$$

(4)FM(调频)

$$u_S(t) = U_{Sm}\cos (\omega_S t + m_f\sin \Omega t)$$

$$u_I(t) = U_{Im}\cos (\omega_I t + m_f\sin \Omega t)$$

(5)PM(调相)

$$u_S(t) = U_{Sm}\cos (\omega_S t + m_P\cos \Omega t)$$

$$u_I(t) = U_{Im}\cos (\omega_I t + m_P\cos \Omega t)$$

7－4　设某非线性器件的伏安特性为 $i = a_0 + a_1u + a_2u^2 + a_4u^4$,如果 $u_S(t) = U_{Sm}(1 + m_a\cos \Omega t) \cdot \cos \omega_S t$,$u_L(t) = U_{Lm}\cos \omega_L t$,并有 $U_{Lm} \gg U_{Sm}$,试求这个器件的时变跨导 $g(t)$、变频跨导 g_c 以及中频电流的幅值。

解　已知非线性器件的伏安特性为 $i = a_0 + a_1u + a_2u^2 + a_4u^4$,则其时变跨导为

$$g(t) = \frac{\mathrm{d}i}{\mathrm{d}u} = a_1 + 2a_2 u + 4a_4 u^3$$

由大信号决定,u 应代入 u_L,可得

$$g(t) = a_1 + 2a_2 U_{Lm}\cos \omega_L t + 4a_4 U_{Lm}^3\cos^3 \omega_L t$$

$$= a_1 + 2a_2 U_{Lm}\cos \omega_L t + 4a_4 U_{Lm}^3\left(\frac{3}{4}\cos \omega_L t + \frac{1}{4}\cos 3\omega_L t\right)$$

变频跨导

$$g_c = \frac{1}{2}g_1$$

即

$$g_c = a_2 U_{Lm} + \frac{3}{2}a_4 U_{Lm}^3$$

中频电流的幅值为

$$I_{Im} = g_c U'_{Sm} = \left(a_2 U_{Lm} + \frac{3}{2}a_4 U_{Lm}^3\right)U_{Sm}(1 + m_a\cos \Omega t)$$

7-5 设某非线性器件的转移特性为 $i = au + bu^2 + cu^3$。若 $u(t) = U_{Lm}\cos \omega_L t + U_{Sm}\cos \omega_S t$,且本振 $U_{Lm} \gg U_{Sm}$,试求变频跨导 g_c。

解 时变跨导

$$g(t) = \frac{\mathrm{d}i}{\mathrm{d}u} = a + 2bu + 3cu^2$$

由大信号决定,应代入 $u_L = u_{Lm}\cos \omega_L t$,可得

$$g(t) = a + 2bU_{Lm}\cos \omega_L t + 3cU_{Lm}^2\cos^2 \omega_L t$$

变频跨导

$$g_c = \frac{1}{2}g_1 = bU_{Lm}$$

7-6 乘积型混频器的方框图如图 7-21 所示,相乘器的特性为 $i = Ku_S(t)u_L(t)$,若 $K = 0.1\ \mathrm{mA/V^2}$,$u_L(t) = \cos(9.2\times10^6 t)\ \mathrm{V}$,$u_S(t) = 0.01(1 + 0.05\cos 6\pi\times10^2 t)\cos(2\pi\times10^6 t)\ \mathrm{V}$。

(1)试求乘积型混频器的变频跨导;

(2)为了保证信号传输,带通滤波器的中心频率(中频取差频)和带宽应分别为何值?

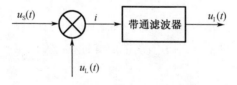

图 7-21 题 7-6 图

解 (1)$i = Ku_S(t)u_L(t) = \frac{1}{2}KU'_{Sm}U_{Lm}[\cos(\omega_L+\omega_S)t + \cos(\omega_L-\omega_S)t]$

经带通滤波器取差频,则

$$i_I = \frac{1}{2}KU'_{Sm}U_{Lm}\cos(\omega_L-\omega_S)t$$

根据变频跨导的定义,可得

$$g_c = \frac{I_{Im}}{U'_{Sm}} = \frac{1}{2}KU_{Lm} = \frac{1}{2} \times 0.1 \times 1 \text{ mS} = 0.05 \text{ mS}$$

(2)带通滤波器的中心频率

$$f_I = \frac{1}{2\pi}(9.2 \times 10^6 - 2\pi \times 10^6) \text{Hz} = 464 \times 10^3 \text{ Hz}$$

频带宽度为

$$B_{AM} = 2F = 2 \times 3 \times 10^3 \text{ Hz}$$

7-7　已知混频器件的伏安特性为 $i = a_0 + a_1 u + a_2 u^2$。能否产生中频干扰和镜频干扰?是否会产生交叉调制和互相调制?

解　混频器的伏安特性有一次方项,可能产生中频干扰。

混频器的伏安特性有二次方项,可能产生镜频干扰。

混频器的伏安特性没有三次方及以上项,不可能产生交叉调制干扰和互调干扰。

7-8　某接收机中频 $f_I = 465$ kHz,$f_L > f_S$,当接收 $f_S = 931$ kHz 的信号时,除听到正常的声音外,还同时听到音调为 1 kHz 的干扰声,当改变接收机的调谐旋钮时,干扰音调也发生变化。试分析原因,并指出减小干扰的途径。

解　这是由于混频器的非线性特性有三次方项,输入信号的载波频率 f_S 的二次谐波与本振信号频率 f_L 的差值 $2f_S - f_L = 466$ kHz,它正在中频回路的带宽内,随正常混频后的中频信号一起经中频放大器放大,然后经检波器二次混频产生 $466 - 465 = 1$ kHz 干扰声。

减小干扰的途径是选用理想二次方特性的非线性器件,例如场效应管,使产生混频的各个频率中不含有 $2f_S - f_L$ 项。

7-9　有一超外差接收机,中频 $f_I = f_L - f_S = 465$ kHz,试分析说明下列两种情况是何种干扰。

(1)当接收 $f_{S1} = 550$ kHz 的信号时,也听到 $f_{m1} = 1\,480$ kHz 的强电台干扰声音;

(2)当接收 $f_{S2} = 1\,400$ kHz 的信号时,也会听到 700 kHz 的强电台干扰声音。

解　(1)当接收 $f_{S1} = 550$ kHz 的信号时,中频 $f_I = f_L - f_S = 465$ kHz,则 $f_L = 1\,015$ kHz。对于 $f_{m1} = 1\,480$ kHz 的强电台干扰满足 $f_{m1} - f_L = f_I$,即 $1\,480 - 1\,015 = 465$ kHz 是镜像频率干扰。

(2)当接收 $f_{S2} = 1\,400$ kHz 的信号时,中频 $f_I = f_L - f_S = 465$ kHz,则 $f_L = 1\,865$ kHz。对于 $f_{m2} = 700$ kHz 的强电台干扰,在输入回路选择性不好,且非线性特性有三次方项时,正好满足 $f_L - 2f_{m2} = f_I = 465$ kHz,干扰信号产生的中频与正常接收信号产生的中频都会通过中频带通滤波器进入中频放大,产生干扰。这是副波道干扰。

7-10　有一超外差接收机,中频为 465 kHz,当出现下列现象时,指出这些是什么干扰及形成原因。

(1)当调谐到 580 kHz 时,可听到频率为 1\,510 kHz 的电台播音;

(2)当调谐到 1\,165 kHz 时,可听到频率为 1\,047.5 kHz 的电台播音;

(3)当调谐到 930.5 kHz 时,约有 0.5 kHz 的哨叫声。

解　(1)当接收 $f_{S1} = 580$ kHz 时,对应的本振频率 $f_L = f_{S1} + f_I = (580 + 465)$ kHz = 1\,045 kHz。当混频器的输入回路选择性不好时,干扰信号为强信号进入混频器,在非线性特性二次方项上产生满足 $f_{m1} - f_L = f_I$ 的项,就会产生镜像频率干扰。由于 $f_{m1} - f_L = (1\,510 - 1\,045)\,kHz = 465\,kHz$,满足镜像频率干扰条件,它是镜像频率干扰。

(2)当接收 $f_{S2} = 1\,165\,kHz$ 的信号时,对应的本振频率 $f_L = f_{S2} + f_I = (1\,165 + 465)\,kHz = 1\,630\,kHz$。当混频器的输入回路选择性不好时,干扰信号为强信号进入混频器,在非线性特性三次方项上产生满足 $2f_{m2} - f_L = f_I$ 的项,就会产生副波道干扰。由于 $2f_{m2} - f_L = (2 \times 1\,047.5 - 1\,630)\,kHz = 465\,kHz$,满足副波道干扰条件,它是副波道干扰。

(3)当接收 $f_{S3} = 930.5\,kHz$ 的信号时,对应的本振频率 $f_L = f_{S3} + f_I = (930.5 + 465)\,kHz = 1\,395.5\,kHz$。当非线性特性含有三次方项时,则会在正常混频产生 $f_I = 465\,kHz$ 的同时也产生 $2f_{S3} - f_L = (2 \times 930.3 - 1\,395.5)\,kHz = 465.5\,kHz$ 的干扰项,它们同时进入中频放大器放大,然后送给检波器产生二次混频,二者的差频为 $0.5\,kHz$ 的音频干扰。它称为干扰哨声。

7 – 11 设混频器输入端除了作用有用信号 $f_S = 20\,MHz$ 外,还同时作用有两个干扰电压,它们的频率分别为 $f_{m1} = 19.2\,MHz$,$f_{m2} = 19.6\,MHz$,已知混频器中频为 $f_I = 3\,MHz$,本振频率为 $f_L = 23\,MHz$,试问是否有这两个干扰组成的组合频率分量能通过中频放大器? 如何减小这种干扰?

解 互调干扰产生的频率关系是

$$\pm p f_{m1} \pm q f_{m2} = f_S$$

因为 $2f_{m2} - f_{m1} = (2 \times 19.6 - 19.2)\,MHz = 20\,MHz$,所以能产生互调干扰。其产生的原因是输入回路选择性不好,两个干扰均为强信号,混频器的非线性特性具有四次方项产生。减小干扰的措施是提高输入回路的选择性,选用理想二次方特性的场效应管作为混频管或者采用大信号的本振电压等。

7 – 12 什么是混频器的交调干扰和互调干扰? 怎样减小它们的影响?

解 混频器的交叉调制干扰是干扰信号为调幅波,在混频器的输入回路的选择性不好,干扰信号为强信号进入混频器且混频器的非线性特性有四次方及以上项时,这样就有可能将干扰调幅波传送的信息转移到正常接收的调幅波上去,再与本振信号进行混频,产生既有正常信息又有干扰信息的其载频为中频的调幅波,经中频放大和检波后输出正常信息与干扰信息。

设正常接收信号为

$$u_S = U_{Sm}(1 + m_a \cos \Omega t)\cos \omega_S t = U'_{Sm}\cos \omega_S t$$

本振信号为

$$u_L = U_{Lm}\cos \omega_L t$$

干扰信号为

$$u_n = U_{nm}(1 + m_n \cos \Omega_n t)\cos \omega_n t = U'_{nm}\cos \omega_n t$$

非线性特性的四次方项 $u^4 = (u_S + u_L + u_n)^4$ 的展开式中含有 $u_S u_n^2 u_L$ 项,

$$u_S u_n^2 u_L = U'_{Sm}\cos \omega_S t \cdot U'^2_{nm}\cos^2 \omega_n t \cdot U_{Lm}\cos \omega_L t$$

$$= U'_{Sm} \cdot U'^2_{nm} \cdot U_{Lm}\cos \omega_S t \left(\frac{1}{2} + \frac{1}{2}\cos 2\omega_n t\right)\cos \omega_L t$$

$$= \frac{1}{2}U'_{Sm}U'^2_{nm}U_{Lm}\cos \omega_S t \cdot \cos \omega_L t +$$

$$\frac{1}{2}U'_{Sm}U'^2_{nm}U_{Lm}\cos \omega_S t \cdot \cos 2\omega_n t \cdot \cos \omega_L t$$

上式中的第一项可展开为

$$\frac{1}{2}U'_{Sm}U'^{2}_{nm}U_{Lm}\cos\omega_{S}t \cdot \cos\omega_{L}t$$

$$= \frac{1}{4}U'_{Sm}U'^{2}_{nm}U_{Lm}\cos(\omega_{L}+\omega_{S})t + \frac{1}{4}U'_{Sm}U'^{2}_{nm}U_{Lm}\cos(\omega_{L}-\omega_{S})t$$

经带通滤波器(取低中频)可得输出为

$$\frac{1}{4}U'_{Sm}U'^{2}_{nm}U_{Lm}\cos(\omega_{L}-\omega_{S})t$$

$$= \frac{1}{4}U_{Sm}(1+m_{a}\cos\Omega t) \cdot U^{2}_{nm}(1+m_{n}\cos\Omega_{n}t)2U_{Lm}\cos\omega_{1}t$$

$$= \frac{1}{4}U_{Sm}(1+m_{a}\cos\Omega t) \cdot U^{2}_{nm}\left(1+2m_{n}\cos\Omega_{n}t+\frac{1}{2}m^{2}_{n}+\frac{1}{2}m^{2}_{n}\cos2\Omega_{n}t\right)\cos\omega_{1}t$$

从上式可以看出,混频后输出的调幅波的振幅中除了正常信息 Ω 以外,还含有干扰信息 Ω_{n} 和 $2\Omega_{n}$,从而产生交叉调制干扰。

互调干扰是两个或两个以上干扰信号在输入回路选择性不好,非线性特性具有三次方及以上项时,满足干扰信号的组合频率等于输入信号频率,就能产生互调干扰。如果是两个干扰信号进入混频器,设 u_{n1} 的载频为 f_{n1},u_{n2} 的载频为 f_{n2},若满足 $\pm f_{n1}\pm f_{n2}=f_{S}$,则 $u^{3}=(u_{S}+u_{n1}+u_{n2}+u_{L})^{3}$ 中含有 $u_{n1}u_{n2}u_{L}$ 项,而 u_{n1} 和 u_{n2} 的组合频率之一为 f_{S},则可与 u_{L} 的 f_{L} 混频产生互调干扰。

7-13 二极管平衡混频器如图7-22所示。$L_{1}C_{1}$、$L_{2}C_{2}$、$L_{3}C_{3}$ 三个回路各自调谐在 f_{S}、f_{L}、f_{I} 上,试问在以上三种情况下,电路是否仍能实现混频?

(1)将输入信号 $u_{S}(t)$ 与本振信号 $u_{L}(t)$ 互换;

(2)将二极管 D_{1} 的正、负极性反接;

(3)将二极管 D_{1}、D_{2} 的正、负极性同时反接。

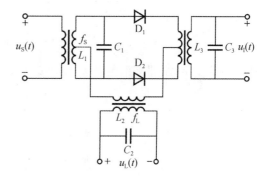

图7-22 题7-13图

解 (1)将 $u_{S}(t)$ 与 $u_{L}(t)$ 互换可分为两种情况分析:

①若 $u_{S}(t)$ 的谐振回路和 $u_{L}(t)$ 的谐振回路同时跟随 $u_{S}(t)$ 和 $u_{L}(t)$ 同时互换,则 $u_{S}(t)$ 和 $u_{L}(t)$ 能加到混频器上,它是能实现混频的。

②若谐振回路位置不变,仅是 $u_{S}(t)$ 与 $u_{L}(t)$ 互换,由于这两个谐振回路对各自的输入信号频率是失谐的,信号不能加到混频器上,是不能实现混频的。

(2)若将二极管 D_{1} 的正、负极性反接,不能实现混频。

(3)若将二极管 D_{1}、D_{2} 的正、负极性同时反接是可以实现混频的。

7-14 二极管平衡混频器如图7-23所示。设二极管的伏安特性均为从原点出发,斜率为 g_{d} 的直线,且二极管工作在受 u_{L} 控制的开关状态。试求各电路的输出电压 u_{o} 的表示式。

解 图7-23(a)所示电路

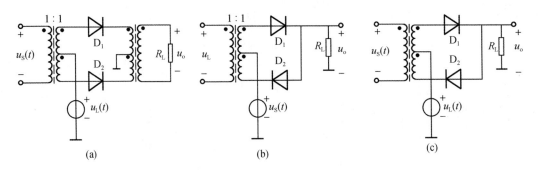

图 7-23   题 7-14 图

$$i_1 = \frac{1}{r_d + R'_L} K(\omega_L t) \left[u_L(t) + \frac{1}{2} u_S(t) \right]$$

$$i_2 = \frac{1}{r_d + R'_L} K(\omega_L t) \left[u_L(t) - \frac{1}{2} u_S(t) \right]$$

$$i = i_1 - i_2 = \frac{1}{r_d + R'_L} K(\omega_L t) u_S(t)$$

$$= \frac{1}{r_d + R'_L} \left(\frac{1}{2} + \frac{2}{\pi} \cos \omega_L t - \frac{2}{3\pi} \cos 3\omega_L t + \cdots \right) U_{Sm} \cos \omega_S t$$

$$= \frac{1}{r_d + R'_L} \frac{1}{2} U_{Sm} \cos \omega_S t + \frac{1}{r_d + R'_L} \frac{1}{\pi} U_{Sm} \cos (\omega_L + \omega_S) t +$$

$$\frac{1}{r_d + R'_L} \frac{1}{\pi} U_{Sm} \cos (\omega_L - \omega_S) t + \cdots$$

经中心频率为 ω_1 的带通滤波器取出中频电流

$$i_I = \frac{1}{r_d + R'_L} \frac{1}{\pi} U_{Sm} \cos (\omega_L - \omega_S) t$$

输出电压

$$u_o = i_I R_L = \frac{R_L}{r_d + R'_L} \frac{1}{\pi} U_{Sm} \cos (\omega_L - \omega_S) t$$

图 7-23(b)所示电路

$$i_1 = \frac{1}{r_d + R_L} K(\omega_L t) \left[\frac{1}{2} u_L(t) + u_S(t) \right]$$

$$i_2 = \frac{1}{r_d + R_L} K(\omega_L t) \left[\frac{1}{2} u_L(t) - u_S(t) \right]$$

$$i = i_1 - i_2 = \frac{2}{r_d + R_L} K(\omega_L t) u_S(t)$$

$$u_o = i R_L = \frac{2 R_L}{r_d + R_L} K(\omega_L t) u_S(t)$$

采用中心频率为 $\omega_1 = \omega_L - \omega_S$ 的带通滤波器可取出中频电压。

图 7-23(c)所示电路

$$i_1 = \frac{1}{r_d + R_L} K(\omega_L t) \left[u_L(t) + \frac{1}{2} u_S(t) \right]$$

$$i_1 = \frac{1}{r_d + R_L} K(\omega_L t - \pi) \left[-u_L(t) + \frac{1}{2} u_S(t) \right]$$

$$i = i_1 - i_2$$

$$= \frac{1}{r_d + R_L} [K(\omega_L t) + K(\omega_L t - \pi)] u_L(t) + \frac{1}{r_d + R_L} [K(\omega_L t) - K(\omega_L t - \pi)] \frac{1}{2} u_S(t)$$

$$u_o = i R_L$$

$$= \frac{R_L}{r_d + R_L} u_L(t) + \frac{R_L}{r_d + R_L} \left(\frac{4}{\pi} \cos \omega_L t - \frac{4}{3\pi} \cos 3\omega_L t + \cdots \right) \frac{1}{2} u_S(t)$$

采用中心频率为 $\omega_I = \omega_L - \omega_S$ 的带通滤波器可取出中频电压。

7-15 在图 7-24 所示桥式电路中,各晶体二极管的特性一致,均为自原点出发、斜率为 g_d 的直线,并工作在受控的开关状态。假若 $R_L \gg r_d = 1/g_d$, $u_2(t) = U_{2m} \cos \omega_L t$ 为大信号的本振信号,$u_1(t) = U_{1m} \cos \omega_S t$ 为小信号的输入信号,完成下变频的混频功能,试分析写出负载上输出电压 $u_o(t)$ 的表示式,并说明应采用中心频率为多少以及什么形式的滤波器。

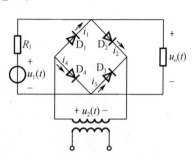

图 7-24 题 7-15 图

解 由于四个二极管受本振电压(大信号)的控制,二极管处于开关工作状态。对于二极管导通时,可以认为导通电阻分为两种情况,理想导通 $r_d = 0$;非理想导通 $r_d \neq 0$。对于二极管截止时,其电阻很大,相当于开路。

(1)当 $u_2(t) > 0$ 时,四个二极管均导通。

①理想导通 $r_d = 0$, $u_o(t) = 0$。

②非理想导通 $r_d \neq 0$,则 $u_o(t) = \dfrac{r_d}{R_1 + r_d} K(\omega_L t) u_1(t)$。

(2)当 $u_2(t) < 0$ 时,四个二极管均截止,四个二极管串并联等效为开路,则

$$u_o(t) = \frac{R_L}{R_1 + R_L} K(\omega_L t - \pi) u_1(t)$$

综合上述结论:

①理想导通 $r_d = 0$,

$$u_o(t) = \frac{R_L}{R_1 + R_L} K(\omega_L t - \pi) u_1(t)$$

②非理想导通 $r_d \neq 0$,

$$u_o(t) = \frac{r_d}{R_1 + r_d} K(\omega_L t) u_1(t) + \frac{R_L}{R_1 + R_L} K(\omega_L t - \pi) u_1(t)$$

完成下变频功能时中频频率应该为

$$f_I = f_L - f_S \text{ 或者 } f_I = f_S - f_L$$

滤波器选用带通滤波器。

第8章

反馈控制电路与频率合成

8.1 教学基本要求

1. 了解反馈控制电路的三种基本形式及工作原理。

2. 掌握锁相环路的系统组成、电路模型、环路方程和工作原理。掌握环路跟踪特性的分析方法和结论。

3. 了解集成锁相环路的电路原理及其应用。

4. 掌握频率合成器的概念、电路组成、工作原理和性能指标。

5. 了解 DDS 频率合成器的工作原理和性能特点。

8.2 教与学的思考

8.2.1 教学基本要求的分析与思考

本章的教学基本要求有五项。要求的第 1 项是了解反馈控制电路的基本形式和基本原理。要求的第 2 项,锁相环路的系统组成、电路模型、环路方程和工作原理以及跟踪特性是本章的重点学习内容,是研究和应用的理论基础。要求的第 3 项是了解集成锁相环路的电路原理及其应用。要求的第 4 项是频率合成器的概念、电路组成、工作原理和性能指标。对系统及应用电路设计与实践有较强的指导作用。要求的第 5 项是了解 DDS 频率合成器的工作原理和性能特点。

8.2.2 本章教学分析讨论的思路

问题 1:通信系统中反馈控制电路的作用分类组成和基本原理是什么?

了解反馈控制电路的基本概念和自动振幅控制电路、自动频率控制电路、自动相位控制电路的工作原理。

问题 2:锁相环路的相位模型是什么? 锁相环路的相位控制方程是什么? 锁相环路的频率动态平衡关系如何表示?

需掌握的基本理论。

问题 3:锁相环路的"锁定与失锁状态"和"跟踪与捕捉过程"的基本概念是什么?

利用相位控制方程和环路的频率动态平衡关系去理解与论述这些基本概念。

问题 4:锁相环路的跟踪特性是什么? 分析方法与结论是什么?

掌握分析方法与结论的分析。

问题 5:锁相环路在通信中有哪些应用?

了解有关应用的基本原理。

问题 6:频率合成的定义、分类和主要技术指标是什么?

掌握频率合成的基本概念。

问题 7:直接频率合成器的基本组成、工作原理及特点是什么?

掌握电路组成及分析方法。

问题 8:锁相频率合成器的基本原理是什么? 各类锁相频率合成器的分析方法和特点是什么?

掌握各类锁相频率合成器的原理与分析方法,会设计、计算电路参数。

问题 9:集成锁相频率合成器的应用有哪些?

学习了解相关集成锁相关频度率合成器的应用,会选取计算电路。

问题 10:什么是直接数字频率合成器?

了解 DDS 的原理及性能特点。

8.3 教学主要内容与典型例题分析

8.3.1 反馈控制电路

1. 基本概念(目的、分类、组成、原理)

目的:采用反馈控制电路的目的是提高通信系统的技术性能,或者实现某些特殊的高指标要求。

分类:通信系统中常用的有自动振幅控制、自动频率控制和自动相位控制。

组成:反馈控制电路是由被控对象和反馈控制器两部分组成的,如图 8 – 1 所示。反馈控制电路中 X_o 为系统的输出量,X_R 为系统的输入量,是反馈控制器的比较标准。

原理:根据实际工作的需要,每个反馈控制电路的 X_o 和 X_R 之间都具有确定的关系,例如 $X_o = g(X_R)$。若这一关系受到破坏,则反馈控制器就能够检测出输出量与输入量的关系偏离 $X_o = g(X_R)$ 的程度,产生相应的误差量 X_e,加到被控对象上对输出量 X_o 进行调整,使 X_o 与 X_R 之间的关系接近或恢复到预定的关系 $X_o = g(X_R)$。

2. 自动振幅控制电路

用途:主要用于接收机中使整机在输入信号振幅变化时,保持输出电压振幅不变。

组成:自动振幅控制电路的被控量是电压振幅,被控制对象是可控增益放大器,在反馈

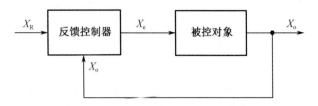

图 8-1　反馈控制电路的组成方框图

控制器中必须进行振幅比较,利用误差量对输出振幅进行调整。图 8-2 所示为自动振幅控制电路组成方框图。

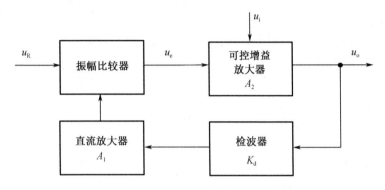

图 8-2　自动振幅控制电路组成方框图

原理:控制环路输入量为 u_R,输出量为 u_o。被控对象是可控增益放大器,通常称为自动增益控制电路。放大器的输入量 u_i(不是控制环路的输入量 u_R)与输出量的关系是

$$u_o = A_2(u_e)u_i$$

式中,$A_2(u_e)$ 是可控增益放大器在误差电压 u_e 控制下的放大倍数。

3. 自动频率控制电路

用途:主要用于电子设备中保证振荡器的振荡频率稳定。

组成:自动频率控制电路的被控量是频率,被控对象是压控振荡器(VCO)。在反馈控制中必须对振荡频率进行比较,利用误差量对 VCO 的输出频率进行调整。图 8-3 所示为自动频率控制电路组成方框图。

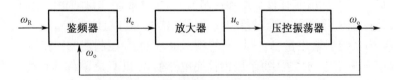

图 8-3　自动频率控制电路组成方框图

原理:控制环路的输入量为 ω_R,输出量为 ω_o。VCO 输出电压的频率受 u_c 控制。而 u_c 是 VCO 的输出频率 ω_o 与比较标准频率 ω_R 经鉴频器比较产生的误差电压 u_e 经放大后得到的控制电压。

4. 自动相位控制电路(锁相环路)

用途:在通信系统中能实现频率合成、频率跟踪等许多功能。

组成:锁相环路的被控量是相位,被控对象是压控振荡器(VCO)。在反馈控制器中对振荡相位进行比较。利用误差量对 VCO 的输出相位进行调整。图 8 - 4 所示为自动相位控制电路组成方框图。

图 8 - 4　自动相位控制电路组成方框图

原理:控制环路的输入量为 θ_R,输出量为 θ_V。VCO 输出电压的相位受 u_c 控制。而 u_c 是 VCO 的输出电压的相位 θ_V 与环路输入相位 θ_R 经鉴相器产生的误差电压 u_e 经环路滤波器后得到的控制电压。

8.3.2　锁相环路的基本原理

1. 鉴相器及其相位模型

如图 8 - 5 所示,鉴相器完成输入信号相位和 VCO 输出信号的相位的比较,其输出电压与两信号的相位差成正比。集成电路中通常用模拟乘法器实现鉴相。

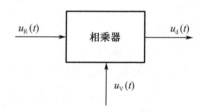

图 8 - 5　等效鉴相器

设鉴相器的输入信号分别为

$$u_V(t) = U_{Vm}\cos[\omega_o t + \theta_V(t)]$$

$$u_R(t) = U_{Rm}\sin[\omega_R t + \theta_R(t)] = U_{Rm}\sin[\omega_o t + (\omega_R - \omega_o)t + \theta_R(t)] = U_{Rm}\sin[\omega_o t + \theta_1(t)]$$

式中,$\theta_1(t) = (\omega_R - \omega_o)t + \theta_R(t)$ 称为输入信号以相位 $\omega_o t$ 为参考的瞬时相位。

经相乘器,其输出电压 $u = K_M u_R(t)u_V(t)$ 为

$$K_M u_R(t)u_V(t) = K_M U_{Rm}\sin[\omega_o t + \theta_1(t)]U_{Vm}\cos[\omega_o t + \theta_V(t)]$$

$$= \frac{1}{2}K_M U_{Rm}U_{Vm}\sin[2\omega_o t + \theta_1(t) + \theta_V(t)] + \frac{1}{2}K_M U_{Rm}U_{Vm}\sin[\theta_1(t) - \theta_V(t)]$$

式中,K_M 为乘积系数,单位 1/V。由于环路有低通滤波,起作用的是低频分量,即

$$u_d(t) = \frac{1}{2}K_M U_{Rm}U_{Vm}\sin[\theta_1(t) - \theta_V(t)] = K_d\sin\theta_e(t)$$

式中,$K_d = K_M U_{Rm}U_{Vm}/2$ 为鉴相器的最大输出电压;$\theta_e(t) = \theta_1(t) - \theta_V(t)$ 为鉴相器输入信号的瞬时相差。可见,乘法器作为鉴相器的鉴相特性是正弦特性。相位模型如图 8 - 6 所示。

2. 环路滤波器及其相位模型

环路滤波器是滤除鉴相器输出的高频部分,并抑制噪声,提高环路的稳定性。常用的有 RC 滤波器、无源比例积分滤波器和有源比例积分滤波器等。环路滤波器输出与输入的关系为

$$u_c(t) = K_F(p)u_d(t)$$

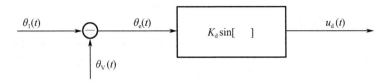

图 8 - 6   鉴相器的相位模型

环路滤波器的数学模型如图 8 - 7 所示。

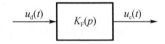

图 8 - 7   环路滤波器的数学模型

3. VCO 及其相位模型

VCO 是一种电压 - 频率变换器,振荡频率 $\omega_V(t)$ 受电压 $u_c(t)$ 的控制。其频率与电压的关系如图 8 - 8 所示。

在一定范围内,ω_V 与 u_c 的关系可认为是线性的,即

$$\omega_V(t) = \omega_o + K_V u_c(t)$$

式中,ω_o 是 $u_c(t) = 0$ 时,压控振荡器的固有振荡频率;K_V 是压控振荡器调频特性的斜率,称为压控灵敏度(rad/s · V)。

VCO 输出电压的瞬时总相位为

$$\int_0^t \omega_V(t)\,\mathrm{d}t = \omega_o t + K_V \int_0^t u_c(t)\,\mathrm{d}t$$

以 $\omega_o t$ 为参考相位的 VCO 输出电压的瞬时相位与 $u_c(t)$ 的关系为

$$\theta_V(t) = K_V \int_0^t u_c(t)\,\mathrm{d}t = \frac{K_V}{p} u_c(t)$$

式中,微分算子 $p = \mathrm{d}/\mathrm{d}t$。VCO 的相位模型如图 8 - 9 所示。

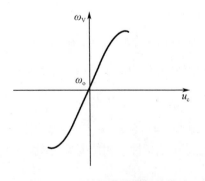

图 8 - 8   压控振荡器调频特性

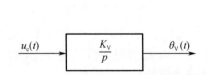

图 8 - 9   VCO 的相位模型

4. 锁相环路的相位模型(图 8 – 10)

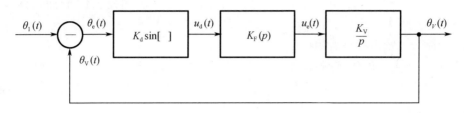

图 8 – 10　锁相环路的相位模型

5. 锁相环路的基本方程(相位控制方程)

$$\theta_e(t) = \theta_1(t) - \theta_V(t) = \theta_1(t) - K_d K_V K_F(p)\frac{1}{p}\sin\theta_e(t)$$

式中,$\theta_e(t)$ 是鉴相器的输入信号与 VCO 输出信号(即鉴相器的另一输入信号)之间的瞬时相位差;$K_d K_V K_F(p)\dfrac{1}{p}\sin\theta_e(t)$ 是控制相位差;任何时候环路的瞬时相位差和控制相位差之代数和等于输入信号以相位 $\omega_o t$ 为参考的瞬时相位。

6. 锁相环路的频率动态平衡关系

将相位控制方程对时间微分,可得频率动态平衡关系。因为 $p = \mathrm{d}/\mathrm{d}t$,可得

$$p\theta_e(t) + K_d K_V K_F(p)\sin\theta_e(t) = p\theta_1(t)$$

式中,$p\theta_e(t)$ 是 VCO 的振荡角频率偏离输入信号角频率的数值 $\omega_{R0} - \omega_V(t)$,称为瞬时角频差;$K_d K_V K_F(p)\sin\theta_e(t)$ 是 VCO 在控制电压 $u_c(t) = K_d K_F(p)\sin\theta_e(t)$ 作用下的振荡角频率 $\omega_V(t)$ 偏离 ω_o 的数值 $\omega_V(t) - \omega_o$,称为控制角频差;$p\theta_1(t)$ 是输入信号角频率 ω_{R0} 偏离 ω_o 的数值 $\omega_{R0} - \omega_o$,称为输入固有角频差;环路闭合后的任何时刻,瞬时角频差和控制角频差之代数和恒等于输入固有角频差。

8.3.3　环路"锁定与失锁状态"和"跟踪与捕捉过程"的基本概念

1. 环路工作的"锁定与失锁状态"

(1)环路进入的锁定状态的过程

当环路输入一个频率和相位不变的信号 $u_R(t) = U_{Rm}\sin(\omega_{R0}t + \theta_{R0})$ 时,根据以 $\omega_o t$ 为参考的瞬时相位可得

$$u_R(t) = U_{Rm}\sin[\omega_o t + (\omega_{R0} - \omega_o)t + \theta_{R0}] = U_{Rm}\sin[\omega_o t + \theta_1(t)]$$
$$\theta_1(t) = (\omega_{R0} - \omega_o)t + \theta_{R0}$$
$$p\theta_1(t) = \omega_{R0} - \omega_o = \Delta\omega$$

根据环路方程

$$p\theta_e(t) + K_d K_V K_F(p)\sin\theta_e(t) = p\theta_1(t)$$
$$[\omega_{R0} - \omega_V(t)] + [\omega_V(t) - \omega_o] = \omega_{R0} - \omega_o$$
$$瞬时角频差 \ + \ 控制角频差 = \ 固有角频差$$

当环路闭合瞬间 $u_c(t) = 0$,$\omega_V(t) = \omega_o$,无控制角频差,此时环路的瞬时角频差等于输入固有角频差。随时间 t 的增加,有控制电压产生,控制角频差就存在。随着控制角频差的

加大,瞬时角频差就减小,二者之和等于输入固有角频差。当控制角频差增大到等于固有角频差,瞬时角频差为零。即 $\lim p\theta_e(t) = 0$。这时 $\theta_e(t)$ 是一固定的值,不随时间变化。若能一直保持下去,则认为进入锁定状态。

(2)环路进入锁定状态后的特点

①VCO 输出电压的角频率 $\omega_V(t)$ 等于输入信号频率 ω_{R0},即无剩余频差, $p\theta_e(\infty) = 0$。

②环路锁定后,VCO 输出信号与输入信号之间只存在一个固定的稳态相位差,即剩余相位差 $\theta_e(\infty)$ 为一固定值。

③环路处于锁定状态时,鉴相器的输出电压为直流。

$$u_d = K_d\sin\theta_e(\infty)$$

④环路处于锁定状态时,控制角频差 $K_dK_VK_F(0)\sin\theta_e(\infty) = \Delta\omega_o$,则

$$\theta_e(\infty) = \arcsin\frac{\Delta\omega_o}{K_dK_VK_F(0)} = \arcsin\frac{\Delta\omega_o}{K_p}$$

式中, $K_p = K_dK_VK_F(0)$ 为环路的直流总增益,通常称为环路增益,单位 rad/s。

(3)失锁状态

与锁定状态不同的是当环路固有角频差 $\Delta\omega_o$ 很大时,鉴相器输出差拍电压 $u_d(t)$ 的差拍频率也很大,由于环路滤波器的低通特性所限,不能够通过环路滤波器形成压控振荡器的控制电压 $u_c(t)$。因此,控制角频差建立不起来,环路的瞬时角频差始终等于固有角频差。鉴相器输出是一个上下对称的正弦差拍电压,环路不能起控制作用。环路处于"失锁"状态。

2. 环路工作的"跟踪与捕捉过程"

(1)跟踪过程

对于角频率和相位不变的输入信号能够锁定的环路,当输入信号的频率和相位不断变化时,通过环路的作用,可以在一定范围内使压控振荡器输出的角频率和相位不断跟踪输入信号角频率和相位变化。这种动态过程称为跟踪过程或同步过程。

环路的"锁定状态"是对频率和相位固定的输入信号而言的。环路的"跟踪过程"是对频率和相位变化的输入信号而言的。事实上环路的跟踪过程是通过环路的自动调整保持环路无剩余频差,始终处于锁定状态。如果环路不处于锁定状态或跟踪过程,则处于失锁状态。

(2)捕捉过程

捕捉是指环路为失锁状态,通过环路的自身调节作用,从失锁变为锁定的过程。锁相环路的捕捉特性用捕捉带和捕捉时间来表示,捕捉带大,捕捉时间短,表明环路的捕捉特性好。

①当输入固有角频差 $\Delta\omega_0 = \omega_{R0} - \omega_0$ 很大时,鉴相器输出差拍电压 $u_d(t)$ 的差拍频率很高,对应的环路滤波器的 $K_F(\Delta\omega_0) = 0$, $u_d(t)$ 不能够通过环路滤波器形成压控振荡器的控制电压 $u_c(t)$,环路没有信号去控制压控振荡器,所以环路不可能实现反馈控制而处于失锁状态。

②当输入固有角频差 $\Delta\omega_0$ 较小时,鉴相器输出差拍电压 $u_d(t)$ 的差拍频率较低,处于环路滤波器的通带内,环路滤波器的输出电压 $u_c(t) = K_dK_F(\Delta\omega_0)\sin\Delta\omega_0 t$ 是正弦波,压控振荡器的输出电压是由 $u_c(t)$ 调制的调频波,其瞬时角频率为

$$\omega_V(t) = \omega_0 + K_Vu_c(t) = \omega_0 + K_dK_VK_F(\Delta\omega_0)\sin\Delta\omega_0 t$$

可见,$u_c(t)$ 的振幅 $K_d K_F(\Delta\omega_0)$ 越大,$\omega_V(t)$ 随 $u_c(t)$ 变化越大。当 $K_d K_V K_F(\Delta\omega_0) \geqslant \Delta\omega_0$ 时,$\omega_V(t)$ 在以正弦方式摆动的一周内,会摆动到满足 $\omega_V(t) = \omega_{R0}$ 的点,环路即可锁定。把这种控制电压在正弦变化一周内就捕获的现象称为快捕。

③当输入固有角频差 $\Delta\omega_0$ 在很大和较小之间时,环路滤波器的 $K_F(\Delta\omega_0) > 0$,且鉴相器输出电压 $u_d(t)$ 的差拍正弦信号频率较高,环路滤波器对它的衰减较大,但没有完全衰减,$K_d K_V K_F(\Delta\omega_0) < \Delta\omega_0$,因此不能快速捕获。

8.3.4 锁相环路的跟踪特性

1. 跟踪特性

环路锁定后,若输入信号的频率或相位发生变化,环路通过闭环调节,来维持锁定状态的过程称为跟踪。跟踪性能是表示环路跟随输入信号频率或相位变化的能力。

2. 衡量锁相环路跟踪性能好坏的指标

衡量锁相环路跟踪性能好坏的指标是跟踪相位误差,即相位误差函数 $\theta_e(t)$ 的瞬态响应和稳态响应。

瞬态响应描述跟踪速度的快慢及跟踪过程中相位误差波动大小;稳态响应是当 $t \to \infty$ 时的相位差,表征系统的跟踪精度。

3. 瞬态相位误差 $\theta_e(t)$ 的求解步骤与结论

求解步骤:

①求出输入信号 $\theta_1(t)$ 的拉氏变换 $\theta_1(s)$;

②用环路的误差传递函数 $H_e(s)$,通过 $\theta_e(s) = H_e(s)\theta_1(s)$ 求环路相差的拉氏变换;

③将 $\theta_e(s)$ 进行拉氏反变换求得 $\theta_e(t)$,则可求得瞬态误差随时间的变化规律。

结论:锁相环路瞬态过程的性质由环路的阻尼系数 ζ 决定。对二阶环,当 $\zeta < 1$ 时,瞬态过程是衰减振荡,环路处于欠阻尼状态;当 $\zeta > 1$ 时,瞬态过程按指数衰减,尽管也有过冲,但不会在稳态值附近多次摆动,环路处于过阻尼状态;当 $\zeta = 1$ 时,环路处于临界阻尼状态,其瞬态过程没有振荡;环路在达到稳态前,相位误差在稳定值上下摆动,在变化过程中最大瞬态相位误差称为过冲。ζ 越小,过冲量越大,环路稳定性差。兼顾小的稳态相位误差和小的过冲量,ζ 一般选 0.707 比较合适。

4. 稳态相位误差 $\theta_e(\infty)$ 的求解步骤与结论

求解步骤:

①从 $\theta_e(t)$ 的表示式,令 $t \to \infty$,求出 $\theta_e(\infty) = \lim\limits_{t \to \infty}\theta_e(t)$;

②利用拉氏变换的终值定理,直接从 $\theta_e(s) = H_e(s)\theta_1(s)$ 求出

$$\theta_e(\infty) = \lim_{t \to \infty}\theta_e(t) = \lim_{s \to 0}s H_e(s)\theta_1(s)$$

结论:同环路对不同输入的跟踪能力不同,$\theta_e(\infty) = \infty$ 意味着环路不能跟踪;同一输入,采用不同环路滤波器的环路的跟踪性能不同,环路滤波器对改善环路性能作用很大;对于二阶环,同一输入的跟踪能力与环路的"型"有关。"型"越高,跟踪精度越高;二阶 I 型环跟踪输入相位阶跃无稳态相位差,跟踪频率阶跃有固定的稳态相差,不能跟踪频率斜升;II 型环跟踪相位阶跃和频率阶跃均无稳态相差,跟踪频率斜升有固定的稳态相差;III 型环跟踪相位阶跃、频率阶跃和频率斜升均无稳态相差。

例 8 - 1　试分别求出已锁定二阶环路在跟踪:(1)输入信号相位阶跃为 $\Delta\theta$;(2)输入信号频率阶跃为 $\Delta\omega$;(3)输入信号频率斜升 $\Delta\omega t = Rt$ 的稳态相位误差 $\theta_e(\infty)$ 的通式。

注意　通过对不同环路及不同输入的分析,观察环路滤波器在改善环路性能的作用。

解　(1)输入信号相位阶跃为 $\Delta\theta$

① 环路滤波器为无源比例积分滤波器

$$\theta_1(t) \to \theta_1(s) = \frac{\Delta\theta}{s}$$

$$H_e(s) = \frac{s\left(s + \dfrac{\omega_n^2}{K_d K_V}\right)}{s^2 + 2\zeta\omega_n s + \omega_n^2}$$

$$\theta_e(s) = H_e(s)\theta_1(s) = \frac{s\left(s + \dfrac{\omega_n^2}{K_d K_V}\right)}{s^2 + 2\zeta\omega_n s + \omega_n^2} \cdot \frac{\Delta\theta}{s}$$

根据终值定理,稳态相位误差为

$$\theta_e(\infty) = \lim_{s \to 0} s\theta_e(s) = 0$$

②环路滤波器为理想积分滤波器

$$\theta_1(t) \to \theta_1(s) = \frac{\Delta\theta}{s}$$

$$H_e(s) = \frac{s^2}{s^2 + 2\zeta\omega_n s + \omega_n^2}$$

$$\theta_e(s) = H_e(s)\theta_1(s) = \frac{s^2}{s^2 + 2\zeta\omega_n s + \omega_n^2} \cdot \frac{\Delta\theta}{s}$$

根据终值定理,稳态相位误差为

$$\theta_e(\infty) = \lim_{s \to 0} s\theta_e(s) = \lim_{s \to 0} \frac{s^2}{s^2 + 2\zeta\omega_n s + \omega_n^2} \Delta\theta = 0$$

(2)输入信号频率阶跃为 $\Delta\omega$

①环路滤波器为无源比例积分滤波器

由于相位是频率的积分,输入频率阶跃可以变换为输入相位的变化,即

$$\theta_1(t) = \Delta\omega t$$

其拉氏变换为

$$\theta_1(s) = \frac{\Delta\omega}{s^2}$$

无源比例积分滤波器的误差传递函数为

$$H_e(s) = \frac{s\left(s + \dfrac{\omega_n^2}{K_d K_V}\right)}{s^2 + 2\zeta\omega_n s + \omega_n^2}$$

$$\theta_e(s) = H_e(s)\theta_1(s) = \frac{s\left(s + \dfrac{\omega_n^2}{K_d K_V}\right)}{s^2 + 2\zeta\omega_n s + \omega_n^2} \cdot \frac{\Delta\omega}{s^2}$$

根据终值定理,稳态相位误差为

$$\theta_e(\infty) = \lim_{s \to 0} s\theta_e(s) = \lim_{s \to 0} s \frac{s\left(s + \dfrac{\omega_n^2}{K_d K_V}\right)}{s^2 + 2\zeta\omega_n s + \omega_n^2} \cdot \frac{\Delta\omega}{s^2} = \frac{\Delta\omega}{K_d K_V}$$

②环路滤波器为理想积分滤波器

输入频率阶跃变换为输入相位阶跃，$\theta_1(t) = \Delta\omega t$，其拉氏变换为

$$\theta_1(s) = \frac{\Delta\omega}{s^2}$$

理想积分滤波器的误差传递函数为

$$H_e(s) = \frac{s^2}{s^2 + 2\zeta\omega_n s + \omega_n^2}$$

$$\theta_e(s) = H_e(s)\theta_1(s) = \frac{s^2}{s^2 + 2\zeta\omega_n s + \omega_n^2} \cdot \frac{\Delta\omega}{s^2}$$

根据终值定理，稳态相位误差为

$$\theta_e(\infty) = \lim_{s \to 0} s\theta_e(s) = \lim_{s \to 0} s \frac{\Delta\omega}{s^2 + 2\zeta\omega_n s + \omega_n^2} = 0$$

（3）输入信号频率斜升（输入信号频率以速率为 R rad/s^2 随时间线性变化）

①环路滤波器为无源比例积分滤波器

输入信号频率 $\omega_1(t) = Rt$，对应输入信号相位 $\theta_1(t) = \dfrac{1}{2}Rt^2$，其拉氏变换为

$$\theta_1(s) = \frac{R}{s^3}$$

无源比例积分滤波器的误差传递函数为

$$H_e(s) = \frac{s\left(s + \dfrac{\omega_n^2}{K_d K_V}\right)}{s^2 + 2\zeta\omega_n s + \omega_n^2}$$

$$\theta_e(s) = H_e(s)\theta_1(s) = \frac{s\left(s + \dfrac{\omega_n^2}{K_d K_V}\right)}{s^2 + 2\zeta\omega_n s + \omega_n^2} \cdot \frac{R}{s^3}$$

根据终值定理，稳态相位误差为

$$\theta_e(\infty) = \lim_{s \to 0} s\theta_e(s) = \lim_{s \to 0} s \frac{s\left(s + \dfrac{\omega_n^2}{K_d K_V}\right)}{s^2 + 2\zeta\omega_n s + \omega_n^2} \cdot \frac{R}{s^3} = \infty$$

②环路滤波器为理想积分滤波器

输入信号频率 $\omega_1(t) = Rt$，对应输入信号相位 $\theta_1(t) = \dfrac{1}{2}Rt^2$，其拉氏变换为

$$\theta_1(s) = \frac{R}{s^3}$$

理想积分滤波器的误差传递函数为

$$H_e(s) = \frac{s^2}{s^2 + 2\zeta\omega_n s + \omega_n^2}$$

$$\theta_e(s) = H_e(s)\theta_1(s) = \frac{s^2}{s^2 + 2\zeta\omega_n s + \omega_n^2} \cdot \frac{R}{s^3}$$

根据终值定理,稳态相位误差为

$$\theta_e(\infty) = \lim_{s \to 0} s\theta_e(s) = \lim_{s \to 0} s \frac{s^2}{s^2 + 2\zeta\omega_n s + \omega_n^2} \cdot \frac{R}{s^3} = \frac{R}{\omega_n^2}$$

(4)结论

①对于输入信号为相位阶跃,环路采用无源比例积分滤波器或理想积分滤波器其稳态相位误差为0。

②对于输入信号为频率阶跃,环路采用无源比例积分滤波器的其稳态相位误差为 $\frac{\Delta\omega}{K_d K_v}$。而环路采用理想积分滤波器的其稳态相位误差为0。

③对于输入信号为频率斜升,环路采用无源比例积分滤波器,其稳态相位误差为无限大。说明此时存在频率误差,环路不能跟踪处于失锁状态。而环路采用理想积分滤波器时,其稳态相位误差为 R/ω_n^2。

8.3.5 锁相环路的应用

锁相环路的主要特点具有良好的跟踪特性,具有良好的窄带滤波特性,锁定状态无剩余频差,易于集成化。

1. 锁相倍频电路(图8-11)

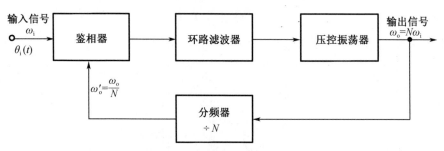

图8-11 锁相倍频电路方框图

特点:输出信号频率 $\omega_o = N\omega_i$,频率纯度高。

2. 锁相分频电路(图8-12)

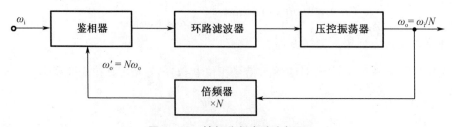

图8-12 锁相分频电路方框图

特点:输出信号频率 $\omega_o = \omega_i/N$。

3. 锁相混频电路（图 8 – 13）

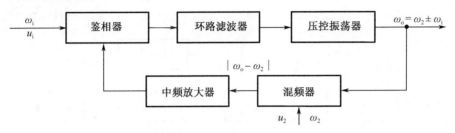

图 8 – 13　锁相混频电路方框图

特点：当 $\omega_o > \omega_2$ 时，$\omega_o = \omega_2 + \omega_i$；当 $\omega_o < \omega_2$ 时，$\omega_o = \omega_2 - \omega_i$。

4. 锁相调频电路（图 8 – 14）

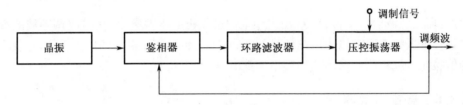

图 8 – 14　锁相调频电路方框图

特点：环路滤波器为窄带，保证载波频率稳定度高。调制信号频谱处于滤波器带宽之外，环路对调制信号的频率变化不起作用。

5. 锁相调频解调电路（图 8 – 15）

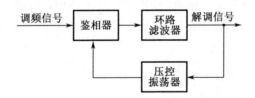

图 8 – 15　锁相调频解调电路方框图

特点：环路滤波器为宽带，使 VCO 的输出信号频率能跟踪输入信号的变化。

6. 锁相调相解调电路（图 8 – 16）

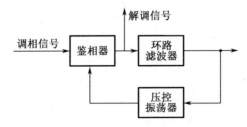

图 8 – 16　锁相调相解调电路方框图

特点:环路滤波器为窄带,VCO 只跟踪调相信号的载频。

7. 窄带跟踪接收机(锁相接收机)(图 8 - 17)

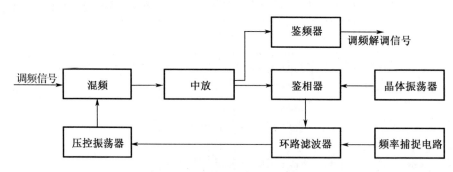

图 8 - 17 窄带跟踪接收机方框图

特点:环路滤波器是窄带,VCO 输出频率是接收机的本振频率,比接收调频波的载频高一个中频。本振频率跟踪输入调频信号的载频变化,始终高一个中频。由于窄带,提高了接收机的信噪比,灵敏度高,但需增加频率捕捉电路。

8.3.6 频率合成器

1. 频率合成器的分类及主要技术指标

频率合成是利用一个(或几个)高准确度和高稳定度的基准频率,通过一定的变换与处理后,形成一系列等间隔的离散频率。这些离散频率的频率准确度和稳定度都与基准频率相同,而且能在很短的时间内,由某一频率切换到另一频率。

分类:其可分为直接式频率合成器、锁相频率合成器和直接数字频率合成器。

主要技术指标:工作频率范围、频率间隔、频率转换时间、频率稳定度与准确度、频谱纯度。

2. 直接频率合成器

(1)基本原理

采用一个或多个不同频率的晶体振荡器作基准信号源,经过具有加减乘除运算功能的混频器、倍频器、分频器和具有选频功能的滤波器的不同组合来实现频率合成。

(2)一个基准源的直接频率合成器(图 8 - 18)

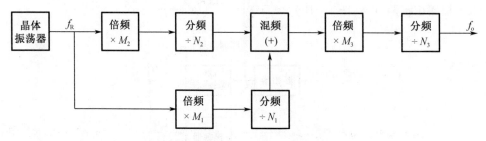

图 8 - 18 一个基准源的直接频率合成器

特点：基准频率 f_R 由晶体振荡器提供。输出频率 $f_o = \dfrac{M_3}{N_3}\left(\dfrac{M_1}{N_1} + \dfrac{M_2}{N_2}\right)f_R$

（3）由谐波发生器提供基准频率的直接频率合成器（图 8－19）

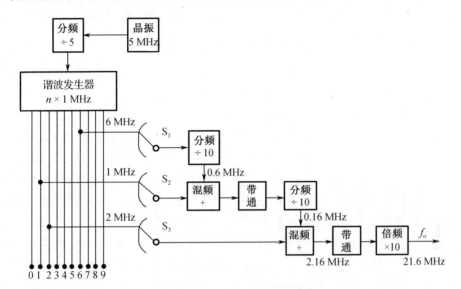

图 8－19　直接式频率合成器

特点：

①如图 8－19 所示，晶振通过分频和谐波发生器产生 0～9 MHz 的 10 个基准频率；

②S_1、S_2、S_3 是单刀 10 掷开关，各有 10 个结点，分别接到谐波发生器的 10 个输出端；

③改变 S_1、S_2 和 S_3 的位置可以得到 $f_o = 10f_3 + f_2 + \dfrac{f_1}{10}$，输出频率范围为 10.0～

99.9 MHz，频率间隔为 100 kHz。

（4）直接式频率合成器的优缺点

①频率转换时间较短，能产生任意小的频率间隔。

②频率范围有限，离散频率点不能太多。采用大量倍频、分频和混频器，使输出的寄生频率成分和相位噪声加大。而且体积大，成本高。

3. 锁相频率合成器

（1）基本组成与特点

组成：其由基准频率产生器和锁相环路（含分频器）两部分组成。

特点：系统简单，输出频率频谱纯度高，能得到大量离散频率，且有多种大规模集成锁相频率合成器的成品可供选用。

（2）典型的锁相频率合成器（图 8－20）

晶体振荡器作为基准频率产生器产生的 f_R 送给鉴相器作为参考输入频率。VCO 的输出信号先通过程序分频器进行 N 次分频后，再送给鉴相器与参考输入信号进行相位比较。环路锁定后，VCO 输出频率 $f_o = Nf_R$。

分频比 N 由输入的数字信号控制。可以采用并行输入、串行输入和四位数据总线输入的任一种的数字信号控制方式。

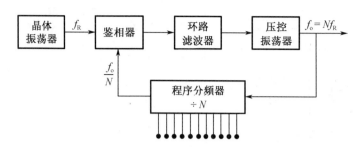

图 8 - 20　典型的锁相频率合成器原理框图

（3）用中规模锁相环频率合成器 MC145106 构成的锁相频率合成器（图 8 - 21）

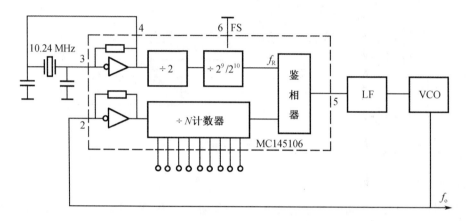

图 8 - 21　MC145106 组成频率合成器

10.24 MHz 的晶体与片内的反相放大器组成电容三点式振荡器，振荡频率为 10.24 MHz，送给参考分频器。参考分频器由 ÷2 电路和 ÷2^9/2^{10} 电路组成，由 FS(6) 端控制。若 FS = "1"，分频比为 2^{10}，则 $f_R = 10$ kHz。若 FS = "0"，分频比为 2^{11}，则 $f_R = 5$ kHz。本电路的 FS = "0"，故 $f_R = 5$ kHz。

程序分频器（÷N 计数器）输入端（2）连接到 VCO 的输出端。分频比是由 9 位二进制输入来控制，其分频比 $N = 3 \sim 511$。输入悬空时，为逻辑"0"，接高电平时，为逻辑"1"。本电路 $f_o = Nf_R$，即 $15 \sim 2\,555$ kHz，频率间隔为 5 kHz。

此电路的缺点是输出信号频率受程序分频器上限工作频率的限制，不能做得很高。

（4）带高速前置分频器的锁相频率合成器（图 8 - 22）

采用上限频率高的前置分频器 M，可以降低程序分频器的工作频率 M 倍，能解决程序分频器上限频率不高的矛盾，输出信号频率可提高 M 倍。

此电路的 VCO 输出信号频率 $f_o = MNf_R$。由于 M 是一固定值，则频率间隔为 Mf_R，比没有前置分频器的要大 M 倍。

例 8 - 2　图 8 - 23 所示的锁相环路中，可变分频器的分频比 $M = 760 \sim 960$，试求压控振荡器输出频率的范围及相邻两频率的间隔。

注意　此题为高速前置分频基本环路计算，需要理解各分频器的作用。

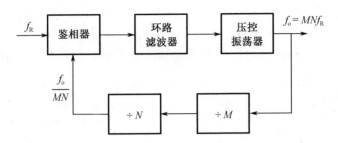

图 8 - 22　具有高速前置分频器的频率合成器

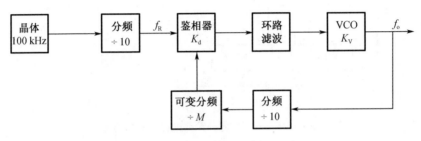

图 8 - 23　锁相环路

解　鉴相器输入参考频率 $f_R = 100/10 = 10\ \text{kHz}$。

环路锁定后鉴相器两输入信号频率相等,即

$$\frac{f_o}{10M} = f_R = 10\ \text{kHz}$$

$$f_o = 10Mf_R = 10 \times (760 \sim 960) \times 10 \times 10^3\ \text{Hz} = 76.0 \sim 96.0\ \text{MHz}$$

$$\Delta f = 100\ \text{kHz}$$

(5)双模前置分频锁相频率合成器

为了解决高的 VCO 输出频率和低速程序分频器的矛盾,并保证合适的频率间隔,可采用双模前置分频的锁相频率合成器,又称为吞脉冲锁相频率合成器(图 8 - 24)。

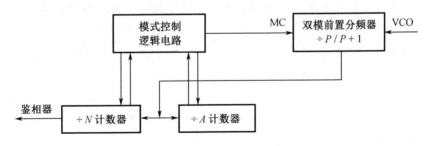

图 8 - 24　吞脉冲可变分频器原理图

双模前置分频锁相频率合成器的分频器是由高速双模前置分频器($\div P/P + 1$)、吞脉冲计数器 A、程序计数器 N 和模式控制逻辑电路组成。

双模前置分频器的分频比受控制逻辑电路换模信号 MC 控制,MC 为"0",分频比为 $P + 1$。MC 为"1",分频比为 P。$\div A$ 计数器和 $\div N$ 计数器均为减法计数器。

吞脉冲可变分频器的总分频比 $N_{\mathrm{T}} = A(P+1) + N(N-A)P = PN + A$。

用于锁相环路中,VCO 输出频率为 $f_{\mathrm{o}} = (PN+A)f_{\mathrm{R}}$。图 8 – 25 所示是双模前置分频器的锁相频率合成器。值得注意的是,N 计数器的预置 N 必须大于 A 计数器的预置 A。

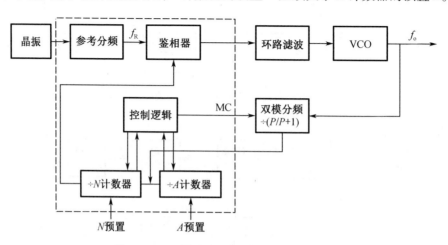

图 8 – 25　双模前置分频器的锁相频率合成

例 8 – 3　试分析图 8 – 24 有双模前置分频的吞脉冲可变分频器的总分频比 N_{T}。

注意　分析方法与思路。

解　(1)所谓总分频比是从双模前置分频器输入信号频率和从 N 计数器输出到鉴相器的信号频率之比。

(2)$\div A$ 计数器和 $\div N$ 计数器都是减法计数器,预置 A 必须小于预置 N。双模前置分频器的分频比由控制逻辑输出的 MC 确定,MC 为 0,分频比为 $P+1$,MC 为 1,分频比为 P。

(3)计数分频的过程

先预置 A 计数器为 A,预置 N 计数器为 N,控制逻辑 MC 为 0,双模分频器分频比为 $P+1$。双模前置分频器开始输入脉冲信号经 $P+1$ 分频,同时送给 A 计数器和 N 计数器进行减法计数。当双模分频器输入 $(P+1)A$ 个脉冲信号时,A 计数器和 N 计数器都输入了 A 个脉冲信号。此时 A 计数器减为 0,由控制逻辑产生换模信号 MC 为 1,使双模分频器的分频比为 P,A 计数器停止计数,N 计数器可继续从 $(N-A)$ 减法计数。当双模分频器继续输入 $P(N-A)$,A 计数器一直停止计数,N 计数器减为 0。此时,N 计数器产生一输出脉冲给鉴相器进行鉴相。同时,控制逻辑输出换模信号 MC 变为 0,又开始一个新的工作周期。

(4)总分频比为

$$N_{\mathrm{T}} = (P+1)A + P(N-A) = PN + A$$

例 8 – 4　某一 VHF 陆地移动电台是采用锁相频率合成器 MC145152(图 8 – 26),前置双模分频器 MC12017,有源低通滤波器和压控振荡器组成。电路如图 8 – 27 所示,地址码与分频比的关系见表 8 – 1。若要求 VCO 输出频率 $f_{\mathrm{o}} = 150 \sim 175$ MHz。试计算:(1)频率步进为多大?(2)N 和 A 应为多大范围?

表 8-1　地址码与分频比的关系

参考地址码			总参考分频比
RA2	RA1	RA0	
1	0	0	512
1	0	1	1 024
1	1	0	1 160
1	1	1	2 048

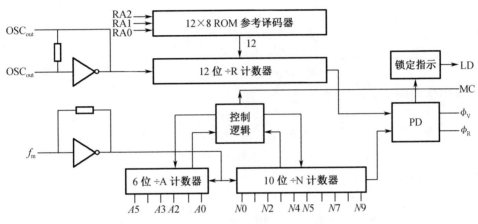

图 8-26　MC145152 原理方框图

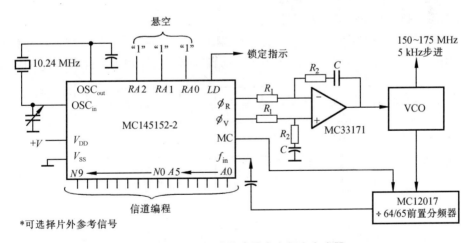

图 8-27　VHF 陆地移动电台频率合成器

注意　通过对采用双模前置分频器的锁相频率合成器的计算,熟悉这种频率合成器的基本原理与应用。

解　(1)10.24 MHz 晶体和两个电容与片内的反向放大器组成电容三点式振荡器,振荡频率为 10.24 MHz。

(2)由于 RA0、RA1、RA2 都悬空为高电平"1"。其参考分频比为 2 048,则参考频率 $f_R = 10.24\ \text{MHz}/2048 = 5\ \text{kHz}$。

(3)由于双模前置分频器组成的锁相环路可变分频比为 $N_T = PN + A$,而 $f_o = N_T f_R$。

(4)如何根据 f_o 和 f_R 确定 N_T?如何由 N_T 确定 N 和 A?

首先要根据电路正常工作必须满足 N 大于 A。然后再由 $f_o = (PN + A)f_R$,可得

$$\frac{f_o}{f_R} = PN + A;\quad \frac{f_o}{f_R P} = N + \frac{A}{P}$$

因为 $f_R = 5\ \text{kHz}$,$P = 64$,A 计数器为 6 位,全为"1"为 63,所以 $P > A$。在 f_o、f_R、P 已知条件下,可以计算出 $f_o/(f_R P)$,其中整数为 N,小数为 A/P。

对于 150 MHz

$$\frac{f_o}{f_R P} = \frac{150 \times 10^6}{5 \times 10^3 \times 64} = 468.75$$
$$N = 468, A = 0.75 \times 64 = 48$$

对于 160 MHz

$$\frac{f_o}{f_R P} = \frac{160 \times 10^6}{5 \times 10^3 \times 64} = 500$$
$$N = 500, A = 0$$

对于 175 MHz

$$\frac{f_o}{f_R P} = \frac{175 \times 10^6}{5 \times 10^3 \times 64} = 546.875$$
$$N = 546, A = 0.875 \times 64 = 56$$

其余频率都可按上面公式计算。$N = 468 \sim 546, A = 0 \sim 63$。

(6)采用混频器的锁相频率合成器

当混频器工作于下变频状态时,采用前置混频的方法可以降低锁相频率合成器中程序分频器的输入工作频率。图 8 – 28 所示是采用前置混频器的锁相频率合成器的组成框图。

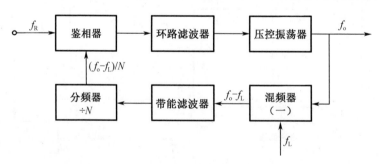

图 8 – 28　含前置混频器的频率合成器

压控振荡器输出频率为 $f_o = f_L + Nf_R$,其频率间隔为 f_R。该方法的优点是压控振荡器输出频率为 $f_o = f_L + Nf_R$,其频率间隔为 f_R。该方法的优点是输出频率和频率间隔可以通过 f_L、f_R 和 ÷N 分别给予调整。可以在较高输出频率情况下,满足频率间隔小,多信道的应用。其缺点是需要增加一个本振源,而且混频使寄生分量增多,会输出信号的频谱纯度下降。

（7）多环锁相频率合成器

单环锁相频率合成器要减小频率间隔,就需要降低参考频率。在要求输出频率较高时,可变分频器就需要有较高的可变分频比,高的分频比,输出噪声大,也使频率间隔的减小受到限制。如果需要进一步减小频率间隔而不降低参考频率,可以采用多环锁相频率合成器。图 8 – 29 所示是三环锁相频率合成器的组成框图。

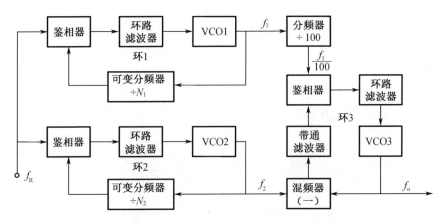

图 8 – 29　三环锁相频率合成器的组成框图

环路 1 输出 $f_1 = N_1 f_R$;环路 2 输出 $f_2 = N_2 f_R$。

环路 3 的参考频率为 $f_1/100 = N_1 f_R/100$,输出频率 f_o 为

$$f_o = (N_1 + 100 N_2) \frac{f_R}{100}$$

从输出频率的表示式可以看出,频率间隔因引入了分频器 $\div 100$,而减小了 100 倍。输出频率由分频比 N_1 和 N_2 决定,程序可变分频器的分频比不能取 0 和 1。

例 8 – 5　图 8 – 30 为双环频率合成器的原理框图。频率合成器的两个参考频率为 $f_{R1} = 1\ \text{kHz}, f_{R2} = 100\ \text{kHz}$。若取可编程分频器 $N_1 = 10\ 000 \sim 11\ 000, N_2 = 720 \sim 1\ 000$ 及 $N_3 = 10$。试分析计算输出频率及频率间隔。

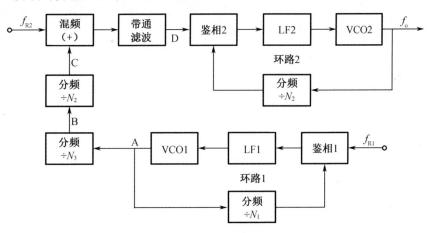

图 8 – 30　双环频率合成器

注意 双环频率合成器的基本分析,理解混频器可取和频或差频。

解 A点 $f_A = N_1 f_{R1}$,B点 $f_B = N_1 f_{R1}/N_3$,C点 $f_C = N_1 f_{R1}/(N_3 N_2)$,D点频率为混频后的 $f_D = f_{R2} + f_C = f_{R2} + N_1 f_{R1}/(N_3 N_2)$,则

$$f_o = N_2 f_D = N_2 f_{R2} + \frac{N_1}{N_3} f_{R1}$$

其中 $N_2 f_{R2} = 72.0 \sim 100.0$ MHz,步进0.1 MHz,而 $(N_1/N_3) f_{R1} = 1.000 \sim 1.100$ MHz,步进为 1 kHz。双环频率合成器的输出频率范围与步进是

$$f_o = 73.000 \sim 100.000 \text{ MHz}$$

$$\Delta f = 1 \text{ kHz}$$

例8-6 图8-31所示为三环锁相频率合成器,其中 $f_i = 100$ kHz, $N_A = 300 \sim 399$, $N_B = 351 \sim 396$,试求输出频率的表示式及频率范围、频率间隔。

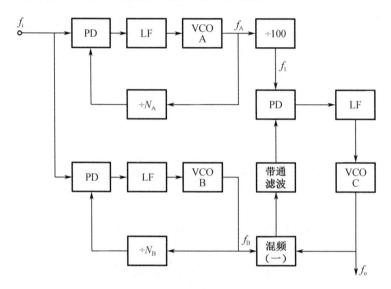

图8-31 三环锁相频率合成器

注意 由三个锁相环路组成的频率合成器,能提供较宽频率范围,频率步进小的信号。

解 (1)锁相环A的VCO输出频率

$$f_A = N_A f_i$$

(2)锁相环B的VCO输出频率

$$f_B = N_B f_i$$

(3)锁相环C的鉴相器输入参考频率

$$f_1 = f_A/100 = N_A f_i/100$$

(4)锁相环路C的混频器的取差频即 $f_o - f_B$,可得

$$f_o = f_1 + f_B = N_A f_i/100 + N_B f_i$$

(5) $N_A f_i/100 = (300 \sim 399) \times 1 \text{ kHz} = 300 \sim 399 \text{ kHz}$

$$N_B f_i = (351 \sim 396) \times 100 \text{ kHz} = 35\ 100 \sim 39\ 600 \text{ kHz}$$

$$f_o = 35.400 \sim 39.999 \text{ MHz}$$

$$\Delta f = 1 \text{ kHz}$$

例 8 - 7　图 8 - 32 所示是采用两片中规模锁相频率合成器 MC145106 与低通滤波器、VCO 和混频器组成的双环锁相频率合成器。MC145106 的参考分频器的分频比由 FS 的电位决定,当 FS 为"0"时分频比为 2^{11}。当 FS 为"1"时分频比为 2^{10}。图中,B 环混频器输入本振频率 f_B 有两种状态,发射状态为 10. 24 MHz,接收状态为 11. 31 MHz。

(1)试求 A 环鉴相器的输入参考频率 f_{R1},B 环鉴相器的输入参考频率 f_{R2};

(2)试求 A 环输出频率 f_{o1} 和 B 环输出频率 f_{o2} 的表达式;

(3)若 $N_1 = 140 \sim 499$,$N_2 = 324 \sim 325$,分别计算发射和接收状态时的 f_{o1} 和 f_{o2} 的值,频率间隔 Δf 和总信道数是多少?

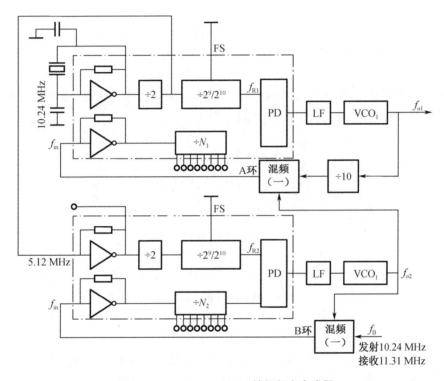

图 8 - 32　MC145106 双环锁相频率合成器

注意　对采用集成锁相频率合成器构成的双环系统进行分析。了解通信系统中对接收和发射状态的要求,掌握环路各频率的关系及计算方法。

解　(1)对于 A 环,FS 为 0,参考分频比为 2^{11}。而由 10. 24 MHz 的晶体与反相放大器构成电容三点式振荡器,经 2^{11} 分频得 $f_{R1} = 10. 24 \times 10^6/2\ 048 = 5$ kHz。

对于 B 环,FS 为 0,参考分频比为 2^{11}。振荡频率从 A 环的 10. 24 MHz 经二分频为 5. 12 MHz,经 B 环的 2^{11} 分频得 $f_{R2} = 5. 12 \times 10^6/2\ 048 = 2. 5$ kHz。

(2)对于 B 环,$f_{o2} - f_B = N_2 f_{R2}$,则 $f_{o2} = f_B + N_2 f_{R2}$。

对于 A 环,$f_{o1}/10 - f_{o2} = N_1 f_{R1}$,则 $f_{o1} = 10(f_{o2} + N_1 f_{R1})$。

$$f_{o1} = 10(f_B + N_2 f_{R2} + N_1 f_{R1})$$

(3)若 $N_1 = 140 \sim 499$,$N_2 = 324 \sim 325$。

对于发射状态,$f_B = 10. 24$ MHz,则

$$f_{\text{o}1} = 10 \left[10.24 \times 10^6 + (324 \sim 325) \times 2.5 \times 10^3 + (140 \sim 499) \times 5 \times 10^3 \right]$$
$$= 117.500 \sim 135.475 \text{ MHz}$$

对于接收状态 $f_\text{B} = 11.31$ MHz,则

$$f_{\text{o}1} = 10 \left[11.31 \times 10^6 + (324 \sim 325) \times 2.5 \times 10^3 + (140 \sim 499) \times 5 \times 10^3 \right]$$
$$= 128.200 \sim 146.175 \text{ MHz}$$

N_1 的分频加 1,频率变 50 kHz。N_2 的分频加 1,频率变化 25 kHz。系统的频率间隔 $\Delta f = 25$ kHz,共 720 个频率点。

4. 直接数字频率合成器(DDS)

(1)直接数字频率合成

按一定的时钟节拍从存放有正弦函数表的 ROM 中读出这些离散的代表正弦幅值的二进制数,然后经过 D/A 变换并滤波,得到一个模拟正弦波。

(2)DDS 的组成

DDS 由相位累加器(N 位全加器和 N 位寄存器组成)、波形存储器(ROM)、数模转换器(D/A)、低通滤波器和参考时钟等组成(图 8 - 33)。

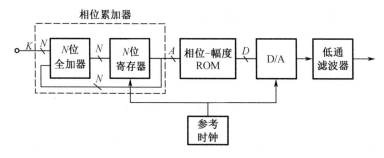

图 8 - 33 DDS 的组成框图

(3)基本原理

①每来一个时钟脉冲,数字全加器将上个时钟周期内寄存器所寄存的值与输入频率字 K 相加,其和存入寄存器作为相位累加器的当前相位值输出。K 是一个时钟周期内相位增量。

②相位累加器的当前相位值作为 ROM 的地址,通过查 ROM 表可得出对应相位值的正弦波幅值。随着时钟脉冲的增加,相位累加器的相位值不断增加,相位值达 2π 时,寄存器存满产生一次溢出,将整个相位累加器置零,完成一个周期的工作。

③由于相位累加器采用 N 位字长,对 $0 \sim 2\pi$ 的相位区间进行间隔为 $1/2^N$ 的线性量化,即 $\Delta\varphi = 2\pi/2^N$。当输入频率字 $K = 1$ 时,表示每个时钟脉冲会产生相位增量为 $2\pi/2^N$。若参考时钟频率为 f_c,则 DDS 输出频率 $f_\text{o} = f_{\min} = f_\text{c}/2^N$。对应输入频率字 $K \neq 0$ 时,每个时钟脉冲会产生相位增量为 $2\pi K/2^N$,输出频率 $f_\text{o} = K f_\text{c}/2^N$。这表明 f_c 不变,改变 K 就能改变输出频率。

④波形存储器是完成信号的相位序列到幅度序列之间的转换,它由 ROM 来完成。在实际应用时,由于存储器的容量有限,它的地址线不能满足 N 的要求,通常要对相位累加器所生成的 N 位序列值做截断处理,截去低 B 位,留下高 $A = N - B$ 位对波形存储器寻址。输

出经 D/A 变换后得到阶梯正弦波,又经低通滤波器得到正弦波。

（4）DDS 的性能特点

①工作频率范围宽。

$$f_{min} = f_c/2^N（例如 N = 32, f_c = 50 \text{ MHz 时}, f_{min} = 0.016 \text{ Hz}）$$

$$f_{max} < \frac{1}{2}f_c（通常取 f_{max} = 0.4f_c）$$

②频率分辨力极高。

$$\Delta f = f_{min} = f_c/2^N。$$

③频率转换时间极短。

DDS 为开环系统,转换时间可达纳秒级。

④频率变换时相位连续。

⑤能实现正交输出;能实现任意波形输出;能实现数字调频、调相。

⑥相位噪声低,但杂波信号多。

例 8 - 8　图 8 - 34 所示是由 DDS 产生可变参考频率的锁相环频率合成系统。若要求输出频率 f_o 的范围 60 ~ 80 MHz,频率间隔 10 kHz。已知 DDS 的时钟频率为 $f_c = 50$ MHz,相位累加器的位数为 $N = 32$,锁相环固定分频比 $N_1 = 10$。试求:

（1）DDS 的频率分辨力 Δf;

（2）DDS 的输出频率 f_D 和频率控制字 K 的范围。

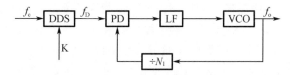

图 8 - 34　DDS 与 PLL 组成频率合成

注意　对 DDS 与锁相环路构成频率合成器通过计算,了解 DDS 的基本性能。

解　（1）已知 $f_c = 50$ MHz,$N = 32$,则 $f_{min} = f_c/2^N = \Delta f$。

$$\Delta f = 50 \times 10^6/2^{32} = 0.011\ 641\ 5 \text{ Hz}$$

（2）DDS 的输出频率 f_D 应满足在 PLL 的固定分频器 $N_1 = 10$,f_o 要求为 60 ~ 80 MHz,则

$$f_D = f_o/N_1 = 6 \sim 8 \text{ MHz}$$

（3）因为 $f_D = Kf_c/2^N$,对于 6 MHz,$K = 5.153\ 96 \times 10^8$。

对于 8 MHz,$K = 6.871\ 96 \times 10^8$。

对应 $f_o = 60 \sim 80$ MHz,$K = 5.153\ 96 \times 10^9 \sim 6.871\ 96 \times 10^9$。

（4）要满足 f_o 的频率间隔为 10 kHz,则 f_D 的频率间隔为 1 kHz,对应的频率字 $\Delta K = 85\ 900$,即从 $5.153\ 96 \times 10^8$ 起每增加 $\Delta K = 85\ 900$,则步进为 1 kHz,对应 f_o,则步进 10 kHz,共 2 000 个点。

8.4 思考题与习题参考解答

8-1 锁相环路稳频与自动频率控制电路在工作原理上有何区别?为什么说锁相环路相当于一个窄带跟踪滤波器?

解 自动频率控制电路的被控对象是压控振荡器,而在反馈控制器中必须对振荡频率进行比较,利用频率误差量经鉴频器产生的电压量去控制压控振荡器进行频率调整。最终仍会有一定的剩余频差存在。锁相环路的稳频作用是被控对象是压控振荡器,而在反馈控制器中必须对振荡的瞬时相位进行比较,利用瞬时相位差经鉴相器产生的误差电压量去控制压控振荡器进行相位调整,最终锁相环路存在的剩余相位差为常数,无剩余频差。也就是锁相环路锁定后,压控振荡器输出电压的频率能跟踪参考标准频率,其频率稳定度可达到参考标准频率源的频率稳定度。

锁相环路就频率特性而言,相当于一个低通滤波器,而且其带宽可以做得很窄,例如在几百兆赫兹的中心频率上,实现几十赫兹甚至几赫兹的窄带滤波,能够滤除混进输入信号中的噪声和杂散干扰。这种窄带滤波特性是任何其他滤波器难以达到的。由于锁相环路具有良好的跟踪特性,因而是一个窄带跟踪滤波器。

8-2 锁相调频电路与一般的调频电路有什么区别?各自的特点是什么?

解 一般调频电路是用需传送的调制信号去控制振荡器的振荡回路的元件参数实现调频。通常,调频的最大频偏越大,其中心频率稳定度越差。对于晶体振荡器调频,其中心频率稳定度高,但最大频偏很小。因而要兼顾中心频率稳定度和大的最大频偏,是要采用一些综合的办法来扩大频偏,提高中心频率稳定度。

锁相调频是利用锁相环路的低通滤波器可以做成窄带滤波,对压控振荡器固有振荡频率的不稳定变化频率应在环路低通滤波器的带宽内,即锁相环路的作用只对压控振荡器中心频率的慢变化起调整作用,滤波器为窄带滤波器。这样能保证中心频率稳定度高。而调制信号的频谱要处于环路滤波器的带宽之外,即环路对调制信号引起的频率变化不灵敏,不起作用。但调制信号却使压控振荡器振荡频率受调制,输出为调频波。

8-3 锁相接收机与普通接收机有哪些异同点?

解 普通接收机是针对发射电台的载波频率稳定度以及传送信号的频带宽的规定,而确定超外差接收机的中频放大器的通频带宽度。其通频带宽度不可能做得很宽,它必须保证传送信号的频谱不失真,能够保证一定的信噪比,能保证抑制邻近电台的干扰,也就是要具有一定的选择性。同时要接收机灵敏度高,还要保证有一定的电压增益,中频放大器的通频带也不能太宽。对于载波频率稳定度能保证,即载波频率变化很小,不超出通频带的范围时,普通接收机是能正常接收传送的信息的。但是对于接收卫星发射的信息时,由于卫星距离地面很远,本身发射功率低,地面能接收到的信号极其微弱。另外,卫星环绕地球飞行时,由于多普勒效应,地面收到的信号频率将偏离卫星发射信号频率,并且量值的变化范围较大。一般情况下,虽然接收信号本身只占有几十赫兹到几百赫兹,而它的频率偏移可以达到几千赫兹到几十千赫兹。如果采用普通的超外差式接收机,中频放大器带宽就要相应大于这个变化范围,大的带宽会引起大的噪声功率,导致接收机的输出信噪比严重下降,无法接收有用信号。

　　锁相接收机是一个窄带跟踪锁相环路,锁相环路中的环路滤波器带宽很窄,只允许调频波的中心频率通过实现频率跟踪,而不允许调频波的调制信号通过。传送的信息即调频波的调制信号是中频放大器输出经鉴频器解调得到的。采用窄带跟踪接收机,由于它的带宽很窄,又能跟踪中心频率,能大大提高接收机的信噪比。一般来说,比普通接收机提高信噪比 30 ~ 40 dB。锁相接收机是在普通窄带接收机的基础上增加了锁相环路实现窄带跟踪接收。

　　8-4　锁相分频、锁相倍频与普通分频器、倍频器相比,其主要优点是什么?

　　解　锁相分频、锁相倍频与普通分频器、倍频器相比,其主要优点是:

　　(1)锁相环路具有良好的窄带滤波特性,能得到高纯度的频率输出,而在普通倍频器和分频器中,谐波干扰是经常出现的。

　　(2)锁相环路具有良好的跟踪特性和滤波特性,锁相分频、锁相倍频特别适用于输入信号频率在较大范围内漂移,并同时伴随着有噪声的情况,这样的环路兼有分频、倍频和跟踪滤波的双重作用。

　　8-5　在图 8-35 所示的锁相环路中,晶体振荡器的振荡频率为 100 kHz,固定分频器的分频比为 10,可变分频器的分频比 $M = 760 ~ 960$,试求压控振荡器输出频率的范围及相邻两频率的间隔。

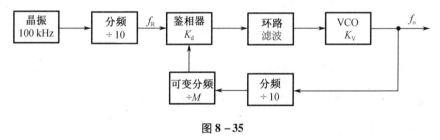

图 8-35

　　解　见例 8-2。

　　8-6　某频率合成器中锁相环路方框图如图 8-36 所示,已知 $\omega_2 = 2\pi \times 10^6$ rad/s,$\omega_1 = 2\pi \times 10^3$ rad/s,求环路输出频率 ω_o。

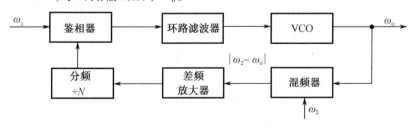

图 8-36

　　解　(1)若 $\omega_2 > \omega_o$ 时

$$\frac{f_2 - f_o}{N} = f_1, \quad f_o = f_2 - Nf_1 = 10^6 - N \times 10^3 \text{ Hz}$$

$$\omega_o = 2\pi(10^6 - N \times 10^3) \text{ rad/s}$$

（2）若 $\omega_2 < \omega_o$ 时

$$\frac{f_o - f_2}{N} = f_1 , f_o = f_2 + Nf_1 = 10^6 + N \times 10^3 \text{ Hz}$$

$$\omega_o = 2\pi(10^6 + N \times 10^3) \text{ rad/s}$$

8 – 7　在图 8 – 37 所示频率合成器方框图中,标准频率 $f_1 = 2$ MHz, $N_1 = 200$, $N_2 = 20$, $N_3 = 200 \sim 300$, $N_4 = 50$,求输出频率范围和频率间隔。图中 PD 为鉴相器,LF 为低通滤波器,VCO 为压控振荡器,N 为分频器分频比。

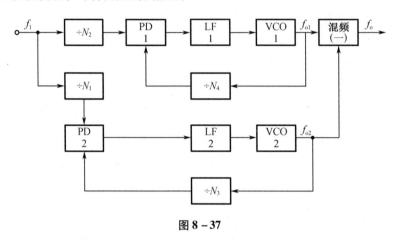

图 8 – 37

解　（1）环路 1 的 VCO_1 输出频率

$$f_{o1} = N_4 \frac{f_1}{N_2} = 50 \times \frac{2}{20} \text{ MHz} = 5 \text{ MHz}$$

（2）环路 2 的 VCO_2 输出频率

$$f_{o2} = N_3 \frac{f_1}{N_1} = (200 \sim 300)\frac{2}{200} \text{ MHz} = 2 \sim 3 \text{ MHz}$$

（3）混频器后滤波器取差频,则

$$f_o = f_{o1} - f_{o2} = 3 \sim 2 \text{ MHz}$$
$$\Delta f = 10 \text{ kHz}$$

（4）混频器后滤波器取和频,则

$$f_o = f_{o1} + f_{o2} = 7 \sim 8 \text{ MHz}$$
$$\Delta f = 10 \text{ kHz}$$

8 – 8　图 8 – 38 所示为三环频率合成器,其中 $f_i = 100$ kHz, $N_A = 300 \sim 399$, $N_B = 351 \sim 396$,试求输出频率的表示式及频率范围、频率间隔。

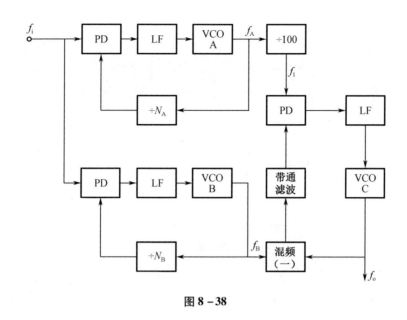

图 8 – 38

解　见例 8 – 6。

8 – 9　调频接收机的自动频率控制系统为什么要在鉴频器与本振之间接一个低通滤波器,这个低通滤波器的截止频率应如何选择?

解　调频接收机接收的信号是调频信号,其自动频率控制系统的作用是在信号的载波频率发生较慢的漂移变化时,鉴频器根据频率误差产生控制电压去调整本振的输出频率,使频率的误差减小,达到稳定的剩余频差。但是,传送的信息(调制信号)应通过鉴频器输出给接收机的终端,不能送给本机振荡器去进行频率控制。如果送给本机振荡器去进行频率控制,鉴频器就不能解调出调制信号了。也就是说,只能将载波频率的慢的变化送给本机振荡器去实现频率控制,调制信号引起的频率变化不能送到本振去。因而必须在鉴频器和本机振荡器之间加一个低通滤波器,低通滤波器的截止频率应比调制信号的最低频率要小,这样能保证传送信息的不失真。

8 – 10　试分析说明晶体管放大器如何改变其电压增益,NPN 晶体管和 PNP 晶体管改变其电压增益所加 AGC 电压是否相同,为什么?

解　晶体管放大器所使用的晶体管的跨导 g_m 是随静态工作点变化的。当控制电压使其静态工作点移动时,放大器的增益也随之改变,达到增益控制的目的。一般来说,V_{BEQ} 增大,g_m 也增大,放大器电压增益增大。对于 NPN 晶体管所加偏置 V_{BEQ} 为正值,减小放大器电压增益时,应使 V_{BEQ} 减小。对于 PNP 晶体管所加偏置 V_{BEQ} 为负值,减小放大器电压增益时,应使 $|V_{BEQ}|$ 减小。

8 – 11　图 8 – 39 中,变压器次级线圈的负载不是电阻 R_L,而是检波器和 AGC 电路,请画出该电路图,并标出控制电压 U_{AGC} 的极性。

解

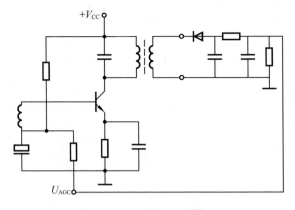

图 8-39　题 8-11 图

参 考 文 献

[1] 阳昌汉.高频电子线路[M].4版.哈尔滨:哈尔滨工程大学出版社,2019.

[2] 张肃文,陆兆熊.高频电子线路[M].3版.北京:高等教育出版社,1993.

[3] 冯军,谢嘉奎.电子线路非线性部分[M].5版.北京:高等教育出版社,2010.

[4] 董在望.通信电路原理[M].2版.北京:高等教育出版社,2002.

[5] 陈邦媛.射频通信电路[M].北京:科学出版社,2002.

[6] 曾兴雯.高频电子线路[M].北京:高等教育出版社,2004.

[7] 阳昌汉.高频电子线路学习与解题指导[M].修订版.哈尔滨:哈尔滨工程大学出版社,2004.

[8] 陈雅琴,李国林.通信电路原理学习指导书[M].北京:高等教育出版社,2007.

[9] 陈邦媛.射频通信电路学习指导[M].北京:科学出版社,2004.